ABITUR-TRAINING
MATHEMATIK

Analytische Geometrie

Eberhard Endres

STARK

Autor: Eberhard Endres besitzt umfassende Unterrichtserfahrung als Gymnasiallehrer in den Fächern Mathematik, Informatik und Physik. Zudem bildet er als Lehrbeauftragter für Mathematik Referendare und Praktikanten für das Lehramt an Gymnasien aus und bietet für Studenten des Lehramts an der Universität fachdidaktische Übungen an.
Als Autor veröffentlichte er im STARK Verlag bereits mehrere Lehr-, Wiederholungs- und Übungsbücher für Mathematik.

Bildnachweis
Umschlagbild: © piki – Fotolia.com
Kapitelbilder:
Seite 1: © James Steidl – Fotolia.com
Seite 11: © Aleradesign/Dreamstime.com
Seite 21: © Yuriy Klymenko/Dreamstime.com
Seite 33: © Djun/Dreamstime.com
Seite 45: © Doug Baines – Fotolia.com
Seite 53: © Olena Turovtseva/Dreamstime.com
Seite 65: © Marc CECCHETTI – Fotolia.com
Seite 81: © Heinrich – Fotolia.com
Seite 97: © Mszumlas/Dreamstime.com
Seite 105: © www.paradoxum.us – Fotolia.com
Seite 117: © Anne Kitzman/Dreamstime.com
Seite 123: © kirstypargeter/iStockphoto.com
Seite 131: © Thomas Grones – Fotolia.com

ISBN 978-3-86668-168-2

1. Auflage 2009
www.stark-verlag.de

Inhalt

Autor: Eberhard Endres

Vorwort

Liebe Schülerin, lieber Schüler,

dieses Buch bietet Ihnen eine umfassende Zusammenstellung der Grundkompetenzen, die zum Lösen geometrischer Fragestellungen in der Oberstufe erforderlich sind, und unterstützt Sie damit bei der Vorbereitung auf Klausuren und auf die schriftliche Abiturprüfung im Fach Mathematik.

Die einzelnen Kapitel sind so aufgebaut, dass die Lerninhalte jeweils eines Themenbereichs übersichtlich hergeleitet und dargestellt sowie mit **Beispielen** erläutert werden. Wichtige **Begriffe** und **Definitionen** sind dabei in farbig getönten Feldern, **Regeln** und **Merksätze** in farbig umrandeten Kästen hervorgehoben. Jeder Abschnitt schließt mit **Übungsaufgaben** zur Einübung des Gelernten sowie zur eigenen Erfolgskontrolle.

Zunächst werden in den ersten drei Kapiteln mit der Wiederholung von **linearen Gleichungssystemen**, der **Darstellung geometrischer Objekte** sowie der Definition von **Vektoren** elementare Grundsteine gelegt, die zur Beschreibung und Untersuchung von **Geraden** und **Ebenen** benötigt werden. In weiteren Kapiteln werden die vektorgeometrischen Hilfsmittel **Skalarprodukt** und **Vektorprodukt** eingeführt, mit denen die **Lagebeziehungen zwischen geometrischen Objekten** untersucht sowie **Abstands- und Winkelprobleme** behandelt werden können. Nach **Flächen- und Volumenberechnungen** werden schließlich noch **Kreise** und **Kugeln** angesprochen.

Die bis dahin erworbenen Kenntnisse werden anschließend eingesetzt, um **anwendungsorientierte Fragestellungen** zu bearbeiten. Im letzten Kapitel finden Sie eine bunte **Sammlung von Aufgaben**, die Sie nach der Bearbeitung der vorhergehenden Kapitel zur eigenen **Erfolgskontrolle** und **Wiederholung** nutzen können.

Prinzipiell kann **jedes Kapitel separat** bearbeitet werden, jedoch bauen die meisten davon auf vorhergehenden Einheiten auf, sodass sich auch die Bearbeitung des gesamten Buches anbietet. Es steht Ihnen frei, über die Geschwindigkeit und Schwerpunkte der Bearbeitung selbst zu entscheiden.

Die **Lösungswege für alle Aufgaben** sind im Lösungsteil ausführlich dargestellt, um eine gewissenhafte Kontrolle zu ermöglichen und somit den Lernerfolg zu unterstützen. Die mit einem Stern **(*)** gekennzeichneten Aufgaben sind etwas anspruchsvoller und regen in besonderer Weise zum Nachdenken an; Sie können diese beim ersten Durcharbeiten auch überspringen.

Viel Erfolg beim Abitur-Training Analytische Geometrie wünscht Ihnen

Eberhard Endres

Eberhard Endres

1 Wiederholung: Lineare Gleichungssysteme

Bei der rechnerischen Bearbeitung geometrischer Fragestellungen werden sich an vielen Stellen lineare Gleichungssysteme ergeben. In diesem ersten Kapitel wird daher als Vorbereitung auf die nächsten Kapitel zunächst das Lösen solcher linearer Gleichungssysteme betrachtet. Dabei wird auf bereits aus der Mittelstufe Bekanntes zurückgegriffen und der Schwerpunkt insbesondere auf Gleichungssysteme mit drei Unbekannten gelegt.

1.1 Begriffsklärung

Lineare Gleichungssysteme ergeben sich meist bei Aufgabenstellungen, in denen mehrere unbekannte Größen enthalten sind, an die bestimmte Bedingungen gestellt werden. Verschiedene mögliche Werte für die Unbekannten können anschaulich als Punkte in einem Koordinatensystem betrachtet werden – Sie kennen dies bereits bei Gleichungssystemen mit zwei Gleichungen; bei der Geometrie im dreidimensionalen Raum liegt der Schwerpunkt entsprechend auf Systemen mit drei Gleichungen.

Definition

- Ein **lineares Gleichungssystem** ist eine Kombination linearer Gleichungen mit einer oder mehreren Unbekannten.
- Die einzelnen Gleichungen eines Gleichungssystems werden auch **Zeilen des Gleichungssystems** genannt.
- Die **Lösungsmenge** eines solchen Gleichungssystems besteht aus genau denjenigen Belegungen der Unbekannten, die gleichzeitig alle diese Gleichungen erfüllen. Bei zwei Unbekannten werden diese Belegungen (Lösungs-)**Tupel** und bei drei Unbekannten (Lösungs-)**Tripel** genannt.
- Die Belegungen der Unbekannten eines Gleichungssystems und insbesondere seine Lösungen lassen sich als Punkte in einem Koordinatensystem interpretieren.

Beispiel

Bestimmen Sie die Lösungsmenge des linearen Gleichungssystems

$$\begin{aligned} x + 3y &= 5 \\ 2y &= 6 \end{aligned}$$

Stellen Sie das Gleichungssystem sowie die Lösungsmenge grafisch dar.

Lösung:

Die zweite Gleichung des Gleichungssystems erfordert $y = 3$, um wahr zu sein. Diese Bedingung kann daher in die erste Gleichung eingesetzt werden:

$x + 3 \cdot 3 = 5 \quad \Leftrightarrow \quad x = -4$

Die erste Gleichung ist mit $y = 3$ nur für $x = -4$ erfüllt, sodass beide Gleichungen zusammen die Lösung $x = -4$ und $y = 3$ besitzen. Diese Lösung schreibt man verkürzt auch als Tupel $(-4; 3)$, wobei die Lösungsvariablen alphabetisch sortiert sind. Die Lösungsmenge dieses Gleichungssystems wird mit $\mathbb{L} = \{(-4; 3)\}$ notiert.

Die beiden Gleichungen können in einem zweidimensionalen Koordinatensystem als Geraden dargestellt werden. Die Lösung des Gleichungssystems ist dann der Schnittpunkt der beiden Geraden:

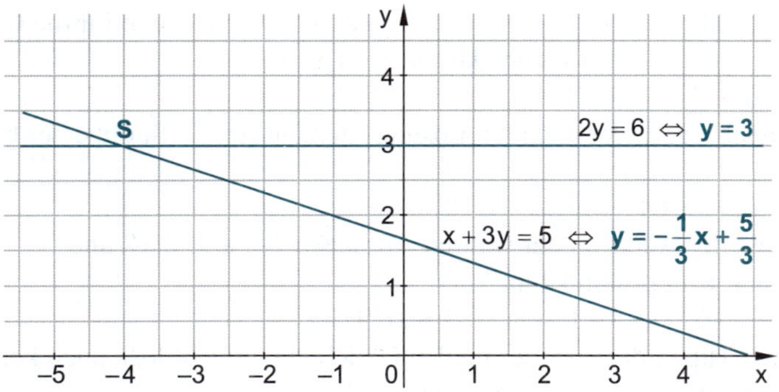

Dieses Gleichungssystem war einfach zu lösen, weil der y-Wert der Lösung bereits aus einer Gleichung einfach bestimmt werden konnte. Das ist jedoch nicht immer der Fall; diese günstige Situation lässt sich aber beim Lösen linearer Gleichungen leicht herstellen. Dies wird im nächsten Abschnitt genauer behandelt.

1.2 Das Gauß-Verfahren

Lineare Gleichungssysteme besitzen zwei Eigenschaften, die sich vorteilhaft zum Lösen von Gleichungssystemen einsetzen lassen.

Regel

Eigenschaften eines linearen Gleichungssystems

- Die Lösungsmenge eines linearen Gleichungssystems bleibt gleich, wenn man **eine Gleichung** des Gleichungssystems **durch ein Vielfaches (ungleich null) dieser Gleichung ersetzt.**
- Die Lösungsmenge eines linearen Gleichungssystems bleibt gleich, wenn man **zu einer Gleichung** des Gleichungssystems **eine andere Gleichung dieses Gleichungssystems addiert**.

Begründung: Die Gleichung $2x + 3y = 8$ stellt für das Tupel (1; 2) eine wahre Aussage dar, denn es gilt: $2 \cdot 1 + 3 \cdot 2 = 8$.
Multipliziert man die Gleichung nun mit einer Zahl ungleich 0, z. B. mit 4, ergibt sich die Gleichung $8x + 12y = 32$. Auch diese Gleichung ist für das Tupel (1; 2) erfüllt, denn auch hier gilt $8 \cdot 1 + 12 \cdot 2 = 32$, weil auf beiden Seiten der Gleichung die Terme mit derselben Zahl multipliziert wurden.
Umgekehrt ist ein Tupel, für das die Gleichung keine wahre Aussage darstellt, auch für ein Vielfaches (ungleich 0) dieser Gleichung keine Lösung.

Das Tupel (1; 2) stellt sowohl für die Gleichung $2x+3y=8$ als auch für die Gleichung $5x-2y=1$ eine wahre Aussage dar, denn es gilt:
$2\cdot 1+3\cdot 2=8$ und $5\cdot 1-2\cdot 2=1$
Somit ist das Tupel (1; 2) aber auch ein Lösungselement für die Summe der beiden Gleichungen:
$(2x+3y)+(5x-2y)=8+1 \quad \Leftrightarrow \quad 7x+y=9,$
was man aufgrund der Addition der wahren Aussagen $2\cdot 1+3\cdot 2=8$ und $5\cdot 1-2\cdot 2=1$ leicht nachprüfen kann:
$(2\cdot 1+3\cdot 2)+(5\cdot 1-2\cdot 2)=8+1 \quad \Leftrightarrow \quad 7\cdot 1+2=9$
Umgekehrt ist ein Tupel, das eine der beiden Gleichungen nicht löst, auch keine Lösung der Summe der beiden Gleichungen.

Mithilfe dieser beiden Eigenschaften kann ein lineares Gleichungssystem so umgeformt werden, dass die Lösungsmenge leicht ablesbar ist. Diese Umformtechnik wird Gauß-Verfahren genannt.

Regel

Gauß-Verfahren
Durch **Multiplikation einer Zeile mit einer Zahl ungleich 0** bzw. durch **Addition einer Zeile zu einer anderen Zeile** wird ein lineares Gleichungssystem so in eine **Stufenform** umgewandelt, dass es unterhalb der Diagonale keine Einträge mehr enthält.

Beispiel

Lösen Sie die linearen Gleichungssysteme.

a)
$$\begin{aligned} 4x - 2y + z &= -2 \\ 2x + 3y - 5z &= 4 \\ 5x - 4y + 6z &= 1 \end{aligned}$$

b)
$$\begin{aligned} 5x - 3y + 2z &= 14 \\ 2x + 4y - 5z &= 12 \\ 3x - 2y + 4z &= 3 \end{aligned}$$

Lösung:

a) Die Zeilen des LGS werden mit I, II und III bezeichnet:

$$\begin{array}{ll} \text{I} & 4x - 2y + z = -2 \\ \text{II} & 2x + 3y - 5z = 4 \\ \text{III} & 5x - 4y + 6z = 1 \end{array}$$

Um in Gleichung II die Variable x zu eliminieren, wird diese Gleichung mit (–2) multipliziert und durch die neue Gleichung IV ersetzt:

$$\begin{array}{llcll} \text{I} & 4x - 2y + z = -2 & & & \text{I} & 4x - 2y + z = -2 \\ \text{II} & 2x + 3y - 5z = 4 & \mid \cdot(-2) & \Leftrightarrow & \text{IV} & -4x - 6y + 10z = -8 \\ \text{III} & 5x - 4y + 6z = 1 & & & \text{III} & 5x - 4y + 6z = 1 \end{array}$$

Addiert man nun die erste Gleichung zur Gleichung IV, wird der Faktor vor der Variable x in der entstehenden Gleichung V null:

$$\begin{array}{lrl} \text{I} & 4x-2y+z=-2 & \\ \text{IV} & -4x-6y+10z=-8 & \mid \text{I}+\text{IV} \\ \text{III} & 5x-4y+6z=1 & \end{array} \Leftrightarrow \begin{array}{lr} \text{I} & 4x-2y+z=-2 \\ \text{V} & -8y+11z=-10 \\ \text{III} & 5x-4y+6z=1 \end{array}$$

Um auch in Gleichung III die Variable x zu eliminieren, multipliziert man Gleichung I und Gleichung III mit geeigneten Zahlen, sodass vor der Variable x dieselben Faktoren, jedoch mit verschiedenen Vorzeichen, stehen:

$$\begin{array}{lrl} \text{I} & 4x-2y+z=-2 & \mid\cdot 5 \\ \text{V} & -8y+11z=-10 & \\ \text{III} & 5x-4y+6z=1 & \mid\cdot(-4) \end{array} \Leftrightarrow \begin{array}{lr} \text{VI} & 20x-10y+5z=-10 \\ \text{V} & -8y+11z=-10 \\ \text{VII} & -20x+16y-24z=-4 \end{array}$$

Anschließend addiert man Gleichung VI zu Gleichung VII:

$$\begin{array}{lrl} \text{VI} & 20x-10y+5z=-10 & \\ \text{V} & -8y+11z=-10 & \\ \text{VII} & -20x+16y-24z=-4 & \mid \text{VI}+\text{VII} \end{array} \Leftrightarrow \begin{array}{lr} \text{VI} & 20x-10y+5z=-10 \\ \text{V} & -8y+11z=-10 \\ \text{VIII} & 6y-19z=-14 \end{array}$$

Um eine Stufenform zu erreichen, muss in Gleichung VIII noch die Variable y eliminiert werden. Dazu multipliziert man Gleichung V mit 3 und Gleichung VIII mit 4, sodass vor der Variable y mit Ausnahme des Vorzeichens dieselben Faktoren stehen:

$$\begin{array}{lrl} \text{VI} & 20x-10y+5z=-10 & \\ \text{V} & -8y+11z=-10 & \mid\cdot 3 \\ \text{VIII} & 6y-19z=-14 & \mid\cdot 4 \end{array} \Leftrightarrow \begin{array}{lr} \text{VI} & 20x-10y+5z=-10 \\ \text{IX} & -24y+33z=-30 \\ \text{X} & 24y-76z=-56 \end{array}$$

Abschließend addiert man Gleichung IX zu Gleichung X:

$$\begin{array}{lrl} \text{VI} & 20x-10y+5z=-10 & \\ \text{IX} & -24y+33z=-30 & \\ \text{X} & 24y-76z=-56 & \mid \text{IX}+\text{X} \end{array} \Leftrightarrow \begin{array}{lr} \text{VI} & 20x-10y+5z=-10 \\ \text{IX} & -24y+33z=-30 \\ \text{XI} & -43z=-86 \end{array}$$

Nun hat man die Stufenform erreicht: Unterhalb der Diagonalen, die durch die Terme 20x, –24y und –43z gebildet wird, stehen keine Terme mehr. Dadurch kann man die Lösungen von unten nach oben sehr einfach bestimmen:

Aus Gleichung XI erhält man nach Division durch –43: $z=2$

Setzt man diesen Wert von z in Gleichung IX ein, dann ergibt sich:

$-24y+33\cdot 2=-30 \;\Leftrightarrow\; -24y=-96 \;\Leftrightarrow\; y=4$

Schließlich setzt man diese Werte von z bzw. y in Gleichung VI ein:

$20x-10\cdot 4+5\cdot 2=-10 \;\Leftrightarrow\; 20x=20 \;\Leftrightarrow\; x=1$

Insgesamt erhält man die Lösungsmenge $\mathbb{L}=\{(1;\,4;\,2)\}$.

Statt dieser ausführlichen und schrittweisen Umformung können auch mehrere Bearbeitungsschritte zusammengefasst werden (z. B. gleichzeitig Multiplikation einzelner Zeilen mit einer Zahl und Addition einer Zeile zu einer anderen). Dieser verkürzte Lösungsweg wird auf das zweite Gleichungssystem angewandt:

b) Um die Variable x in der zweiten und dritten Gleichung zu eliminieren, werden folgende Umformungen durchgeführt: Die zweite Zeile des Gleichungssystems wird durch die Differenz aus dem Doppelten der ersten Gleichung und dem Fünffachen der zweiten Gleichung ersetzt, die dritte Zeile durch die Differenz aus dem Dreifachen der zweiten und dem Doppelten der dritten Gleichung; dies kann folgendermaßen notiert werden:

$$\begin{array}{ll} \text{I} & 5x-3y+2z=14 \\ \text{II} & 2x+4y-5z=12 \\ \text{III} & 3x-2y+4z=3 \end{array} \quad \Leftrightarrow \quad \begin{array}{lr} \text{I} & 5x-\ \ 3y+\ \ 2z=\ \ 14 \\ \text{IV}=2\cdot\text{I}-5\cdot\text{II} & -26y+29z=-32 \\ \text{V}\ =3\cdot\text{II}-2\cdot\text{III} & 16y-23z=\ \ 30 \end{array}$$

Anschließend wird die dritte Zeile durch die Summe aus dem 8-Fachen der zweiten und dem 13-Fachen der dritten Zeile ersetzt, damit dort nur noch die Variable z übrig bleibt:

$$\begin{array}{lr} \text{I} & 5x-\ \ 3y+\ \ 2z=\ \ 14 \\ \text{IV} & -26y+29z=-32 \\ \text{VI}=8\cdot\text{IV}+13\cdot\text{V} & -67z=134 \end{array}$$

Aus Gleichung VI erhält man $z=-2$.
Eingesetzt in Gleichung IV folgt:
$-26y+29\cdot(-2)=-32 \quad\Leftrightarrow\quad -26y=26 \quad\Leftrightarrow\quad y=-1$
Die Werte $y=-1$ und $z=-2$ in Gleichung I eingesetzt ergeben:
$5x-3\cdot(-1)+2\cdot(-2)=14 \quad\Leftrightarrow\quad 5x=15 \quad\Leftrightarrow\quad x=3$
Somit lautet die Lösungsmenge $\mathbb{L}=\{(3;-1;-2)\}$.

1.3 Anzahl der Lösungen

In den beiden Beispielen des vorherigen Abschnitts enthielt die Lösungsmenge des Gleichungssystems jeweils nur ein Element. Neben dem Fall, dass ein Gleichungssystem eine eindeutige Lösung besitzt, können noch zwei weitere Fälle vorkommen.

Regel

Anzahl der Lösungen eines Gleichungssystems
Ein lineares Gleichungssystem besitzt entweder
- **eine eindeutige** Lösung,
- **keine** Lösung oder
- **unendlich viele** Lösungen.

Beispiel

Bestimmen Sie die Lösungsmengen der Gleichungssysteme.

a)
$$\begin{aligned} 2x - y + 5z &= 1 \\ 3x - 5y + 8z &= 5 \\ 5x + y + 12z &= -2 \end{aligned}$$

b)
$$\begin{aligned} 4x - 3y + 7z &= 1 \\ 5x - 4y + 6z &= 5 \\ 2x - y + 9z &= -7 \end{aligned}$$

Lösung:

a) Das erste Gleichungssystem wird nach dem Gauß-Verfahren umgeformt:

$$\begin{array}{ll} \text{I} & 2x - y + 5z = 1 \\ \text{II} & 3x - 5y + 8z = 5 \\ \text{III} & 5x + y + 12z = -2 \end{array} \Leftrightarrow \begin{array}{ll} \text{I} & 2x - y + 5z = 1 \\ \text{IV} = 3 \cdot \text{I} - 2 \cdot \text{II} & 7y - z = -7 \\ \text{V} = 5 \cdot \text{I} - 2 \cdot \text{III} & -7y + z = 9 \end{array}$$

$$\Leftrightarrow \begin{array}{ll} \text{I} & 2x - y + 5z = 1 \\ \text{IV} & 7y - z = -7 \\ \text{VI} = \text{IV} + \text{V} & 0 = 2 \end{array}$$

Hier ist die dritte Zeile des Gleichungssystems nie erfüllt; das Gleichungssystem besitzt daher gar keine Lösung, d. h. $\mathbb{L} = \{\,\}$.

b) Ebenso wird nun das zweite Gleichungssystem bearbeitet:

$$\begin{array}{ll} \text{I} & 4x - 3y + 7z = 1 \\ \text{II} & 5x - 4y + 6z = 5 \\ \text{III} & 2x - y + 9z = -7 \end{array} \Leftrightarrow \begin{array}{ll} \text{I} & 4x - 3y + 7z = 1 \\ \text{IV} = 5 \cdot \text{I} - 4 \cdot \text{II} & y + 11z = -15 \\ \text{V} = \text{I} - 2 \cdot \text{III} & -y - 11z = 15 \end{array}$$

$$\Leftrightarrow \begin{array}{ll} \text{I} & 4x - 3y + 7z = 1 \\ \text{IV} & y + 11z = -15 \\ \text{VI} = \text{IV} + \text{V} & 0 = 0 \end{array}$$

Die dritte Zeile des Gleichungssystems ist in diesem Fall immer erfüllt. Daher kann man in der zweiten Zeile für die Variable z jede beliebige Zahl wählen und damit dann y berechnen:

$y + 11z = -15 \quad \Leftrightarrow \quad y = -15 - 11z$

Setzt man diesen Wert von y in die erste Zeile ein, dann erhält man:

$4x - 3 \cdot (-15 - 11z) + 7z = 1$

$\Leftrightarrow \quad 4x + 45 + 33z + 7z = 1$

$\Leftrightarrow \quad 4x = -40z - 44$

$\Leftrightarrow \quad x = -10z - 11$

Das Gleichungssystem hat unendlich viele Lösungen, die man folgendermaßen notieren kann:

$\mathbb{L} = \{(-10z - 11;\ -15 - 11z;\ z) \mid z \in \mathbb{R}\}$

Eine Variable, deren Wert man bei der Lösung eines Gleichungssystems beliebig wählen kann (wie die Variable z in Beispiel b), nennt man **freie Lösungsvariable**.

1.4 Anwendungen

Bei anwendungsorientierten Fragestellungen muss der Aufgabentext meist erst in ein lineares Gleichungssystem „übersetzt“ werden, damit dieses anschließend gelöst werden kann.

Beispiel

Messing ist eine Legierung aus Kupfer und Zink. Aus den in genügender Menge vorhandenen Messingsorten A (Kupfergehalt 80 %) und B (Kupfergehalt 60 %) sollen vier Tonnen Messing mit einem Kupfergehalt von 65 % hergestellt werden. Wie müssen die beiden Legierungen gemischt werden?

Lösung:

Gesucht sind die Mengen der beiden Messingsorten, die zu mischen sind. Wir setzen die Menge der Sorte A gleich a und die Menge der Sorte B gleich b und entnehmen dem Aufgabentext folgende Bedingungen:

1. Gesamtmenge 4 t: $a+b=4$
2. Kupfermenge: $0{,}8a+0{,}6b=0{,}65\cdot 4$
3. Zinkmenge: $0{,}2a+0{,}4b=0{,}35\cdot 4$

Dieses Gleichungssystem wird nun mit dem Gauß-Verfahren umgeformt:

$$\begin{array}{lrcl}
\text{I} & a+b & = & 4\\
\text{II} & 0{,}8a+0{,}6b & = & 2{,}6\\
\text{III} & 0{,}2a+0{,}4b & = & 1{,}4
\end{array}
\Leftrightarrow
\begin{array}{lrcl}
\text{I} & a+b & = & 4\\
\text{IV}=0{,}8\cdot\text{I}-\text{II} & 0{,}2b & = & 0{,}6\\
\text{V}=0{,}2\cdot\text{I}-\text{III} & -0{,}2b & = & -0{,}6
\end{array}$$

$$\Leftrightarrow
\begin{array}{lrcl}
\text{I} & a+b & = & 4\\
\text{IV} & 0{,}2b & = & 0{,}6\\
\text{VI}=\text{IV}+\text{V} & 0 & = & 0
\end{array}$$

Die dritte Zeile liefert immer eine wahre Aussage (aus der Gesamtmenge sowie der verwendeten Kupfermenge ergibt sich automatisch die zu verwendende Zinkmenge, sodass die dritte Gleichung keine neue Information liefert); aus Gleichung IV erhält man $b=3$ und damit aus Gleichung I: $a=1$

Man muss also eine Tonne der Sorte A mit 3 Tonnen der Sorte B mischen.

Aufgaben

1. Lösen Sie die linearen Gleichungssysteme mithilfe des Gauß-Verfahrens.

a) $\begin{array}{rcl} 4x-5y & = & -6\\ 3x+2y & = & 7 \end{array}$

b) $\begin{array}{rcl} 5x-4y-2z & = & -1\\ 3x+3y+3z & = & 12\\ 4x-5y-4z & = & -7 \end{array}$

c) $\begin{array}{rcl} 2x+3y-5z & = & 0\\ 4x-3y+z & = & 0\\ 3x+4y-7z & = & 0 \end{array}$

2. Bestimmen Sie die Lösungsmenge des Gleichungssystems.

a) $$\begin{aligned} 3x - y + 2z &= -2 \\ 2x + 4y - 3z &= 12 \\ -x - 9y + 8z &= 5 \end{aligned}$$

b) $$\begin{aligned} 4x - y - 3z &= 2 \\ 5x + 2y - 2z &= 3 \\ -3x + 4y + 4z &= -1 \end{aligned}$$

c) $$\begin{aligned} 8x - 12y + 16z &= 20 \\ -10x + 15y - 20z &= -25 \\ 2x - 3y + 4z &= 5 \end{aligned}$$

* **3.** Bestimmen Sie die Lösungsmenge des Gleichungssystems in Abhängigkeit von a.

a) $$\begin{aligned} 4x - 3y + z &= 4 \\ 2x + 5y + 6z &= 3 \\ 3x + 2y - 2z &= a \end{aligned}$$

b) $$\begin{aligned} 2x + 3y - 2z &= 3 \\ 3x - 2y + 3z &= 1 \\ 8x - y + 4z &= a \end{aligned}$$

c) $$\begin{aligned} 3x - 3y + z &= 1 \\ 2x - 4y + 7z &= 5 \\ -x + 5y + a \cdot z &= -9 \end{aligned}$$

4. Bestimmen Sie die Lösungsmenge des Gleichungssystems.

a) $$\begin{aligned} 3x - 4y + 2z &= 1 \\ 2x - y + 3z &= 4 \end{aligned}$$

b) $$\begin{aligned} 5x - 4y &= -5 \\ 6x - 3y &= 3 \\ 4x + 2y &= 22 \end{aligned}$$

c) $$\begin{aligned} 2x - 3y &= -1 \\ 5x - 4y &= 5 \\ 3x + 5y &= 8 \end{aligned}$$

d) $$\begin{aligned} 5x - 3y + 2z &= 6 \\ 4x - 5y + 3z &= 5 \\ 7x - 2y - 4z &= -3 \\ 4x + y - 3z &= -1 \end{aligned}$$

e) $$\begin{aligned} x - 2y + z &= 2 \\ 2x + y - z &= 1 \\ x + 2y - 2z &= -1 \\ x - y + 2z &= 2 \end{aligned}$$

f) $$\begin{aligned} 4a - 3b + 5c - 2d &= -5 \\ 2a + 2b + 3c - d &= 1 \end{aligned}$$

* **5.** Bestimmen Sie die Lösungsmenge in Abhängigkeit des Parameters r:

$$\begin{aligned} 4x - 2y + z &= r \\ 5x + 3y - 2z &= r \\ 3x - 7y + 4z &= 2r \end{aligned}$$

6. Edelstahl ist eine Legierung aus Eisen, Chrom und Nickel.
Es stehen drei Sorten zur Verfügung:

A: 70 % Eisen, 20 % Chrom und 10 % Nickel
B: 80 % Eisen, 15 % Chrom und 5 % Nickel
C: 60 % Eisen, 30 % Chrom und 10 % Nickel

Wie muss man diese Legierungen mischen, um eine Tonne Edelstahl mit 72 % Eisen, 20 % Chrom und 8 % Nickel herzustellen?

7. Herkömmliche Blumendünger enthalten Kalium, Stickstoff und Phosphor.
In welchem Verhältnis müssen die Blumendünger der Sorten K, S und P gemischt werden, um 40 % Kalium, 40 % Stickstoff und 20 % Phosphor in der Mischung zu erhalten?

Sorte K: 60 % Kalium, 30 % Stickstoff, 10 % Phosphor
Sorte S: 20 % Kalium, 60 % Stickstoff, 20 % Phosphor
Sorte P: 20 % Kalium, 30 % Stickstoff, 50 % Phosphor

8. Eine Parabel dritter Ordnung geht durch die Punkte $A(-1\,|\,-5)$, $B(1\,|\,-1)$, $C(2\,|\,1)$ und $D(3\,|\,11)$.
Bestimmen Sie die Gleichung dieser kubischen Parabel.

2 Darstellung geometrischer Objekte

Wenn man geometrische Probleme lösen möchte, dann hilft es oft, sich den Sachverhalt zu veranschaulichen. Wie man geometrische Objekte begreiflich darstellen kann, wird in diesem Kapitel behandelt. Zunächst wird die Darstellung in einem Koordinatensystem bearbeitet. Anschließend wird beschrieben, wie man Körper auch ohne Koordinatensystem visualisieren kann.

2.1 Koordinatensystem

Punkte in einem zweidimensionalen Raum wie z. B. der Zeichenfläche können durch die Angabe von zwei Koordinaten, der x- und y-Koordinate, eindeutig beschrieben werden. Die Lage dieser zweidimensionalen Punkte wird im x-y-Koordinatensystem dargestellt.
Körper im Raum besitzen – anders als zweidimensionale Objekte wie Quadrat, Rechteck, Dreieck usw. – eine dritte Dimension. Zur Beschreibung der Lage der Eckpunkte solcher Körper im dreidimensionalen Raum benötigt man somit drei Koordinaten, die man als x-, y- und z-Koordinaten oder auch x_1-, x_2- und x_3-Koordinaten bezeichnet. Hier wird im Folgenden die zweite Bezeichnung verwendet.
Will man ein dreidimensionales Koordinatensystem auf einem Blatt Papier darstellen, muss man die Koordinatenachsen perspektivisch zeichnen. Dabei wird üblicherweise die **x_1-Koordinatenachse schräg nach links vorne** gezeichnet, die **x_2-Achse nach rechts** und die **x_3-Achse nach oben**. Dadurch entsteht der Eindruck, dass die x_1-Koordinate nach vorne aus der Papierebene herauszeigt, während die x_2-Koordinate den Rechtswert und die x_3-Koordinate den Hochwert angibt.

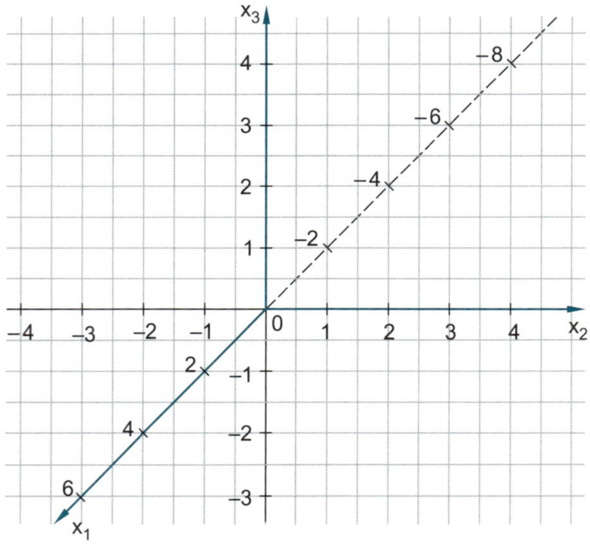

Um einen guten räumlichen Eindruck dreidimensionaler Objekte zu erhalten, verkürzt man dabei die Skalierung auf der x_1-Achse um einen geeignet gewählten Faktor.
Die Wahl des Faktors $\frac{1}{2}\sqrt{2} \approx 0,707$ hat den Vorteil, dass ganzzahlige Koordinatenwerte auf kariertem Papier immer auf Kreuzungspunkten der Gitterlinien

gezeichnet werden können, denn die Diagonale eines Quadrats mit der Seitenlänge 0,5 (Karobreite) besitzt die Länge
$d = \sqrt{(0,5)^2 + (0,5)^2} = \sqrt{0,5} = \frac{1}{2}\sqrt{2} \approx 0,707.$

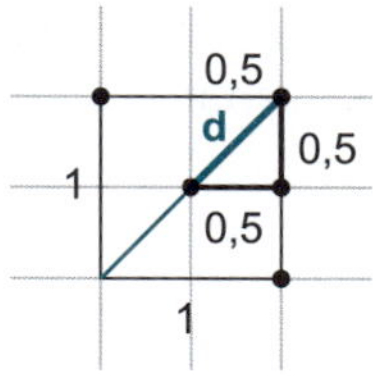

In solch einem dreidimensionalen Koordinatensystem hat der Ursprung die Koordinaten $x_1 = 0$, $x_2 = 0$, $x_3 = 0$ und wird mit O(0|0|0) notiert.
Ein Punkt P, der relativ zum Ursprung um 2 Einheiten weiter vorne, 3 Einheiten weiter rechts und 5 Einheiten weiter oben liegt, hat demnach die Koordinaten P(2|3|5). Der Punkt Q(3|5|4) liegt relativ zum Ursprung 3 Einheiten weiter vorne, 5 Einheiten weiter rechts und 4 Einheiten weiter oben.

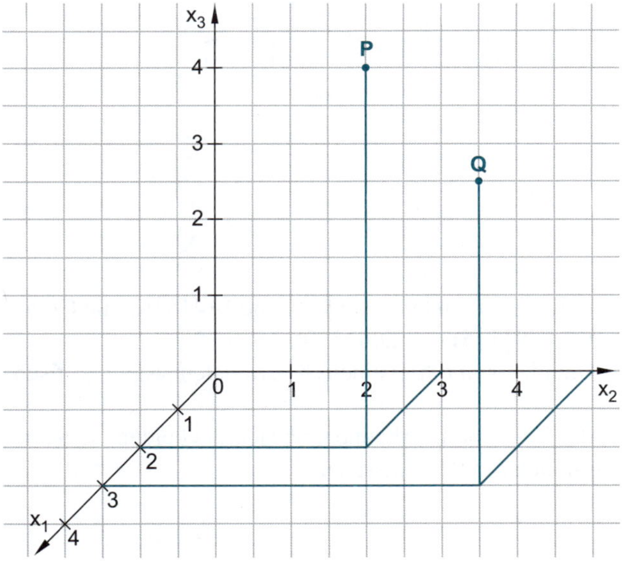

Dreidimensionale Körper kann man sehr gut in solchermaßen definierten Koordinatensystemen beschreiben und darstellen.

Beispiele

1. Stellen Sie einen Würfel mit Kantenlänge 4 cm in einem Koordinatensystem dar.

   Lösung:
   Man bestimmt die Koordinaten der Eckpunkte des Würfels. Wegen der Seitenlänge 4 der Würfelkanten eignen sich folgende Punktkoordinaten für die acht Eckpunkte des Würfels:
   A(0|0|0) B(0|4|0) C(0|4|4) D(0|0|4)
   E(4|0|0) F(4|4|0) G(4|4|4) H(4|0|4)

Stellt man diese im Koordinatensystem dar, dann erhält man folgendes Kantenmodell:

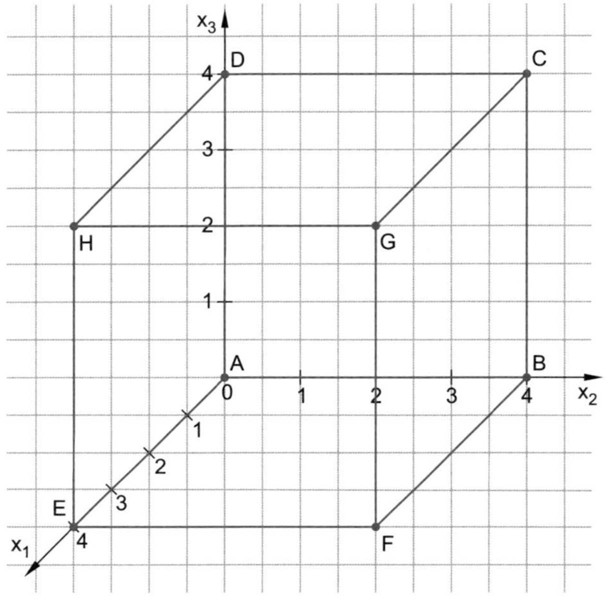

2. Die Gerade g geht durch die Punkte A(3 | 1 | –1) und B(4 | 5 | 6), die Gerade h durch die Punkte C(8 | 1 | 5) und D(4 | 5 | 0).
   a) Stellen Sie die Geraden g und h in einem Koordinatensystem grafisch dar.
   b) Können Sie an der Darstellung erkennen, ob sich die beiden Geraden schneiden? Begründen Sie Ihre Aussage.

Lösung:

a)

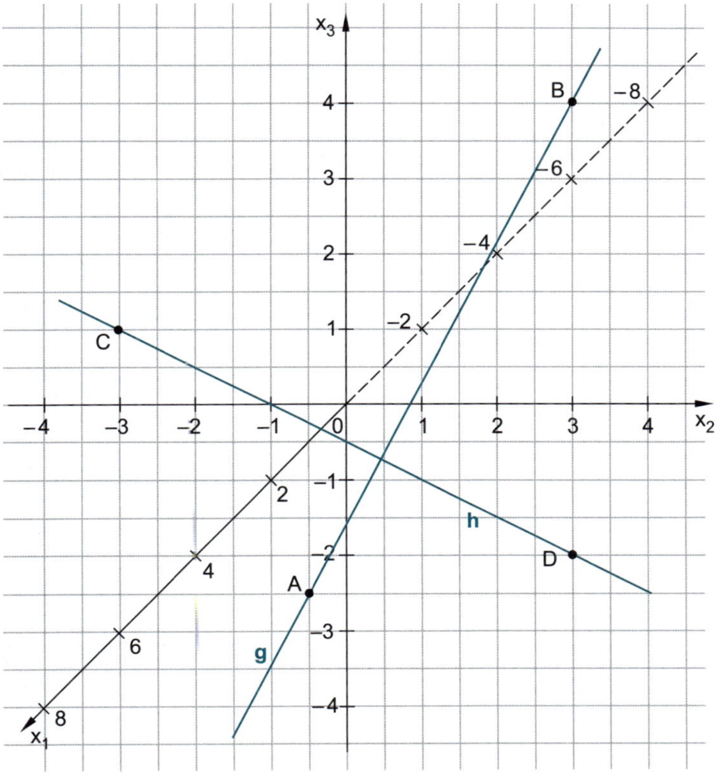

b) Aus der Zeichnung in Teilaufgabe a kann man nicht erkennen, ob sich die beiden Geraden im dreidimensionalen Raum schneiden; sie könnten auch hintereinander liegen (später werden wir dazu „windschief" sagen).
Hierin besteht ein Nachteil dieser zweidimensionalen Darstellung des dreidimensionalen Raums, der sich jedoch prinzipiell nicht vermeiden lässt.

Aufgaben **9.** Stellen Sie eine Pyramide mit den Eckpunkten A(4 | 1 | –1), B(3 | 5 | –1), C(0 | 5 | –1) und D(1 | 1 | –1) sowie der Spitze S(1,5 | 2,5 | 4) in einem Koordinatensystem dar.

10. Ein Haus mit einem Satteldach hat die Länge L = 16 m und die Breite B = 12 m und ist bis zum Dachansatz 8 m hoch. Das Satteldach selbst hat eine Höhe von 4 m.
Stellen Sie das Haus in einem Koordinatensystem so dar, dass man die Giebelseite frontal sehen kann (2 m ≙ 1 Längeneinheit).

11. Von den Eckpunkten der im Bild gezeichneten Pyramide sind nicht alle Koordinaten bekannt.
Bestimmen Sie die fehlenden Werte.
$A(6|a_2|a_3)$; $B(b_1|4|b_2)$; $C(0|c_2|c_3)$; $D(d_1|d_2|1)$; $S(s_1|3|s_3)$

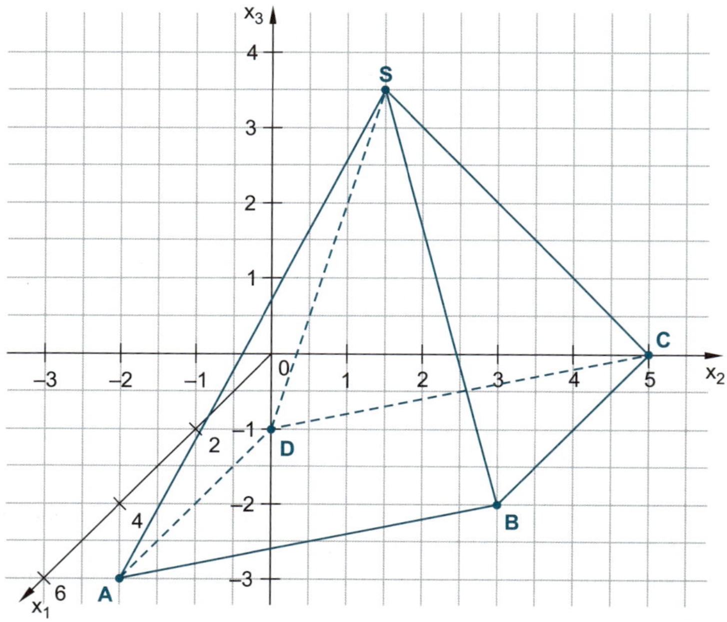

2.2 Koordinatenfreie Darstellungsformen

Man kann räumliche Objekte auch ohne ein Koordinatensystem anschaulich darstellen. So erhält man z. B. auch durch folgende Darstellung einen guten Eindruck von der Form des Würfels aus Abschnitt 2.1:

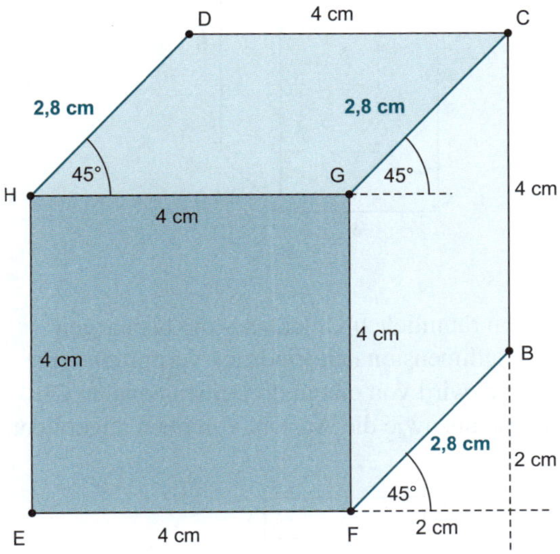

Die Kanten des vorderen Quadrats EFGH sowie die Kanten [BC] und [CD] des hinteren Quadrats verlaufen parallel zur Zeichenfläche, werden also im Originalmaßstab mit 4 cm gezeichnet.
Der Punkt B liegt bezüglich des Punktes F senkrecht hinter der Zeichenebene. Daher wird der Punkt B unter einem Winkel von $\varphi = 45°$ und mit dem Verkürzungsfaktor $k = \sqrt{0,5}$, also mit der Zeichenlänge $4\text{ cm} \cdot \sqrt{0,5} \approx 2,8\text{ cm}$, gezeichnet. Genauso werden der Punkt C, der „senkrecht" hinter G liegt, und der Punkt D, der senkrecht hinter H liegt, eingezeichnet.
Verbindet man anschließend die zusammengehörenden Punkte einer Kante (und lässt nicht sichtbare Kanten weg), so entsteht eine anschauliche räumliche Darstellung des Würfels als **Schrägbild**.

Beispiel

Stellen Sie einen Quader mit den Seitenlängen $a = 4$ cm, $b = 3$ cm und $h = 6$ cm in einem Schrägbild dar.

Lösung:
Die „nach hinten" führende Breite des Quaders $b = 3$ cm wird um den Faktor $\sqrt{0,5}$ auf etwa 2,1 cm verkürzt. Die drei nicht sichtbaren Kanten werden gestrichelt gezeichnet (der Quader erscheint dann transparent), könnten aber auch weggelassen werden.

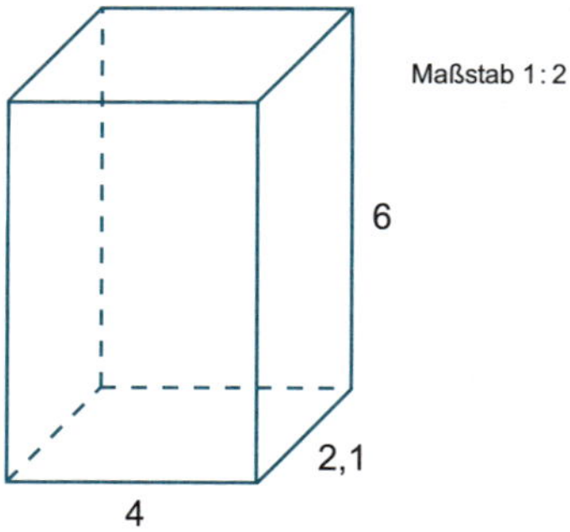

Eine alternative ebene Darstellung von räumlichen Objekten – die bisherigen Darstellungen sollten gezielt einen dreidimensionalen Eindruck vermitteln – bietet das sogenannte **Dreitafelbild**. Dabei wird von einem dreidimensionalen Objekt die Vorderansicht, eine Seitenansicht sowie die Ansicht von oben abgebildet.

Beispiel

Von einem Körper ist ein Dreitafelbild gegeben. Die Hilfskaros haben die Seitenlänge 1 cm.
Zeichnen Sie ein Schrägbild dieses Körpers.

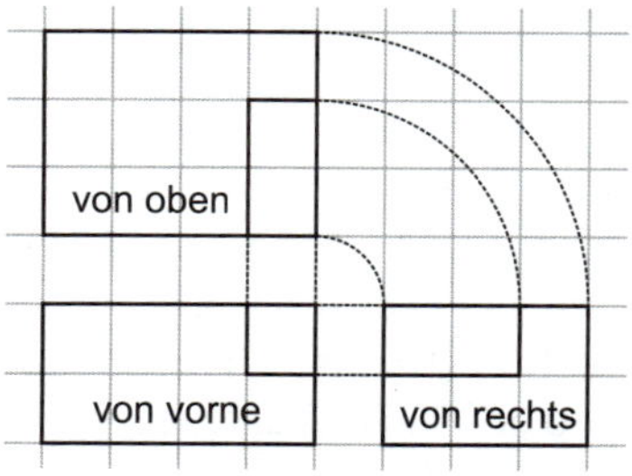

Lösung:
Aus einem Quader ist ein kleinerer Quader ausgesägt worden. Ein mögliches Schrägbild zeigt die Abbildung rechts.

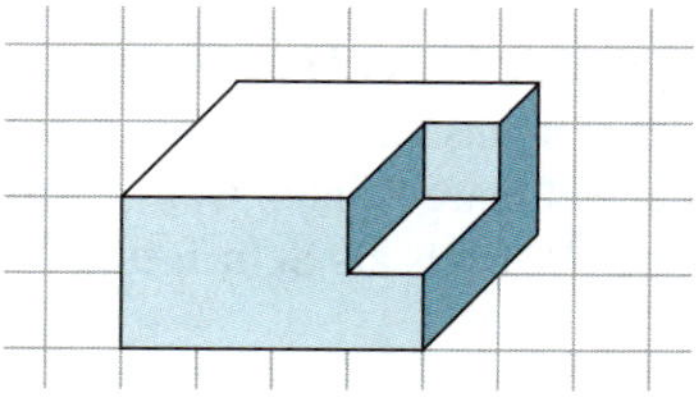

Anmerkung: In manchen Lehrbüchern wird die „Projektionsmethode 1" verwendet, bei der im rechten Bildteil der Blick von links (quasi als Schattenbild) wiedergegeben ist. In diesem Buch wird durchgehend die „Projektionsmethode 3" verwendet, bei der im rechten Teil der Körper mit Blickrichtung von rechts abgebildet wird und somit leichter vorstellbar ist.

Aufgaben

12. Zeichnen Sie ein Schrägbild einer geraden Pyramide mit quadratischer Grundfläche der Seitenlänge 4 cm sowie der Höhe 5 cm.

13. Erstellen Sie ein Schrägbild für die Figur, die in der Dreitafel-Darstellung wiedergegeben ist.

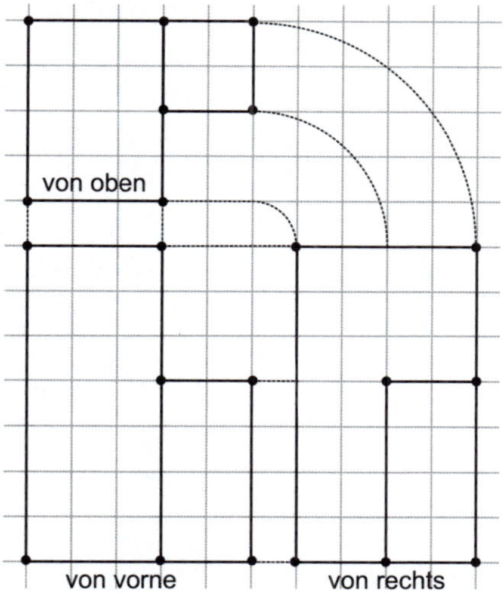

14. Zeichnen Sie von zwei Seiten gesehen jeweils ein Schrägbild eines Hauses mit einem Giebeldach, dessen Giebelseite nebenstehend abgebildet ist (Maße in Meter), und das 12 m lang ist.
Maßstab: 1 : 4

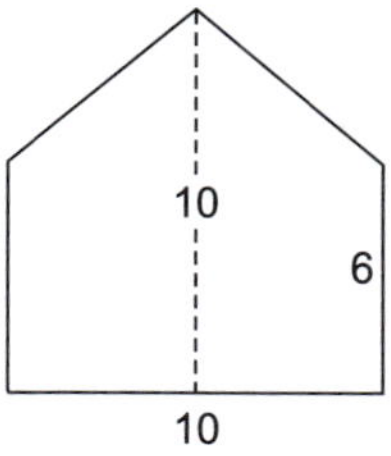

* **15.** Erstellen Sie ein Dreitafelbild der im Schrägbild dargestellten schiefen Pyramide, deren Spitze senkrecht über einer Ecke steht (die Karokästchen besitzen die Länge 1 cm).

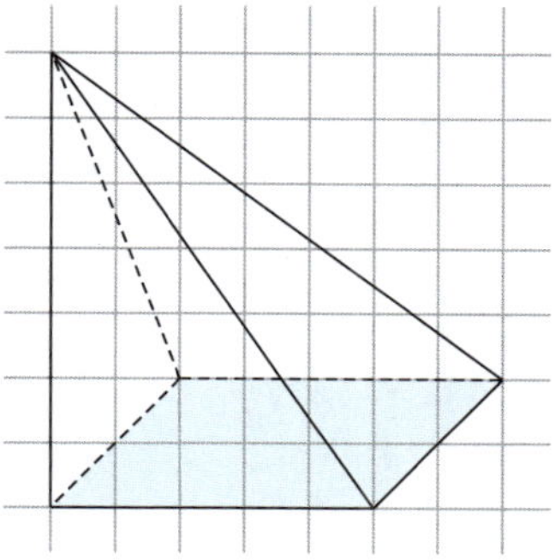

3 Vektoren

Um die Lage von Objekten und darauf angewandte Operationen, wie z. B. Verschiebungen, im Koordinatensystem einfach beschreiben zu können, sind Vektoren unverzichtbar. In diesem Kapitel lernen Sie dazu die relevanten Begriffe und Eigenschaften.

3.1 Definition

Definition

Vektoren besitzen eine Richtung und eine Länge und können anschaulich durch Pfeile dargestellt werden. In einem Koordinatensystem werden Vektoren mithilfe ihrer **Koordinaten** beschrieben, die jeweils die Ausdehnung des Vektors in eine Koordinatenrichtung ausdrücken.
Im Gegensatz zur Schreibweise bei Punkten werden die einzelnen **Koordinaten von Vektoren senkrecht untereinander** geschrieben.

Zweidimensionale Vektoren besitzen zwei Koordinaten (für die Rechts- und Hochrichtung); z. B. weist der zweidimensionale Vektor $\vec{v} = \begin{pmatrix} 1 \\ 3 \end{pmatrix}$ eine Einheit nach rechts und drei Einheiten nach oben. Entsprechend bezeichnet eine negative x- bzw. y-Koordinate die Ausdehnung nach links bzw. unten.
Dreidimensionale Vektoren besitzen dagegen eine weitere Koordinate, die die Ausdehnung des Vektors nach vorne (bzw. hinten) angibt; z. B. zeigt der dreidimensionale Vektor $\vec{v} = \begin{pmatrix} 1 \\ 3 \\ 4 \end{pmatrix}$ eine Einheit nach vorne, drei Einheiten nach rechts und vier Einheiten nach oben.
Wie man mit Vektoren rechnen kann, wird in den nachfolgenden Abschnitten gezeigt.

3.2 Punkte und Vektoren

Zu zwei Punkten A und B gibt es immer genau einen Vektor, der von dem einen Punkt zum anderen führt; dieser wird mit $\overrightarrow{AB}$ (Startpunkt in A) bzw. $\overrightarrow{BA}$ (Startpunkt in B) bezeichnet. Kennt man die Koordinaten dieser beiden Punkte, dann kann man die Koordinaten des Vektors aus den Koordinaten der Punkte berechnen.

Beispiel

Bestimmen Sie die Koordinaten des Vektors $\overrightarrow{AB}$ für A(2 | 1) und B(6 | 4).

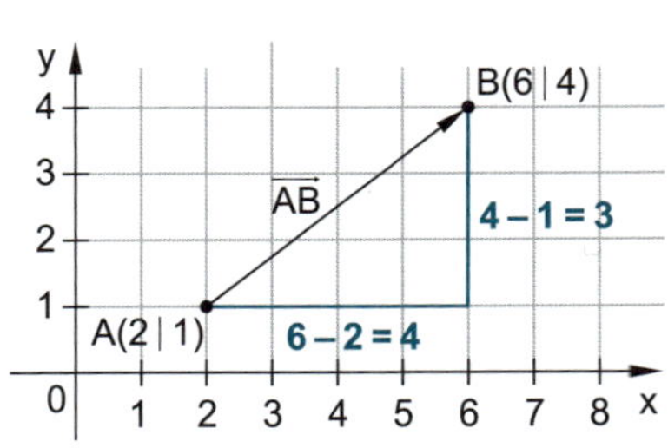

Lösung:
Zunächst betrachtet man nur die x-Richtung (also die Richtung nach rechts oder links):
Der Vektor $\overrightarrow{AB}$ beginnt bei $x_A = 2$ und endet bei $x_B = 6$, daher weist er $6 - 2 = 4$ Einheiten nach rechts.
In y-Richtung (Hochrichtung) beginnt der Vektor $\overrightarrow{AB}$ bei $y_A = 1$ und endet bei $y_B = 4$. Somit weist er $4 - 1 = 3$ Einheiten nach oben.
Insgesamt hat der Vektor die Koordinaten $\overrightarrow{AB} = \begin{pmatrix} 4 \\ 3 \end{pmatrix}$.

Regel

Verbindungsvektor zwischen zwei Punkten

Der **Vektor $\overrightarrow{AB}$ zwischen den Punkten** $A(a_1 \mid a_2)$ und $B(b_1 \mid b_2)$ besitzt die Koordinaten $\overrightarrow{AB} = \begin{pmatrix} b_1 - a_1 \\ b_2 - a_2 \end{pmatrix}$.

Für dreidimensionale Vektoren gilt entsprechend für die Punkte $A(a_1 \mid a_2 \mid a_3)$ und $B(b_1 \mid b_2 \mid b_3)$:

$$\overrightarrow{AB} = \begin{pmatrix} b_1 - a_1 \\ b_2 - a_2 \\ b_3 - a_3 \end{pmatrix}$$

Eine wichtige Klasse von Vektoren bilden diejenigen, die vom Ursprung zu einem Punkt A führen.

Regel

Ortsvektor

Zu jedem Punkt $A(a_1 \mid a_2)$ bzw. $A(a_1 \mid a_2 \mid a_3)$ gehört der entsprechende Ortsvektor

$$\vec{a} = \begin{pmatrix} a_1 \\ a_2 \end{pmatrix} \text{ bzw. } \vec{a} = \begin{pmatrix} a_1 \\ a_2 \\ a_3 \end{pmatrix},$$

der vom Ursprung zum Punkt A führt.

Ein Vektor heißt **gebunden**, wenn er einen festen Ansatzpunkt hat (z. B. der Ursprung bei Ortsvektoren); ungebundene Vektoren stellen dagegen nur einen Repräsentanten aller Vektoren, die eine bestimmte Richtung und Länge haben, dar.
Ein spezieller Vektor ist der **Nullvektor** $\vec{o} = \begin{pmatrix} 0 \\ 0 \end{pmatrix}$ bzw. $\vec{o} = \begin{pmatrix} 0 \\ 0 \\ 0 \end{pmatrix}$; er ist auch der Ortsvektor des Ursprungs und hat keine bestimmte Richtung sowie die Länge 0.

Aufgaben

16. Bestimmen Sie den Vektor $\overrightarrow{AB}$.

a) $A(4 \mid 1)$; $B(7 \mid -3)$

b) $A(5 \mid 2 \mid -7)$; $B(1 \mid 2 \mid -3)$

17. Geben Sie den fehlenden Punkt an, der zum Vektor $\overrightarrow{AB}$ gehört.

a) $A(4\,|\,1)$; $\overrightarrow{AB} = \begin{pmatrix} 3 \\ 2 \end{pmatrix}$

b) $A(3\,|\,2\,|-3)$; $\overrightarrow{AB} = \begin{pmatrix} 0 \\ -2 \\ 1 \end{pmatrix}$

c) $B(3\,|-1)$; $\overrightarrow{AB} = \begin{pmatrix} 1 \\ 5 \end{pmatrix}$

d) $B(1\,|-3\,|-4)$; $\overrightarrow{AB} = \begin{pmatrix} 1 \\ 2 \\ -1 \end{pmatrix}$

3.3 Addition und skalare Multiplikation von Vektoren

In diesem Kapitel wird gezeigt, dass sich bekannte Rechengesetze aus der Arithmetik auf das Rechnen mit Vektoren übertragen lassen. Dabei besteht ein enger Zusammenhang zwischen der anschaulichen Darstellung und der rechnerischen Betrachtung.

Addition von Vektoren

In einem Koordinatensystem wird der Weg vom Punkt $A(3\,|\,1)$ zum Punkt $B(6\,|\,2)$ durch den Vektor $\overrightarrow{AB} = \begin{pmatrix} 6-3 \\ 2-1 \end{pmatrix} = \begin{pmatrix} 3 \\ 1 \end{pmatrix}$ beschrieben; der weitere Weg von B nach $C(5\,|\,7)$ durch den Vektor $\overrightarrow{BC} = \begin{pmatrix} 5-6 \\ 7-2 \end{pmatrix} = \begin{pmatrix} -1 \\ 5 \end{pmatrix}$.

Betrachtet man jedoch den direkten Weg von A nach C, dann entspricht dies dem Vektor:

$\overrightarrow{AC} = \begin{pmatrix} 5-3 \\ 7-1 \end{pmatrix} = \begin{pmatrix} 2 \\ 6 \end{pmatrix}$

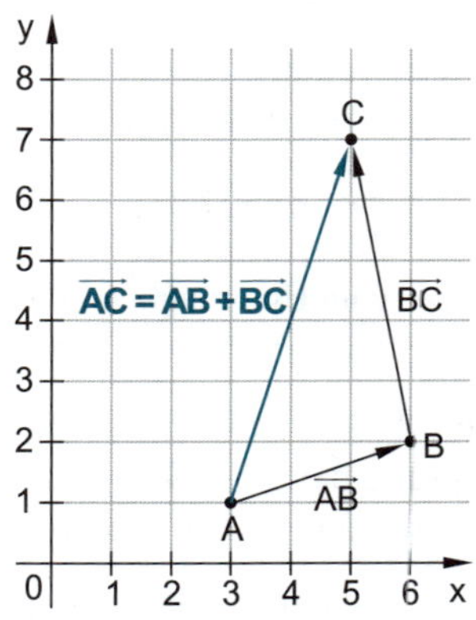

Weil sowohl der direkte Weg von A nach C als auch der Umweg von A über B nach C dieselben Anfangs- und Endpunkte besitzen, ist es einleuchtend, dass die Summe der Vektoren $\overrightarrow{AB}$ und $\overrightarrow{BC}$ dem Vektor $\overrightarrow{AC}$ entsprechen soll:

$\overrightarrow{AB} + \overrightarrow{BC} = \overrightarrow{AC}$

Betrachtet man die Koordinaten der Vektoren

$\overrightarrow{AB} + \overrightarrow{BC} = \begin{pmatrix} 3 \\ 1 \end{pmatrix} + \begin{pmatrix} -1 \\ 5 \end{pmatrix}$ und $\overrightarrow{AC} = \begin{pmatrix} 2 \\ 6 \end{pmatrix}$,

bestätigt sich die Anschauung, denn man erhält die Koordinaten des Vektors $\overrightarrow{AC}$, indem man die entsprechenden Koordinaten der Vektoren $\overrightarrow{AB}$ und $\overrightarrow{BC}$ addiert:

$x_{\overrightarrow{AC}} = 3 + (-1) = 2$ und $y_{\overrightarrow{AC}} = 1 + 5 = 6$

Definition

Die **Addition zweier Vektoren** $\vec{a} = \begin{pmatrix} a_1 \\ a_2 \end{pmatrix}$ und $\vec{b} = \begin{pmatrix} b_1 \\ b_2 \end{pmatrix}$ ist definiert durch:

$$\vec{a} + \vec{b} = \begin{pmatrix} a_1 + b_1 \\ a_2 + b_2 \end{pmatrix}$$

Im **dreidimensionalen Raum** vereinbart man entsprechend:

Die Addition zweier Vektoren $\vec{a} = \begin{pmatrix} a_1 \\ a_2 \\ a_3 \end{pmatrix}$ und $\vec{b} = \begin{pmatrix} b_1 \\ b_2 \\ b_3 \end{pmatrix}$ ist definiert durch:

$$\vec{a} + \vec{b} = \begin{pmatrix} a_1 + b_1 \\ a_2 + b_2 \\ a_3 + b_3 \end{pmatrix}$$

Beispiel

Bestimmen Sie die Summen $\begin{pmatrix} 3 \\ -2 \end{pmatrix} + \begin{pmatrix} -5 \\ 1 \end{pmatrix}$ sowie $\begin{pmatrix} 1 \\ 2 \\ -5 \end{pmatrix} + \begin{pmatrix} -2 \\ -2 \\ 1 \end{pmatrix}$.

Lösung:

$$\begin{pmatrix} 3 \\ -2 \end{pmatrix} + \begin{pmatrix} -5 \\ 1 \end{pmatrix} = \begin{pmatrix} 3 + (-5) \\ -2 + 1 \end{pmatrix} = \begin{pmatrix} 3 - 5 \\ -1 \end{pmatrix} = \begin{pmatrix} -2 \\ -1 \end{pmatrix}$$

$$\begin{pmatrix} 1 \\ 2 \\ -5 \end{pmatrix} + \begin{pmatrix} -2 \\ -2 \\ 1 \end{pmatrix} = \begin{pmatrix} 1 + (-2) \\ 2 + (-2) \\ -5 + 1 \end{pmatrix} = \begin{pmatrix} 1 - 2 \\ 2 - 2 \\ -5 + 1 \end{pmatrix} = \begin{pmatrix} -1 \\ 0 \\ -4 \end{pmatrix}$$

Skalare Multiplikation von Vektoren

Setzt man im Punkt A(2 | 1) den Vektor $\vec{v} = \begin{pmatrix} 3 \\ 2 \end{pmatrix}$ an, dann gelangt man zum Punkt B(5 | 3). Von B aus führt derselbe Vektor zum Punkt C(8 | 5). Schließlich erreicht man bei nochmaligem Ansetzen des Vektors $\vec{v}$ den Endpunkt D(11 | 7).

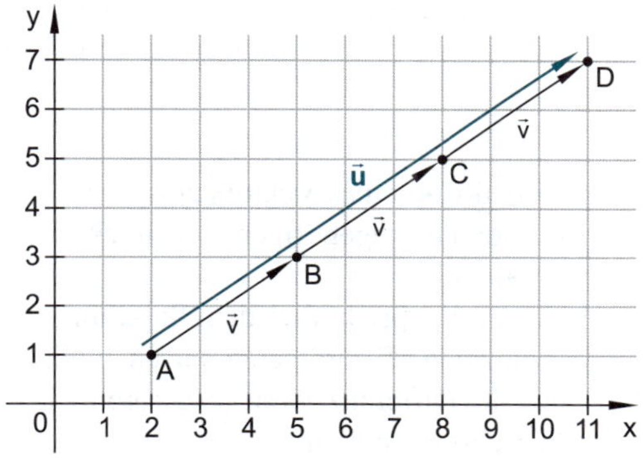

Indem man den Vektor $\vec{v}$ dreimal hintereinander angesetzt hat, ist man also vom Punkt A(2 | 1) zum Punkt D(11 | 7) gelangt. Dieser Weg lässt sich auch beschreiben durch den Vektor

$$\vec{u} = \overrightarrow{AD} = \begin{pmatrix} 11 - 2 \\ 7 - 1 \end{pmatrix} = \begin{pmatrix} 9 \\ 6 \end{pmatrix} = 3 \cdot \begin{pmatrix} 3 \\ 2 \end{pmatrix} = 3 \cdot \vec{v}.$$

Es bestätigt sich wieder die Anschauung, denn man erhält die Koordinaten des dreifachen Vektors, indem man die entsprechenden Koordinaten verdreifacht.

Definition

Die Multiplikation eines Vektors $\vec{v} = \binom{v_1}{v_2}$ mit einer Zahl $n \in \mathbb{R}$ wird **skalare Multiplikation** genannt.
Für diese skalare Multiplikation gilt:

$$\mathbf{n \cdot \vec{v} = n \cdot \begin{pmatrix} v_1 \\ v_2 \end{pmatrix} = \begin{pmatrix} n \cdot v_1 \\ n \cdot v_2 \end{pmatrix}}$$

Entsprechend definiert man für dreidimensionale Vektoren:

$$\mathbf{n \cdot \vec{v} = n \cdot \begin{pmatrix} v_1 \\ v_2 \\ v_3 \end{pmatrix} = \begin{pmatrix} n \cdot v_1 \\ n \cdot v_2 \\ n \cdot v_3 \end{pmatrix}}$$

Speziell gilt: $-\vec{v} = -1 \cdot \vec{v}$; der Vektor $-\vec{v}$ heißt **Gegenvektor** von $\vec{v}$.

Beispiel

Bestimmen Sie für $\vec{a} = \begin{pmatrix} 1 \\ -3 \\ 5 \end{pmatrix}$ und $\vec{b} = \begin{pmatrix} 4 \\ -2 \\ 1 \end{pmatrix}$ die Vektoren $5 \cdot \vec{a}$ und $-3 \cdot \vec{b}$ sowie $\frac{2}{3} \cdot \vec{a} - \frac{4}{3} \cdot \vec{b}$.

Lösung:

$$5 \cdot \vec{a} = 5 \cdot \begin{pmatrix} 1 \\ -3 \\ 5 \end{pmatrix} = \begin{pmatrix} 5 \cdot 1 \\ 5 \cdot (-3) \\ 5 \cdot 5 \end{pmatrix} = \begin{pmatrix} 5 \\ -15 \\ 25 \end{pmatrix};$$

$$-3 \cdot \vec{b} = -3 \cdot \begin{pmatrix} 4 \\ -2 \\ 1 \end{pmatrix} = \begin{pmatrix} -3 \cdot 4 \\ -3 \cdot (-2) \\ -3 \cdot 1 \end{pmatrix} = \begin{pmatrix} -12 \\ 6 \\ -3 \end{pmatrix};$$

$$\frac{2}{3} \cdot \vec{a} - \frac{4}{3} \cdot \vec{b} = \frac{2}{3} \cdot \begin{pmatrix} 1 \\ -3 \\ 5 \end{pmatrix} - \frac{4}{3} \cdot \begin{pmatrix} 4 \\ -2 \\ 1 \end{pmatrix} = \begin{pmatrix} \frac{2}{3} \\ -\frac{6}{3} \\ \frac{10}{3} \end{pmatrix} - \begin{pmatrix} \frac{16}{3} \\ -\frac{8}{3} \\ \frac{4}{3} \end{pmatrix} = \begin{pmatrix} -\frac{14}{3} \\ \frac{2}{3} \\ \frac{6}{3} \end{pmatrix} = \begin{pmatrix} -\frac{14}{3} \\ \frac{2}{3} \\ 2 \end{pmatrix}$$

Die **Subtraktion** eines Vektors entspricht der Addition des zugehörigen Gegenvektors:
$\vec{a} - \vec{b} = \vec{a} + (-\vec{b})$
Rechnerisch entspricht dies dem Subtrahieren der einzelnen Koordinaten; anschaulich lässt sich die Differenz zweier Vektoren wie im Bild rechts darstellen.

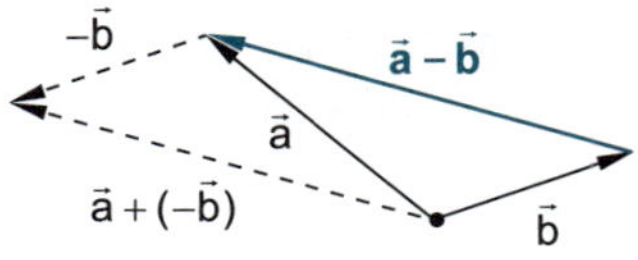

Aufgaben

18. Gegeben sind die Vektoren $\vec{a} = \binom{1}{4}$, $\vec{b} = \binom{-1}{3}$ und $\vec{c} = \binom{-3}{-1}$.
Bestimmen Sie die folgenden Vektoren:

a) $\vec{a} + \vec{b}$
b) $\vec{a} - \vec{c}$
c) $\vec{a} + \vec{c} - \vec{b}$
d) $2\vec{a} + 3\vec{c}$
e) $2\vec{b} - \vec{c} + 3\vec{a}$

19. Gegeben sind die Vektoren $\vec{a} = \begin{pmatrix} -2 \\ 1 \\ 5 \end{pmatrix}$, $\vec{b} = \begin{pmatrix} -3 \\ 4 \\ 1 \end{pmatrix}$ und $\vec{c} = \begin{pmatrix} 1 \\ -2 \\ 3 \end{pmatrix}$.

Bestimmen Sie die folgenden Vektoren:

a) $\vec{a} + \vec{c}$
b) $\vec{a} - \vec{c} + \vec{b}$
c) $\vec{a} + 2\vec{c}$
d) $2\vec{a} + \vec{b} - 3\vec{c}$
e) $3\vec{c} - 2\vec{b} + 2\vec{a}$

20. Bestimmen Sie den fehlenden Vektor.

a) $\begin{pmatrix} 3 \\ 1 \end{pmatrix} + \vec{c} = \begin{pmatrix} 1 \\ 5 \end{pmatrix}$
b) $\begin{pmatrix} 5 \\ 1 \end{pmatrix} - 2\vec{a} = \begin{pmatrix} 1 \\ 7 \end{pmatrix}$
c) $\begin{pmatrix} 2 \\ 1 \end{pmatrix} + \vec{x} = \begin{pmatrix} 8 \\ -5 \end{pmatrix} - 2\vec{x}$
d) $\begin{pmatrix} 4 \\ 1 \\ 1 \end{pmatrix} + \vec{v} = \begin{pmatrix} 1 \\ 0 \\ 2 \end{pmatrix}$
e) $\begin{pmatrix} 3 \\ 1 \\ 2 \end{pmatrix} + \vec{d} - \begin{pmatrix} 1 \\ 0 \\ 4 \end{pmatrix} = \begin{pmatrix} 7 \\ 2 \\ 3 \end{pmatrix}$
f) $\begin{pmatrix} 1 \\ 4 \\ -2 \end{pmatrix} + \vec{a} = \begin{pmatrix} 5 \\ -4 \\ 6 \end{pmatrix} - 3\vec{a}$
g) $\begin{pmatrix} 3 \\ 1 \\ 5 \end{pmatrix} - \vec{b} + \begin{pmatrix} -1 \\ 2 \\ 1 \end{pmatrix} = \vec{b} - \begin{pmatrix} -2 \\ -3 \\ -6 \end{pmatrix}$

3.4 Linearkombinationen

Im vorhergehenden Abschnitt wurde gezeigt, dass man Vektoren mit skalaren Faktoren versehen und addieren kann. Solche Kombinationen von Vektoren, z. B. $\vec{n} \cdot \vec{a} + \vec{m} \cdot \vec{b}$, werden im Weiteren sehr häufig auftreten, sodass sie einen eigenen Namen erhalten.

Definition

Jede Summe $x_1 \cdot \vec{a}_1 + x_2 \cdot \vec{a}_2 + \ldots + x_n \cdot \vec{a}_n$ von skalaren Vielfachen der Vektoren $\vec{a}_1, \vec{a}_2, \ldots, \vec{a}_n$ nennt man **Linearkombination** dieser Vektoren.

Beispiel

Stellen Sie den Vektor $\begin{pmatrix} 3 \\ 6 \end{pmatrix}$ als Linearkombination der Vektoren $\begin{pmatrix} 1 \\ 4 \end{pmatrix}$ und $\begin{pmatrix} -1 \\ 2 \end{pmatrix}$ dar.

Lösung:
Eine Linearkombination der Vektoren $\begin{pmatrix} 1 \\ 4 \end{pmatrix}$ und $\begin{pmatrix} -1 \\ 2 \end{pmatrix}$ hat die Form
$x_1 \cdot \begin{pmatrix} 1 \\ 4 \end{pmatrix} + x_2 \cdot \begin{pmatrix} -1 \\ 2 \end{pmatrix}$.

Gesucht ist also eine Lösung der Gleichung

$x_1 \cdot \begin{pmatrix} 1 \\ 4 \end{pmatrix} + x_2 \cdot \begin{pmatrix} -1 \\ 2 \end{pmatrix} = \begin{pmatrix} 3 \\ 6 \end{pmatrix}$;

dies führt auf ein lineares Gleichungssystem:

$$\begin{array}{ll} \text{I} & x_1 \cdot 1 + x_2 \cdot (-1) = 3 \\ \text{II} & x_1 \cdot 4 + x_2 \cdot \quad 2 = 6 \end{array} \Leftrightarrow \begin{array}{ll} \text{I} & x_1 - x_2 = 3 \\ \text{II} & 4x_1 + 2x_2 = 6 \end{array}$$

$$\Leftrightarrow \begin{array}{ll} \text{I} & x_1 - x_2 = 3 \\ \text{III} = 4 \cdot \text{I} - \text{II} & -6x_2 = 6 \end{array}$$

Es besitzt die Lösung (2; –1), und die gewünschte Linearkombination für den Vektor $\begin{pmatrix} 3 \\ 6 \end{pmatrix}$ lautet:

$\begin{pmatrix} 3 \\ 6 \end{pmatrix} = 2 \cdot \begin{pmatrix} 1 \\ 4 \end{pmatrix} + (-1) \cdot \begin{pmatrix} -1 \\ 2 \end{pmatrix}$

Jeder Vektor kann als Linearkombination der sogenannten **Einheitsvektoren** dargestellt werden; diese geben die Richtung der Koordinatenachsen an (im zweidimensionalen Fall sind dies die Vektoren $\begin{pmatrix} 1 \\ 0 \end{pmatrix}$ und $\begin{pmatrix} 0 \\ 1 \end{pmatrix}$).

Z. B. gilt für einen zweidimensionalen Vektor $\vec{v}$ folgende Zerlegung:

$\vec{v} = \begin{pmatrix} v_1 \\ v_2 \end{pmatrix} = v_1 \cdot \begin{pmatrix} 1 \\ 0 \end{pmatrix} + v_2 \cdot \begin{pmatrix} 0 \\ 1 \end{pmatrix}$

Die Vektoren $v_1 \cdot \begin{pmatrix} 1 \\ 0 \end{pmatrix}$ und $v_2 \cdot \begin{pmatrix} 0 \\ 1 \end{pmatrix}$ sind die **Komponenten** des Vektors $\vec{v}$; sie stellen seinen Anteil in Richtung der Koordinatenachsen dar (vgl. die Kräftezerlegung in der Physik).

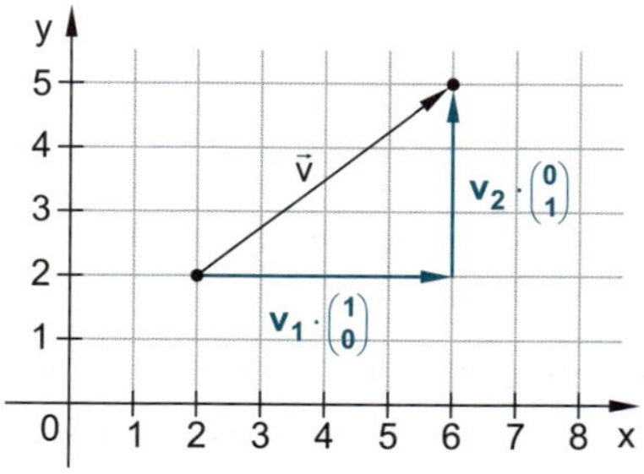

Aufgaben **21.** Stellen Sie den Vektor $\vec{a}$ als Linearkombination der anderen Vektoren dar.

a) $\vec{a} = \begin{pmatrix} 5 \\ 7 \end{pmatrix}$; $\vec{b} = \begin{pmatrix} 3 \\ 1 \end{pmatrix}$; $\vec{c} = \begin{pmatrix} -2 \\ 2 \end{pmatrix}$

b) $\vec{a} = \begin{pmatrix} 1 \\ 8 \\ -1 \end{pmatrix}$; $\vec{b} = \begin{pmatrix} 2 \\ -1 \\ 2 \end{pmatrix}$; $\vec{c} = \begin{pmatrix} 1 \\ 3 \\ 0 \end{pmatrix}$; $\vec{d} = \begin{pmatrix} 4 \\ 0 \\ 3 \end{pmatrix}$

c) $\vec{a} = \begin{pmatrix} 4 \\ 7 \end{pmatrix}$; $\vec{b} = \begin{pmatrix} 3 \\ 1 \end{pmatrix}$; $\vec{c} = \begin{pmatrix} -2 \\ 2 \end{pmatrix}$; $\vec{d} = \begin{pmatrix} 3 \\ 4 \end{pmatrix}$

d) $\vec{a} = \begin{pmatrix} 0 \\ 2 \\ -2 \end{pmatrix}$; $\vec{b} = \begin{pmatrix} 2 \\ -1 \\ 2 \end{pmatrix}$; $\vec{c} = \begin{pmatrix} 1 \\ 1 \\ 0 \end{pmatrix}$; $\vec{d} = \begin{pmatrix} -1 \\ -1 \\ 2 \end{pmatrix}$; $\vec{e} = \begin{pmatrix} 1 \\ -2 \\ -1 \end{pmatrix}$

22. Zeigen Sie, dass sich der Vektor $\vec{a}$ nicht als Linearkombination der anderen Vektoren darstellen lässt.

a) $\vec{a} = \begin{pmatrix} 4 \\ 1 \end{pmatrix}$; $\vec{b} = \begin{pmatrix} 6 \\ -3 \end{pmatrix}$; $\vec{c} = \begin{pmatrix} -4 \\ 2 \end{pmatrix}$

b) $\vec{a} = \begin{pmatrix} 1 \\ 0 \\ -1 \end{pmatrix}$; $\vec{b} = \begin{pmatrix} 2 \\ -1 \\ 0 \end{pmatrix}$; $\vec{c} = \begin{pmatrix} 1 \\ -1 \\ 2 \end{pmatrix}$

c) $\vec{a} = \begin{pmatrix} 1 \\ 2 \\ -1 \end{pmatrix}$; $\vec{b} = \begin{pmatrix} 2 \\ 1 \\ 0 \end{pmatrix}$; $\vec{c} = \begin{pmatrix} 1 \\ -1 \\ 2 \end{pmatrix}$; $\vec{d} = \begin{pmatrix} 4 \\ -1 \\ 4 \end{pmatrix}$

23. Stellen Sie den Nullvektor als Linearkombination der angegebenen Vektoren dar.

a) $\vec{a} = \begin{pmatrix} 4 \\ -1 \end{pmatrix}$; $\vec{b} = \begin{pmatrix} -12 \\ 3 \end{pmatrix}$

b) $\vec{a} = \begin{pmatrix} 4 \\ 1 \end{pmatrix}$; $\vec{b} = \begin{pmatrix} 2 \\ 3 \end{pmatrix}$

c) $\vec{a} = \begin{pmatrix} 2 \\ 1 \\ -1 \end{pmatrix}$; $\vec{b} = \begin{pmatrix} -3 \\ 1 \\ 2 \end{pmatrix}$; $\vec{c} = \begin{pmatrix} 1 \\ 3 \\ 4 \end{pmatrix}$

d) $\vec{a} = \begin{pmatrix} 2 \\ 1 \\ -3 \end{pmatrix}$; $\vec{b} = \begin{pmatrix} -3 \\ -1 \\ 2 \end{pmatrix}$; $\vec{c} = \begin{pmatrix} 1 \\ 1 \\ -4 \end{pmatrix}$

3.5 Lineare Abhängigkeit und Unabhängigkeit

In den Aufgaben des vorhergehenden Abschnitts haben Sie erfahren, dass man den Nullvektor manchmal auf nur eine einzige Art und Weise als Linearkombination von bestimmten Vektoren darstellen kann, in anderen Fällen wiederum gibt es (unendlich) viele Möglichkeiten.

Definition

Die Vektoren $\vec{a}_1, \vec{a}_2, \ldots, \vec{a}_n$ sind **linear unabhängig**, wenn sich der Nullvektor nur auf eine einzige Art darstellen lässt, wenn also aus

$x_1 \cdot \vec{a}_1 + x_2 \cdot \vec{a}_2 + \ldots + x_n \cdot \vec{a}_n = \vec{o}$

zwangsläufig als einzige Lösung

$x_1 = x_2 = \ldots = x_n = 0$ folgt.

Andernfalls sind die Vektoren $\vec{a}_1, \vec{a}_2, \ldots, \vec{a}_n$ **linear abhängig**.

Da man den Nullvektor immer als $0 \cdot \vec{a}_1 + 0 \cdot \vec{a}_2 + \ldots + 0 \cdot \vec{a}_n = \vec{o}$ darstellen kann, nennt man die Lösung $x_1 = x_2 = \ldots = x_n = 0$ auch die **triviale Lösung**.

Beispiel

Zeigen Sie, dass die Vektoren $\vec{a} = \begin{pmatrix} 1 \\ 1 \\ 3 \end{pmatrix}$, $\vec{b} = \begin{pmatrix} 3 \\ 1 \\ 2 \end{pmatrix}$, $\vec{c} = \begin{pmatrix} 0 \\ -2 \\ 1 \end{pmatrix}$ linear unabhängig sind.

Lösung:
Darstellung des Nullvektors als Linearkombination der drei Vektoren:
$x_1 \cdot \vec{a} + x_2 \cdot \vec{b} + x_3 \cdot \vec{c} = \vec{o}$

$$\Leftrightarrow \quad x_1 \cdot \begin{pmatrix} 1 \\ 1 \\ 3 \end{pmatrix} + x_2 \cdot \begin{pmatrix} 3 \\ 1 \\ 2 \end{pmatrix} + x_3 \cdot \begin{pmatrix} 0 \\ -2 \\ 1 \end{pmatrix} = \begin{pmatrix} 0 \\ 0 \\ 0 \end{pmatrix} \quad \Leftrightarrow \quad \begin{array}{lrl} \text{I} & x_1 + 3x_2 & = 0 \\ \text{II} & x_1 + x_2 - 2x_3 & = 0 \\ \text{III} & 3x_1 + 2x_2 + x_3 & = 0 \end{array}$$

Dieses Gleichungssystem besitzt nur die triviale Lösung $x_1 = x_2 = x_3 = 0$; daher sind die Vektoren $\vec{a}$, $\vec{b}$, $\vec{c}$ linear unabhängig.

Aus der Definition der linearen Abhängigkeit von Vektoren lässt sich eine hilfreiche Eigenschaft dieser Vektoren ableiten:

Regel

Eigenschaft linear abhängiger Vektoren
Genau dann, wenn die Vektoren $\vec{a}_1, \vec{a}_2, \ldots, \vec{a}_n$ linear abhängig sind, lässt sich mindestens einer dieser Vektoren als Linearkombination der anderen Vektoren darstellen.

Begründung: Wenn die Vektoren $\vec{a}_1, \vec{a}_2, \ldots, \vec{a}_n$ linear abhängig sind, dann hat die Linearkombination
$x_1 \cdot \vec{a}_1 + x_2 \cdot \vec{a}_2 + \ldots + x_n \cdot \vec{a}_n = \vec{o}$
außer der trivialen Lösung noch weitere Lösungen. Bei all diesen weiteren Lösungen ist aber mindestens einer der Faktoren $x_1, x_2, \ldots, x_n$ ungleich null. Wenn z. B. $x_1 \neq 0$ ist, dann gilt für die Linearkombination:

$$x_1 \cdot \vec{a}_1 + x_2 \cdot \vec{a}_2 + \ldots + x_n \cdot \vec{a}_n = \vec{o} \quad \Leftrightarrow \quad x_1 \cdot \vec{a}_1 = -x_2 \cdot \vec{a}_2 - \ldots - x_n \cdot \vec{a}_n$$

$$\Leftrightarrow \quad \vec{a}_1 = -\frac{x_2}{x_1} \cdot \vec{a}_1 - \ldots - \frac{x_n}{x_1} \cdot \vec{a}_n$$

Der Vektor $\vec{a}_1$ ist in diesem Fall als Linearkombination der übrigen Vektoren $\vec{a}_2, \ldots, \vec{a}_n$ darstellbar. Dieselbe Überlegung lässt sich leicht auf den Fall übertragen, dass ein anderer Faktor – nennen wir ihn x_k – ungleich null ist, dann ist nämlich

$$\vec{a}_k = -\frac{x_1}{x_k} \cdot \vec{a}_1 - \ldots - \frac{x_n}{x_k} \cdot \vec{a}_n,$$

wobei in der Linearkombination der Summand mit dem Vektor $\vec{a}_k$ fehlt.

Andererseits folgt aus

$$\vec{a}_k = x_1 \cdot \vec{a}_1 + \ldots + x_n \cdot \vec{a}_n \quad \Leftrightarrow \quad x_1 \cdot \vec{a}_1 + \ldots + x_n \cdot \vec{a}_n - \vec{a}_k = \vec{o}$$

sofort, dass der Nullvektor nicht nur auf triviale Weise als Linearkombination der Vektoren $\vec{a}_1, \ldots, \vec{a}_n$ darstellbar ist und diese Vektoren damit linear abhängig sind.

Das in der Regel auf S. 30 angegebene Kriterium wird meist zur Entscheidung verwendet, ob **zwei** Vektoren linear abhängig oder unabhängig sind (eine mögliche Linearkombination entspricht in diesem Fall einer skalaren Multiplikation $\vec{a}_1 = k \cdot \vec{a}_2$). Bei mehr als zwei Vektoren muss man u. U. viele Überprüfungen vornehmen, um festzustellen, ob einer dieser Vektoren als Linearkombination der anderen darstellbar ist. Daher verwendet man bei mehr als zwei Vektoren besser die ursprüngliche Definition (vgl. S. 29) für die Überprüfung auf lineare Abhängigkeit oder Unabhängigkeit.

Beispiel

a) Zeigen Sie, dass die Vektoren

$$\vec{a} = \begin{pmatrix} 1 \\ 2 \\ -1 \end{pmatrix}, \vec{b} = \begin{pmatrix} 2 \\ 6 \\ 4 \end{pmatrix}, \vec{c} = \begin{pmatrix} 2 \\ 3 \\ -5 \end{pmatrix}$$

linear abhängig sind, und stellen Sie $\vec{c}$ als Linearkombination von $\vec{a}$ und $\vec{b}$ dar.

b) Prüfen Sie, ob die Vektoren $\vec{a} = \begin{pmatrix} 2 \\ 1 \end{pmatrix}$ und $\vec{b} = \begin{pmatrix} 0 \\ 0 \end{pmatrix}$ linear abhängig sind.

Lösung:

a) Die lineare Abhängigkeit wird anhand der Definition (vgl. S. 29) geprüft:

$$r \cdot \begin{pmatrix} 1 \\ 2 \\ -1 \end{pmatrix} + s \cdot \begin{pmatrix} 2 \\ 6 \\ 4 \end{pmatrix} + t \cdot \begin{pmatrix} 2 \\ 3 \\ -5 \end{pmatrix} = \begin{pmatrix} 0 \\ 0 \\ 0 \end{pmatrix} \Leftrightarrow \begin{array}{ll} \text{I} & r + 2s + 2t = 0 \\ \text{II} & 2r + 6s + 3t = 0 \\ \text{III} & -r + 4s - 5t = 0 \end{array}$$

$$\Leftrightarrow \begin{array}{lr} \text{I} & r + 2s + 2t = 0 \\ \text{IV} = 2 \cdot \text{I} - \text{II} & -2s + t = 0 \\ \text{V} = \text{I} + \text{III} & 6s - 3t = 0 \end{array}$$

$$\Leftrightarrow \begin{array}{lr} \text{I} & r + 2s + 2t = 0 \\ \text{IV} & -2s + t = 0 \\ \text{VI} = 3 \cdot \text{IV} + \text{V} & 0 = 0 \end{array}$$

Die dritte Zeile des Gleichungssystems ist immer erfüllt; es gibt also unendlich viele Lösungen und die Vektoren sind linear abhängig.
Da der Vektor $\vec{c}$ als Linearkombination der anderen dargestellt werden soll, wählt man $t = 1$ und erhält aus Gleichung IV:

$-2s + 1 = 0 \quad \Leftrightarrow \quad -2s = -1 \quad \Leftrightarrow \quad s = \frac{1}{2}$

Beide Werte eingesetzt in Gleichung I ergibt:

$r + 2 \cdot \frac{1}{2} + 2 \cdot 1 = 0 \quad \Leftrightarrow \quad r + 3 = 0 \quad \Leftrightarrow \quad r = -3$

Mit diesen Werten erhält man die gesuchte Linearkombination:

$-3 \cdot \vec{a} + \frac{1}{2} \cdot \vec{b} + \vec{c} = \vec{o} \quad \Leftrightarrow \quad \vec{c} = 3 \cdot \vec{a} - \frac{1}{2} \cdot \vec{b}$

b) Der Vektor $\vec{b}$ ist der Nullvektor und lässt sich deshalb als (triviales) Vielfaches eines jeden Vektors ausdrücken, also auch des Vektors $\vec{a}$: $\vec{b} = 0 \cdot \vec{a}$
Die beiden Vektoren sind linear abhängig.

Aus Teil b des Beispiels folgt allgemein, dass der Nullvektor linear abhängig zu jedem anderen Vektor ist, da er sich als Vielfaches jeden Vektors darstellen lässt.

Aufgaben **24.** Prüfen Sie, ob die Vektoren linear abhängig oder unabhängig sind.

a) $\vec{a} = \begin{pmatrix} 3 \\ 1 \end{pmatrix}; \vec{b} = \begin{pmatrix} 9 \\ 3 \end{pmatrix}$

b) $\vec{a} = \begin{pmatrix} 3 \\ 5 \end{pmatrix}; \vec{b} = \begin{pmatrix} -3 \\ 5 \end{pmatrix}$

c) $\vec{a} = \begin{pmatrix} 1 \\ 1 \end{pmatrix}; \vec{b} = \begin{pmatrix} 1 \\ 0 \end{pmatrix}$

d) $\vec{a} = \begin{pmatrix} 1 \\ -1 \\ 2 \end{pmatrix}; \vec{b} = \begin{pmatrix} 2 \\ -2 \\ 2 \end{pmatrix}$

e) $\vec{a} = \begin{pmatrix} 3 \\ 6 \\ -9 \end{pmatrix}; \vec{b} = \begin{pmatrix} -4 \\ -8 \\ 12 \end{pmatrix}$

f) $\vec{a} = \begin{pmatrix} 1 \\ -1 \\ 2 \end{pmatrix}; \vec{b} = \begin{pmatrix} 4 \\ 1 \\ 3 \end{pmatrix}; \vec{c} = \begin{pmatrix} 1 \\ 2 \\ 3 \end{pmatrix}$

g) $\vec{a} = \begin{pmatrix} 1 \\ 2 \\ 2 \end{pmatrix}; \vec{b} = \begin{pmatrix} 1 \\ -1 \\ -2 \end{pmatrix}; \vec{c} = \begin{pmatrix} 0 \\ 0 \\ 0 \end{pmatrix}$

h) $\vec{a} = \begin{pmatrix} 1 \\ 0 \\ 0 \end{pmatrix}; \vec{b} = \begin{pmatrix} 0 \\ -1 \\ 0 \end{pmatrix}; \vec{c} = \begin{pmatrix} 0 \\ 0 \\ 2 \end{pmatrix}$

* **25.** Bestimmen Sie die Werte für a und b so, dass die Vektoren linear abhängig sind.

a) $\vec{a} = \begin{pmatrix} 2 \\ a \end{pmatrix}; \vec{b} = \begin{pmatrix} 3 \\ b \end{pmatrix}$

b) $\vec{a} = \begin{pmatrix} 3 \\ a \\ -6 \end{pmatrix}; \vec{b} = \begin{pmatrix} -2 \\ 8 \\ b \end{pmatrix}$

c) $\vec{a} = \begin{pmatrix} 1 \\ a \\ 5 \end{pmatrix}; \vec{b} = \begin{pmatrix} 3 \\ b \\ 10 \end{pmatrix}$

26. Bestimmen Sie einen Vektor $\vec{c}$ so, dass die Vektoren $\vec{a}$, $\vec{b}$, $\vec{c}$ linear unabhängig sind.

a) $\vec{a} = \begin{pmatrix} 1 \\ 2 \\ 4 \end{pmatrix}; \vec{b} = \begin{pmatrix} 0 \\ 2 \\ 2 \end{pmatrix}$

b) $\vec{a} = \begin{pmatrix} 8 \\ -2 \\ -4 \end{pmatrix}; \vec{b} = \begin{pmatrix} -4 \\ 1 \\ 2 \end{pmatrix}$

27. a) Beschreiben Sie die Lage von zwei linear abhängigen Vektoren.

b) Welche Lage im dreidimensionalen Raum haben drei linear abhängige Vektoren?

* **28.** a) Begründen Sie: Im zweidimensionalen Raum sind drei Vektoren immer linear abhängig.

b) Wie lautet ein entsprechender Satz im dreidimensionalen Raum?

4 Skalarprodukt

Die Addition und skalare Multiplikation von Vektoren haben Sie bereits kennengelernt. Nun stellt sich die Frage, ob man auch die Multiplikation zweier Vektoren sinnvoll definieren kann. Ein mögliches Produkt und seine Eigenschaften werden in diesem Kapitel vorgestellt. Für metrische Berechnungen (Längen und Winkel) mithilfe von Vektoren ist dieses Hilfsmittel unverzichtbar.

4.1 Definition und Eigenschaften des Skalarprodukts

In diesem Kapitel lernen Sie ein Produkt zwischen zwei Vektoren kennen, das durch seine Eigenschaften in vielen wichtigen geometrischen Fragestellungen Anwendung findet. Der Name Skalarprodukt weist darauf hin, dass das so definierte Produkt zweier Vektoren ein Skalar, also eine reelle Zahl ist. Ein weiteres Produkt zwischen Vektoren lernen Sie in Kapitel 6 kennen.

Definition

Das **Skalarprodukt $\vec{a} \circ \vec{b}$** zwischen zwei reellen Vektoren $\vec{a} = \begin{pmatrix} a_1 \\ a_2 \\ a_3 \end{pmatrix}$ und $\vec{b} = \begin{pmatrix} b_1 \\ b_2 \\ b_3 \end{pmatrix}$ ist definiert als:

$\vec{a} \circ \vec{b} = a_1 b_1 + a_2 b_2 + a_3 b_3$

Bei zweidimensionalen Vektoren $\vec{a}$ und $\vec{b}$ ergibt sich entsprechend:

$\vec{a} \circ \vec{b} = a_1 b_1 + a_2 b_2$

Beispiel

Berechnen Sie $\begin{pmatrix} 3 \\ 4 \\ -2 \end{pmatrix} \circ \begin{pmatrix} -4 \\ 2 \\ -3 \end{pmatrix}$ und $\left(\begin{pmatrix} 5 \\ 3 \\ 0 \end{pmatrix} \circ \begin{pmatrix} 1 \\ -4 \\ 4 \end{pmatrix}\right) \cdot \begin{pmatrix} 3 \\ 1 \\ 2 \end{pmatrix}$.

Lösung:

$$\begin{pmatrix} 3 \\ 4 \\ -2 \end{pmatrix} \circ \begin{pmatrix} -4 \\ 2 \\ -3 \end{pmatrix} = 3 \cdot (-4) + 4 \cdot 2 + (-2) \cdot (-3) = -12 + 8 + 6 = 2$$

$$\left(\begin{pmatrix} 5 \\ 3 \\ 0 \end{pmatrix} \circ \begin{pmatrix} 1 \\ -4 \\ 4 \end{pmatrix}\right) \cdot \begin{pmatrix} 3 \\ 1 \\ 2 \end{pmatrix} = (5 \cdot 1 + 3 \cdot (-4) + 0 \cdot 4) \cdot \begin{pmatrix} 3 \\ 1 \\ 2 \end{pmatrix} = (5 - 12 + 0) \cdot \begin{pmatrix} 3 \\ 1 \\ 2 \end{pmatrix} = -7 \cdot \begin{pmatrix} 3 \\ 1 \\ 2 \end{pmatrix} = \begin{pmatrix} -21 \\ -7 \\ -14 \end{pmatrix}$$

Hinweis: Achten Sie auf den Unterschied zwischen dem Zeichen „∘“ für Skalarprodukt und „·“ für die skalare Multiplikation. Das Ergebnis des ersteren ist eine Zahl, das Ergebnis des letzteren ein Vektor. Die skalare Multiplikation hat dabei Vorrang vor dem Skalarprodukt. In diesem Buch wird konsequent das Zeichen „∘“ für das Skalarprodukt verwendet.

Das Skalarprodukt besitzt einige wichtige Eigenschaften.

Regel

Eigenschaften des Skalarprodukts

- Das Skalarprodukt ist **kommutativ**: $\vec{a} \circ \vec{b} = \vec{b} \circ \vec{a}$
- Das Skalarprodukt $\vec{a} \circ \vec{a}$ eines Vektors mit sich selbst ist nie negativ: $\vec{a} \circ \vec{a} \geq 0$
  Man schreibt: $\vec{a} \circ \vec{a} = \vec{a}^2$
- Das Skalarprodukt $\vec{a} \circ \vec{a}$ eines Vektors mit sich selbst ist genau dann gleich null, wenn $\vec{a}$ der Nullvektor ist, also für $\vec{a} = \vec{o}$.
- Für das Skalarprodukt gilt das **Distributivgesetz**: $\vec{a} \circ (\vec{b} + \vec{c}) = \vec{a} \circ \vec{b} + \vec{a} \circ \vec{c}$

Diese Eigenschaften lassen sich leicht nachweisen; dafür greift man immer auf die Definition des Skalarprodukts zurück.

Beispiel

Beweisen Sie das Kommutativgesetz für das Skalarprodukt.

Lösung:

Nach der Definition gelten folgende beiden Gleichungen:

$\vec{a} \circ \vec{b} = a_1b_1 + a_2b_2 + a_3b_3$ und $\vec{b} \circ \vec{a} = b_1a_1 + b_2a_2 + b_3a_3$

Die jeweils rechten Seiten dieser Gleichungen stellen Terme in der Menge der reellen Zahlen dar. Für diese Terme gilt bekanntermaßen das Kommutativgesetz, sodass wegen $a_1b_1 = b_1a_1$ bzw. $a_2b_2 = b_2a_2$ bzw. $a_3b_3 = b_3a_3$ in der Menge der reellen Zahlen gilt:

$a_1b_1 + a_2b_2 + a_3b_3 = b_1a_1 + b_2a_2 + b_3a_3$

Somit sind auch die linken Seiten der beiden Gleichungen gleich, d. h.

$\vec{a} \circ \vec{b} = \vec{b} \circ \vec{a}$.

Das Kommutativgesetz gilt folglich auch für das Skalarprodukt.

Aufgrund der Eigenschaften des Skalarproduktes können Sie also mit dieser Multiplikation von Vektoren genauso rechnen wie mit der Multiplikation von Zahlen. Unter anderem gelten die binomischen Formeln, z. B.:

$(\vec{a} + \vec{b})^2 = (\vec{a} + \vec{b}) \circ (\vec{a} + \vec{b}) = \vec{a}^2 + 2 \cdot (\vec{a} \circ \vec{b}) + \vec{b}^2$ (vgl. Aufgabe 35)

Aufgaben

29. Berechnen Sie die folgenden Skalarprodukte.

a) $\begin{pmatrix} 3 \\ 2 \end{pmatrix} \circ \begin{pmatrix} -1 \\ 2 \end{pmatrix}$

b) $\begin{pmatrix} r \\ s \end{pmatrix} \circ \begin{pmatrix} -s \\ r \end{pmatrix}$

c) $\begin{pmatrix} 3 \\ -1 \\ 0 \end{pmatrix} \circ \begin{pmatrix} 2 \\ 5 \\ -4 \end{pmatrix}$

d) $\begin{pmatrix} a \\ b \\ c \end{pmatrix} \circ \begin{pmatrix} -b \\ a \\ 1 \end{pmatrix}$

30. Bestimmen Sie die Zahl a so, dass das Skalarprodukt die angegebenen Werte besitzt.

a) $\begin{pmatrix} 3 \\ a \\ 2 \end{pmatrix} \circ \begin{pmatrix} a \\ -2 \\ 5 \end{pmatrix} = 8$

b) $\begin{pmatrix} a \\ a \\ 2 \end{pmatrix} \circ \begin{pmatrix} a \\ -2 \\ 3 \end{pmatrix} = 6$

31. Beweisen Sie, dass für das Skalarprodukt gilt:

a) $\vec{a} \circ \vec{a} \geq 0$ für alle Vektoren $\vec{a}$

b) $\vec{a} \circ \vec{a} = 0$ nur für $\vec{a} = \vec{o}$

c) Distributivgesetz: $\vec{a} \circ (\vec{b} + \vec{c}) = \vec{a} \circ \vec{b} + \vec{a} \circ \vec{c}$

d) Für $k \in \mathbb{R}$ gilt: $k \cdot (\vec{a} \circ \vec{b}) = (k \cdot \vec{a}) \circ \vec{b}$

32. Begründen Sie, dass folgende Gleichung in der Regel nicht gilt:
$\vec{a} \cdot (\vec{b} \circ \vec{c}) = (\vec{a} \circ \vec{b}) \cdot \vec{c}$

33. Markieren Sie diejenigen Malpunkte, die ein Skalarprodukt darstellen:
$\vec{a} \cdot \vec{b} \cdot \vec{c} + 5 \cdot \vec{d} - \vec{b} \cdot (\vec{a} \cdot \vec{c}) \cdot (\vec{a} \cdot \vec{d})$

34. Vereinfachen Sie die Terme.

a) $\vec{a} \circ (\vec{b} - \vec{c}) + \vec{c} \circ (\vec{a} - \vec{b}) - \vec{b} \circ (\vec{a} - \vec{c})$

b) $(\vec{a} + \vec{b}) \circ (\vec{a} - \vec{b})$

35. Berechnen Sie: $(\vec{a} + \vec{b})^2$ und $(\vec{a} - \vec{b})^2$

4.2 Länge eines Vektors

Stellt man den Vektor $\vec{v} = \begin{pmatrix} 3 \\ 4 \end{pmatrix}$ in einem Koordinatensystem dar, so lässt sich seine Länge durch Ergänzung zu einem rechtwinkligen Dreieck berechnen. Nach dem Satz des Pythagoras ergibt sich für die Länge des Vektors $\vec{v}$:

$|\vec{v}| = \sqrt{4^2 + 3^2} = \sqrt{25} = 5$

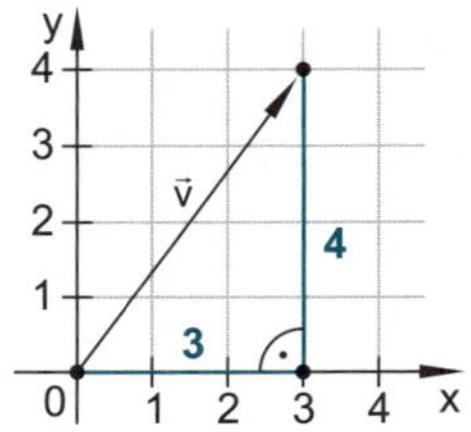

Für dreidimensionale Vektoren gilt eine ähnliche Betrachtungsweise, wie man sich am Beispiel des Vektors $\vec{v} = \begin{pmatrix} v_1 \\ v_2 \\ v_3 \end{pmatrix} = \begin{pmatrix} 4 \\ 5 \\ 3 \end{pmatrix}$ anhand der Darstellung im Koordinatensystem klarmachen kann:

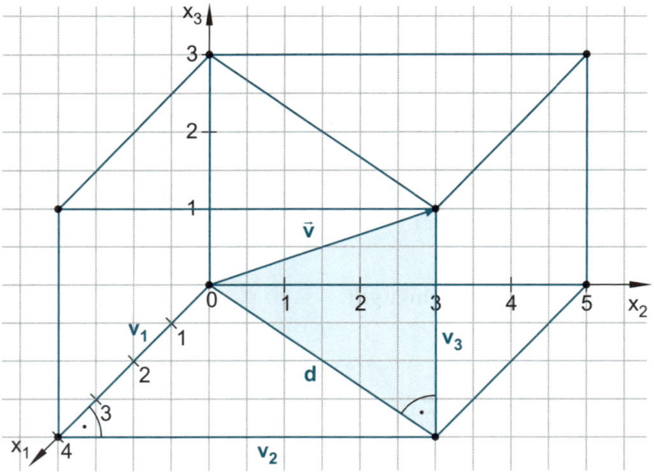

Der Vektor $\vec{v}$ zeigt vier Einheiten nach vorne, fünf Einheiten nach rechts und drei Einheiten nach oben. Umrahmt man diesen Vektor durch einen Quader mit den Seitenlängen $v_1 = 4$, $v_2 = 5$ und $v_3 = 3$, bildet er genau eine Raumdiagonale in diesem Quader. Für deren Länge L gilt nach dem Satz des Pythagoras:

$$L = |\vec{v}| = \sqrt{d^2 + v_3^2} = \sqrt{v_1^2 + v_2^2 + v_3^2} = \sqrt{4^2 + 5^2 + 3^2} = \sqrt{50}$$

Allgemein gilt daher folgende Regel:

Regel

Länge eines Vektors

Die **Länge eines zweidimensionalen Vektors** $\vec{v} = \begin{pmatrix} v_1 \\ v_2 \end{pmatrix}$ beträgt $|\vec{v}| = \sqrt{v_1^2 + v_2^2}$.

Der **dreidimensionale Vektor** $\vec{v} = \begin{pmatrix} v_1 \\ v_2 \\ v_3 \end{pmatrix}$ besitzt die **Länge** $|\vec{v}| = \sqrt{v_1^2 + v_2^2 + v_3^2}$.

In beiden Fällen gilt: $|\vec{v}| = \sqrt{\vec{v} \circ \vec{v}} = \sqrt{\vec{v}^2}$

Synonym zum Begriff Länge spricht man oft auch vom **Betrag des Vektors**.

Beachten Sie dabei aber, dass sich $\sqrt{\vec{v}^2}$ nicht zu $\vec{v}$, sondern nur zu $|\vec{v}|$ vereinfachen lässt!

Beispiel

Berechnen Sie die Länge des Vektors, der vom Punkt A(2 | 4 | 1) zum Punkt B(4 | 7 | 5) führt.

Lösung:

Der Vektor $\overrightarrow{AB}$ besitzt die Koordinaten

$$\overrightarrow{AB} = \begin{pmatrix} 4-2 \\ 7-4 \\ 5-1 \end{pmatrix} = \begin{pmatrix} 2 \\ 3 \\ 4 \end{pmatrix}$$

und hat somit die Länge:

$$L = \sqrt{\begin{pmatrix} 2 \\ 3 \\ 4 \end{pmatrix} \circ \begin{pmatrix} 2 \\ 3 \\ 4 \end{pmatrix}} = \sqrt{2^2 + 3^2 + 4^2} = \sqrt{29}$$

Aufgaben

36. Bestimmen Sie die Länge der Vektoren $\vec{a} = \begin{pmatrix} 3 \\ -4 \end{pmatrix}$, $\vec{b} = \begin{pmatrix} 1 \\ s \end{pmatrix}$, $\vec{c} = \begin{pmatrix} 8 \\ -4 \\ 1 \end{pmatrix}$, $\vec{d} = \begin{pmatrix} r \\ -4 \\ 3 \end{pmatrix}$.

37. Bestimmen Sie die Seitenlängen des Dreiecks ABC mit A(1 | 2 | –3), B(2 | 6 | 5), C(7 | –4 | –6).

4.3 Winkel zwischen zwei Vektoren

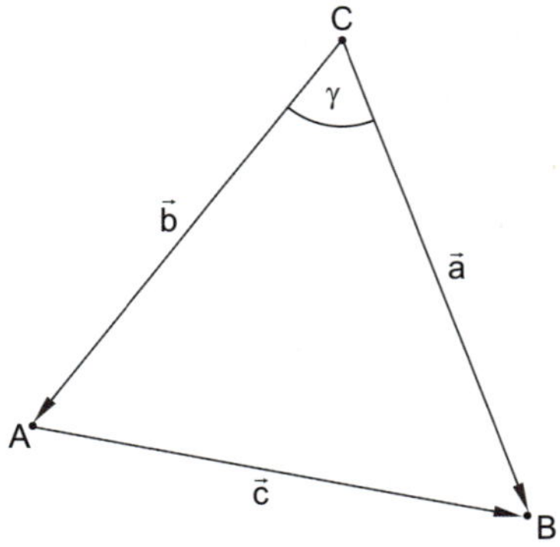

Zwei Vektoren $\vec{a}$ und $\vec{b}$ schließen einen Winkel ein. Um dessen Winkelmaß zu bestimmen, betrachtet man das zugehörige Dreieck ABC mit:

$\vec{a} = \overrightarrow{CB};\ \vec{b} = \overrightarrow{CA};\ \vec{c} = \overrightarrow{AB}$

In diesem Dreieck kann man den Winkel $\gamma = \sphericalangle ACB$ mithilfe des Kosinussatzes bestimmen.

Die Seitenlängen des Dreiecks entsprechen den Längen der zugehörigen Vektoren $\vec{a}$, $\vec{b}$ und $\vec{c}$:

$a = |\vec{a}|$ bzw. $b = |\vec{b}|$ bzw. $c = |\vec{c}|$

Der **Kosinussatz** lautet dann:

$c^2 = a^2 + b^2 - 2 \cdot a \cdot b \cdot \cos\gamma$

Es folgt:

$$\cos\gamma = \frac{a^2 + b^2 - c^2}{2 \cdot a \cdot b}$$

Über die Beziehung $c^2 = |\vec{c}|^2 = \vec{c}^{\,2}$ sowie die entsprechenden für a und b lässt sich dies ausschließlich mithilfe der Vektoren schreiben:

$$\vec{c}^{\,2} = \vec{a}^{\,2} + \vec{b}^{\,2} - 2 \cdot |\vec{a}| \cdot |\vec{b}| \cdot \cos\gamma \quad \Rightarrow \quad \cos\gamma = \frac{\vec{a}^{\,2} + \vec{b}^{\,2} - \vec{c}^{\,2}}{2 \cdot |\vec{a}| \cdot |\vec{b}|}$$

Anhand der Dreiecks-Skizze sieht man, dass der Vektor $\vec{c}$ durch die Differenz der Vektoren $\vec{a}$ und $\vec{b}$ ausgedrückt werden kann, nämlich $\vec{c} = \vec{a} - \vec{b}$, sodass sich die Formel für den Winkel γ noch weiter vereinfachen lässt:

$$\cos\gamma = \frac{\vec{a}^{\,2} + \vec{b}^{\,2} - (\vec{a} - \vec{b})^2}{2 \cdot |\vec{a}| \cdot |\vec{b}|} = \frac{\vec{a}^{\,2} + \vec{b}^{\,2} - \vec{a}^{\,2} + 2 \cdot \vec{a} \circ \vec{b} - \vec{b}^{\,2}}{2 \cdot |\vec{a}| \cdot |\vec{b}|} = \frac{2 \cdot \vec{a} \circ \vec{b}}{2 \cdot |\vec{a}| \cdot |\vec{b}|} = \frac{\vec{a} \circ \vec{b}}{|\vec{a}| \cdot |\vec{b}|}$$

Regel

Winkel zwischen zwei Vektoren

Für den Winkel γ zwischen zwei Vektoren $\vec{a}$ und $\vec{b}$ gilt: $\cos\gamma = \frac{\vec{a} \circ \vec{b}}{|\vec{a}| \cdot |\vec{b}|}$

Löst man diese Gleichung nach $\vec{a} \circ \vec{b}$ auf, dann erhält man eine zweite, äquivalente Definition für das Skalarprodukt zwischen zwei Vektoren $\vec{a}$ und $\vec{b}$:

Definition

Alternative Definition des Skalarprodukts

Für das Skalarprodukt zwischen zwei Vektoren $\vec{a}$ und $\vec{b}$ gilt: $\vec{a} \circ \vec{b} = |\vec{a}| \cdot |\vec{b}| \cdot \cos\gamma$, wobei γ der von den Vektoren $\vec{a}$ und $\vec{b}$ eingeschlossene Winkel ist.

Beispiel

Drücken Sie die Skalarprodukte $\vec{a} \circ \vec{b}$, $\vec{a} \circ \vec{c}$ und $\vec{a} \circ \vec{d}$ für die Vektoren in nebenstehender Skizze mithilfe der Länge dieser Vektoren aus.

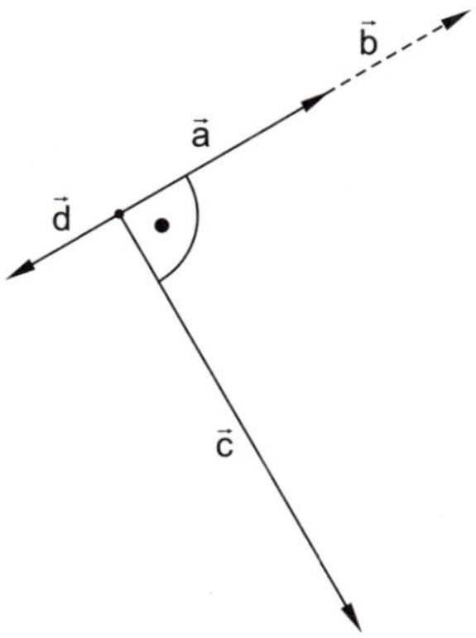

Lösung:

Da die Vektoren $\vec{a}$ und $\vec{b}$ parallel zueinander sind, beträgt der Winkel zwischen diesen Vektoren 0°.

Wegen $\cos 0° = 1$ folgt:

$$\vec{a} \circ \vec{b} = |\vec{a}| \cdot |\vec{b}| \cdot \cos 0° = |\vec{a}| \cdot |\vec{b}| \cdot 1 = |\vec{a}| \cdot |\vec{b}|$$

Zwischen den Vektoren $\vec{a}$ und $\vec{c}$ liegt ein 90°-Winkel; wegen $\cos 90° = 0$ folgt:

$$\vec{a} \circ \vec{c} = |\vec{a}| \cdot |\vec{c}| \cdot \cos 90° = |\vec{a}| \cdot |\vec{c}| \cdot 0 = 0$$

Der Winkel zwischen $\vec{a}$ und $\vec{d}$ beträgt 180°; mithilfe von $\cos 180° = -1$ folgt:

$$\vec{a} \circ \vec{d} = |\vec{a}| \cdot |\vec{d}| \cdot \cos 180° = |\vec{a}| \cdot |\vec{d}| \cdot (-1) = -|\vec{a}| \cdot |\vec{d}|$$

Aus dem Beispiel folgt direkt die allgemeine Regel:

Regel

Orthogonale und parallele Vektoren

Vektoren, die **orthogonal** zueinander sind, besitzen das Skalarprodukt null:

$$\vec{a} \perp \vec{b} \quad \Leftrightarrow \quad \vec{a} \circ \vec{b} = 0$$

Für **parallele** Vektoren entspricht der Betrag ihres Skalarprodukts dem Produkt ihrer Beträge:

$$\vec{a} \parallel \vec{b} \quad \Leftrightarrow \quad |\vec{a} \circ \vec{b}| = |\vec{a}| \cdot |\vec{b}|$$

Aufgaben

38. Bestimmen Sie den Winkel zwischen den Vektoren $\vec{a}$ und $\vec{b}$ mit

a) $\vec{a} = \begin{pmatrix} 5 \\ -2 \end{pmatrix}; \vec{b} = \begin{pmatrix} 1 \\ -2 \end{pmatrix}$

b) $\vec{a} = \begin{pmatrix} 4 \\ 3 \end{pmatrix}; \vec{b} = \begin{pmatrix} -9 \\ 12 \end{pmatrix}$

c) $\vec{a} = \begin{pmatrix} 5 \\ 1 \\ -3 \end{pmatrix}; \vec{b} = \begin{pmatrix} 3 \\ 2 \\ 0 \end{pmatrix}$

d) $\vec{a} = \begin{pmatrix} 5 \\ 2 \\ -1 \end{pmatrix}; \vec{b} = \begin{pmatrix} -2 \\ 3 \\ -4 \end{pmatrix}$

e) $\vec{a} = \begin{pmatrix} -4 \\ 6 \\ -10 \end{pmatrix}; \vec{b} = \begin{pmatrix} 6 \\ -9 \\ 15 \end{pmatrix}$

f) $\vec{a} = \begin{pmatrix} 12 \\ -4 \\ 8 \end{pmatrix}; \vec{b} = \begin{pmatrix} 9 \\ -3 \\ 6 \end{pmatrix}$

39. Zeigen Sie, dass die Vektoren $\vec{a} = \begin{pmatrix} 1 \\ r \\ s \end{pmatrix}$ und $\vec{b} = \begin{pmatrix} -s \\ 0 \\ 1 \end{pmatrix}$ stets orthogonal zueinander sind.

40. Geben Sie zwei verschiedene Vektoren $\vec{a}$ an, für die $\vec{a} \circ \begin{pmatrix} 1 \\ 2 \\ 3 \end{pmatrix} = 10$ gilt.

41. Bestimmen Sie s so, dass die Vektoren $\vec{a} = \begin{pmatrix} 1 \\ s \\ 3 \end{pmatrix}$ und $\vec{b} = \begin{pmatrix} s \\ -3 \\ 2 \end{pmatrix}$ orthogonal zueinander sind.

42. Bestimmen Sie die Innenwinkel des Dreiecks ABC mit

a) $A(1\,|\,3), B(5\,|\,6), C(-2\,|\,7)$

b) $A(3\,|\,1\,|\,-4), B(5\,|\,-1\,|\,-3), C(-1\,|\,2\,|\,-1)$

43. Bestimmen Sie die Höhe h_c sowie den Flächeninhalt des Dreiecks ABC mit $A(1\,|\,2\,|\,-1), B(5\,|\,2\,|\,2), C(3\,|\,0\,|\,-2)$.

* **44.** Begründen Sie, dass die Skalarprodukte $\vec{a} \circ \vec{n}$, $\vec{b} \circ \vec{n}$, $\vec{c} \circ \vec{n}$ und $\vec{d} \circ \vec{n}$ gleich sind. Formulieren Sie einen passenden Satz dazu.

Hinweis: Verwenden Sie die alternative Definition des Skalarprodukts von S. 38 und betrachten Sie geeignete rechtwinklige Dreiecke.

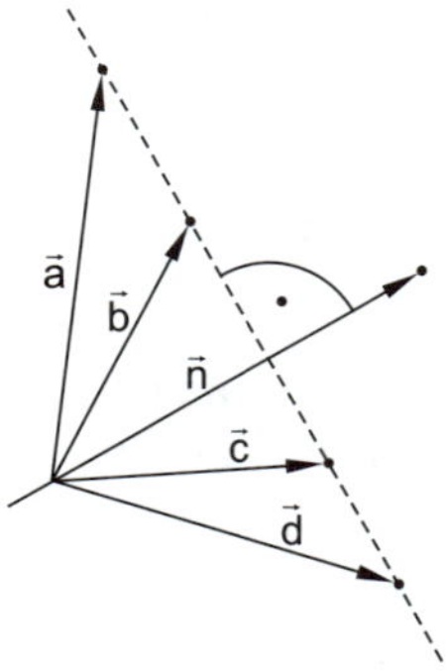

4.4 Beweise mit Vektoren

Mithilfe von Vektoren lassen sich viele geometrische Beweise recht einfach durchführen. In diesem Abschnitt werden einige wichtige Beweisideen vorgestellt und eingeübt.

Teilungsverhältnis

Bei vielen Berechnungs- und Beweisaufgaben kann die lineare Unabhängigkeit von Vektoren sinnvoll genutzt werden. Dies soll an einem einfachen Beispiel verdeutlicht werden.

Beispiel

Gegeben ist ein Parallelogramm ABCD. M ist die Mitte der Seite [AB], T liegt auf der Seite [BC] und ist doppelt so weit von C entfernt wie von B. Bestimmen Sie das Verhältnis, in dem die Strecke [MC] die Strecke [DT] teilt.

Lösung:

Zunächst wird eine Skizze angefertigt, die den beschriebenen Sachverhalt wiedergibt:

Das Parallelogramm wird durch zwei linear unabhängige Vektoren $\vec{a}$ und $\vec{b}$ aufgespannt.

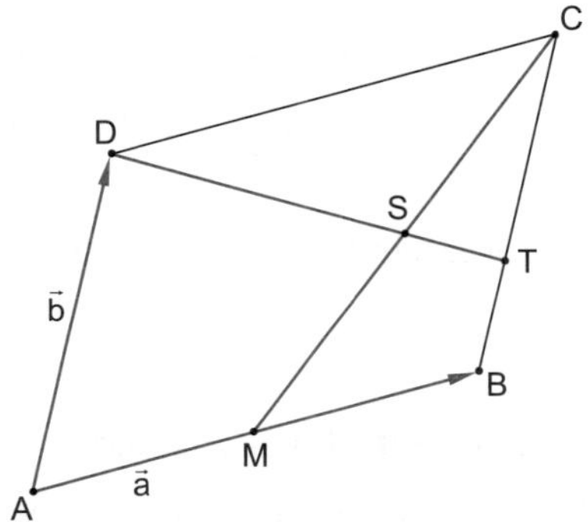

Nun wird ein sogenannter geschlossener Vektorzug gesucht, der den Teilungspunkt S als Ecke enthält. Hier bieten sich die zwei Wege mit vier Eckpunkten, S-D-A-M-S und S-M-B-T-S, oder die zwei Wege mit drei Eckpunkten, S-T-C-S und S-C-D-S, an.

Am besten verwendet man einen Weg mit möglichst wenig Ecken, zum Beispiel den Weg S-T-C-S, den man über den geschlossenen Vektorzug $\overrightarrow{ST}+\overrightarrow{TC}+\overrightarrow{CS}=\vec{o}$ beschreiben kann.

Diese drei Vektoren drückt man als Linearkombinationen von $\vec{a}$ und $\vec{b}$ aus:

$\overrightarrow{ST}=x\cdot\overrightarrow{DT}$, weil $\overrightarrow{ST}$ ein Vielfaches von $\overrightarrow{DT}$ ist.

Weil man von D nach T über A und B mittels der Vektoren $-\vec{b}$, $\vec{a}$ und danach einem Drittel des Vektors $\vec{b}$ ($\overrightarrow{BT}$ ist ein Drittel des Vektors $\overrightarrow{BC}=\vec{b}$) gelangen kann, gilt:

$$x\cdot\overrightarrow{DT}=x\cdot\left(-\vec{b}+\vec{a}+\tfrac{1}{3}\vec{b}\right)=x\cdot\left(\vec{a}-\tfrac{2}{3}\vec{b}\right)=x\cdot\vec{a}-\tfrac{2}{3}x\cdot\vec{b}$$

Entsprechend ist $\overrightarrow{TC}=\frac{2}{3}\vec{b}$.

Schließlich lässt sich $\overrightarrow{CS}$, das ein Vielfaches von $\overrightarrow{CM}$ ist, mithilfe des Weges über B ausdrücken durch

$$\overrightarrow{CS}=y\cdot\overrightarrow{CM}=y\cdot\left(-\vec{b}-\tfrac{1}{2}\vec{a}\right)=-\tfrac{y}{2}\cdot\vec{a}-y\cdot\vec{b}$$

(M liegt in der Mitte der Strecke [AB]; daher ist $\overrightarrow{BM}=-\frac{1}{2}\vec{a}$.)

Setzt man diese drei Vektoren zum Nullvektor zusammen, dann erhält man:

$$\overrightarrow{ST}+\overrightarrow{TC}+\overrightarrow{CS}=\vec{o}$$

$$\Leftrightarrow\quad x\cdot\vec{a}-\tfrac{2}{3}x\cdot\vec{b}+\tfrac{2}{3}\vec{b}-\tfrac{y}{2}\cdot\vec{a}-y\cdot\vec{b}=\vec{o}$$

$$\Leftrightarrow\quad x\cdot\vec{a}-\tfrac{y}{2}\cdot\vec{a}-\tfrac{2}{3}x\cdot\vec{b}+\tfrac{2}{3}\vec{b}-y\cdot\vec{b}=\vec{o}$$

$$\Leftrightarrow\quad \left(x-\tfrac{y}{2}\right)\cdot\vec{a}+\left(-\tfrac{2}{3}x+\tfrac{2}{3}-y\right)\cdot\vec{b}=\vec{o}$$

Da die Vektoren $\vec{a}$ und $\vec{b}$ linear unabhängig sind, ist die Darstellung des Nullvektors nur möglich, wenn die Koeffizienten dieser Linearkombination beide gleich 0 sind (es ist nur die triviale Darstellung des Nullvektors möglich):

$$\begin{array}{l} x - \frac{y}{2} = 0 \\ -\frac{2}{3}x + \frac{2}{3} - y = 0 \end{array} \Leftrightarrow \begin{array}{ll} \text{I} & x - \frac{y}{2} = 0 \\ \text{II} & -\frac{2}{3}x - y = -\frac{2}{3} \end{array} \Leftrightarrow \begin{array}{ll} \text{III} = 2 \cdot \text{I} & 2x - y = 0 \\ \text{IV} = 3 \cdot \text{II} + 2 \cdot \text{I} & -4y = -2 \end{array}$$

Aus der zweiten Zeile ergibt sich somit $y = \frac{1}{2}$.

Eingesetzt in die erste Zeile erhält man $x = \frac{y}{2} = \frac{1}{4}$.

Aus dem Ansatz $\overrightarrow{ST} = x \cdot \overrightarrow{DT}$ ergibt sich daher mit $x = \frac{1}{4}$:
$\overrightarrow{ST} = \frac{1}{4} \cdot \overrightarrow{DT}$

Daher teilt S die Strecke [DT] im Verhältnis 3 : 1.

Beweise mit Skalarprodukt

Mit Skalarprodukten lassen sich z. B. rechte Winkel nachweisen. Die entsprechende Vorgehensweise wird am besten an einem einfachen Beispiel klar.

Beispiel

Beweisen Sie den **Satz des Thales**: Wird über einer Strecke [AB] ein Halbkreis errichtet, dann ist das Dreieck ABC, wobei C auf dem Halbkreis liegt, rechtwinklig.

Lösung:

Man verwendet zur Beschreibung des Dreiecks wieder zwei linear unabhängige Vektoren, z. B. die Vektoren $\vec{b} = \overrightarrow{AC}$ und $\vec{c} = \overrightarrow{AB}$. Zu zeigen ist, dass die Vektoren $\overrightarrow{AC} = \vec{b}$ und $\overrightarrow{CB} = -\vec{b} + \vec{c}$ orthogonal zueinander sind, dass also $\vec{b} \circ (-\vec{b} + \vec{c}) = 0$ gilt.

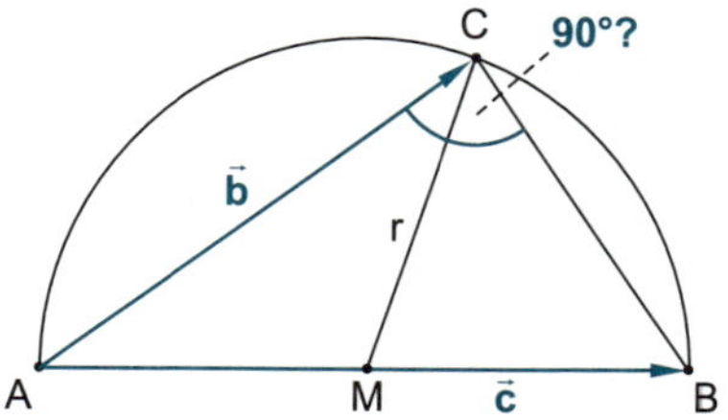

Voraussetzung hierfür ist, dass C auf dem Halbkreis liegt, dass also die Strecke [MC] genauso lang wie die Strecke [AM] ist:

$$|\overrightarrow{AM}| = |\overrightarrow{MC}| \Leftrightarrow \frac{1}{2} \cdot |\overrightarrow{AB}| = |\overrightarrow{MA} + \overrightarrow{AC}| \Leftrightarrow \frac{1}{2}|\vec{c}| = \left| -\frac{1}{2}\vec{c} + \vec{b} \right|$$

Um den Betrag zu eliminieren, quadriert man diese Beziehung und erhält:

$$\frac{1}{4}\vec{c}^2 = \left(-\frac{1}{2}\vec{c} + \vec{b}\right)^2 \Leftrightarrow \frac{1}{4}\vec{c}^2 = \frac{1}{4}\vec{c}^2 - \vec{b} \circ \vec{c} + \vec{b}^2 \Leftrightarrow 0 = -\vec{b} \circ \vec{c} + \vec{b}^2$$
$$\Leftrightarrow -\vec{b} \circ (\vec{c} - \vec{b}) = 0$$

Dies ist jedoch genau die Beziehung, die zu zeigen war. Die Seiten [AC] und [CB] stehen also orthogonal aufeinander.

Aufgaben **45.** Gegeben ist ein Parallelogramm ABCD. M ist die Mitte der Seite [AB], T liegt auf der Seite [BC] und ist fünfmal so weit von C entfernt wie von B. Bestimmen Sie das Verhältnis, in dem die Strecke [MC] die Strecke [DT] teilt.

✱ **46.** Beweisen Sie: In einer Raute (das ist ein Parallelogramm mit gleich langen Seiten) stehen die Diagonalen orthogonal aufeinander.

✱ **47.** Beweisen Sie: In einem Dreieck teilen sich die Seitenhalbierenden im Verhältnis 1 : 2.

✱ **48.** Beweisen Sie den Satz des Thales, indem Sie im Beispiel von S. 42 die linear unabhängigen Vektoren $\overrightarrow{AM}$ und $\overrightarrow{MC}$ als Ausgangsvektoren verwenden.

✱ **49.** Gegeben ist ein gleichschenkliges Trapez, bei dem die Seite [AB] doppelt so lang wie die Seite [CD] ist.
Bestimmen Sie das Verhältnis, in dem sich die Diagonalen teilen.

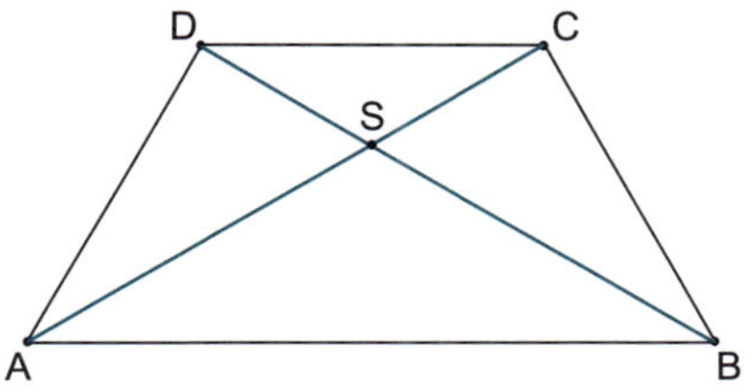

5 Geraden und Ebenen

In diesem Kapitel lernen Sie, die geometrischen Objekte „Gerade“ und „Ebene“ mithilfe von Vektoren zu beschreiben. Dabei beruht diese Darstellung auf der anschaulichen Vorstellung dieser Objekte: Man erreicht jeden Punkt einer Geraden bzw. Ebene, indem man vom Ursprung aus zu einem beliebigen Punkt des Objekts geht und dann entsprechend weit in die vorgegebene Richtung.

5.1 Geraden

Eine Gerade ist durch die Angabe eines Punktes der Geraden und der Richtung, in die die Gerade zeigt, eindeutig bestimmt. Dies kann man sich bei der vektoriellen Beschreibung von Geraden zunutze machen:

Beispiel

Beschreiben Sie die Gerade g durch die Punkte A(1 | 2) und B(5 | 3) vektoriell.

Lösung:

Auf der Geraden liegt der Punkt A(1 | 2), der durch den Ortsvektor $\vec{a} = \begin{pmatrix} 1 \\ 2 \end{pmatrix}$ beschrieben wird und vom Ursprung zum Punkt A führt.

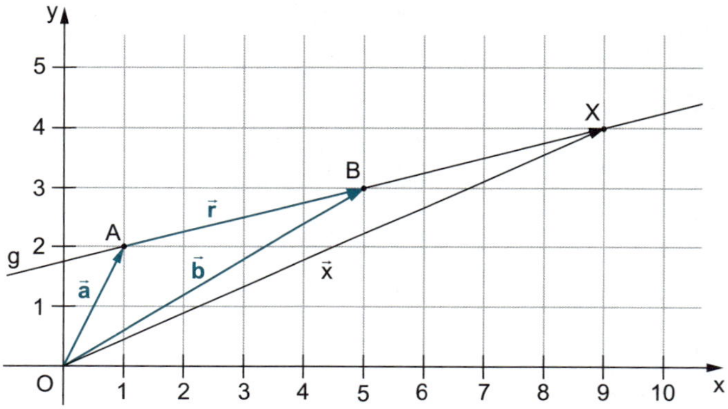

Der Vektor $\vec{r} = \overrightarrow{AB} = \vec{b} - \vec{a} = \begin{pmatrix} 4 \\ 1 \end{pmatrix}$ zwischen den Punkten A und B gibt die Richtung der Geraden an und wird daher auch **Richtungsvektor** genannt. Man gelangt zu einem beliebigen Punkt $X(x_1 \,|\, x_2)$ dieser Geraden, indem man – vom Punkt A ausgehend – ein entsprechendes Vielfaches des Richtungsvektors der Geraden addiert: $\overrightarrow{AX} = k \cdot \vec{r};\; k \in \mathbb{R}$

In der Skizze wird z. B. der Faktor $k = 2$ verwendet, um von A(1 | 2) mithilfe des Vektors $2\vec{r} = 2 \cdot \overrightarrow{AB} = 2 \cdot \begin{pmatrix} 4 \\ 1 \end{pmatrix} = \begin{pmatrix} 8 \\ 2 \end{pmatrix}$ zum Punkt X(9 | 4) zu gelangen.

Damit lässt sich der Ortsvektor eines beliebigen Punktes X auf der Geraden beschreiben durch: $\vec{x} = \overrightarrow{OX} = \overrightarrow{OA} + \overrightarrow{AX} = \vec{a} + k \cdot \vec{r}$

Regel

Vektorielle Darstellung von Geraden

Eine Gerade kann beschrieben werden durch eine Gleichung der Form:

g: $\vec{x} = \vec{a} + k \cdot \vec{r};\; k \in \mathbb{R}$

Der Vektor $\vec{a}$ wird dabei **Stützvektor** der Geraden genannt, der Vektor $\vec{r}$ ist der **Richtungsvektor** der Geraden.

Die reelle Zahl k ist der **Parameter** der Vektorgleichung der Geraden; daher wird diese Darstellung von Geraden auch **Parameterform** der Geraden genannt.

Für Geraden im dreidimensionalen Raum gelten dieselben Überlegungen. Diese Geraden besitzen dreidimensionale Stütz- und Richtungsvektoren.

Beispiel

Beschreiben Sie die Gerade durch die Punkte A(4 | 5 | 2) und B(2 | 1 | 6) vektoriell und geben Sie drei weitere Punkte auf dieser Geraden an.
Entscheiden Sie außerdem, ob die Punkte C(5 | 7 | 0) und D(–3 | –1 | 2) auf dieser Geraden liegen.

Lösung:
Als Stützvektor kann man den Vektor $\vec{a} = \overrightarrow{OA} = \begin{pmatrix} 4 \\ 5 \\ 2 \end{pmatrix}$ und als Richtungsvektor den Vektor $\vec{r} = \overrightarrow{AB} = \begin{pmatrix} -2 \\ -4 \\ 4 \end{pmatrix}$ verwenden. Die Gleichung der Geraden durch die Punkte A und B lautet dann:

$$\vec{x} = \vec{a} + k \cdot \vec{r} = \begin{pmatrix} 4 \\ 5 \\ 2 \end{pmatrix} + k \cdot \begin{pmatrix} -2 \\ -4 \\ 4 \end{pmatrix}; \; k \in \mathbb{R}$$

Weitere Punkte auf der Geraden findet man, indem man beliebige Zahlen für k einsetzt, z. B.

- $k = 2$: $\vec{x}_1 = \vec{a} + 2 \cdot \vec{r} = \begin{pmatrix} 4 \\ 5 \\ 2 \end{pmatrix} + 2 \cdot \begin{pmatrix} -2 \\ -4 \\ 4 \end{pmatrix} = \begin{pmatrix} 0 \\ -3 \\ 10 \end{pmatrix} \Rightarrow X_1(0 | -3 | 10)$
- $k = -4$: $\vec{x}_2 = \vec{a} + (-4) \cdot \vec{r} = \begin{pmatrix} 4 \\ 5 \\ 2 \end{pmatrix} + (-4) \cdot \begin{pmatrix} -2 \\ -4 \\ 4 \end{pmatrix} = \begin{pmatrix} 12 \\ 21 \\ -14 \end{pmatrix} \Rightarrow X_2(12 | 21 | -14)$
- $k = \frac{1}{2}$: $\vec{x}_3 = \vec{a} + \frac{1}{2} \cdot \vec{r} = \begin{pmatrix} 4 \\ 5 \\ 2 \end{pmatrix} + \frac{1}{2} \cdot \begin{pmatrix} -2 \\ -4 \\ 4 \end{pmatrix} = \begin{pmatrix} 3 \\ 3 \\ 4 \end{pmatrix} \Rightarrow X_3(3 | 3 | 4)$

Wenn der Punkt C(5 | 7 | 0) auf der Geraden liegt, dann muss der Ortsvektor von C aus der Geradengleichung für einen bestimmten Wert von k erhalten werden können. Diese Fragestellung führt also auf das Lösen eines linearen Gleichungssystems für k:

$$\vec{c} = \vec{a} + k \cdot \vec{r} \iff \begin{pmatrix} 5 \\ 7 \\ 0 \end{pmatrix} = \begin{pmatrix} 4 \\ 5 \\ 2 \end{pmatrix} + k \cdot \begin{pmatrix} -2 \\ -4 \\ 4 \end{pmatrix}$$

$$\iff \begin{array}{ll} \text{I} & 5 = 4 - 2k \\ \text{II} & 7 = 5 - 4k \\ \text{III} & 0 = 2 + 4k \end{array} \iff \begin{array}{ll} \text{I} & -2k = 1 \\ \text{II} & -4k = 2 \\ \text{III} & 4k = -2 \end{array} \iff k = -\frac{1}{2}$$

Das Gleichungssystem ist für $k = -\frac{1}{2}$ erfüllt; C liegt auf dieser Geraden.

Dieselbe Untersuchung wird für D(–3 | –1 | 2) angewandt:

$$\vec{d} = \vec{a} + k \cdot \vec{r} \quad \Leftrightarrow \quad \begin{pmatrix} -3 \\ -1 \\ 2 \end{pmatrix} = \begin{pmatrix} 4 \\ 5 \\ 2 \end{pmatrix} + k \cdot \begin{pmatrix} -2 \\ -4 \\ 4 \end{pmatrix}$$

$$\Leftrightarrow \begin{array}{ll} \text{I} & -3 = 4 - 2k \\ \text{II} & -1 = 5 - 4k \\ \text{III} & 2 = 2 + 4k \end{array} \Leftrightarrow \begin{array}{ll} \text{I} & -2k = -7 \\ \text{II} & -4k = -6 \\ \text{III} & 4k = 0 \end{array} \Leftrightarrow \begin{cases} k = \frac{7}{2} \\ k = \frac{3}{2} \\ k = 0 \end{cases}$$

Dieses Gleichungssystem besitzt keine Lösung; D liegt folglich nicht auf der Geraden.

Aufgaben

50. Geben Sie die Gleichung der Geraden durch die Punkte A und B an.

a) A(3 | –2); B(3 | –1) b) A(–1 | –3 | 2); B(1 | –3 | –1)

51. Geben Sie vier Punkte auf der Geraden g an.

a) g: $\vec{x} = \begin{pmatrix} 3 \\ -2 \end{pmatrix} + k \cdot \begin{pmatrix} 3 \\ -1 \end{pmatrix}$ b) g: $\vec{x} = \begin{pmatrix} -1 \\ -3 \\ 2 \end{pmatrix} + k \cdot \begin{pmatrix} 1 \\ -3 \\ -1 \end{pmatrix}$

52. Bestimmen Sie den Wert von k, der den Punkt C der Geraden bestimmt.

a) g: $\vec{x} = \begin{pmatrix} 3 \\ 2 \end{pmatrix} + k \cdot \begin{pmatrix} -2 \\ 3 \end{pmatrix}$; C(7 | –4)

b) g: $\vec{x} = \begin{pmatrix} 1 \\ 2 \\ 5 \end{pmatrix} + k \cdot \begin{pmatrix} 1 \\ -2 \\ 1 \end{pmatrix}$; C(5 | –6 | 9)

53. Prüfen Sie, ob die Punkte A, B oder C auf der Geraden g liegen.

a) g: $\vec{x} = \begin{pmatrix} 4 \\ -1 \end{pmatrix} + k \cdot \begin{pmatrix} -3 \\ 2 \end{pmatrix}$; A(1 | 1); B(–5 | 5); C(7 | 2)

b) g: $\vec{x} = \begin{pmatrix} -2 \\ -1 \\ 4 \end{pmatrix} + k \cdot \begin{pmatrix} 3 \\ -1 \\ -2 \end{pmatrix}$; A(7 | –4 | –2); B(–8 | 1 | 8); C(3 | 1 | 3)

54. Ein Dreieck besitzt die Eckpunkte A, B und C.
Geben Sie die Gleichungen der drei Seiten des Dreiecks an.

a) A(1 | 1); B(6 | 2); C(5 | 4) b) A(1 | –1 | 2); B(7 | 4 | 5); C(3 | –5 | –1)

55. Prüfen Sie jeweils, ob die beiden Geraden g und h identisch sind:

a) g: $\vec{x} = \begin{pmatrix} 3 \\ -2 \end{pmatrix} + k \cdot \begin{pmatrix} -4 \\ 2 \end{pmatrix}$; h: $\vec{x} = \begin{pmatrix} 7 \\ -4 \end{pmatrix} + m \cdot \begin{pmatrix} 8 \\ 4 \end{pmatrix}$

b) g: $\vec{x} = \begin{pmatrix} -2 \\ 2 \\ 3 \end{pmatrix} + k \cdot \begin{pmatrix} 6 \\ -2 \\ 4 \end{pmatrix}$; h: $\vec{x} = \begin{pmatrix} 4 \\ 0 \\ 7 \end{pmatrix} + m \cdot \begin{pmatrix} -3 \\ 1 \\ -2 \end{pmatrix}$

5.2 Ebenen

Im Gegensatz zu den Geraden haben Ebenen zwei Dimensionen. Folglich kann man sich auf der Ebene nicht nur in eine Richtung bewegen, sondern in eine Kombination von zwei Richtungen.
Hieraus ergibt sich die Idee, wie man vom Ursprung zu jedem beliebigen Punkt X auf einer Ebene E gelangen kann:

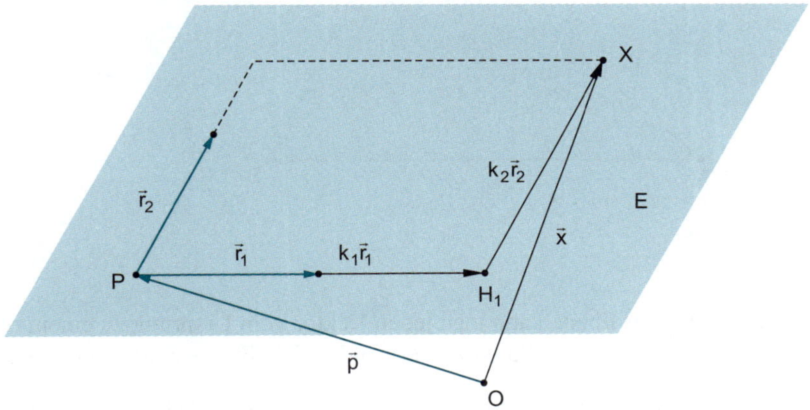

Man geht zunächst vom Ursprung aus zu einem Stützpunkt P auf der Ebene. Hierzu ist der Ortsvektor $\vec{p}$ von P hilfreich, der als **Stützvektor** bezeichnet wird. Die Ebene selbst wird von zwei Vektoren $\vec{r}_1$ und $\vec{r}_2$ „aufgespannt", die in die zwei verschiedenen Richtungen der Ebene weisen. Diese beiden Vektoren werden folgerichtig **Spannvektoren** genannt. Daher geht man vom Stützpunkt P aus zunächst in Richtung des einen Spannvektors $\vec{r}_1$ bis zu einem Hilfspunkt H_1 und danach in Richtung des anderen Spannvektors $\vec{r}_2$ und kann somit jeden gewünschten Punkt X der Ebene erreichen.
Der Vektor $\vec{x}$ vom Ursprung zum Punkt X lässt sich deshalb als Linearkombination ausdrücken: $\vec{x} = \vec{p} + k_1 \cdot \vec{r}_1 + k_2 \cdot \vec{r}_2$

Regel

Vektorgleichung einer Ebene
Eine Ebene E wird bestimmt durch einen **Stützvektor** $\vec{p}$, der vom Ursprung zu einem Punkt der Ebene führt, und zwei linear unabhängige **Spannvektoren** $\vec{r}_1$ und $\vec{r}_2$. Sie besitzt die Vektorgleichung:

E: $\vec{x} = \vec{p} + k_1 \cdot \vec{r}_1 + k_2 \cdot \vec{r}_2; \quad k_1, k_2 \in \mathbb{R}$

Die reellen Faktoren k_1 und k_2 sind die **Parameter** der Vektorgleichung; daher wird diese Darstellung von Ebenen auch **Parameterform** der Ebene genannt.

Hinweis: In Kapitel 6 werden weitere Darstellungsformen von Ebenen vorgestellt.

Beispiel

Bestimmen Sie die Gleichung der Ebene E, in der das Dreieck ABC mit $A(1|-4|-2)$, $B(5|0|2)$ und $C(7|5|4)$ liegt. Untersuchen Sie, ob die Punkte $D(4|1|1)$ und $F(-2|3|0)$ in dieser Ebene E liegen.

Lösung:

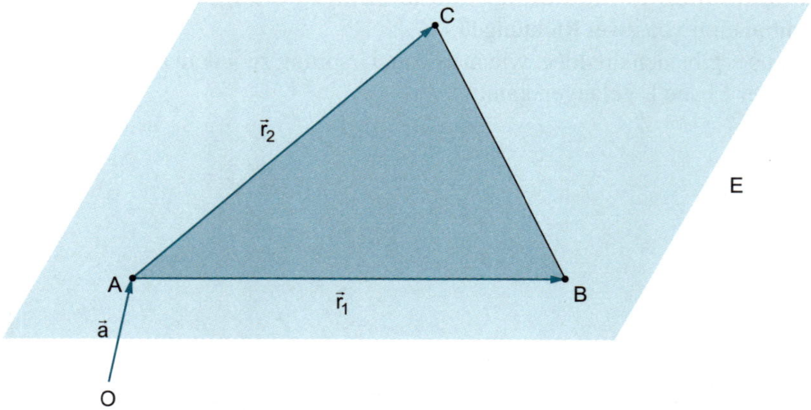

Als Stützvektor der Ebene kann man jeden Vektor vom Ursprung zu einem Punkt der Ebene, z. B. zum Punkt A, verwenden. Die Ebene wird dann durch die Vektoren $\overrightarrow{AB} = \vec{b} - \vec{a} = \begin{pmatrix} 4 \\ 4 \\ 4 \end{pmatrix}$ und $\overrightarrow{AC} = \vec{c} - \vec{a} = \begin{pmatrix} 6 \\ 9 \\ 6 \end{pmatrix}$ aufgespannt, sodass eine Vektorgleichung der Ebene E wie folgt lauten könnte:

$$E\colon\ \vec{x} = \begin{pmatrix} 1 \\ -4 \\ -2 \end{pmatrix} + k_1 \cdot \begin{pmatrix} 4 \\ 4 \\ 4 \end{pmatrix} + k_2 \cdot \begin{pmatrix} 6 \\ 9 \\ 6 \end{pmatrix}$$

Genauso gut hätte man beliebige Vielfache der beiden Spannvektoren (ungleich dem Nullvektor) verwenden können, z. B.:

$$E\colon\ \vec{x} = \begin{pmatrix} 1 \\ -4 \\ -2 \end{pmatrix} + k_1 \cdot \begin{pmatrix} 1 \\ 1 \\ 1 \end{pmatrix} + k_2 \cdot \begin{pmatrix} 2 \\ 3 \\ 2 \end{pmatrix}$$

Wenn der Punkt D in dieser Ebene liegt, dann muss für den Ortsvektor $\vec{d} = \begin{pmatrix} 4 \\ 1 \\ 1 \end{pmatrix}$ von D gelten:

$$\vec{d} = \vec{a} + k_1 \cdot \vec{r}_1 + k_2 \cdot \vec{r}_2 \iff \begin{pmatrix} 4 \\ 1 \\ 1 \end{pmatrix} = \begin{pmatrix} 1 \\ -4 \\ -2 \end{pmatrix} + k_1 \cdot \begin{pmatrix} 1 \\ 1 \\ 1 \end{pmatrix} + k_2 \cdot \begin{pmatrix} 2 \\ 3 \\ 2 \end{pmatrix}$$

Diese Gleichung führt auf ein lineares Gleichungssystem für k_1 und k_2:

$$\begin{array}{ll} \text{I} & 4 = 1 + k_1 + 2k_2 \\ \text{II} & 1 = -4 + k_1 + 3k_2 \\ \text{III} & 1 = -2 + k_1 + 2k_2 \end{array} \iff \begin{array}{ll} \text{I} & k_1 + 2k_2 = 3 \\ \text{II} & k_1 + 3k_2 = 5 \\ \text{III} & k_1 + 2k_2 = 3 \end{array} \iff \begin{array}{lr} \text{I} & k_1 + 2k_2 = 3 \\ \text{IV} = \text{I} - \text{II} & -k_2 = -2 \\ \text{V} = \text{I} - \text{III} & 0 = 0 \end{array}$$

Das Gleichungssystem hat eine eindeutige Lösung: Aus Gleichung IV ergibt sich $k_2 = 2$ und damit aus Gleichung I: $k_1 + 2 \cdot 2 = 3 \iff k_1 = -1$

Der Punkt D kann vom Ursprung aus über

$$\vec{d} = \begin{pmatrix} 1 \\ -4 \\ -2 \end{pmatrix} + (-1) \cdot \begin{pmatrix} 1 \\ 1 \\ 1 \end{pmatrix} + 2 \cdot \begin{pmatrix} 2 \\ 3 \\ 2 \end{pmatrix} = \begin{pmatrix} 1-1+4 \\ -4-1+6 \\ -2-1+4 \end{pmatrix} = \begin{pmatrix} 4 \\ 1 \\ 1 \end{pmatrix}$$

angesteuert werden und liegt somit in der Ebene E.

Analoge Rechnung für den Ortsvektor $\vec{f} = \begin{pmatrix} -2 \\ 3 \\ 0 \end{pmatrix}$ führt über

$$\vec{f} = \vec{a} + k_1 \cdot \vec{r}_1 + k_2 \cdot \vec{r}_1 \Leftrightarrow \begin{pmatrix} -2 \\ 3 \\ 0 \end{pmatrix} = \begin{pmatrix} 1 \\ -4 \\ -2 \end{pmatrix} + k_1 \cdot \begin{pmatrix} 1 \\ 1 \\ 1 \end{pmatrix} + k_2 \cdot \begin{pmatrix} 2 \\ 3 \\ 2 \end{pmatrix}$$

zu folgendem Gleichungssystem:

$$\begin{array}{llll} \text{I} & -2 = 1 + k_1 + 2k_2 & & \text{I} \quad k_1 + 2k_2 = -3 \\ \text{II} & 3 = -4 + k_1 + 3k_2 & \Leftrightarrow & \text{II} \quad k_1 + 3k_2 = 7 \\ \text{III} & 0 = -2 + k_1 + 2k_2 & & \text{III} \quad k_1 + 2k_2 = 2 \end{array}$$

$$\begin{array}{lll} & \text{I} & k_1 + 2k_2 = -3 \\ \Leftrightarrow & \text{IV} = \text{I} - \text{II} & \quad - k_2 = -10 \\ & \text{V} = \text{I} - \text{III} & \quad\quad 0 = -5 \end{array}$$

Gleichung V stellt einen Widerspruch dar; somit liegt der Punkt F nicht in der Ebene E.

Aufgaben

56. Geben Sie die Gleichung der Ebene durch die Punkte A, B und C an.

a) A(5|2|1); B(1|1|3); C(–3|1|3)

b) A(6|–1|–3); B(3|–3|1); C(0|1|0)

57. Geben Sie vier Punkte auf der Ebene E an.

a) E: $\vec{x} = \begin{pmatrix} 5 \\ 0 \\ 3 \end{pmatrix} + r \cdot \begin{pmatrix} 2 \\ 1 \\ -1 \end{pmatrix} + s \cdot \begin{pmatrix} 1 \\ 0 \\ 2 \end{pmatrix}$

b) E: $\vec{x} = \begin{pmatrix} -1 \\ 3 \\ 0 \end{pmatrix} + s \cdot \begin{pmatrix} 1 \\ 3 \\ 1 \end{pmatrix} + t \cdot \begin{pmatrix} 0 \\ 2 \\ 2 \end{pmatrix}$

58. Bestimmen Sie die Parameter r und s, die den Punkt C der Ebene bestimmen.

a) E: $\vec{x} = \begin{pmatrix} 1 \\ -4 \\ -2 \end{pmatrix} + r \cdot \begin{pmatrix} 1 \\ -1 \\ 2 \end{pmatrix} + s \cdot \begin{pmatrix} -2 \\ 0 \\ 1 \end{pmatrix}$; C(9|–6|–1)

b) E: $\vec{x} = \begin{pmatrix} 1 \\ 0 \\ 5 \end{pmatrix} + r \cdot \begin{pmatrix} 1 \\ -2 \\ 1 \end{pmatrix} + s \cdot \begin{pmatrix} 1 \\ -1 \\ -3 \end{pmatrix}$; C(–1|5|–1)

59. Prüfen Sie, ob die Punkte A, B oder C auf der Ebene E liegen.

$$E:\ \vec{x} = \begin{pmatrix} -1 \\ -2 \\ 0 \end{pmatrix} + r \cdot \begin{pmatrix} 2 \\ 1 \\ -4 \end{pmatrix} + s \cdot \begin{pmatrix} -2 \\ 2 \\ 1 \end{pmatrix};\quad A(1\,|\,1\,|\,1);\ B(-5\,|\,2\,|\,2);\ C(7\,|\,2\,|\,1)$$

60. a) In einer Ebene E liegen der Punkt $A(1\,|\,1\,|\,-1)$ und die Gerade

$$g:\ \vec{x} = \begin{pmatrix} -1 \\ 0 \\ 3 \end{pmatrix} + k \cdot \begin{pmatrix} 2 \\ 1 \\ 0 \end{pmatrix}.$$

Bestimmen Sie eine Gleichung der Ebene E.

b) Begründen Sie, warum die Ebene, die die Gerade g mit der Gleichung

$$g:\ \vec{x} = \begin{pmatrix} -1 \\ 0 \\ 3 \end{pmatrix} + k \cdot \begin{pmatrix} 2 \\ 1 \\ 0 \end{pmatrix}$$

und den Punkt $P(3\,|\,2\,|\,3)$ enthält, nicht eindeutig bestimmt ist.

61. Bestimmen Sie zwei verschiedene Ebenen, die die Punkte $A(3\,|\,1\,|\,2)$ und $B(-3\,|\,0\,|\,1)$ enthalten.

* **62.** Prüfen Sie jeweils, ob die beiden Ebenen E_1 und E_2 identisch sind:

a) $$E_1:\ \vec{x} = \begin{pmatrix} -2 \\ -2 \\ 0 \end{pmatrix} + r \cdot \begin{pmatrix} 5 \\ 1 \\ -1 \end{pmatrix} + s \cdot \begin{pmatrix} 3 \\ -1 \\ 2 \end{pmatrix};\quad E_2:\ \vec{x} = \begin{pmatrix} 5 \\ 1 \\ -4 \end{pmatrix} + t \cdot \begin{pmatrix} 9 \\ 5 \\ -7 \end{pmatrix} + u \cdot \begin{pmatrix} 1 \\ -3 \\ 5 \end{pmatrix}$$

b) $$E_1:\ \vec{x} = \begin{pmatrix} 1 \\ -9 \\ 1 \end{pmatrix} + r \cdot \begin{pmatrix} 2 \\ 4 \\ -7 \end{pmatrix} + s \cdot \begin{pmatrix} -1 \\ 0 \\ 1 \end{pmatrix};\quad E_2:\ \vec{x} = \begin{pmatrix} -1 \\ -4 \\ -1 \end{pmatrix} + t \cdot \begin{pmatrix} 2 \\ 1 \\ -4 \end{pmatrix} + u \cdot \begin{pmatrix} -2 \\ 2 \\ 1 \end{pmatrix}$$

6 Vektorprodukt und Normalenform

In Kapitel 5 haben Sie bereits eine mögliche Darstellung von Ebenen kennengelernt. Dabei wurden diese mithilfe von Orts- und Spannvektoren beschrieben. Für spätere Betrachtungen ist eine andere Darstellung von Ebenen vorteilhaft, da mit ihrer Hilfe Schnittprobleme und metrische Berechnungen schneller und einfacher zu lösen sind. Für diese alternative Beschreibung werden zunächst die Eigenschaften einer Ebene näher betrachtet und darauf aufbauend wird ihr Normalenvektor definiert.

6.1 Der Normalenvektor

Betrachtet wird eine Ebene, die durch den Stützvektor $\vec{a}$ und die beiden (linear unabhängigen) Spannvektoren $\vec{r}_1$ und $\vec{r}_2$ bestimmt ist. In jedem Punkt dieser Ebene kann man einen Vektor ansetzen, der auf den beiden Spannvektoren (und somit auf der ganzen Ebene) senkrecht steht; man nennt einen solchen Vektor **Normalenvektor $\vec{n}$** der Ebene. Je zwei dieser Vektoren sind linear abhängig – d. h. ein Vielfaches voneinander –, da die Richtung einer Geraden im Raum, die zu einer Ebene orthogonal ist, eindeutig festgelegt ist.

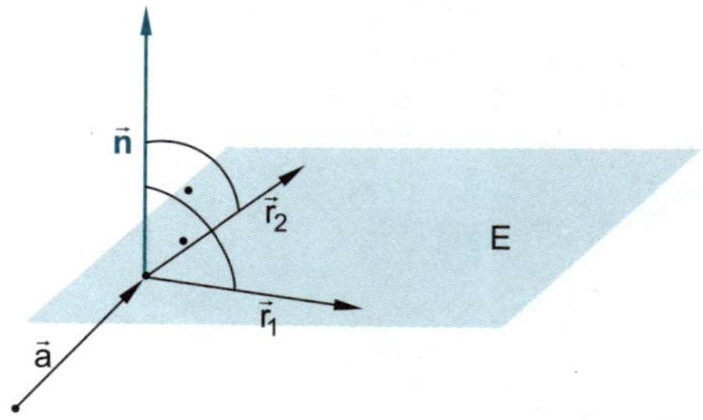

Für spätere Berechnungen ist es wichtig, einen gewissermaßen normierten Normalenvektor zu finden, d. h. einen Normalenvektor mit Länge 1. Hat man einen beliebigen Normalenvektor $\vec{n}$ gefunden, so erhält man den zugehörigen **Normaleneinheitsvektor $\vec{n}_0$**, indem man ihn durch seinen Betrag dividiert:

$$\vec{n}_0 = \frac{\vec{n}}{|\vec{n}|} \text{ mit } |\vec{n}_0| = \left|\frac{\vec{n}}{|\vec{n}|}\right| = \frac{|\vec{n}|}{|\vec{n}|} = 1$$

Definition

- Eine zu einer Ebene orthogonale Gerade heißt **Normale**.
- Ein Richtungsvektor dieser Geraden wird **Normalenvektor** der Ebene genannt.
- Ein Normalenvektor einer Ebene steht orthogonal auf den Spannvektoren der Ebene.
- Ein Normalenvektor der Länge 1 wird als **Normaleneinheitsvektor** bezeichnet.

Beispiel

Gegeben ist die Ebene E: $\vec{x} = \begin{pmatrix} 3 \\ 1 \\ -2 \end{pmatrix} + r \cdot \begin{pmatrix} 1 \\ -2 \\ 3 \end{pmatrix} + s \cdot \begin{pmatrix} -2 \\ 1 \\ 6 \end{pmatrix}$.

Bestimmen Sie einen Normalenvektor der Ebene. Geben Sie auch den zugehörigen Normaleneinheitsvektor an.

Lösung:
Gesucht ist ein Vektor $\vec{n} = \begin{pmatrix} n_1 \\ n_2 \\ n_3 \end{pmatrix}$, der orthogonal auf beiden Spannvektoren der Ebene steht.
Für diesen Normalenvektor $\vec{n}$ muss also gelten:

$$\vec{n} \circ \begin{pmatrix} 1 \\ -2 \\ 3 \end{pmatrix} = 0 \quad \Leftrightarrow \quad \begin{pmatrix} n_1 \\ n_2 \\ n_3 \end{pmatrix} \circ \begin{pmatrix} 1 \\ -2 \\ 3 \end{pmatrix} = 0 \quad \Leftrightarrow \quad n_1 - 2n_2 + 3n_3 = 0 \text{ und}$$

$$\vec{n} \circ \begin{pmatrix} -2 \\ 1 \\ 6 \end{pmatrix} = 0 \quad \Leftrightarrow \quad \begin{pmatrix} n_1 \\ n_2 \\ n_3 \end{pmatrix} \circ \begin{pmatrix} -2 \\ 1 \\ 6 \end{pmatrix} = 0 \quad \Leftrightarrow \quad -2n_1 + n_2 + 6n_3 = 0$$

Dies führt auf das Gleichungssystem:

$$\begin{array}{ll} \text{I} & n_1 - 2n_2 + 3n_3 = 0 \\ \text{II} & -2n_1 + n_2 + 6n_3 = 0 \end{array} \Leftrightarrow \begin{array}{ll} \text{I} & n_1 - 2n_2 + 3n_3 = 0 \\ \text{III} = 2 \cdot \text{I} + \text{II} & -3n_2 + 12n_3 = 0 \end{array}$$

In Gleichung III lässt sich z. B. n_3 beliebig wählen und daraus dann n_2 bestimmen. Wählt man $n_3 = 1$, ergibt sich:

$-3n_2 + 12 \cdot 1 = 0 \;\Leftrightarrow\; 3n_2 = 12 \;\Leftrightarrow\; n_2 = 4$

Setzt man dies in die erste Gleichung ein, dann folgt:

$n_1 - 2 \cdot 4 + 3 \cdot 1 = 0 \;\Leftrightarrow\; n_1 = 5$

Ein möglicher Normalenvektor lautet: $\vec{n} = \begin{pmatrix} n_1 \\ n_2 \\ n_3 \end{pmatrix} = \begin{pmatrix} 5 \\ 4 \\ 1 \end{pmatrix}$

Für die Berechnung des zugehörigen Normaleneinheitsvektors $\vec{n}_0$ benötigt man den Betrag von $\vec{n}$:

$$|\vec{n}| = \sqrt{5^2 + 4^2 + 1^2} = \sqrt{42} \;\Rightarrow\; \vec{n}_0 = \frac{\vec{n}}{\sqrt{42}} = \frac{1}{\sqrt{42}} \cdot \begin{pmatrix} 5 \\ 4 \\ 1 \end{pmatrix}$$

Aufgaben

63. Bestimmen Sie einen Normalenvektor der Ebene, die durch die Vektoren $\vec{a} = \begin{pmatrix} 1 \\ 0 \\ 5 \end{pmatrix}$ und $\vec{b} = \begin{pmatrix} -1 \\ 3 \\ 1 \end{pmatrix}$ aufgespannt wird.

64. Bestimmen Sie einen Normaleneinheitsvektor zu der Ebene E durch die Punkte $A(3\,|\,1\,|\,0)$, $B(4\,|\,{-2}\,|\,{-3})$ und $C(1\,|\,2\,|\,1)$.

65. Begründen Sie, dass alle Normalenvektoren einer Ebene linear abhängig sind.

66. Eine Ebene besitzt den Normalenvektor $\vec{n} = \begin{pmatrix} 1 \\ 3 \\ -2 \end{pmatrix}$ und geht durch den Punkt $P(5\,|\,1\,|\,2)$. Geben Sie eine Gleichung der Ebene in Parameterform an.

6.2 Vektorprodukt

In diesem Kapitel wird nun die Bestimmung eines Normalenvektors zu zwei Vektoren allgemein durchgeführt. Ziel ist die Aufstellung einer Formel, die zu zwei Vektoren stets einen Normalenvektor liefert, damit man das jeweilige Lösen des zugrunde liegenden Gleichungssystems einsparen kann.

Betrachtet werden die zwei Vektoren $\vec{a} = \begin{pmatrix} a_1 \\ a_2 \\ a_3 \end{pmatrix}$ und $\vec{b} = \begin{pmatrix} b_1 \\ b_2 \\ b_3 \end{pmatrix}$.

Gesucht ist ein Normalenvektor $\vec{n} = \begin{pmatrix} n_1 \\ n_2 \\ n_3 \end{pmatrix}$, also ein Vektor, der orthogonal auf $\vec{a}$ und $\vec{b}$ steht. Dafür muss gelten:

$$\vec{a} \circ \vec{n} = 0 \quad \Leftrightarrow \quad \begin{pmatrix} a_1 \\ a_2 \\ a_3 \end{pmatrix} \circ \begin{pmatrix} n_1 \\ n_2 \\ n_3 \end{pmatrix} = 0 \quad \Leftrightarrow \quad a_1 n_1 + a_2 n_2 + a_3 n_3 = 0 \text{ und}$$

$$\vec{b} \circ \vec{n} = 0 \quad \Leftrightarrow \quad \begin{pmatrix} b_1 \\ b_2 \\ b_3 \end{pmatrix} \circ \begin{pmatrix} n_1 \\ n_2 \\ n_3 \end{pmatrix} = 0 \quad \Leftrightarrow \quad b_1 n_1 + b_2 n_2 + b_3 n_3 = 0$$

Das dazugehörige lineare Gleichungssystem wird gelöst:

$$\begin{array}{ll} \text{I} & a_1 n_1 + a_2 n_2 + a_3 n_3 = 0 \\ \text{II} & b_1 n_1 + b_2 n_2 + b_3 n_3 = 0 \end{array} \quad \Leftrightarrow$$

$$\begin{array}{llll} \text{I} & a_1 n_1 + & a_2 n_2 + & a_3 n_3 = 0 \\ \text{III} = b_1 \cdot \text{I} - a_1 \cdot \text{II} & & (a_2 b_1 - a_1 b_2) n_2 + & (a_3 b_1 - a_1 b_3) n_3 = 0 \end{array}$$

Gleichung III lässt sich umformen zu:

$$\begin{aligned} & (a_3 b_1 - a_1 b_3) n_3 = -(a_2 b_1 - a_1 b_2) n_2 \\ \Leftrightarrow \quad & (a_3 b_1 - a_1 b_3) n_3 = (-a_2 b_1 + a_1 b_2) n_2 \\ \Leftrightarrow \quad & (a_3 b_1 - a_1 b_3) n_3 = (a_1 b_2 - a_2 b_1) n_2 \end{aligned}$$

Da drei Unbekannte zu bestimmen sind, aber nur zwei Gleichungen vorliegen, ist eine Unbekannte, z. B. n_3, frei wählbar. Um ein möglichst einfaches Ergebnis zu erreichen, setzt man n_3 so, dass sich die Klammern in der umgeformten Gleichung III kreuzweise wegkürzen; mit $n_3 = a_1 b_2 - a_2 b_1$ erhält man:

$$(a_3 b_1 - a_1 b_3) \cdot (a_1 b_2 - a_2 b_1) = (a_1 b_2 - a_2 b_1) n_2 \quad \Rightarrow \quad n_2 = a_3 b_1 - a_1 b_3$$

Setzt man diese Werte von n_3 und n_2 noch in Gleichung I ein, dann ergibt sich:

$$\begin{aligned} & a_1 n_1 + a_2 \cdot (a_3 b_1 - a_1 b_3) + a_3 \cdot (a_1 b_2 - a_2 b_1) = 0 \\ \Leftrightarrow \quad & a_1 n_1 + a_2 a_3 b_1 - a_1 a_2 b_3 + a_1 a_3 b_2 - a_2 a_3 b_1 = 0 \\ \Leftrightarrow \quad & a_1 n_1 = a_2 a_1 b_3 - a_3 a_1 b_2 \\ \Leftrightarrow \quad & n_1 = a_2 b_3 - a_3 b_2 \end{aligned}$$

Ein Normalenvektor zu $\vec{a}$ und $\vec{b}$ lautet somit $\vec{n} = \begin{pmatrix} a_2 b_3 - a_3 b_2 \\ a_3 b_1 - a_1 b_3 \\ a_1 b_2 - a_2 b_1 \end{pmatrix}$.

Beispiel

Geben Sie einen Normalenvektor zu den Vektoren $\vec{a} = \begin{pmatrix} 2 \\ 1 \\ -3 \end{pmatrix}$ und $\vec{b} = \begin{pmatrix} 4 \\ -2 \\ 5 \end{pmatrix}$ an.

Lösung:

$$\vec{n} = \begin{pmatrix} a_2b_3 - a_3b_2 \\ a_3b_1 - a_1b_3 \\ a_1b_2 - a_2b_1 \end{pmatrix} = \begin{pmatrix} 1 \cdot 5 - (-3) \cdot (-2) \\ -3 \cdot 4 - 2 \cdot 5 \\ 2 \cdot (-2) - 1 \cdot 4 \end{pmatrix} = \begin{pmatrix} 5 - 6 \\ -12 - 10 \\ -4 - 4 \end{pmatrix} = \begin{pmatrix} -1 \\ -22 \\ -8 \end{pmatrix}$$

Die Formel zur Bestimmung des Normalenvektors kann man sich mit folgendem Schema recht einfach merken:

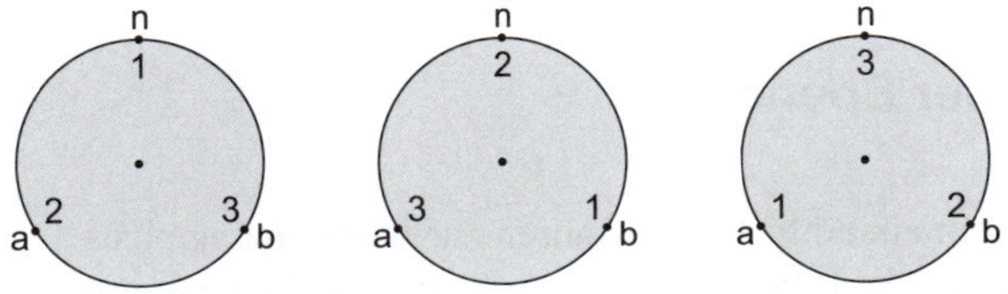

Man notiert die Vektornamen n-a-b außerhalb einer drehbar gedachten Kreisscheibe und deren Indizes 1-2-3 auf der Kreisscheibe jeweils entgegen dem Uhrzeigersinn.
Um z. B. n_2 zu bestimmen, dreht man die 2 unter n (zweite Darstellung) und liest a_3 und b_1 ab. Das Produkt dieser beiden Variablen stellt den ersten Teil der Differenz dar. Den zweiten Teil erhält man durch Vertauschen der Indizes. Somit kann man n_2 bilden: $n_2 = a_3b_1 - a_1b_3$
Dieses Verfahren wird auch zyklische Vertauschung der Indizes genannt. Der dabei gebildete Vektor $\vec{n}$ heißt Kreuz- oder Vektorprodukt der Vektoren $\vec{a}$ und $\vec{b}$.

Definition

Das **Vektorprodukt** oder **Kreuzprodukt** zweier Vektoren $\vec{a}$ und $\vec{b}$ ist definiert als:

$$\vec{a} \times \vec{b} = \begin{pmatrix} a_2b_3 - a_3b_2 \\ a_3b_1 - a_1b_3 \\ a_1b_2 - a_2b_1 \end{pmatrix}$$

Der Vektor $\vec{a} \times \vec{b}$ steht orthogonal auf den Vektoren $\vec{a}$ und $\vec{b}$.

Beachten Sie, dass beim Vektorprodukt im Gegensatz zum Skalarprodukt ein Vektor – und keine Zahl – entsteht.

Aufgaben

67. Bestimmen Sie das Vektorprodukt der Vektoren $\vec{a}$ und $\vec{b}$.

a) $\vec{a} = \begin{pmatrix} 1 \\ 2 \\ 1 \end{pmatrix}$; $\vec{b} = \begin{pmatrix} 1 \\ 3 \\ 2 \end{pmatrix}$

b) $\vec{a} = \begin{pmatrix} 0 \\ 0 \\ 1 \end{pmatrix}$; $\vec{b} = \begin{pmatrix} 0 \\ 1 \\ 0 \end{pmatrix}$

c) $\vec{a} = \begin{pmatrix} 0 \\ 0 \\ 0 \end{pmatrix}$; $\vec{b} = \begin{pmatrix} 4 \\ 1 \\ 6 \end{pmatrix}$

68. Bestimmen Sie einen Vektor, der orthogonal auf den Vektoren $\vec{a} = \begin{pmatrix} 1 \\ 3 \\ 5 \end{pmatrix}$ und $\vec{b} = \begin{pmatrix} -1 \\ 1 \\ -1 \end{pmatrix}$ steht.

69. Bestimmen Sie einen Normalenvektor der Ebene

$$E:\ \vec{x} = \begin{pmatrix} 1 \\ 0 \\ 2 \end{pmatrix} + r \cdot \begin{pmatrix} 3 \\ 1 \\ -2 \end{pmatrix} + s \cdot \begin{pmatrix} 1 \\ -2 \\ -3 \end{pmatrix}.$$

6.3 Normalenform der Ebene

Nachdem im letzten Abschnitt ein einfaches Verfahren zur Bestimmung eines Normalenvektors erarbeitet wurde, lernen Sie nun, wie man eine Ebene nur mithilfe des Normalenvektors und eines Punktes beschreiben kann. Diese Darstellung von Ebenen ist bei vielen Fragestellungen vorteilhaft.

Der Normalenvektor $\vec{n}$ einer Ebene wurde so definiert, dass er auf beiden Spannvektoren, also auf der ganzen Ebene, senkrecht steht.

Ist nun ein Punkt P der Ebene bekannt, so liegt für jeden anderen Punkt X der Ebene der Vektor $\overrightarrow{PX}$ ebenfalls in der Ebene. Somit steht $\vec{n}$ orthogonal auf $\overrightarrow{PX}$, das Skalarprodukt zwischen diesen Vektoren ist daher null:

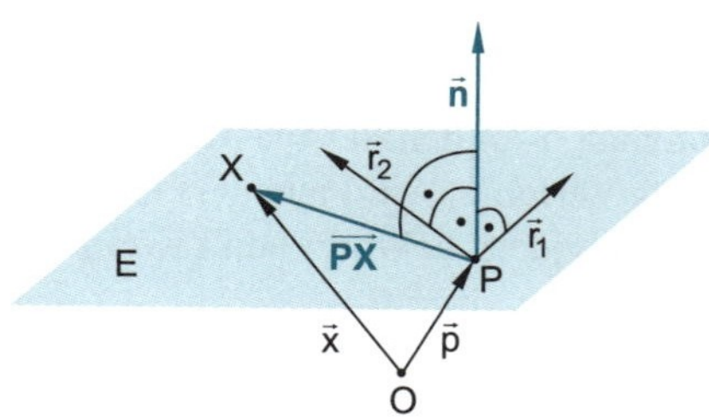

$$\overrightarrow{PX} \circ \vec{n} = 0 \quad \Leftrightarrow \quad (\vec{x} - \vec{p}) \circ \vec{n} = 0$$

Da diese Eigenschaft genau für alle Punkte X in der Ebene gilt, stellt diese Gleichung auch eine Möglichkeit dar, die Ebene eindeutig zu definieren. Eine Ebene ist somit bereits durch die Angabe eines Normalenvektors $\vec{n}$ und eines Punktes P der Ebene eindeutig bestimmt.

Regel

Normalenform der Ebene
Eine Ebene, die den Punkt P enthält und den Normalenvektor $\vec{n}$ besitzt, erfüllt die Gleichung E: $(\vec{x} - \vec{p}) \circ \vec{n} = 0$.

Beispiele

1. Wandeln Sie die Ebene mit der Parametergleichung

$$E:\ \vec{x} = \begin{pmatrix} -3 \\ -1 \\ -1 \end{pmatrix} + r \cdot \begin{pmatrix} 1 \\ 2 \\ 1 \end{pmatrix} + s \cdot \begin{pmatrix} -2 \\ 1 \\ -3 \end{pmatrix}$$

in die Normalenform um.

Lösung:
Zunächst wird ein Normalenvektor der Ebene bestimmt:

$$\vec{n} = \begin{pmatrix} 1 \\ 2 \\ 1 \end{pmatrix} \times \begin{pmatrix} -2 \\ 1 \\ -3 \end{pmatrix} = \begin{pmatrix} -6-1 \\ -2+3 \\ 1+4 \end{pmatrix} = \begin{pmatrix} -7 \\ 1 \\ 5 \end{pmatrix}$$

Mit dem Punkt P(–3 | –1 | –1) der Ebene erhält man als Ebenengleichung:

$$E: \left(\vec{x} - \begin{pmatrix} -3 \\ -1 \\ -1 \end{pmatrix} \right) \circ \begin{pmatrix} -7 \\ 1 \\ 5 \end{pmatrix} = 0$$

2. Wandeln Sie die Ebene mit der Normalenform E: $\left(\vec{x} - \begin{pmatrix} 3 \\ 1 \\ 4 \end{pmatrix} \right) \circ \begin{pmatrix} 2 \\ -1 \\ -2 \end{pmatrix} = 0$ in die Parameterform um.

Lösung:
Für die Parameterform werden zwei zu $\vec{n} = \begin{pmatrix} 2 \\ -1 \\ -2 \end{pmatrix}$ orthogonale Spannvektoren $\vec{r}$ und $\vec{s}$ von E gesucht.
Für diese muss also gelten:

$$\vec{n} \circ \vec{r} = \begin{pmatrix} 2 \\ -1 \\ -2 \end{pmatrix} \circ \begin{pmatrix} r_1 \\ r_2 \\ r_3 \end{pmatrix} = 0 \quad \Leftrightarrow \quad 2r_1 - r_2 - 2r_3 = 0$$

Wählt man r_1 und r_3 beliebig, z. B. $r_1 = 1$ und $r_3 = 0$, erhält man aus dieser Gleichung:

$$2r_1 - r_2 - 2r_3 = 0 \quad \Leftrightarrow \quad r_2 = 2r_1 - 2r_3 = 2$$

Ein möglicher Spannvektor lautet daher $\vec{r} = \begin{pmatrix} 1 \\ 2 \\ 0 \end{pmatrix}$.

Entsprechend erhält man einen möglichen zweiten Spannvektor aus:

$$\vec{n} \circ \vec{s} = \begin{pmatrix} 2 \\ -1 \\ -2 \end{pmatrix} \circ \begin{pmatrix} s_1 \\ s_2 \\ s_3 \end{pmatrix} = 0 \quad \Leftrightarrow \quad 2s_1 - s_2 - 2s_3 = 0,$$

indem man z. B. $s_1 = 0$ und $s_3 = 1$ setzt. Hiermit ergibt sich dann:

$$s_2 = 2s_1 - 2s_3 = -2 \quad \text{und} \quad \vec{s} = \begin{pmatrix} 0 \\ -2 \\ 1 \end{pmatrix}$$

Der Punkt P(3 | 1 | 4) liegt in der Ebene, daher eignet sich sein Ortsvektor als Stützvektor und man erhält die Ebenengleichung in Parameterform:

$$E: \vec{x} = \begin{pmatrix} 3 \\ 1 \\ 4 \end{pmatrix} + r \cdot \begin{pmatrix} 1 \\ 2 \\ 0 \end{pmatrix} + s \cdot \begin{pmatrix} 0 \\ -2 \\ 1 \end{pmatrix}$$

Aufgaben

70. Wandeln Sie die Ebene E: $\vec{x} = \begin{pmatrix} 1 \\ 2 \\ -5 \end{pmatrix} + r \cdot \begin{pmatrix} 3 \\ -1 \\ -4 \end{pmatrix} + s \cdot \begin{pmatrix} 1 \\ 5 \\ -3 \end{pmatrix}$ in Normalenform um.

71. Geben Sie die Ebene E: $\left(\vec{x} - \begin{pmatrix} 1 \\ 4 \\ 7 \end{pmatrix} \right) \circ \begin{pmatrix} 3 \\ 1 \\ -4 \end{pmatrix} = 0$ in Parameterform an.

72. Prüfen Sie, welche der Punkte A(2 | –4 | 1), B(3 | 1 | 2), C(0 | 1 | 2), D(–2 | –2 | 5) auf der Ebene E: $\left(\vec{x} - \begin{pmatrix} -2 \\ 2 \\ 3 \end{pmatrix}\right) \circ \begin{pmatrix} 5 \\ 2 \\ 4 \end{pmatrix} = 0$ liegen.

73. Bestimmen Sie die Ebene durch die Punkte A(2 | –4 | 1), B(3 | 1 | 2) und C(0 | 1 | 2) in Parameter- und in Normalenform.

6.4 Koordinatenform der Ebene

Die Normalenform der Ebene enthält ein Skalarprodukt, das weiter umgeformt werden kann:

$$\text{E: } (\vec{x} - \vec{p}) \circ \vec{n} = 0 \quad \Leftrightarrow \quad \text{E: } \left(\begin{pmatrix} x_1 \\ x_2 \\ x_3 \end{pmatrix} - \begin{pmatrix} p_1 \\ p_2 \\ p_3 \end{pmatrix}\right) \circ \begin{pmatrix} n_1 \\ n_2 \\ n_3 \end{pmatrix} = 0$$

$$\Leftrightarrow \quad \begin{pmatrix} x_1 - p_1 \\ x_2 - p_2 \\ x_3 - p_3 \end{pmatrix} \circ \begin{pmatrix} n_1 \\ n_2 \\ n_3 \end{pmatrix} = 0$$

$$\Leftrightarrow \quad (x_1 - p_1) \cdot n_1 + (x_2 - p_2) \cdot n_2 + (x_3 - p_3) \cdot n_3 = 0$$

$$\Leftrightarrow \quad x_1 \cdot n_1 + x_2 \cdot n_2 + x_3 \cdot n_3 = p_1 \cdot n_1 + p_2 \cdot n_2 + p_3 \cdot n_3$$

Da für eine Ebene in Normalenform der Punkt P und der Normalenvektor $\vec{n}$ gegeben sind, sind die Koordinaten der Vektoren $\vec{p}$ und $\vec{n}$ bekannt und damit ist der rechte Teil der Gleichung $p_1 \cdot n_1 + p_2 \cdot n_2 + p_3 \cdot n_3$ eine Konstante.
Somit hat man durch dieses Ausmultiplizieren des Skalarprodukts eine weitere Darstellungsmöglichkeit einer Ebene gewonnen. Diese Darstellungsform nennt man Koordinatenform.

Regel

Koordinatenform einer Ebene
Eine Ebene mit dem Normalenvektor $\vec{n}$, die den Punkt P enthält, kann auch durch die **Koordinatenform** beschrieben werden:
E: $n_1 \cdot x_1 + n_2 \cdot x_2 + n_3 \cdot x_3 = c$, wobei $c = p_1 \cdot n_1 + p_2 \cdot n_2 + p_3 \cdot n_3$ ist.

Ist eine Ebene in Koordinatenform gegeben, so kann man einen Normalenvektor dieser Ebene direkt an den Koeffizienten der x_i ablesen.

Beispiel

Geben Sie einen Normalenvektor der Ebene E durch die Punkte A(3 | 2 | –4), B(1 | –2 | –1) und C(2 | 1 | –2) an und bestimmen Sie ihre Koordinatenform.

Lösung:

Variante 1: Als Spannvektoren der Ebene kann man $\overrightarrow{AB} = \begin{pmatrix} -2 \\ -4 \\ 3 \end{pmatrix}$ und $\overrightarrow{AC} = \begin{pmatrix} -1 \\ -1 \\ 2 \end{pmatrix}$ verwenden. Hieraus lässt sich über das Vektorprodukt ein Normalenvektor bestimmen:

$$\vec{n} = \overrightarrow{AB} \times \overrightarrow{AC} = \begin{pmatrix} -8+3 \\ -3+4 \\ 2-4 \end{pmatrix} = \begin{pmatrix} -5 \\ 1 \\ -2 \end{pmatrix}$$

Die Gleichung der Ebene E in Koordinatenform lautet dann

$E:\ -5x_1 + x_2 - 2x_3 = c,$

wobei sich c mithilfe der Koordinaten des Punktes A bestimmen lässt:

$c = 3 \cdot (-5) + 2 \cdot 1 - 4 \cdot (-2) = -5$

Die Ebenengleichung lautet also:

$E:\ -5x_1 + x_2 - 2x_3 = -5$

Variante 2: Wenn eine Ebene durch drei Punkte gegeben ist, dann lässt sich die Koordinatenform der Ebene entweder – wie in Variante 1 angegeben – über die Bestimmung eines Normalenvektors oder alternativ auch über drei „Punktproben“ finden. Dabei werden die Koordinaten der gegebenen Punkte in die allgemeine Koordinatenform eingesetzt und man erhält ein lineares Gleichungssystem.

Die allgemeine Ebenengleichung in Koordinatenform lautet:

$E:\ n_1 \cdot x_1 + n_2 \cdot x_2 + n_3 \cdot x_3 = c$

Punktprobe mit A: $n_1 \cdot 3 + n_2 \cdot 2 + n_3 \cdot (-4) = c$
Punktprobe mit B: $n_1 \cdot 1 + n_2 \cdot (-2) + n_3 \cdot (-1) = c$
Punktprobe mit C: $n_1 \cdot 2 + n_2 \cdot 1 + n_3 \cdot (-2) = c$

Die Werte von n_1, n_2 und n_3 und c bestimmt man durch Lösen des Gleichungssystems:

$$\begin{array}{ll} \text{I} & 3n_1 + 2n_2 - 4n_3 = c \\ \text{II} & n_1 - 2n_2 - n_3 = c \\ \text{III} & 2n_1 + n_2 - 2n_3 = c \end{array} \iff \begin{array}{lr} \text{I} & 3n_1 + 2n_2 - 4n_3 = c \\ \text{IV} = \text{I} - 3 \cdot \text{II} & 8n_2 - n_3 = -2c \\ \text{V} = 2 \cdot \text{II} - \text{III} & -5n_2 = c \end{array}$$

Da das Gleichungssystem insgesamt vier Unbekannte, aber nur drei Gleichungen besitzt, kann man eine Variable frei wählen. Setzt man z. B. $c = 5$ fest, dann lässt sich n_2 anhand Gleichung V bestimmen:

$-5n_2 = 5 \iff n_2 = -1$

Eingesetzt in Gleichung IV ergibt sich:

$8 \cdot (-1) - n_3 = -2 \cdot 5 \iff -n_3 = -2 \iff n_3 = 2$

Aus Gleichung I folgt schließlich:

$3n_1 + 2 \cdot (-1) - 4 \cdot 2 = 5 \iff 3n_1 = 15 \iff n_1 = 5$

Ein Normalenvektor der Ebene E lautet somit $\vec{n} = \begin{pmatrix} 5 \\ -1 \\ 2 \end{pmatrix}$, und die Koordinatengleichung der Ebene E ergibt sich zu:

$5x_1 - x_2 + 2x_3 = 5$

Aufgaben

74. a) Geben Sie die Ebene E: $\vec{x} = \begin{pmatrix} -5 \\ -2 \\ -1 \end{pmatrix} + r \cdot \begin{pmatrix} 1 \\ -2 \\ -1 \end{pmatrix} + s \cdot \begin{pmatrix} -2 \\ 1 \\ -4 \end{pmatrix}$ in Koordinatenform an.

b) Wandeln Sie die Ebene E: $\left(\vec{x} - \begin{pmatrix} -1 \\ -2 \\ 4 \end{pmatrix} \right) \circ \begin{pmatrix} 5 \\ -2 \\ 4 \end{pmatrix} = 0$ in Koordinatenform um.

75. Wandeln Sie die Ebene E: $2x_1 + x_2 - 3x_3 = -8$ in Normalenform und in Parameterform um.

76. Geben Sie einen Normalenvektor und einen Punkt P der Ebene E: $5x_1 + 3x_2 - 4x_3 = -8$ an.

77. Prüfen Sie, welche der Punkte A(2 | 3 | 1), B(1 | 1 | –1) und C(5 | –2 | –2) auf der Ebene E: $2x_1 + 3x_2 - x_3 = 6$ liegen.

* **78.** Bestimmen Sie alle Punkte, die von den Punkten A(1 | 3 | 5) und B(3 | –5 | 3) dieselbe Entfernung besitzen. Auf welchem geometrischen Objekt liegen alle diese Punkte?

Hinweis: Verwenden Sie einen beliebigen Punkt $P(p_1 | p_2 | p_3)$ und bestimmen Sie die Entfernungen $|AP|$ und $|BP|$. Aus der Gleichheit dieser beiden Entfernungen erhalten Sie eine Gleichung mit p_1, p_2, p_3, die die Lage des Punktes P charakterisiert.

6.5 Spurpunkte und Spurgeraden

Alle Ebenen haben mit mindestens einer der Koordinatenachsen einen gemeinsamen Punkt. Diese Punkte sind hilfreich, wenn man Ebenen grafisch darstellen möchte; daher besitzen sie einen speziellen Namen.

Definition

Die gemeinsamen Punkte einer Ebene mit den Koordinatenachsen heißen **Spurpunkte**. Geraden, die zwei Spurpunkte verbinden, werden **Spurgeraden** genannt.

Eine Spurgerade liegt jeweils in der entsprechenden Koordinatenebene, sie stellt den Schnitt der zugehörigen Ebene mit dieser Koordinatenebene dar.

Beispiel

Bestimmen Sie die Spurpunkte und Spurgeraden der Ebene
E: $2x_1 + 10x_2 - 5x_3 = 20$.

Lösung:

Wenn die Ebene einen Punkt der x_1-Achse enthält, dann sind die x_2- und x_3-Koordinaten dieses Punktes gleich 0. In der Ebenengleichung muss man daher $x_2 = 0$ und $x_3 = 0$ setzen. Hieraus lässt sich x_1 bestimmen:

$2x_1 + 10 \cdot 0 - 5 \cdot 0 = 20 \quad \Leftrightarrow \quad 2x_1 = 20 \quad \Leftrightarrow \quad x_1 = 10$

Die Ebene enthält also den Spurpunkt $S_1(10\,|\,0\,|\,0)$.

Entsprechend erhält man mit $x_1 = 0$ und $x_3 = 0$:

$10x_2 = 20 \quad \Leftrightarrow \quad x_2 = 2 \quad \Leftrightarrow \quad S_2(0\,|\,2\,|\,0)$

und mit $x_1 = 0$ und $x_2 = 0$:

$-5x_3 = 20 \quad \Leftrightarrow \quad x_3 = -4 \quad \Leftrightarrow \quad S_3(0\,|\,0\,|\,-4)$

Als Spurgeraden erhält man:

$$g_1\colon \vec{x} = \overrightarrow{OS_1} + t \cdot \overrightarrow{S_1S_2} = \begin{pmatrix} 10 \\ 0 \\ 0 \end{pmatrix} + t \cdot \begin{pmatrix} -10 \\ 2 \\ 0 \end{pmatrix} \text{ bzw.}$$

$$g_2\colon \vec{x} = \overrightarrow{OS_2} + t \cdot \overrightarrow{S_2S_3} = \begin{pmatrix} 0 \\ 2 \\ 0 \end{pmatrix} + t \cdot \begin{pmatrix} 0 \\ -2 \\ -4 \end{pmatrix} \text{ bzw.}$$

$$g_3\colon \vec{x} = \overrightarrow{OS_3} + t \cdot \overrightarrow{S_3S_1} = \begin{pmatrix} 0 \\ 0 \\ -4 \end{pmatrix} + t \cdot \begin{pmatrix} 10 \\ 0 \\ 4 \end{pmatrix}$$

g_1 liegt in der x_1x_2-Ebene, g_2 in der x_2x_3-Ebene und g_3 in der x_1x_3-Ebene.

Aufgaben

79. Geben Sie die gemeinsamen Punkte der Ebene E: $2x_1 - 3x_2 + x_3 = 6$ mit den Koordinatenachsen an.

80. Bestimmen Sie die Spurpunkte und Spurgeraden der Ebene durch die Punkte $A(3\,|\,3\,|\,-1)$, $B(5\,|\,3\,|\,1)$ und $C(1\,|\,1\,|\,1)$.

7 Lagebeziehungen zwischen geometrischen Objekten

Nachdem Sie in den letzten beiden Kapiteln verschiedene Darstellungsmöglichkeiten für Geraden und Ebenen kennengelernt haben, werden in diesem Kapitel die möglichen Lagebeziehungen zweier solcher Objekte sowohl anschaulich als auch rechnerisch betrachtet. Verwendet man dabei die Parameterform, führt diese Problemstellung meist auf das Lösen eines linearen Gleichungssystems; durch die Verwendung der Koordinatenform von Ebenen wird diese rechnerische Betrachtung vereinfacht. Je nach Zusammenhang können jedoch beide Varianten vorteilhaft sein.

7.1 Berechnungen mithilfe der Parameterform

Zunächst erfolgt die Untersuchung von Lagebeziehungen zwischen zwei Geraden, einer Geraden und einer Ebene sowie zwischen zwei Ebenen ausschließlich mithilfe der Parameterdarstellungen dieser Objekte.

Lage zweier Geraden

Wenn die Geraden g: $\vec{x} = \vec{a}_1 + k_1 \cdot \vec{r}_1$; $k_1 \in \mathbb{R}$ und h: $\vec{x} = \vec{a}_2 + k_2 \cdot \vec{r}_2$; $k_2 \in \mathbb{R}$ einen gemeinsamen Punkt S besitzen, dann muss S die Punktprobe mit beiden Geraden erfüllen:
$\vec{s} = \vec{a}_1 + k_1 \cdot \vec{r}_1$ und $\vec{s} = \vec{a}_2 + k_2 \cdot \vec{r}_2$
Mit anderen Worten: Man muss vom Ursprung sowohl auf dem Weg über $\vec{a}_1$ und ein Vielfaches von $\vec{r}_1$ (entlang der Geraden g) als auch auf dem Weg über $\vec{a}_2$ und ein Vielfaches von $\vec{r}_2$ (entlang der Geraden h) zu dem gemeinsamen Punkt S kommen.
Setzt man die beiden rechten Seiten dieser Punktproben-Gleichungen gleich, erhält man das Gleichungssystem $\vec{a}_1 + k_1 \cdot \vec{r}_1 = \vec{a}_2 + k_2 \cdot \vec{r}_2$, für dessen Lösungsmenge es bekanntermaßen drei verschiedene Möglichkeiten gibt:

1. Fall:
Das Gleichungssystem besitzt **genau eine Lösung**:
Die Geraden **schneiden sich** in einem Punkt S.

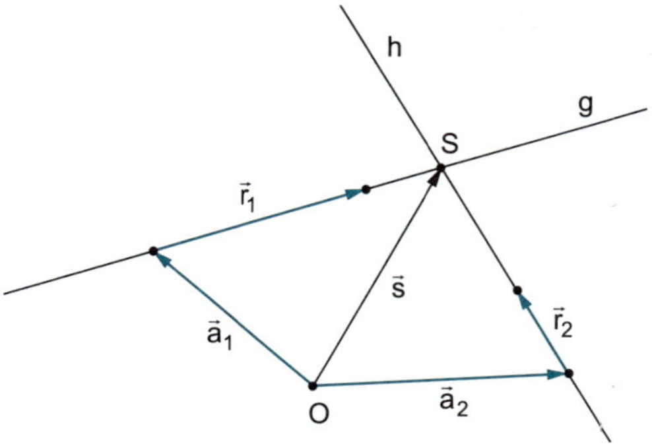

2. Fall:
Das Gleichungssystem hat **unendlich viele Lösungen**:
Die Geraden sind **identisch**.

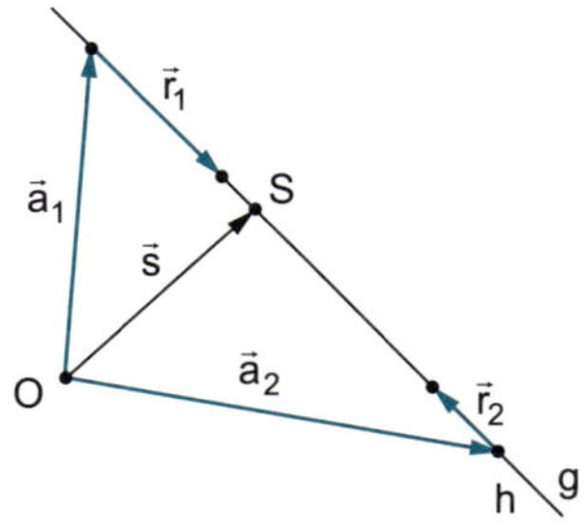

3. Fall:

Das Gleichungssystem hat **keine Lösung** und die **Richtungsvektoren** $\vec{r}_1$ und $\vec{r}_2$ sind …

a) **… linear abhängig:**
Die Geraden sind (echt) **parallel** zueinander.

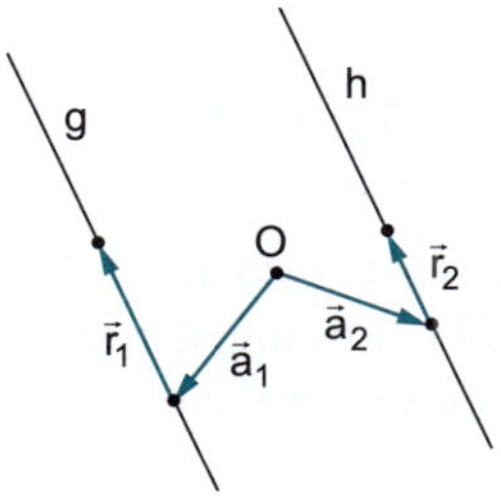

b) **… linear unabhängig:**
Die Geraden gehen „aneinander vorbei". Die Geraden sind **windschief**.

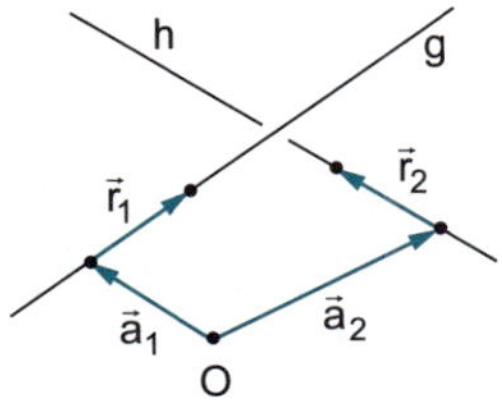

Anmerkung: Sind zwei Geraden identisch, kann man sie auch als „parallel" charakterisieren. Um bei parallelen Geraden diesen Sonderfall auszuschließen, kann man den Zusatz „echt" verwenden.

Beispiele

1. Gegeben sind die Punkte A(−4 | 1 | 4), B(−1 | 4 | −2), C(−1 | 2 | 1), D(−3 | 0 | 5) und F(−2 | 4 | 0). Bestimmen Sie die gemeinsamen Punkte
   a) der Geraden AB und CD sowie
   b) der Geraden AB und CF.
   c) Worin unterscheidet sich die Lage der Geraden AB und CD von der Lage der Geraden AB und CF?

   Lösung:
   Aufstellen der Geradengleichungen:

$$\text{AB: } \vec{x} = \begin{pmatrix}-4\\1\\4\end{pmatrix} + k_1 \cdot \begin{pmatrix}3\\3\\-6\end{pmatrix}; \quad \text{CD: } \vec{x} = \begin{pmatrix}-1\\2\\1\end{pmatrix} + k_2 \cdot \begin{pmatrix}-2\\-2\\4\end{pmatrix}; \quad \text{CF: } \vec{x} = \begin{pmatrix}-1\\2\\1\end{pmatrix} + k_3 \cdot \begin{pmatrix}-1\\2\\-1\end{pmatrix}$$

   a) Schnitt von AB und CD:

$$\begin{pmatrix}-4\\1\\4\end{pmatrix} + k_1 \cdot \begin{pmatrix}3\\3\\-6\end{pmatrix} = \begin{pmatrix}-1\\2\\1\end{pmatrix} + k_2 \cdot \begin{pmatrix}-2\\-2\\4\end{pmatrix}$$

$$\Leftrightarrow \begin{array}{ll} \text{I} & -4+3k_1 = -1-2k_2 \\ \text{II} & 1+3k_1 = 2-2k_2 \\ \text{III} & 4-6k_1 = 1+4k_2 \end{array} \quad \Leftrightarrow \begin{array}{ll} \text{I} & 3k_1+2k_2 = 3 \\ \text{II} & 3k_1+2k_2 = 1 \\ \text{III} & -6k_1-4k_2 = -3 \end{array}$$

$$\Leftrightarrow \begin{array}{ll} \text{I} & 3k_1+2k_2 = 3 \\ \text{II} & 3k_1+2k_2 = 1 \\ \text{IV} = 2\cdot\text{II}+\text{III} & 0 = -1 \end{array}$$

   Die letzte Zeile enthält einen Widerspruch. Es gibt keinen Punkt, den man sowohl über die Gerade AB als auch über die Gerade CD erreichen kann. Die beiden Geraden besitzen keinen gemeinsamen Punkt.

b) Schnitt von AB und CF:

$$\begin{pmatrix}-4\\1\\4\end{pmatrix}+k_1\cdot\begin{pmatrix}3\\3\\-6\end{pmatrix}=\begin{pmatrix}-1\\2\\1\end{pmatrix}+k_3\cdot\begin{pmatrix}-1\\2\\-1\end{pmatrix}$$

$$\Leftrightarrow \begin{array}{ll} \text{I} & -4+3k_1=-1-\ \ k_3 \\ \text{II} & 1+3k_1=\ \ 2+2k_3 \\ \text{III} & 4-6k_1=\ \ 1-\ \ k_3 \end{array} \Leftrightarrow \begin{array}{ll} \text{I} & 3k_1+\ \ k_3=\ \ 3 \\ \text{II} & 3k_1-2k_3=\ \ 1 \\ \text{III} & -6k_1+\ \ k_3=-3 \end{array}$$

$$\Leftrightarrow \begin{array}{ll} \text{I} & 3k_1+k_3=\ \ 3 \\ \text{IV}=\text{I}-\text{II} & 3k_3=\ \ 2 \\ \text{V}=2\cdot\text{II}+\text{III} & -3k_3=-1 \end{array}$$

Aus Gleichung V folgt $k_3=\frac{1}{3}$, während sich aus Gleichung IV $k_3=\frac{2}{3}$ ergibt. Das Gleichungssystem besitzt also keine Lösung; daher haben die beiden Geraden AB und CF keinen gemeinsamen Punkt.

c) Die Geraden AB und CD besitzen mit $\overrightarrow{AB}=\begin{pmatrix}3\\3\\-6\end{pmatrix}$ und $\overrightarrow{CD}=\begin{pmatrix}-2\\-2\\4\end{pmatrix}$ linear abhängige Richtungsvektoren ($\overrightarrow{AB}=-\frac{3}{2}\cdot\overrightarrow{CD}$). Die Geraden AB und CD sind also **parallel** zueinander (Fall 3 a).

Die Richtungsvektoren $\overrightarrow{AB}=\begin{pmatrix}3\\3\\-6\end{pmatrix}$ und $\overrightarrow{CF}=\begin{pmatrix}-1\\2\\-1\end{pmatrix}$ der Geraden AB und CF sind jedoch linear unabhängig. Diese beiden Geraden sind also nicht parallel. Sie sind somit **windschief** (Fall 3 b).

2. Gegeben sind die Punkte A(−4 | 1 | 4), B(−1 | −2 | −2), C(2 | −2 | −2), D(1 | 0 | 2), F(−5 | 2 | 6) und G(−3 | 0 | 2). Bestimmen Sie die gemeinsamen Punkte
   a) der Geraden AB und CD sowie
   b) der Geraden AB und FG.

Lösung:
Aufstellen der Geradengleichungen:

$$\text{AB: } \vec{x}=\begin{pmatrix}-4\\1\\4\end{pmatrix}+k_1\cdot\begin{pmatrix}3\\-3\\-6\end{pmatrix};\quad \text{CD: } \vec{x}=\begin{pmatrix}2\\-2\\-2\end{pmatrix}+k_2\cdot\begin{pmatrix}-1\\2\\4\end{pmatrix};\quad \text{FG: } \vec{x}=\begin{pmatrix}-5\\2\\6\end{pmatrix}+k_3\cdot\begin{pmatrix}2\\-2\\-4\end{pmatrix}$$

a) Schnitt von AB und CD:

$$\begin{pmatrix}-4\\1\\4\end{pmatrix}+k_1\cdot\begin{pmatrix}3\\-3\\-6\end{pmatrix}=\begin{pmatrix}2\\-2\\-2\end{pmatrix}+k_2\cdot\begin{pmatrix}-1\\2\\4\end{pmatrix}$$

$$\Leftrightarrow \begin{array}{ll} \text{I} & -4+3k_1=\ \ 2-\ \ k_2 \\ \text{II} & 1-3k_1=-2+2k_2 \\ \text{III} & 4-6k_1=-2+4k_2 \end{array} \Leftrightarrow \begin{array}{ll} \text{I} & 3k_1+\ \ k_2=\ \ 6 \\ \text{II} & -3k_1-2k_2=-3 \\ \text{III} & -6k_1-4k_2=-6 \end{array}$$

$$\Leftrightarrow \begin{array}{ll} \text{I} & 3k_1+k_2=6 \\ \text{IV}=\text{I}+\text{II} & -k_2=3 \\ \text{V}=2\cdot\text{II}-\text{III} & 0=0 \end{array}$$

Dieses Gleichungssystem ist eindeutig lösbar. Aus Gleichung IV ergibt sich $k_2 = -3$. Eingesetzt in I folgt:

$3k_1 - 3 = 6 \;\Leftrightarrow\; 3k_1 = 9 \;\Leftrightarrow\; k_1 = 3$

Damit gibt es einen Schnittpunkt der beiden Geraden, der mit $k_1 = 3$ über die Gerade AB bestimmt werden kann:

$$\vec{s} = \begin{pmatrix} -4 \\ 1 \\ 4 \end{pmatrix} + 3 \cdot \begin{pmatrix} 3 \\ -3 \\ -6 \end{pmatrix} = \begin{pmatrix} 5 \\ -8 \\ -14 \end{pmatrix}$$

Zur Probe kann man den Schnittpunkt auch über die Gerade CD mit $k_2 = -3$ bestimmen:

$$\vec{s} = \begin{pmatrix} 2 \\ -2 \\ -2 \end{pmatrix} - 3 \cdot \begin{pmatrix} -1 \\ 2 \\ 4 \end{pmatrix} = \begin{pmatrix} 5 \\ -8 \\ -14 \end{pmatrix}$$

Der Schnittpunkt der Geraden AB und CD ist $S(5|-8|-14)$.

b) Schnitt von AB und FG:

$$\begin{pmatrix} -4 \\ 1 \\ 4 \end{pmatrix} + k_1 \cdot \begin{pmatrix} 3 \\ -3 \\ -6 \end{pmatrix} = \begin{pmatrix} -5 \\ 2 \\ 6 \end{pmatrix} + k_3 \cdot \begin{pmatrix} 2 \\ -2 \\ -4 \end{pmatrix}$$

$$\begin{array}{lll} & \text{I} & -4 + 3k_1 = -5 + 2k_3 \\ \Leftrightarrow & \text{II} & 1 - 3k_1 = 2 - 2k_3 \\ & \text{III} & 4 - 6k_1 = 6 - 4k_3 \end{array} \quad \Leftrightarrow \quad \begin{array}{ll} \text{I} & 3k_1 - 2k_3 = -1 \\ \text{II} & -3k_1 + 2k_3 = 1 \\ \text{III} & -6k_1 + 4k_3 = 2 \end{array}$$

$$\Leftrightarrow \quad \begin{array}{ll} \text{I} & 3k_1 - 2k_3 = -1 \\ \text{IV} = \text{I} + \text{II} & 0 = 0 \\ \text{V} = 2 \cdot \text{II} - \text{III} & 0 = 0 \end{array}$$

Das Gleichungssystem besitzt unendlich viele Lösungen, daher haben die beiden Geraden AB und FG unendlich viele gemeinsame Punkte: Die Geraden AB und FG sind identisch.

Lage einer Geraden zu einer Ebene

Wenn die Gerade g: $\vec{x} = \vec{a}_1 + k_1 \cdot \vec{r}_1;\; k_1 \in \mathbb{R}$

und die Ebene E: $\vec{x} = \vec{a}_2 + k_2 \cdot \vec{r}_2 + k_3 \cdot \vec{r}_3;\; k_2; k_3 \in \mathbb{R}$

einen gemeinsamen Punkt S besitzen, dann muss S die Punktprobe sowohl der Geraden als auch der Ebene erfüllen:

$\vec{s} = \vec{a}_1 + k_1 \cdot \vec{r}_1$ und $\vec{s} = \vec{a}_2 + k_2 \cdot \vec{r}_2 + k_3 \cdot \vec{r}_3$

Mit anderen Worten: Man muss vom Ursprung sowohl auf dem Weg über $\vec{a}_1$ und ein Vielfaches von $\vec{r}_1$ (entlang der Geraden g) als auch auf dem Weg über $\vec{a}_2$ und einer Linearkombination von $\vec{r}_2$ und $\vec{r}_3$ (über die Ebene E) zu dem gemeinsamen Punkt S kommen.

Setzt man die beiden rechten Seiten dieser Punktproben-Gleichungen gleich, erhält man das Gleichungssystem $\vec{a}_1 + k_1 \cdot \vec{r}_1 = \vec{a}_2 + k_2 \cdot \vec{r}_2 + k_3 \cdot \vec{r}_3$, für dessen Lösungsmenge es bekanntermaßen drei verschiedene Möglichkeiten gibt:

1. Fall:
Das Gleichungssystem besitzt **genau eine Lösung**:
Die Gerade und die Ebene **schneiden sich** in einem Punkt.

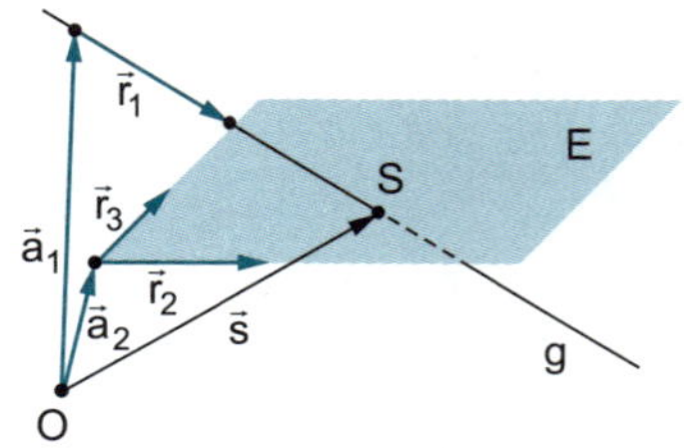

2. Fall:
Das Gleichungssystem hat **unendlich viele Lösungen**:
Die **Gerade liegt in der Ebene**.

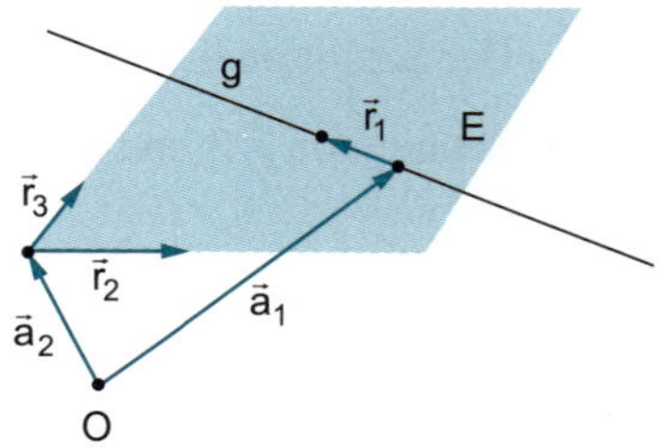

3. Fall:
Das Gleichungssystem hat **keine Lösung**:
Die Gerade ist **parallel** zur Ebene.

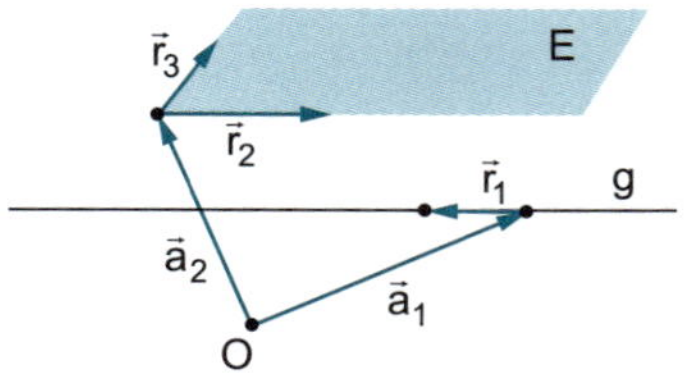

Beispiel

Gegeben sind die Punkte A(3 | 1 | −2), B(4 | 3 | 6), C(4 | 2 | −2) und D(−5 | −2 | 2) sowie die Ebene

$$E:\ \vec{x} = \begin{pmatrix} -1 \\ 1 \\ 3 \end{pmatrix} + r \cdot \begin{pmatrix} -1 \\ 0 \\ -1 \end{pmatrix} + s \cdot \begin{pmatrix} 2 \\ 1 \\ 1 \end{pmatrix}.$$

Bestimmen Sie die gemeinsamen Punkte
a) der Geraden AB mit der Ebene E,
b) der Geraden AC mit der Ebene E sowie
c) der Geraden BD mit der Ebene E.

Lösung:
Aufstellen der Geradengleichungen:

$$AB:\ \vec{x} = \begin{pmatrix} 3 \\ 1 \\ -2 \end{pmatrix} + t \cdot \begin{pmatrix} 1 \\ 2 \\ 8 \end{pmatrix};\quad AC:\ \vec{x} = \begin{pmatrix} 3 \\ 1 \\ -2 \end{pmatrix} + t \cdot \begin{pmatrix} 1 \\ 1 \\ 0 \end{pmatrix};\quad BD:\ \vec{x} = \begin{pmatrix} 4 \\ 3 \\ 6 \end{pmatrix} + t \cdot \begin{pmatrix} -9 \\ -5 \\ -4 \end{pmatrix}$$

a) Schnitt der Ebene E mit der Geraden AB:

$$\begin{pmatrix}-1\\1\\3\end{pmatrix}+r\cdot\begin{pmatrix}-1\\0\\-1\end{pmatrix}+s\cdot\begin{pmatrix}2\\1\\1\end{pmatrix}=\begin{pmatrix}3\\1\\-2\end{pmatrix}+t\cdot\begin{pmatrix}1\\2\\8\end{pmatrix}$$

$$\begin{array}{lll} & \text{I} & -1-r+2s=3+t \\ \Leftrightarrow & \text{II} & 1\quad +s=1+2t \\ & \text{III} & 3-r+s=-2+8t \end{array}\quad \begin{array}{lll} & \text{I} & -r+2s-t=4 \\ \Leftrightarrow & \text{II} & s-2t=0 \\ & \text{III} & -r+s-8t=-5 \end{array}$$

$$\begin{array}{lll} & \text{I} & -r+2s-t=4 \\ \Leftrightarrow & \text{II} & s-2t=0 \\ & \text{IV}=\text{I}-\text{III} & s+7t=9 \end{array}$$

$$\begin{array}{lll} & \text{I} & -r+2s-t=4 \\ \Leftrightarrow & \text{II} & s-2t=0 \\ & \text{V}=\text{II}-\text{IV} & -9t=-9 \end{array}$$

Aus Gleichung V folgt $t=1$. Eingesetzt in II ergibt sich:
$s-2=0 \Leftrightarrow s=2$ und aus I: $-r+4-1=4 \Leftrightarrow r=-1$
Den Wert $t=1$ setzt man in die Gleichung der Geraden AB ein:

$$\vec{s}=\begin{pmatrix}3\\1\\-2\end{pmatrix}+1\cdot\begin{pmatrix}1\\2\\8\end{pmatrix}=\begin{pmatrix}4\\3\\6\end{pmatrix}$$

Genauso gut könnte man auch (zur Probe) $r=-1$ und $s=2$ in E einsetzen:

$$\vec{s}=\begin{pmatrix}-1\\1\\3\end{pmatrix}-1\cdot\begin{pmatrix}-1\\0\\-1\end{pmatrix}+2\cdot\begin{pmatrix}2\\1\\1\end{pmatrix}=\begin{pmatrix}4\\3\\6\end{pmatrix}$$

Die Ebene E und die Gerade AB schneiden sich im Punkt $S(4\,|\,3\,|\,6)=B$.

b) Schnitt der Ebene E mit der Geraden AC:

$$\begin{pmatrix}-1\\1\\3\end{pmatrix}+r\cdot\begin{pmatrix}-1\\0\\-1\end{pmatrix}+s\cdot\begin{pmatrix}2\\1\\1\end{pmatrix}=\begin{pmatrix}3\\1\\-2\end{pmatrix}+t\cdot\begin{pmatrix}1\\1\\0\end{pmatrix}$$

$$\begin{array}{lll} & \text{I} & -1-r+2s=3+t \\ \Leftrightarrow & \text{II} & 1\quad +s=1+t \\ & \text{III} & 3-r+s=-2 \end{array}\quad \begin{array}{lll} & \text{I} & -r+2s-t=4 \\ \Leftrightarrow & \text{II} & s-t=0 \\ & \text{III} & -r+s=-5 \end{array}$$

$$\begin{array}{lll} & \text{I} & -r+2s-t=4 \\ \Leftrightarrow & \text{II} & s-t=0 \\ & \text{IV}=\text{I}-\text{III} & s-t=9 \end{array}$$

Die Gleichungen II und IV führen auf einen Widerspruch. Die Ebene E und die Gerade AC besitzen keinen gemeinsamen Punkt; sie sind (echt) parallel.

c) Schnitt der Ebene E mit der Geraden BD:

$$\begin{pmatrix}-1\\1\\3\end{pmatrix}+r\cdot\begin{pmatrix}-1\\0\\-1\end{pmatrix}+s\cdot\begin{pmatrix}2\\1\\1\end{pmatrix}=\begin{pmatrix}4\\3\\6\end{pmatrix}+t\cdot\begin{pmatrix}-9\\-5\\-4\end{pmatrix}$$

$$\begin{array}{llll} & \text{I} \quad -1-r+2s=4-9t & & \text{I} \quad -r+2s+9t=5 \\ \Leftrightarrow & \text{II} \quad 1 \quad\; +\; s=3-5t & \Leftrightarrow & \text{II} \qquad\quad s+5t=2 \\ & \text{III} \quad 3-r+\; s=6-4t & & \text{III} \quad -r+\; s+4t=3 \end{array}$$

$$\begin{array}{lll} & \text{I} & -r+2s+9t=5 \\ \Leftrightarrow & \text{II} & s+5t=2 \\ & \text{IV}=\text{I}-\text{III} & s+5t=2 \end{array}$$

$$\begin{array}{lll} & \text{I} & -r+2s+9t=5 \\ \Leftrightarrow & \text{II} & s+5t=2 \\ & \text{V}=\text{II}-\text{IV} & 0=0 \end{array}$$

Gleichung V ist immer erfüllt. In den Gleichungen II und I kann man t beliebig wählen und hieraus r und s bestimmen.
Die Ebene E und die Gerade BD haben also unendlich viele Punkte gemeinsam. Die Gerade BD liegt in der Ebene E.

Lage zweier Ebenen

Auch für den Schnitt zweier Ebenen muss man auf zwei Wegen zu den gemeinsamen Punkten der Ebenen gelangen. Für den Schnitt der Ebenen
E_1: $\vec{x} = \vec{a}_1 + r_1 \cdot \vec{p}_1 + s_1 \cdot \vec{q}_1$; $r_1; s_1 \in \mathbb{R}$ und
E_2: $\vec{x} = \vec{a}_2 + r_2 \cdot \vec{p}_2 + s_2 \cdot \vec{q}_2$; $r_2; s_2 \in \mathbb{R}$
löst man die Gleichung
$\vec{a}_1 + r_1 \cdot \vec{p}_1 + s_1 \cdot \vec{q}_1 = \vec{a}_2 + r_2 \cdot \vec{p}_2 + s_2 \cdot \vec{q}_2$.
Dieses Gleichungssystem besitzt drei Gleichungen und vier Unbekannte. Hier ergeben sich für die Lösungsmenge zwei verschiedene Möglichkeiten:

1. Fall:
Das Gleichungssystem besitzt **keine Lösung**:
Die beiden Ebenen haben keinen gemeinsamen Punkt und sind **parallel**.

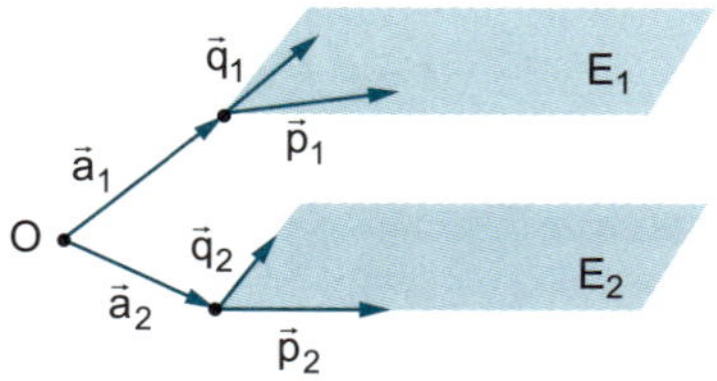

2. Fall:
Das Gleichungssystem hat **unendlich viele Lösungen**. Von den insgesamt vier Unbekannten kann man …

a) **… eine Unbekannte beliebig wählen:**
Die beiden Ebenen **schneiden sich in einer Geraden**.

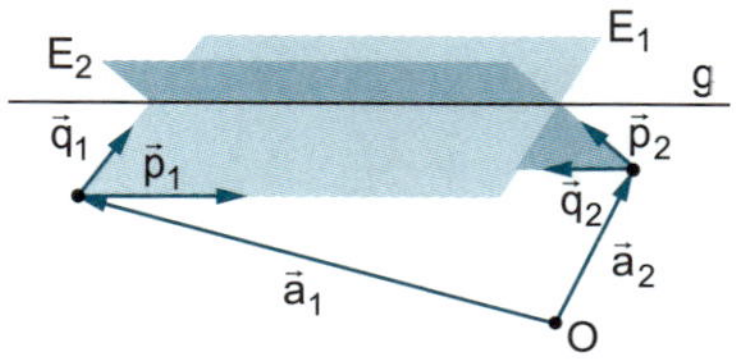

b) **… zwei Unbekannte beliebig wählen:**
Die beiden Ebenen sind **identisch**.

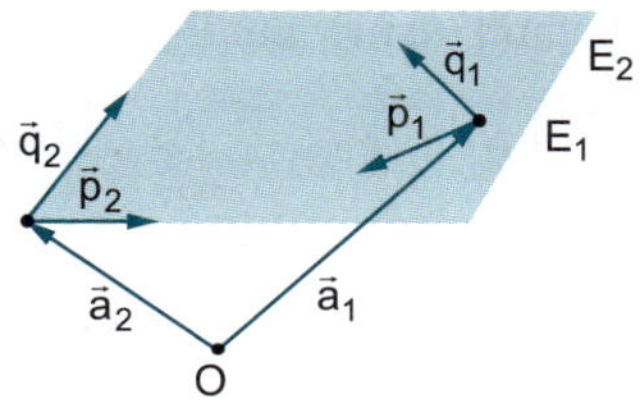

Beispiel

Gegeben sind die Ebenen

$$E_1:\ \vec{x} = \begin{pmatrix}3\\2\\1\end{pmatrix} + r_1\cdot\begin{pmatrix}1\\-1\\2\end{pmatrix} + s_1\cdot\begin{pmatrix}-2\\1\\-1\end{pmatrix};\qquad E_2:\ \vec{x} = \begin{pmatrix}4\\1\\2\end{pmatrix} + r_2\cdot\begin{pmatrix}-3\\1\\0\end{pmatrix} + s_2\cdot\begin{pmatrix}1\\-2\\5\end{pmatrix};$$

$$E_3:\ \vec{x} = \begin{pmatrix}1\\1\\4\end{pmatrix} + r_3\cdot\begin{pmatrix}3\\-1\\1\end{pmatrix} + s_3\cdot\begin{pmatrix}-3\\3\\-5\end{pmatrix};\qquad E_4:\ \vec{x} = \begin{pmatrix}2\\1\\5\end{pmatrix} + r_4\cdot\begin{pmatrix}3\\-2\\3\end{pmatrix} + s_4\cdot\begin{pmatrix}-1\\2\\-5\end{pmatrix}$$

Schneiden Sie die Ebene E_1
a) mit E_2,
b) mit E_3 und
c) mit E_4.

Lösung:

a) Schnitt von E_1 mit E_2:

$$\begin{pmatrix}3\\2\\1\end{pmatrix} + r_1\cdot\begin{pmatrix}1\\-1\\2\end{pmatrix} + s_1\cdot\begin{pmatrix}-2\\1\\-1\end{pmatrix} = \begin{pmatrix}4\\1\\2\end{pmatrix} + r_2\cdot\begin{pmatrix}-3\\1\\0\end{pmatrix} + s_2\cdot\begin{pmatrix}1\\-2\\5\end{pmatrix}$$

$$\Leftrightarrow \begin{array}{ll} \text{I} & 3 + r_1 - 2s_1 = 4 - 3r_2 + s_2 \\ \text{II} & 2 - r_1 + s_1 = 1 + r_2 - 2s_2 \\ \text{III} & 1 + 2r_1 - s_1 = 2 + 5s_2 \end{array} \Leftrightarrow \begin{array}{ll} \text{I} & r_1 - 2s_1 + 3r_2 - s_2 = 1 \\ \text{II} & -r_1 + s_1 - r_2 + 2s_2 = -1 \\ \text{III} & 2r_1 - s_1 - 5s_2 = 1 \end{array}$$

$$\Leftrightarrow \begin{array}{ll} \text{I} & r_1 - 2s_1 + 3r_2 - s_2 = 1 \\ \text{IV} = \text{I} + \text{II} & -s_1 + 2r_2 + s_2 = 0 \\ \text{V} = 2\cdot\text{II} + \text{III} & s_1 - 2r_2 - s_2 = -1 \end{array}$$

$$\Leftrightarrow \begin{array}{ll} \text{I} & r_1 - 2s_1 + 3r_2 - s_2 = 1 \\ \text{IV} & -s_1 + 2r_2 + s_2 = 0 \\ \text{VI} = \text{IV} + \text{V} & 0 = -1 \end{array}$$

Gleichung VI ist keine wahre Aussage; die Ebenen E_1 und E_2 haben keinen Punkt gemeinsam; sie sind **parallel**.

b) Schnitt von E_1 mit E_3:

$$\begin{pmatrix}3\\2\\1\end{pmatrix}+r_1\cdot\begin{pmatrix}1\\-1\\2\end{pmatrix}+s_1\cdot\begin{pmatrix}-2\\1\\-1\end{pmatrix}=\begin{pmatrix}1\\1\\4\end{pmatrix}+r_3\cdot\begin{pmatrix}3\\-1\\1\end{pmatrix}+s_3\cdot\begin{pmatrix}-3\\3\\-5\end{pmatrix}$$

$$\begin{array}{lll} & \text{I} & 3+r_1-2s_1=1+3r_3-3s_3 \\ \Leftrightarrow & \text{II} & 2-r_1+s_1=1-r_3+3s_3 \\ & \text{III} & 1+2r_1-s_1=4+r_3-5s_3 \end{array} \quad \begin{array}{lll} & \text{I} & r_1-2s_1-3r_3+3s_3=-2 \\ \Leftrightarrow & \text{II} & -r_1+s_1+r_3-3s_3=-1 \\ & \text{III} & 2r_1-s_1-r_3+5s_3=3 \end{array}$$

$$\begin{array}{lll} & \text{I} & r_1-2s_1-3r_3+3s_3=-2 \\ \Leftrightarrow & \text{IV}=\text{I}+\text{II} & -s_1-2r_3=-3 \\ & \text{V}=2\cdot\text{II}+\text{III} & s_1+r_3-s_3=1 \end{array}$$

$$\begin{array}{lll} & \text{I} & r_1-2s_1-3r_3+3s_3=-2 \\ \Leftrightarrow & \text{IV} & -s_1-2r_3=-3 \\ & \text{VI}=\text{IV}+\text{V} & -r_3-s_3=-2 \end{array}$$

Man kann also eine Variable, z. B. s_3, frei wählen und hieraus die anderen drei Unbekannten bestimmen.
Aus Gleichung VI entnimmt man: $-r_3-s_3=-2 \Leftrightarrow r_3=2-s_3$
Aus Gleichung IV lässt sich dann s_1 bestimmen, und Gleichung I liefert anschließend r_1.
Setzt man die Abhängigkeit $r_3=2-s_3$ in die Gleichung der Ebene E_3 ein, dann erhält man:

$$\vec{x}=\begin{pmatrix}1\\1\\4\end{pmatrix}+(2-s_3)\cdot\begin{pmatrix}3\\-1\\1\end{pmatrix}+s_3\cdot\begin{pmatrix}-3\\3\\-5\end{pmatrix}=\begin{pmatrix}1\\1\\4\end{pmatrix}+2\cdot\begin{pmatrix}3\\-1\\1\end{pmatrix}+s_3\cdot\left[-1\cdot\begin{pmatrix}3\\-1\\1\end{pmatrix}+1\cdot\begin{pmatrix}-3\\3\\-5\end{pmatrix}\right]$$

$$=\begin{pmatrix}7\\-1\\6\end{pmatrix}+s_3\cdot\begin{pmatrix}-6\\4\\-6\end{pmatrix}$$

Die Ebenen E_1 und E_3 besitzen also eine **Schnittgerade** mit der Gleichung

$$g:\ \vec{x}=\begin{pmatrix}7\\-1\\6\end{pmatrix}+t\cdot\begin{pmatrix}-6\\4\\-6\end{pmatrix};\ t\in\mathbb{R}.$$

c) Schnitt von E_1 mit E_4:

$$\begin{pmatrix}3\\2\\1\end{pmatrix}+r_1\cdot\begin{pmatrix}1\\-1\\2\end{pmatrix}+s_1\cdot\begin{pmatrix}-2\\1\\-1\end{pmatrix}=\begin{pmatrix}2\\1\\5\end{pmatrix}+r_4\cdot\begin{pmatrix}3\\-2\\3\end{pmatrix}+s_4\cdot\begin{pmatrix}-1\\2\\-5\end{pmatrix}$$

$$\begin{array}{lll} & \text{I} & 3+r_1-2s_1=2+3r_4-s_4 \\ \Leftrightarrow & \text{II} & 2-r_1+s_1=1-2r_4+2s_4 \\ & \text{III} & 1+2r_1-s_1=5+3r_4-5s_4 \end{array} \quad \begin{array}{lll} & \text{I} & r_1-2s_1-3r_4+s_4=-1 \\ \Leftrightarrow & \text{II} & -r_1+s_1+2r_4-2s_4=-1 \\ & \text{III} & 2r_1-s_1-3r_4+5s_4=4 \end{array}$$

$$\begin{array}{lll} & \text{I} & r_1-2s_1-3r_4+s_4=-1 \\ \Leftrightarrow & \text{IV}=\text{I}+\text{II} & -s_1-r_4-s_4=-2 \\ & \text{V}=2\cdot\text{II}+\text{III} & s_1+r_4+s_4=2 \end{array}$$

$$\begin{array}{lrl} & \text{I} & r_1 - 2s_1 - 3r_4 + s_4 = -1 \\ \Leftrightarrow & \text{IV} & -\ s_1 - r_4 - s_4 = -2 \\ & \text{VI} = \text{IV} + \text{V} & 0 = 0 \end{array}$$

Gleichung VI enthält eine wahre Aussage; man kann also die Parameter r_4 und s_4 beliebig wählen und dann mithilfe der Gleichungen I und IV die Parameter r_1 und s_1 bestimmen.
Die beiden Ebenen E_1 und E_4 sind **identisch**.

Aufgaben

81. Gegeben sind die Geraden

$g: \vec{x} = \begin{pmatrix} 3 \\ -2 \\ 1 \end{pmatrix} + r \cdot \begin{pmatrix} 1 \\ -1 \\ 2 \end{pmatrix}$, $h: \vec{x} = \begin{pmatrix} 4 \\ -2 \\ -2 \end{pmatrix} + s \cdot \begin{pmatrix} 3 \\ -2 \\ 1 \end{pmatrix}$, $k: \vec{x} = \begin{pmatrix} -1 \\ 2 \\ -7 \end{pmatrix} + t \cdot \begin{pmatrix} -2 \\ 2 \\ -4 \end{pmatrix}$ und

$\ell: \vec{x} = \begin{pmatrix} 2 \\ 3 \\ 5 \end{pmatrix} + u \cdot \begin{pmatrix} -3 \\ 3 \\ -6 \end{pmatrix}$.

Bestimmen Sie jeweils die Lage der Geraden

a) g und h
b) g und k
c) g und ℓ
d) h und ℓ

82. Gegeben sind die Geraden

$g: \vec{x} = \begin{pmatrix} 5 \\ 1 \\ -8 \end{pmatrix} + t \cdot \begin{pmatrix} 1 \\ 1 \\ 5 \end{pmatrix}$, $h: \vec{x} = \begin{pmatrix} 3 \\ -2 \\ 1 \end{pmatrix} + t \cdot \begin{pmatrix} 4 \\ 2 \\ 1 \end{pmatrix}$ und $k: \vec{x} = \begin{pmatrix} 5 \\ -1 \\ 6 \end{pmatrix} + t \cdot \begin{pmatrix} -5 \\ -6 \\ 4 \end{pmatrix}$

sowie die Ebene durch die Punkte A(3 | 1 | 1), B(5 | 5 | –3) und C(1 | 1 | –1). Bestimmen Sie die gemeinsamen Punkte der Geraden g bzw. h bzw. k mit der Ebene E.

83. Gegeben sind die Ebenen

$E_1: \vec{x} = \begin{pmatrix} 4 \\ 1 \\ 2 \end{pmatrix} + r \cdot \begin{pmatrix} -3 \\ 1 \\ 0 \end{pmatrix} + s \cdot \begin{pmatrix} 1 \\ -2 \\ 5 \end{pmatrix}$, $E_2: \vec{x} = \begin{pmatrix} 3 \\ 1 \\ -2 \end{pmatrix} + t \cdot \begin{pmatrix} 7 \\ -4 \\ 5 \end{pmatrix} + u \cdot \begin{pmatrix} -4 \\ 3 \\ -5 \end{pmatrix}$,

$E_3: \vec{x} = \begin{pmatrix} 2 \\ 4 \\ 1 \end{pmatrix} + t \cdot \begin{pmatrix} -1 \\ -2 \\ 1 \end{pmatrix} + u \cdot \begin{pmatrix} 1 \\ -1 \\ -4 \end{pmatrix}$

sowie die Ebene E_4 durch die Punkte A(2 | 0 | 7), B(8 | –2 | 7) und C(–3 | 5 | –3).

Untersuchen Sie die gegenseitige Lage der Ebenen

a) E_1 und E_2
b) E_1 und E_3
c) E_1 und E_4
d) E_3 und E_4

7.2 Berechnungen mithilfe der Koordinatenform

Die Koordinatenform einer Ebene ist sehr gut dazu geeignet, Schnittprobleme zweier Ebenen oder einer Ebene mit einer Geraden zu bearbeiten. Ist eine Ebene in Koordinatenform gegeben, entfällt das teilweise aufwendige Lösen eines Gleichungssystems.

Schnitt Ebene – Gerade

Der Schnitt einer Ebene in Koordinatenform mit einer Geraden ist dabei besonders einfach, wie nachfolgendes Beispiel zeigt, in dem alle drei möglichen Lagebeziehungen enthalten sind.

Beispiel

Bestimmen Sie die Schnittmenge zwischen der Ebene E: $3x_1 + 4x_2 - 2x_3 = 21$ und den Geraden

g: $\vec{x} = \begin{pmatrix} 1 \\ 5 \\ -2 \end{pmatrix} + r \cdot \begin{pmatrix} 1 \\ -2 \\ -1 \end{pmatrix}$ bzw. h: $\vec{x} = \begin{pmatrix} 4 \\ 2 \\ 1 \end{pmatrix} + r \cdot \begin{pmatrix} 2 \\ -3 \\ -3 \end{pmatrix}$ bzw. k: $\vec{x} = \begin{pmatrix} 5 \\ 2 \\ 1 \end{pmatrix} + r \cdot \begin{pmatrix} 4 \\ -1 \\ 4 \end{pmatrix}$.

Lösung:

Schnitt der Ebene E mit der Geraden g

Ein beliebiger Punkt auf der Geraden g hat die Koordinaten

$$\vec{x} = \begin{pmatrix} x_1 \\ x_2 \\ x_3 \end{pmatrix} = \begin{pmatrix} 1 \\ 5 \\ -2 \end{pmatrix} + r \cdot \begin{pmatrix} 1 \\ -2 \\ -1 \end{pmatrix} = \begin{pmatrix} 1+r \\ 5-2r \\ -2-r \end{pmatrix}.$$

Diese Koordinaten x_1, x_2 und x_3 setzt man in die Koordinatengleichung der Ebene E ein und löst die Gleichung nach dem Parameter r auf:

$$3 \cdot (1+r) + 4 \cdot (5-2r) - 2 \cdot (-2-r) = 21 \quad \Leftrightarrow \quad 3 + 3r + 20 - 8r + 4 + 2r = 21$$

$$\Leftrightarrow \quad -3r = -6 \quad \Leftrightarrow \quad r = 2$$

Diesen Wert setzt man in die Gleichung der Geraden ein:

$$\vec{x}_S = \begin{pmatrix} 1 \\ 5 \\ -2 \end{pmatrix} + 2 \cdot \begin{pmatrix} 1 \\ -2 \\ -1 \end{pmatrix} = \begin{pmatrix} 3 \\ 1 \\ -4 \end{pmatrix}$$

Die Gerade g und die Ebene E besitzen den **Schnittpunkt S(3 | 1 | –4)**.

Schnitt der Ebene E mit der Geraden h

Setzt man die Koordinaten des Vektors $\vec{x}$ der Geraden h mit

$$\vec{x} = \begin{pmatrix} x_1 \\ x_2 \\ x_3 \end{pmatrix} = \begin{pmatrix} 4 \\ 2 \\ 1 \end{pmatrix} + r \cdot \begin{pmatrix} 2 \\ -3 \\ -3 \end{pmatrix} = \begin{pmatrix} 4+2r \\ 2-3r \\ 1-3r \end{pmatrix}$$

in die Koordinatengleichung von E ein, dann ergibt sich

$$3 \cdot (4+2r) + 4 \cdot (2-3r) - 2 \cdot (1-3r) = 21$$

$$\Leftrightarrow \quad 12 + 6r + 8 - 12r - 2 + 6r = 21 \quad \Leftrightarrow \quad 18 = 21$$

Wegen dieses Widerspruchs besitzen die Gerade h und die Ebene E keinen gemeinsamen Punkt; die Gerade h ist **parallel** zur Ebene E.

Schnitt der Ebene E mit der Geraden k

$$k:\ \vec{x} = \begin{pmatrix} x_1 \\ x_2 \\ x_3 \end{pmatrix} = \begin{pmatrix} 5 \\ 2 \\ 1 \end{pmatrix} + r \cdot \begin{pmatrix} 4 \\ -1 \\ 4 \end{pmatrix} = \begin{pmatrix} 5+4r \\ 2-r \\ 1+4r \end{pmatrix}$$

Eingesetzt in die Koordinatengleichung von E erhält man:

$3 \cdot (5+4r) + 4 \cdot (2-r) - 2 \cdot (1+4r) = 21$

$\Leftrightarrow \quad 15 + 12r + 8 - 4r - 2 - 8r = 21 \quad \Leftrightarrow \quad 21 = 21$

Die Gleichung ist für alle Werte von r erfüllt. Daher liegen alle Punkte der Geraden k und damit die Gerade selbst in der Ebene E.

Schnitt zweier Ebenen

Die gegenseitige Lage zweier Ebenen lässt sich ebenfalls einfacher bestimmen, wenn mindestens eine Ebene in Koordinatenform angegeben ist. Die Vorgehensweise wird in zwei Beispielen behandelt, die alle drei möglichen Lagebeziehungen abdecken. Dabei ist einmal eine Ebene in Koordinatenform und die andere in Parameterform gegeben und einmal beide Ebenen in Koordinatenform.

Beispiele

1. Bestimmen Sie die Schnittmengen der Ebene E_1: $3x_1 - 2x_2 - x_3 = 5$ mit den Ebenen

   a) E_2: $\vec{x} = \begin{pmatrix} -4 \\ -9 \\ 8 \end{pmatrix} + r \cdot \begin{pmatrix} 1 \\ 3 \\ -2 \end{pmatrix} + s \cdot \begin{pmatrix} -2 \\ -2 \\ 1 \end{pmatrix}$

   b) E_3: $\vec{x} = \begin{pmatrix} 5 \\ 4 \\ 2 \end{pmatrix} + r \cdot \begin{pmatrix} 1 \\ 3 \\ -3 \end{pmatrix} + s \cdot \begin{pmatrix} 4 \\ 5 \\ 2 \end{pmatrix}$

   c) E_4: $\vec{x} = \begin{pmatrix} 1 \\ -2 \\ -4 \end{pmatrix} + r \cdot \begin{pmatrix} 5 \\ 3 \\ 9 \end{pmatrix} + s \cdot \begin{pmatrix} 1 \\ -1 \\ 5 \end{pmatrix}$

   Lösung:

   a) Man betrachtet die allgemeinen Koordinaten der Ebene

   $$E_2:\ \vec{x} = \begin{pmatrix} x_1 \\ x_2 \\ x_3 \end{pmatrix} = \begin{pmatrix} -4 \\ -9 \\ 8 \end{pmatrix} + r \cdot \begin{pmatrix} 1 \\ 3 \\ -2 \end{pmatrix} + s \cdot \begin{pmatrix} -2 \\ -2 \\ 1 \end{pmatrix} = \begin{pmatrix} -4+r-2s \\ -9+3r-2s \\ 8-2r+s \end{pmatrix}$$

   und setzt diese in die Koordinatenform von E_1 ein:

   $3 \cdot (-4 + r - 2s) - 2 \cdot (-9 + 3r - 2s) - (8 - 2r + s) = 5 \quad \Leftrightarrow$

   $-12 + 3r - 6s + 18 - 6r + 4s - 8 + 2r - s = 5 \quad \Leftrightarrow \quad -r - 3s = 7$

   Nun lässt sich beispielsweise die Variable r durch s ausdrücken:

   $r = -3s - 7$

Diese Beziehung setzt man in die Parametergleichung von E_2 ein:

$$\vec{x} = \begin{pmatrix} -4+r-2s \\ -9+3r-2s \\ 8-2r+s \end{pmatrix} = \begin{pmatrix} -4+(-3s-7)-2s \\ -9+3\cdot(-3s-7)-2s \\ 8-2\cdot(-3s-7)+s \end{pmatrix} = \begin{pmatrix} -4-3s-7-2s \\ -9-9s-21-2s \\ 8+6s+14+s \end{pmatrix}$$

$$= \begin{pmatrix} -11-5s \\ -30-11s \\ 22+7s \end{pmatrix} = \begin{pmatrix} -11 \\ -30 \\ 22 \end{pmatrix} + s\cdot\begin{pmatrix} -5 \\ -11 \\ 7 \end{pmatrix}$$

Die Schnittmenge ist also eine Gerade mit der Gleichung:

$$\vec{x} = \begin{pmatrix} -11 \\ -30 \\ 22 \end{pmatrix} + s\cdot\begin{pmatrix} -5 \\ -11 \\ 7 \end{pmatrix}$$

b) Man betrachtet die allgemeinen Koordinaten der Ebene

$$E_3\colon\ \vec{x} = \begin{pmatrix} 5 \\ 4 \\ 2 \end{pmatrix} + r\cdot\begin{pmatrix} 1 \\ 3 \\ -3 \end{pmatrix} + s\cdot\begin{pmatrix} 4 \\ 5 \\ 2 \end{pmatrix} = \begin{pmatrix} 5+r+4s \\ 4+3r+5s \\ 2-3r+2s \end{pmatrix}$$

Diese Koordinaten setzt man in die Koordinatengleichung von E_1 ein:

$3\cdot(5+r+4s)-2\cdot(4+3r+5s)-(2-3r+2s)=5 \iff$

$15+3r+12s-8-6r-10s-2+3r-2s=5 \iff 5=5$

Dies stellt für alle Werte von r und s eine wahre Aussage dar; die beiden Ebenen sind **identisch**.

c) Man betrachtet die allgemeinen Koordinaten der Ebene

$$E_4\colon\ \vec{x} = \begin{pmatrix} 1 \\ -2 \\ -4 \end{pmatrix} + r\cdot\begin{pmatrix} 5 \\ 3 \\ 9 \end{pmatrix} + s\cdot\begin{pmatrix} 1 \\ -1 \\ 5 \end{pmatrix} = \begin{pmatrix} 1+5r+s \\ -2+3r-s \\ -4+9r+5s \end{pmatrix}$$

Eingesetzt in die Koordinatengleichung von E_1 erhält man:

$3\cdot(1+5r+s)-2\cdot(-2+3r-s)-(-4+9r+5s)=5 \iff$

$3+15r+3s+4-6r+2s+4-9r-5s=5 \iff 11=5$

Wegen dieses Widerspruchs haben die beiden Ebenen E_1 und E_4 keinen Punkt gemeinsam; sie sind **parallel**.

2. Bestimmen Sie die Schnittmengen der Ebene $E_1\colon -2x_1-3x_2+4x_3=7$ mit der Ebene $E_2\colon 4x_1+2x_2+4x_3=10$ bzw. der Ebene $E_3\colon 2x_1+3x_2-4x_3=5$ bzw. der Ebene $E_4\colon -4x_1-6x_2+8x_3=14$.

Lösung:

Schnitt der Ebenen E_1 und E_2

Mögliche gemeinsame Punkte der beiden Ebenen müssen beide Koordinatengleichungen erfüllen. Es muss also folgendes Gleichungssystem gelöst werden:

$$\begin{array}{ll} \text{I} & -2x_1-3x_2+4x_3=7 \\ \text{II} & 4x_1+2x_2+4x_3=10 \end{array} \iff \begin{array}{lr} \text{I} & -2x_1-3x_2+4x_3=7 \\ \text{III}=2\cdot\text{I}+\text{II} & -4x_2+12x_3=24 \end{array}$$

In diesem Gleichungssystem ist eine Variable frei wählbar, d. h. die Schnittmenge der Ebenen ist eine Gerade; man setzt den Parameter $x_3=t$ und erhält aus Gleichung III:

$-4x_2=-12t+24 \iff x_2=3t-6$

Setzt man dies in Gleichung I ein, dann erhält man:

$-2x_1 - 3\cdot(3t-6)+4t=7 \;\Leftrightarrow\; -2x_1-9t+18+4t=7$

$\Leftrightarrow\; -2x_1=5t-11 \;\Leftrightarrow\; x_1=-\frac{5}{2}t+\frac{11}{2}$

Die gemeinsamen Punkte der beiden Ebenen liegen auf der Geraden mit:

$$\vec{x}=\begin{pmatrix}x_1\\x_2\\x_3\end{pmatrix}=\begin{pmatrix}-\frac{5}{2}t+\frac{11}{2}\\3t-6\\t\end{pmatrix}=\begin{pmatrix}\frac{11}{2}\\-6\\0\end{pmatrix}+t\cdot\begin{pmatrix}-\frac{5}{2}\\3\\1\end{pmatrix}$$

Schnitt der Ebenen E_1 und E_3

Auch hier wird das entsprechende Gleichungssystem gelöst:

$$\begin{array}{ll}\text{I} & -2x_1-3x_2+4x_3=7\\ \text{II} & 2x_1+3x_2-4x_3=5\end{array} \;\Leftrightarrow\; \begin{array}{ll}\text{I} & -2x_1-3x_2+4x_3=7\\ \text{III}=\text{I}+\text{II} & 0=12\end{array}$$

Die zweite Zeile enthält einen Widerspruch; die Ebenen E_1 und E_3 haben keine gemeinsamen Punkte, sie sind **(echt) parallel**.

Schnitt der Ebenen E_1 und E_4

Das zugehörige Gleichungssystem lautet:

$$\begin{array}{ll}\text{I} & -2x_1-3x_2+4x_3=7\\ \text{II} & -4x_1-6x_2+8x_3=14\end{array} \;\Leftrightarrow\; \begin{array}{ll}\text{I} & -2x_1-3x_2+4x_3=7\\ \text{III}=2\cdot\text{I}-\text{II} & 0=0\end{array}$$

Die zweite Zeile des Gleichungssystems ist immer erfüllt. Die gemeinsamen Punkte müssen daher nur die erste Zeile des Gleichungssystems erfüllen. Dies sind jedoch alle Punkte der Ebene E_1. Daher sind die Ebenen E_1 und E_4 **identisch**.

Aufgaben

84. Wie kann man an der Koordinatenform erkennen, ob zwei Ebenen parallel zueinander sind?

85. Bestimmen Sie jeweils die Schnittmenge der Ebene E mit den Geraden

$g\colon \vec{x}=\begin{pmatrix}1\\-6\\0\end{pmatrix}+t\cdot\begin{pmatrix}-5\\3\\1\end{pmatrix}$ bzw. $h\colon \vec{x}=\begin{pmatrix}1\\-6\\0\end{pmatrix}+t\cdot\begin{pmatrix}-4\\4\\1\end{pmatrix}$.

a) E: $-2x_1-x_2-4x_3=7$

b) E: $\left(\vec{x}-\begin{pmatrix}-9\\0\\2\end{pmatrix}\right)\circ\begin{pmatrix}2\\3\\1\end{pmatrix}=0$

86. Gegeben sind die Ebenen

$E_1\colon 2x_1+3x_2+x_3=-6$; $E_2\colon \left(\vec{x}-\begin{pmatrix}2\\-4\\2\end{pmatrix}\right)\circ\begin{pmatrix}2\\1\\-1\end{pmatrix}=0$; $E_3\colon \left(\vec{x}-\begin{pmatrix}-1\\-3\\5\end{pmatrix}\right)\circ\begin{pmatrix}4\\6\\2\end{pmatrix}=0$;

$E_4\colon x_1+3x_2-x_3=3$; $E_5\colon \vec{x}=\begin{pmatrix}-5\\2\\-2\end{pmatrix}+r\cdot\begin{pmatrix}1\\-2\\4\end{pmatrix}+s\cdot\begin{pmatrix}-2\\1\\1\end{pmatrix}$.

Bestimmen Sie die Schnittmengen der Ebenen

a) E_1 und E_2

b) E_1 und E_3

c) E_1 und E_4

d) E_1 und E_5

8 Schnittwinkel und Abstand

Mithilfe des Skalarproduktes können Sie bereits Winkel zwischen zwei Vektoren berechnen; dieses Wissen wird in diesem Kapitel genutzt, um die Lagebeziehungen zwischen geometrischen Objekten auch durch metrische Größen – wie Abstände und Winkel – zu beschreiben. Dabei ist es bei Ebenen von Vorteil, eine spezielle Normalenform zu verwenden.

8.1 Schnittwinkel zwischen geometrischen Objekten

Schnittwinkel zweier Geraden

Zwei sich schneidende Geraden schließen zwei Winkel ein, die sich zu 180° ergänzen – einen spitzen und einen stumpfen (bzw. zwei rechte Winkel, falls die Geraden orthogonal zueinander sind). Mit dem Schnittwinkel zweier Geraden ist immer der spitze (bzw. rechte) Winkel gemeint, d. h. $0° \leq \alpha \leq 90°$.

Betrachtet man die Richtungsvektoren der beiden Geraden im Schnittpunkt, so erkennt man, dass dieser Schnittwinkel α mit dem Winkel β zwischen den Richtungsvektoren (oberes Bild) bzw. mit dessen Nachbarwinkel (unteres Bild) übereinstimmt.

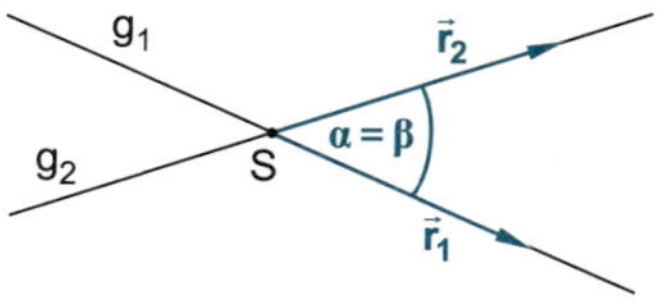

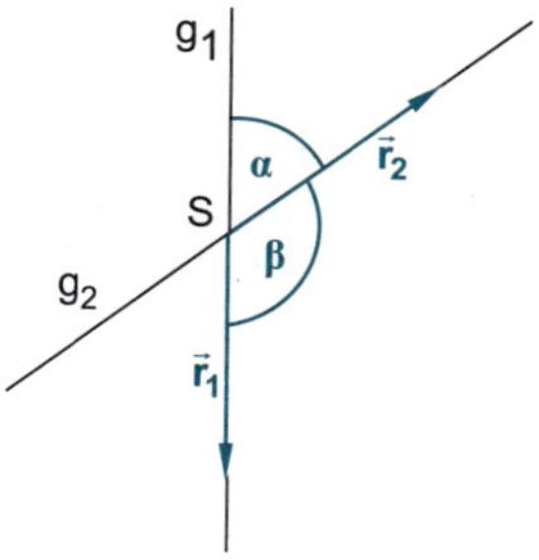

Der Winkel β zwischen den Richtungsvektoren $\vec{r}_1$ der Geraden g_1 und $\vec{r}_2$ der Geraden g_2 kann mithilfe des Skalarprodukts bestimmt werden (vgl. Kapitel 4, S. 38):

$$\cos\beta = \frac{\vec{r}_1 \circ \vec{r}_2}{|\vec{r}_1| \cdot |\vec{r}_2|}$$

Für spitze Winkel $\alpha = \beta$ (oberes Bild) gilt damit:

$$\cos\alpha = \cos\beta > 0 \quad (0° < \beta < 90°)$$

Falls die Richtungsvektoren einen stumpfen Winkel β einschließen (unteres Bild), ist der gesuchte Schnittwinkel α der zugehörige Nebenwinkel, $\alpha = 180° - \beta$, und es gilt:

$$\cos\alpha = \cos(180° - \beta) = -\cos\beta > 0 \quad (90° < \beta < 180°)$$

Durch Bilden des Betrags kann man beide Fälle zusammenfassen:

$$\cos\alpha = |\cos\beta|$$

Allgemein gilt daher folgende Regel:

Regel

Schnittwinkel zwischen zwei Geraden

Für den Schnittwinkel $0° \leq \alpha \leq 90°$ zwischen zwei Geraden mit den Richtungsvektoren $\vec{r}_1$ bzw. $\vec{r}_2$ gilt:

$$\cos\alpha = \left| \frac{\vec{r}_1 \circ \vec{r}_2}{|\vec{r}_1| \cdot |\vec{r}_2|} \right| = \frac{|\vec{r}_1 \circ \vec{r}_2|}{|\vec{r}_1| \cdot |\vec{r}_2|}$$

Beispiel

Gegeben sind die drei Punkte A(1 | 2 | 1), B(5 | 4 | –1) und C(3 | 2 | 7).
Bestimmen Sie
a) die Schnittwinkel von jeweils zwei der drei Geraden AB, AC und BC,
b) die Innenwinkel des Dreiecks ABC.

Lösung:

a) Richtungsvektoren der drei Geraden:

$$\vec{r}_{AB} = \begin{pmatrix} 4 \\ 2 \\ -2 \end{pmatrix};\ \vec{r}_{AC} = \begin{pmatrix} 2 \\ 0 \\ 6 \end{pmatrix};\ \vec{r}_{BC} = \begin{pmatrix} -2 \\ -2 \\ 8 \end{pmatrix}$$

Für den Schnittwinkel zwischen den Geraden AB und AC gilt:

$$\cos\varphi_1 = \frac{|\vec{r}_{AB} \circ \vec{r}_{AC}|}{|\vec{r}_{AB}| \cdot |\vec{r}_{AC}|} = \frac{\left|\begin{pmatrix} 4 \\ 2 \\ -2 \end{pmatrix} \circ \begin{pmatrix} 2 \\ 0 \\ 6 \end{pmatrix}\right|}{\left|\begin{pmatrix} 4 \\ 2 \\ -2 \end{pmatrix}\right| \cdot \left|\begin{pmatrix} 2 \\ 0 \\ 6 \end{pmatrix}\right|} = \frac{|-4|}{\sqrt{24} \cdot \sqrt{40}} = \frac{4}{\sqrt{960}} \quad \Leftrightarrow \quad \varphi_1 \approx 82{,}6°$$

Für den Schnittwinkel zwischen den Geraden AB und BC ergibt sich

$$\cos\varphi_2 = \frac{|\vec{r}_{AB} \circ \vec{r}_{BC}|}{|\vec{r}_{AB}| \cdot |\vec{r}_{BC}|} = \frac{\left|\begin{pmatrix} 4 \\ 2 \\ -2 \end{pmatrix} \circ \begin{pmatrix} -2 \\ -2 \\ 8 \end{pmatrix}\right|}{\left|\begin{pmatrix} 4 \\ 2 \\ -2 \end{pmatrix}\right| \cdot \left|\begin{pmatrix} -2 \\ -2 \\ 8 \end{pmatrix}\right|} = \frac{|-28|}{\sqrt{24} \cdot \sqrt{72}} = \frac{28}{\sqrt{1728}} \quad \Leftrightarrow \quad \varphi_2 \approx 47{,}7°$$

und für den Schnittwinkel zwischen AC und BC:

$$\cos\varphi_3 = \frac{|\vec{r}_{AC} \circ \vec{r}_{BC}|}{|\vec{r}_{AC}| \cdot |\vec{r}_{BC}|} = \frac{\left|\begin{pmatrix} 2 \\ 0 \\ 6 \end{pmatrix} \circ \begin{pmatrix} -2 \\ -2 \\ 8 \end{pmatrix}\right|}{\left|\begin{pmatrix} 2 \\ 0 \\ 6 \end{pmatrix}\right| \cdot \left|\begin{pmatrix} -2 \\ -2 \\ 8 \end{pmatrix}\right|} = \frac{|44|}{\sqrt{40} \cdot \sqrt{72}} = \frac{44}{\sqrt{2\,880}} \quad \Leftrightarrow \quad \varphi_3 \approx 34{,}9°$$

b) Die Innenwinkel eines Dreiecks können auch stumpf sein, deshalb eignet sich zur Berechnung nicht die Formel von S. 82. Vielmehr muss man darauf achten, die Richtungen der Vektoren im Dreieck so zu wählen, dass der gesuchte Innenwinkel auch tatsächlich von den entsprechenden beiden Vektoren eingeschlossen wird:
z. B. kann man für die Berechnung des Winkels β nicht die Vektoren $\overrightarrow{AB}$ und $\overrightarrow{BC}$ verwenden.

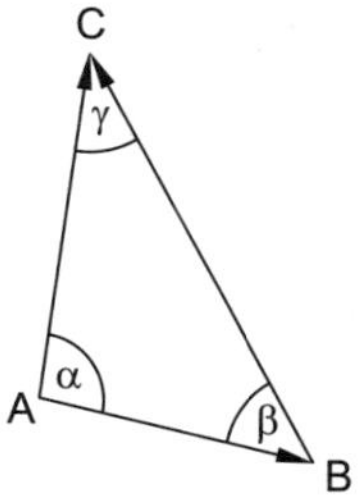

Für den Winkel α im Punkt A des Dreiecks ABC verwendet man die Vektoren $\overrightarrow{AB}$ und $\overrightarrow{AC}$:

$$\cos\alpha = \frac{\overrightarrow{AB} \circ \overrightarrow{AC}}{|\overrightarrow{AB}| \cdot |\overrightarrow{AC}|} = \frac{\begin{pmatrix} 4 \\ 2 \\ -2 \end{pmatrix} \circ \begin{pmatrix} 2 \\ 0 \\ 6 \end{pmatrix}}{\left|\begin{pmatrix} 4 \\ 2 \\ -2 \end{pmatrix}\right| \cdot \left|\begin{pmatrix} 2 \\ 0 \\ 6 \end{pmatrix}\right|} = \frac{-4}{\sqrt{24} \cdot \sqrt{40}} \quad \Leftrightarrow \quad \alpha \approx 97{,}4°$$

Für den Winkel β ergibt sich mithilfe der Vektoren $\overrightarrow{BA}$ und $\overrightarrow{BC}$:

$$\cos\beta = \frac{\overrightarrow{BA} \circ \overrightarrow{BC}}{|\overrightarrow{BA}| \cdot |\overrightarrow{BC}|} = \frac{\begin{pmatrix}-4\\-2\\2\end{pmatrix} \circ \begin{pmatrix}-2\\-2\\8\end{pmatrix}}{\left|\begin{pmatrix}-4\\-2\\2\end{pmatrix}\right| \cdot \left|\begin{pmatrix}-2\\-2\\8\end{pmatrix}\right|} = \frac{28}{\sqrt{24} \cdot \sqrt{72}} \quad \Leftrightarrow \quad \beta \approx 47{,}7^\circ$$

und für den Winkel γ mithilfe der Vektoren $\overrightarrow{CA}$ und $\overrightarrow{CB}$:

$$\cos\gamma = \frac{\overrightarrow{CA} \circ \overrightarrow{CB}}{|\overrightarrow{CA}| \cdot |\overrightarrow{CB}|} = \frac{\begin{pmatrix}-2\\0\\-6\end{pmatrix} \circ \begin{pmatrix}2\\2\\-8\end{pmatrix}}{\left|\begin{pmatrix}-2\\0\\-6\end{pmatrix}\right| \cdot \left|\begin{pmatrix}2\\2\\-8\end{pmatrix}\right|} = \frac{44}{\sqrt{40} \cdot \sqrt{72}} \quad \Leftrightarrow \quad \gamma \approx 34{,}9^\circ$$

Schnittwinkel zweier Ebenen

Wenn sich zwei Ebenen schneiden, besitzen sie eine Schnittgerade. Schaut man längs dieser Schnittgeraden auf die beiden Ebenen, dann erkennt man:

Der Schnittwinkel α_E zwischen den beiden Ebenen ist genauso groß wie der Winkel α_n zwischen beliebigen Normalenvektoren $\vec{n}_1$ bzw. $\vec{n}_2$ der beiden Ebenen E_1 bzw. E_2.

Daher gilt für den gezeichneten Sachverhalt:

$$\cos\alpha_E = \cos\alpha_n = \frac{\vec{n}_1 \circ \vec{n}_2}{|\vec{n}_1| \cdot |\vec{n}_2|}$$

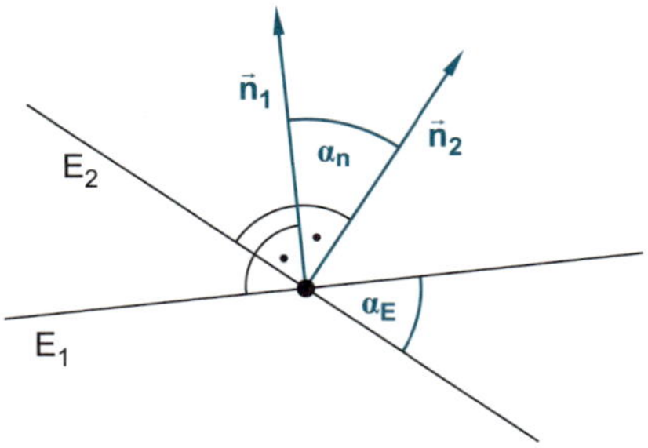

Auch hier führt die Betragsbildung dazu, als Ergebnis immer einen spitzen (bzw. rechten) Winkel zu erhalten.

Regel

Schnittwinkel zweier Ebenen

Für den Schnittwinkel $0^\circ \leq \alpha \leq 90^\circ$ zweier Ebenen mit den Normalenvektoren $\vec{n}_1$ bzw. $\vec{n}_2$ gilt:

$$\cos\alpha = \frac{|\vec{n}_1 \circ \vec{n}_2|}{|\vec{n}_1| \cdot |\vec{n}_2|}$$

Beispiel

Bestimmen Sie den Schnittwinkel der beiden Ebenen

E_1: $\vec{x} = \begin{pmatrix}3\\1\\0\end{pmatrix} + r \cdot \begin{pmatrix}1\\-1\\2\end{pmatrix} + s \cdot \begin{pmatrix}-2\\-1\\3\end{pmatrix}$ und E_2: $2x_1 - x_2 - x_3 = 1$.

Lösung:
Man bestimmt zunächst einen Normalenvektor der Ebene E_1:

$$\vec{n}_1 = \begin{pmatrix} 1 \\ -1 \\ 2 \end{pmatrix} \times \begin{pmatrix} -2 \\ -1 \\ 3 \end{pmatrix} = \begin{pmatrix} -3+2 \\ -4-3 \\ -1-2 \end{pmatrix} = \begin{pmatrix} -1 \\ -7 \\ -3 \end{pmatrix}$$

Einen Normalenvektor der Ebene E_2 kann man direkt aus der Koordinatenform ablesen (vgl. Kapitel 6, S. 60):

$$\vec{n}_2 = \begin{pmatrix} 2 \\ -1 \\ -1 \end{pmatrix}$$

Hieraus ergibt sich für den Schnittwinkel α der beiden Ebenen:

$$\cos\alpha = \frac{|\vec{n}_1 \circ \vec{n}_2|}{|\vec{n}_1| \cdot |\vec{n}_2|} = \frac{\left|\begin{pmatrix} -1 \\ -7 \\ -3 \end{pmatrix} \circ \begin{pmatrix} 2 \\ -1 \\ -1 \end{pmatrix}\right|}{\left|\begin{pmatrix} -1 \\ -7 \\ -3 \end{pmatrix}\right| \cdot \left|\begin{pmatrix} 2 \\ -1 \\ -1 \end{pmatrix}\right|} = \frac{|-2+7+3|}{\sqrt{59} \cdot \sqrt{6}} = \frac{8}{\sqrt{354}} \quad \Leftrightarrow \quad \alpha \approx 64{,}8°$$

Schnittwinkel zwischen einer Ebene und einer Geraden

Betrachtet man den Sachverhalt aus einer geeigneten Perspektive (Auge des Betrachters in der Ebene und Gerade in der Zeichenebene), erkennt man:

Der Schnittwinkel α zwischen Gerade und Ebene ergibt zusammen mit dem Winkel zwischen dem Richtungsvektor $\vec{r}$ der Geraden und einem Normalenvektor $\vec{n}$ der Ebene genau 90°.

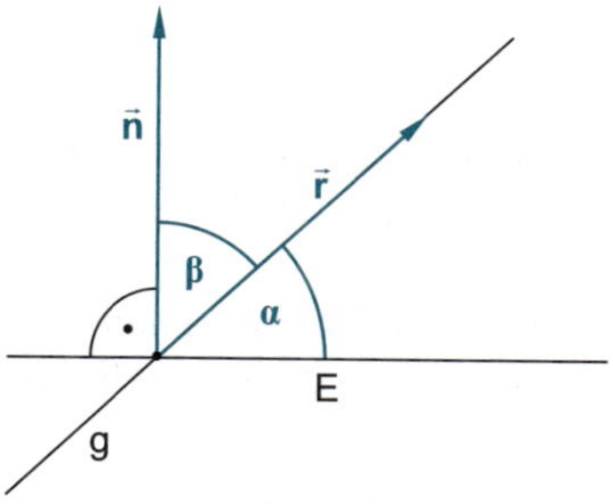

Den Winkel β zwischen den beiden Vektoren $\vec{r}$ und $\vec{n}$ bestimmt man über die Formel:

$$\cos\beta = \frac{\vec{n} \circ \vec{r}}{|\vec{n}| \cdot |\vec{r}|}$$

Ist der Winkel β' zwischen $\vec{r}$ und $\vec{n}$ stumpf, so ergibt der Nebenwinkel β zusammen mit dem Schnittwinkel α genau 90°. Bildet man den Betrag der obigen Formel, so erhält man in beiden Fällen den spitzen Winkel β:

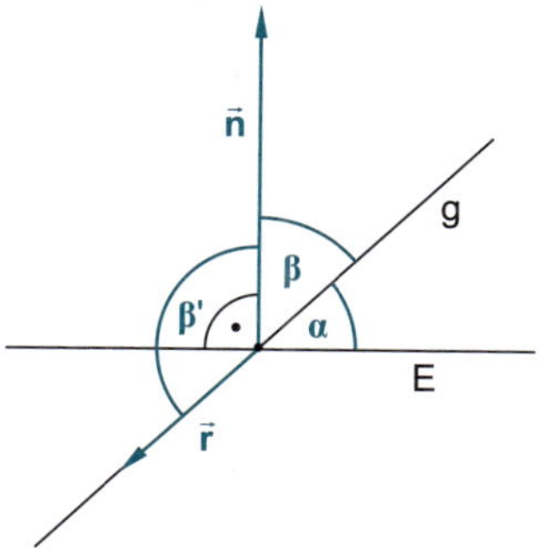

$$\cos\beta = \left| \frac{\vec{n} \circ \vec{r}}{|\vec{n}| \cdot |\vec{r}|} \right|$$

Da $\beta = 90° - \alpha$ ist, gilt aufgrund der Beziehung zwischen Sinus und Kosinus:
$\cos\beta = \cos(90° - \alpha) = \sin\alpha$

Der gesuchte Schnittwinkel α kann also mithilfe des Sinus bestimmt werden:

$$\sin\alpha = \cos\beta = \left| \frac{\vec{n} \circ \vec{r}}{|\vec{n}| \cdot |\vec{r}|} \right|$$

Regel

Schnittwinkel zwischen einer Ebene und einer Geraden

Für den Schnittwinkel $0° \leq \alpha \leq 90°$ zwischen einer Ebene mit dem Normalenvektor $\vec{n}$ und einer Geraden mit dem Richtungsvektor $\vec{r}$ gilt:

$$\sin\alpha = \frac{|\vec{n} \circ \vec{r}|}{|\vec{n}| \cdot |\vec{r}|}$$

Beispiel

Bestimmen Sie den Schnittwinkel zwischen der Ebene E: $x_1 - 3x_2 = 5$ und der Geraden g durch die Punkte $A(1|-2|-3)$ und $B(-2|1|1)$.

Lösung:

Ein Normalenvektor $\vec{n}$ der Ebene E und der Richtungsvektor $\vec{r} = \overrightarrow{AB}$ der Geraden g lauten:

$$\vec{n} = \begin{pmatrix} 1 \\ -3 \\ 0 \end{pmatrix}; \quad \vec{r} = \overrightarrow{AB} = \begin{pmatrix} -3 \\ 3 \\ 4 \end{pmatrix}$$

Somit ergibt sich für den Schnittwinkel α:

$$\sin\alpha = \frac{|\vec{n} \circ \vec{r}|}{|\vec{n}| \cdot |\vec{r}|} = \frac{\left|\begin{pmatrix} 1 \\ -3 \\ 0 \end{pmatrix} \circ \begin{pmatrix} -3 \\ 3 \\ 4 \end{pmatrix}\right|}{\left|\begin{pmatrix} 1 \\ -3 \\ 0 \end{pmatrix}\right| \cdot \left|\begin{pmatrix} -3 \\ 3 \\ 4 \end{pmatrix}\right|} = \frac{|-3-9|}{\sqrt{10} \cdot \sqrt{34}} = \frac{12}{\sqrt{340}} \quad \Leftrightarrow \quad \alpha \approx 40{,}6°$$

Aufgaben

87. Bestimmen Sie die Innenwinkel des Dreiecks ABC mit $A(1|1|-4)$, $B(-3|5|2)$ und $C(4|6|-1)$.

88. Unter welchem Winkel schneidet die Gerade AB mit $A(3|2|-2)$ und $B(-5|1|3)$ die Ebene E: $4x_1 - 3x_2 + x_3 = 5$?

89. Bestimmen Sie den Winkel, unter dem sich die Ebenen E_1 und E_2 schneiden.

a) E_1: $4x_1 - x_2 - 2x_3 = 1$; $\quad E_2$: $\vec{x} = \begin{pmatrix} 0 \\ 1 \\ -2 \end{pmatrix} + r \cdot \begin{pmatrix} 1 \\ 5 \\ 1 \end{pmatrix} + s \cdot \begin{pmatrix} -2 \\ 1 \\ 1 \end{pmatrix}$

b) E_1: $4x_1 - x_2 - 2x_3 = 1$; $\quad E_2$: $\left(\vec{x} - \begin{pmatrix} 0 \\ 1 \\ 2 \end{pmatrix}\right) \circ \begin{pmatrix} 2 \\ -1 \\ -1 \end{pmatrix} = 0$

8.2 Abstand zwischen geometrischen Objekten

Wie in Aufgabe 44 in Kapitel 4 bereits festgestellt, kann man mithilfe des Skalarprodukts die sogenannte **Projektionslänge** eines Vektors auf einen anderen Vektor bestimmen:

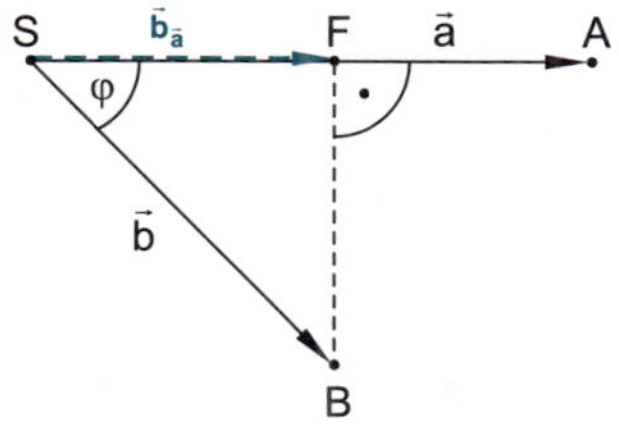

Für das Skalarprodukt von $\vec{a} = \overrightarrow{SA}$ und $\vec{b} = \overrightarrow{SB}$ gilt die Formel:

$\vec{a} \circ \vec{b} = |\vec{a}| \cdot |\vec{b}| \cdot \cos\varphi$

Im abgebildeten rechtwinkligen Dreieck SBF gilt darüber hinaus

$\cos\varphi = \frac{|\overrightarrow{SF}|}{|\overrightarrow{SB}|}$

und damit insbesondere in vektorieller Schreibweise:

$|\overrightarrow{SF}| = |\overrightarrow{SB}| \cdot \cos\varphi = |\vec{b}| \cdot \cos\varphi$

Vergleicht man diese beiden Formeln, dann erhält man für die abgebildete Situation (mit spitzem Winkel φ):

$\vec{a} \circ \vec{b} = |\vec{a}| \cdot |\vec{b}| \cdot \cos\varphi = |\vec{a}| \cdot |\overrightarrow{SF}|$

Der Vektor $\overrightarrow{SF}$ wird als $\vec{\mathbf{b}}_{\vec{a}}$ bezeichnet. Er stellt die **Projektion** des Vektors $\vec{b}$ auf den Vektor $\vec{a}$ dar.

Hinweis: Anders ausgedrückt ist $\vec{b}_{\vec{a}}$ die Komponente des Vektors $\vec{b}$ bzgl. des Vektors $\vec{a}$ (vgl. Kapitel 3, S. 28).

Da für stumpfe Winkel φ das Skalarprodukt $\vec{a} \circ \vec{b}$ negativ ist, aber denselben Betrag hat wie $\vec{a} \circ \vec{b}$ für den entsprechenden (spitzen) Nebenwinkel $180° - \varphi$, ergibt sich für beide Fälle folgende Regel:

Regel

Projektionslänge

Für das Skalarprodukt zweier Vektoren $\vec{a}$ und $\vec{b}$ gilt:

$|\vec{a} \circ \vec{b}| = |\vec{a}| \cdot |\vec{b}_{\vec{a}}|$ bzw. $|\vec{b}_{\vec{a}}| = \frac{|\vec{a} \circ \vec{b}|}{|\vec{a}|}$,

wobei $\vec{b}_{\vec{a}}$ die Projektion des Vektors $\vec{b}$ auf den Vektor $\vec{a}$ bezeichnet.

Mithilfe dieser Regel lässt sich nun leicht der Abstand eines Punktes von einer Ebene bestimmen.

Abstand eines Punktes von einer Ebene

Hierbei hilft folgendes Bild, bei dem die Ebene E so betrachtet wird, dass sie nur als Gerade erscheint (Auge des Betrachters in der Ebene). Der Punkt A ist dabei ein beliebiger Punkt der Ebene E und $\vec{n}$ ein Normalenvektor.
P ist ein Punkt außerhalb der Ebene und F der Lotfußpunkt des Lotes von P auf die Ebene E.
Gesucht ist der Abstand d des Punktes P von der Ebene E, also die Länge der Strecke [PF].

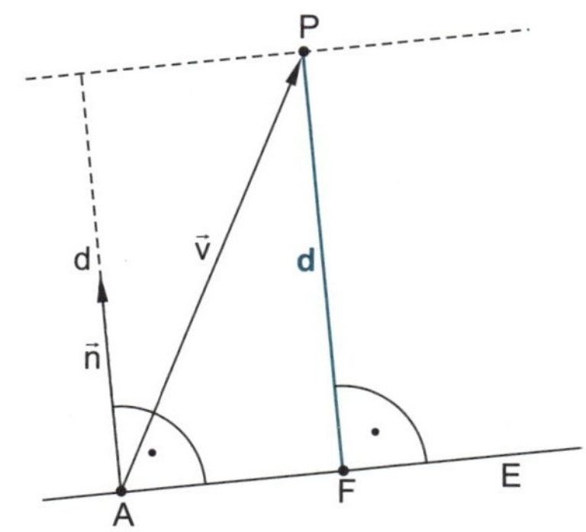

Betrachtet man zusätzlich den Vektor $\vec{v} = \overrightarrow{AP}$, so entspricht d der Länge der Projektion von $\vec{v}$ auf den Vektor $\vec{n}$ und nach der Regel auf S. 87 gilt:

$$d = |\vec{v}_{\vec{n}}| = \frac{|\vec{n} \circ \vec{v}|}{|\vec{n}|} = \frac{|\vec{n} \circ \overrightarrow{AP}|}{|\vec{n}|} = \frac{|\vec{n} \circ (\vec{p} - \vec{a})|}{|\vec{n}|} = \frac{1}{|\vec{n}|} \cdot |(\vec{p} - \vec{a}) \circ \vec{n}|$$

Verwendet man statt des Normalenvektors $\vec{n}$ einen Normaleneinheitsvektor $\vec{n}_0$, dann gilt $|\vec{n}_0| = 1$ und es ergibt sich die einfachere Formel für den Abstand:

$$d = |(\vec{p} - \vec{a}) \circ \vec{n}_0|$$

Der Term auf der rechten Seite erinnert sehr an die spezielle Normalenform der Ebene E mit einem Normaleneinheitsvektor:

E: $(\vec{x} - \vec{a}) \circ \vec{n}_0 = 0$

Ersetzt man in dieser Normalengleichung den Vektor $\vec{x}$ durch den Ortsvektor $\vec{p}$ des Punktes P, erhält man den Abstand d von P zu E.

Regel

Abstand eines Punktes von einer Ebene

Ein Punkt P mit dem Ortsvektor $\vec{p}$ besitzt von der Ebene E: $(\vec{x} - \vec{a}) \circ \vec{n}_0 = 0$ mit einem Normaleneinheitsvektor $\vec{n}_0$ den Abstand:

$$d = |(\vec{p} - \vec{a}) \circ \vec{n}_0|$$

Hinweis: Bei der Berechnung von Abständen und Längen ist es grundsätzlich erforderlich, die Längeneinheiten (LE) anzugeben; im Folgenden wird auf diese Angabe verzichtet.

Beispiel

Bestimmen Sie den Abstand der Punkte P(5 | 2 | 2) und Q(3 | 2 | 1) von der Ebene E: $6x_1 - 3x_2 + 2x_3 = 14$.

Lösung:

Man bestimmt einen Normaleneinheitsvektor der Ebene E:

$\vec{n} = \begin{pmatrix} 6 \\ -3 \\ 2 \end{pmatrix}$; $|\vec{n}| = \sqrt{36+9+4} = \sqrt{49} = 7$; $\vec{n}_0 = \frac{1}{7} \cdot \begin{pmatrix} 6 \\ -3 \\ 2 \end{pmatrix}$

Außerdem wählt man einen beliebigen Punkt der Ebene, z. B. A(2 | 0 | 1).

Damit lässt sich der Abstand d von P zur Ebene E bestimmen:

$$d_P = |(\vec{p}-\vec{a}) \circ \vec{n}_0| = \left| \left(\begin{pmatrix} 5 \\ 2 \\ 2 \end{pmatrix} - \begin{pmatrix} 2 \\ 0 \\ 1 \end{pmatrix} \right) \circ \frac{1}{7} \begin{pmatrix} 6 \\ -3 \\ 2 \end{pmatrix} \right| = \frac{1}{7} \cdot \left| \begin{pmatrix} 3 \\ 2 \\ 1 \end{pmatrix} \circ \begin{pmatrix} 6 \\ -3 \\ 2 \end{pmatrix} \right| = \frac{1}{7} \cdot 14 = 2$$

P hat den Abstand 2 zur Ebene.

$$d_Q = |(\vec{q}-\vec{a}) \circ \vec{n}_0| = \left| \left(\begin{pmatrix} 3 \\ 2 \\ 1 \end{pmatrix} - \begin{pmatrix} 2 \\ 0 \\ 1 \end{pmatrix} \right) \circ \frac{1}{7} \begin{pmatrix} 6 \\ -3 \\ 2 \end{pmatrix} \right| = \frac{1}{7} \cdot \left| \begin{pmatrix} 1 \\ 2 \\ 0 \end{pmatrix} \circ \begin{pmatrix} 6 \\ -3 \\ 2 \end{pmatrix} \right| = \frac{1}{7} \cdot 0 = 0$$

Q liegt in der Ebene E.

Wird zur Darstellung einer Ebene in Normalenform ein Normaleneinheitsvektor $\vec{n}_0$ verwendet, so hat diese Darstellung einen eigenen Namen.

Definition

Ist $\vec{a}$ der Ortsvektor eines Punktes der Ebene E und $\vec{n}_0$ ein Normaleneinheitsvektor von E, dann heißt die spezielle Normalenform

E: $(\vec{x}-\vec{a}) \circ \vec{n}_0 = 0$

Hesse'sche Normalenform.

Der Begriff Hesse'sche Normalenform wird oft durch **HNF** abgekürzt.

Man berechnet also den Abstand eines Punktes P von der Ebene E, indem man den Ortsvektor des Punktes in die HNF von E einsetzt.

Beispiel

Stellen Sie die Ebene durch die Punkte A(1 | –3 | –2), B(3 | –2 | –4) und C(3 | 2 | –8) in der Hesse'schen Normalenform dar.

Lösung:

Mit den Spannvektoren $\overrightarrow{AB}$ und $\overrightarrow{AC}$ der Ebene lässt sich ein Normalenvektor bestimmen:

$$\vec{n} = \overrightarrow{AB} \times \overrightarrow{AC} = \begin{pmatrix} 2 \\ 1 \\ -2 \end{pmatrix} \times \begin{pmatrix} 2 \\ 5 \\ -6 \end{pmatrix} = \begin{pmatrix} 4 \\ 8 \\ 8 \end{pmatrix}$$

Somit lautet ein Normaleneinheitsvektor:

$$\vec{n}_0 = \frac{\vec{n}}{|\vec{n}|} = \frac{\vec{n}}{\sqrt{16+64+64}} = \frac{1}{12} \cdot \begin{pmatrix} 4 \\ 8 \\ 8 \end{pmatrix} = \frac{1}{3} \cdot \begin{pmatrix} 1 \\ 2 \\ 2 \end{pmatrix}$$

Die Hesse'sche Normalenform der Ebene lautet z. B. mit Punkt A:

$$E: \left(\vec{x} - \begin{pmatrix} 1 \\ -3 \\ -2 \end{pmatrix} \right) \circ \frac{1}{3} \begin{pmatrix} 1 \\ 2 \\ 2 \end{pmatrix} = 0$$

Abstand eines Punktes von einer Geraden

Zur Bestimmung des Abstands eines Punktes von einer Geraden gibt es mehrere Möglichkeiten; in jedem Fall ist nachfolgendes Bild hilfreich.

In der Abbildung sieht man einen Punkt P, dessen Abstand d zur Geraden g bestimmt werden soll, den zugehörigen Lotfußpunkt F auf der Geraden sowie einen beliebigen weiteren Punkt Q der Geraden.

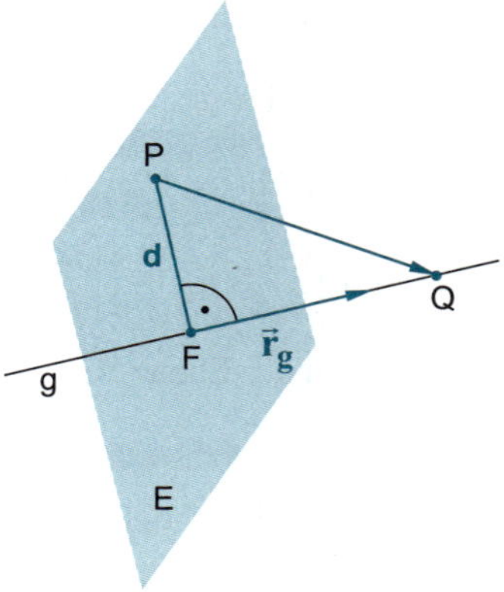

1. Lösungsmöglichkeit

Man bestimmt die Koordinaten von F, indem man eine Hilfsebene E, die durch den Punkt P geht und orthogonal auf g steht, mit der Geraden g schneidet. Anschließend lässt sich die Länge der Strecke [FP], die mit dem Abstand d übereinstimmt, bestimmen.

2. Lösungsmöglichkeit

Man bestimmt die Länge des Vektors $\overrightarrow{PQ}$ in Abhängigkeit des Parameters der Geraden. Anschließend bestimmt man den Parameter so, dass diese Länge minimal ist. Diese minimale Länge entspricht dem Abstand d des Punktes P von der Geraden g.

3. Lösungsmöglichkeit

Man bestimmt den Parameter im Vektor $\overrightarrow{PQ}$ so, dass $\overrightarrow{PQ}$ orthogonal auf dem Richtungsvektor $\vec{r}_g$ der Geraden g steht. Diesen Parameterwert setzt man in die Geradengleichung ein und erhält den Lotfußpunkt F. Damit lässt sich die Länge der Strecke [FP] bestimmen.

Beispiel

Bestimmen Sie den Abstand des Punktes P(1 | 5 | –5) von der Geraden

$$g:\ \vec{x} = \begin{pmatrix} -4 \\ -3 \\ 3 \end{pmatrix} + t \cdot \begin{pmatrix} 4 \\ 3 \\ -1 \end{pmatrix}.$$

Lösung:

1. Lösungsmöglichkeit

Als Normalenvektor der Hilfsebene E wird der Richtungsvektor der Geraden g verwendet:

$$\vec{n} = \vec{r}_g = \begin{pmatrix} 4 \\ 3 \\ -1 \end{pmatrix}$$

Somit hat die Ebene die Koordinatenform:

E: $4x_1 + 3x_2 - x_3 = c$

Mit dem Punkt P der Ebene erhält man über die Punktprobe

$4 \cdot 1 + 3 \cdot 5 - (-5) = c \iff c = 24$

und somit E: $4x_1 + 3x_2 - x_3 = 24$.

Schnitt der Hilfsebene E mit der Geraden g:

$4\cdot(-4+4t)+3\cdot(-3+3t)-(3-t)=24 \iff$

$-16+16t-9+9t-3+t=24 \iff 26t=52 \iff t=2$

Setzt man diesen Wert von t in die Geradengleichung ein, erhält man den Lotfußpunkt F(4 | 3 | 1) und hieraus:

$$d=|\overrightarrow{PF}|=\left|\begin{pmatrix}3\\-2\\6\end{pmatrix}\right|=7$$

2. Lösungsmöglichkeit

Q ist ein beliebiger Punkt der Geraden g und hat in Abhängigkeit von t die Koordinaten Q(−4 + 4t | −3 + 3t | 3 − t). Damit ergibt sich für den Vektor $\overrightarrow{PQ}$:

$$\overrightarrow{PQ}=\begin{pmatrix}-4+4t-1\\-3+3t-5\\3-t+5\end{pmatrix}=\begin{pmatrix}4t-5\\3t-8\\-t+8\end{pmatrix}$$

Die Länge dieses Vektors beträgt:

$$|\overrightarrow{PQ}|=\left|\begin{pmatrix}4t-5\\3t-8\\-t+8\end{pmatrix}\right|=\sqrt{(4t-5)^2+(3t-8)^2+(-t+8)^2}=\sqrt{26t^2-104t+153}$$

Diese ist minimal, wenn der Radikand $r(t)=26t^2-104t+153$ minimal ist.

$r'(t)=52t-104=0 \iff t=2$

Der Graph von r(t) ist eine nach oben offene Parabel, deshalb ist der Funktionswert am Scheitelpunkt tatsächlich ein Minimum.

Für diesen Wert von t erhält man:

$$d=|\overrightarrow{PF}|=\sqrt{26\cdot 2^2-104\cdot 2+153}=\sqrt{49}=7$$

3. Lösungsmöglichkeit

Wie in der zweiten Möglichkeit beschrieben, bestimmt man zunächst

$$\overrightarrow{PQ}=\begin{pmatrix}4t-5\\3t-8\\-t+8\end{pmatrix}.$$

Damit $\overrightarrow{PQ}$ orthogonal auf dem Richtungsvektor $\vec{r}_g$ steht, muss gelten:

$$\overrightarrow{PQ}\circ\vec{r}_g=0 \iff \begin{pmatrix}4t-5\\3t-8\\-t+8\end{pmatrix}\circ\begin{pmatrix}4\\3\\-1\end{pmatrix}=0 \iff$$

$$(4t-5)\cdot 4+(3t-8)\cdot 3-(-t+8)=0 \iff 26t-52=0 \iff t=2$$

Aus der Geradengleichung erhält man mit diesem Parameterwert den Fußpunkt F(4 | 3 | 1) und als Abstand von P zu g:

$$d=|\overrightarrow{PF}|=\left|\begin{pmatrix}3\\-2\\6\end{pmatrix}\right|=7$$

Abstand zweier Ebenen und Abstand von Gerade und Ebene

Dieses Problem lässt sich auf die bereits beschriebenen Verfahren zur Abstandsberechnung zurückführen, denn: Vom Abstand zwischen zwei Ebenen kann man nur sprechen, wenn die beiden Ebenen parallel sind. Dann genügt es aber, den Abstand eines beliebigen Punktes der einen Ebene zur anderen zu bestimmen. Derselbe Sachverhalt liegt beim Abstand von Gerade und Ebene vor. Nur wenn die Gerade parallel zur Ebene verläuft, diese also nicht schneidet, kann man sinnvoll von einem Abstand sprechen. Auch hier genügt es, den Abstand eines beliebigen Punktes der Geraden von der Ebene zu bestimmen.

Beispiel

Bestimmen Sie den Abstand der Ebene E_1: $-4x_1+4x_2-2x_3=6$ von

a) der Ebene E_2: $6x_1-6x_2+3x_3=9$ sowie

b) der Geraden g: $\vec{x}=\begin{pmatrix}1\\1\\-1\end{pmatrix}+t\cdot\begin{pmatrix}1\\1\\0\end{pmatrix}$.

Lösung:

a) Die beiden Ebenen sind parallel, weil ihre Normalenvektoren linear abhängig sind:

$$\vec{n}_1=\begin{pmatrix}-4\\4\\-2\end{pmatrix} \text{ und } \vec{n}_2=\begin{pmatrix}6\\-6\\3\end{pmatrix}=-\frac{3}{2}\cdot\begin{pmatrix}-4\\4\\-2\end{pmatrix}$$

Ein Normaleneinheitsvektor der beiden Ebenen lautet:

$$\vec{n}_0=\frac{1}{|\vec{n}_1|}\cdot\vec{n}_1=\frac{1}{6}\cdot\begin{pmatrix}-4\\4\\-2\end{pmatrix}=\frac{1}{3}\cdot\begin{pmatrix}-2\\2\\-1\end{pmatrix}$$

$P(0|0|-3)$ ist ein Punkt der Ebene E_1. Ihre Hesse'sche Normalenform lautet also:

$$E_1:\ \left(\vec{x}-\begin{pmatrix}0\\0\\-3\end{pmatrix}\right)\circ\frac{1}{3}\begin{pmatrix}-2\\2\\-1\end{pmatrix}=0$$

Setzt man die Koordinaten eines beliebigen Punktes der Ebene E_2, z. B. $A(0|0|3)$, in die Hesse'sche Normalenform der Ebene E_1 ein, dann erhält man den Abstand d der beiden Ebenen:

$$d=\left|\left(\begin{pmatrix}0\\0\\3\end{pmatrix}-\begin{pmatrix}0\\0\\-3\end{pmatrix}\right)\circ\frac{1}{3}\begin{pmatrix}-2\\2\\-1\end{pmatrix}\right|=\left|\begin{pmatrix}0\\0\\6\end{pmatrix}\circ\frac{1}{3}\begin{pmatrix}-2\\2\\-1\end{pmatrix}\right|=2$$

Der Abstand der beiden Ebenen beträgt 2.

b) Die Gerade g ist parallel zur Ebene E_1, denn der Normalenvektor von E_1 steht auch senkrecht auf g:

$$\vec{n}_1\circ\vec{r}_g=\begin{pmatrix}-4\\4\\-2\end{pmatrix}\circ\begin{pmatrix}1\\1\\0\end{pmatrix}=-4+4=0$$

Man setzt einen beliebigen Punkt der Geraden g, z. B. B(1 | 1 | –1), in die Hesse'sche Normalenform von E_1 ein:

$$d = \left| \left(\begin{pmatrix} 1 \\ 1 \\ -1 \end{pmatrix} - \begin{pmatrix} 0 \\ 0 \\ -3 \end{pmatrix} \right) \circ \frac{1}{3} \begin{pmatrix} 2 \\ -2 \\ 1 \end{pmatrix} \right| = \left| \begin{pmatrix} 1 \\ 1 \\ 2 \end{pmatrix} \circ \frac{1}{3} \begin{pmatrix} 2 \\ -2 \\ 1 \end{pmatrix} \right| = \left| \frac{2}{3} - \frac{2}{3} + \frac{2}{3} \right| = \frac{2}{3}$$

Der Abstand von g und E_1 beträgt $\frac{2}{3}$.

Abstand zweier Geraden

Der Abstand zweier paralleler Geraden ist identisch mit dem Abstand eines beliebigen Punktes der einen Geraden zu der anderen Geraden; in diesem Fall kann also eine der drei auf S. 90 beschriebenen Möglichkeiten angewendet werden. Schneiden sich die beiden Geraden, kann man nicht vom Abstand zwischen ihnen sprechen; also bleibt nur noch der Fall zu lösen, dass die beiden Geraden windschief sind. In diesem Fall kann man zwei parallele Ebenen finden, sodass jeweils eine der beiden Geraden in einer dieser Ebenen liegt (vgl. nachfolgendes Bild).

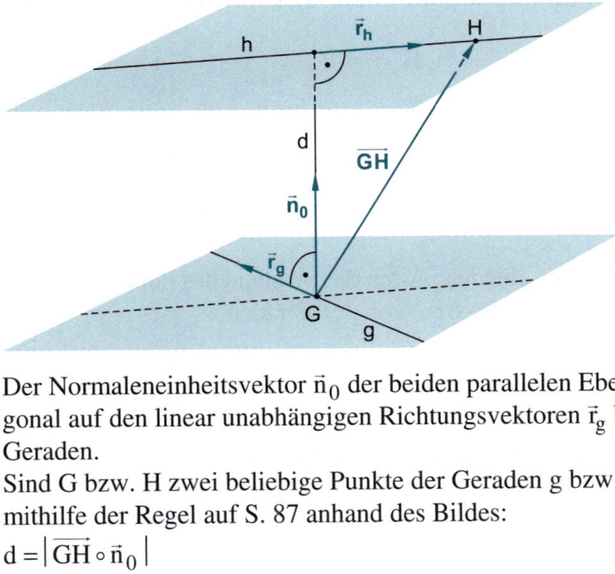

Der Normaleneinheitsvektor $\vec{n}_0$ der beiden parallelen Ebenen steht dabei orthogonal auf den linear unabhängigen Richtungsvektoren $\vec{r}_g$ bzw. $\vec{r}_h$ der beiden Geraden.

Sind G bzw. H zwei beliebige Punkte der Geraden g bzw. h, dann ergibt sich mithilfe der Regel auf S. 87 anhand des Bildes:

$$d = |\overrightarrow{GH} \circ \vec{n}_0|$$

Regel

Abstand zweier windschiefer Geraden

Der Abstand der windschiefen Geraden g: $\vec{x} = \vec{p}_g + t \cdot \vec{r}_g$ und h: $\vec{x} = \vec{p}_h + s \cdot \vec{r}_h$ beträgt:

$d = |(\vec{p}_h - \vec{p}_g) \circ \vec{n}_0|$,

wobei $\vec{n}_0$ ein Einheitsvektor ist, der orthogonal auf den beiden Richtungsvektoren $\vec{r}_g$ bzw. $\vec{r}_h$ steht.

Beispiel

Bestimmen Sie den Abstand der beiden windschiefen Geraden

$g\colon\ \vec{x} = \begin{pmatrix}1\\3\\1\end{pmatrix} + r\cdot\begin{pmatrix}3\\4\\-3\end{pmatrix}$ und $h\colon\ \vec{x} = \begin{pmatrix}5\\2\\-2\end{pmatrix} + s\cdot\begin{pmatrix}-2\\-2\\3\end{pmatrix}$.

Lösung:

Man bestimmt einen Einheitsvektor $\vec{n}_0$, der orthogonal auf den Richtungsvektoren der Geraden g und h steht.:

$\vec{n} = \vec{r}_g \times \vec{r}_h = \begin{pmatrix}3\\4\\-3\end{pmatrix} \times \begin{pmatrix}-2\\-2\\3\end{pmatrix} = \begin{pmatrix}6\\-3\\2\end{pmatrix}$ und hieraus $\vec{n}_0 = \frac{\vec{n}}{|\vec{n}|} = \frac{1}{7}\cdot\begin{pmatrix}6\\-3\\2\end{pmatrix}$.

Mit den beiden Punkten $G(1|3|1)$ auf g und $H(5|2|-2)$ auf h folgt somit:

$$d = |\overrightarrow{GH} \circ \vec{n}_0| = \left|\begin{pmatrix}4\\-1\\-3\end{pmatrix} \circ \frac{1}{7}\begin{pmatrix}6\\-3\\2\end{pmatrix}\right| = \left|\frac{1}{7}\cdot(24+3-6)\right| = \left|\frac{1}{7}\cdot 21\right| = 3$$

Der Abstand der beiden Geraden beträgt 3.

Aufgaben

90. Bestimmen Sie jeweils den Abstand des Punktes $A(5|1|2)$ von der Ebene E.

a) $E\colon\ 4x_1 + 2x_2 - 4x_3 = 18$

b) $E\colon\ \vec{x} = \begin{pmatrix}1\\2\\1\end{pmatrix} + r\cdot\begin{pmatrix}2\\7\\8\end{pmatrix} + s\cdot\begin{pmatrix}-2\\4\\3\end{pmatrix}$

c) $E\colon\ \left(\vec{x} - \begin{pmatrix}1\\1\\-2\end{pmatrix}\right) \circ \begin{pmatrix}2\\-6\\3\end{pmatrix} = 0$

d) Die Ebene E enthält die Punkte $B(7|3|3)$, $C(6|-1|9)$ und $D(9|-1|0)$.

91. Bestimmen Sie auf drei verschiedene Arten den Abstand des Punktes $A(5|2|4)$ bzw. des Punktes $B(5|-6|6)$ von der Geraden

$g\colon\ \vec{x} = \begin{pmatrix}1\\4\\-2\end{pmatrix} + r\cdot\begin{pmatrix}2\\-1\\3\end{pmatrix}$.

92. Bestimmen Sie jeweils den Abstand der beiden Ebenen.

a) $E_1\colon\ \vec{x} = \begin{pmatrix}0\\1\\-2\end{pmatrix} + r\cdot\begin{pmatrix}4\\2\\4\end{pmatrix} + s\cdot\begin{pmatrix}-2\\3\\2\end{pmatrix}$; $E_2\colon\ \vec{x} = \begin{pmatrix}6\\4\\1\end{pmatrix} + r\cdot\begin{pmatrix}6\\1\\4\end{pmatrix} + s\cdot\begin{pmatrix}0\\3\\3\end{pmatrix}$

b) $E_1\colon\ 4x_1 - 3x_2 = 1$; $E_2\colon\ -8x_1 + 6x_2 = 12$

c) $E_1\colon\ \left(\vec{x} - \begin{pmatrix}0\\1\\2\end{pmatrix}\right) \circ \begin{pmatrix}-2\\-6\\3\end{pmatrix} = 0$; $E_2\colon\ \vec{x} = \begin{pmatrix}6\\4\\1\end{pmatrix} + r\cdot\begin{pmatrix}3\\1\\4\end{pmatrix} + s\cdot\begin{pmatrix}0\\4\\8\end{pmatrix}$

93. Bestimmen Sie jeweils den Abstand der beiden Geraden.

a) g: $\vec{x} = \begin{pmatrix} -4 \\ -3 \\ 3 \end{pmatrix} + r \cdot \begin{pmatrix} 4 \\ 3 \\ 3 \end{pmatrix}$ und h: $\vec{x} = \begin{pmatrix} -1 \\ -3 \\ 5 \end{pmatrix} + t \cdot \begin{pmatrix} 0 \\ -3 \\ -1 \end{pmatrix}$

b) g: $\vec{x} = \begin{pmatrix} -9 \\ 1 \\ 6 \end{pmatrix} + r \cdot \begin{pmatrix} 4 \\ 6 \\ -1 \end{pmatrix}$ und h: $\vec{x} = \begin{pmatrix} -4 \\ -1 \\ 0 \end{pmatrix} + t \cdot \begin{pmatrix} -1 \\ 8 \\ 5 \end{pmatrix}$

c) AB und CD mit A(3 | 1 | –4), B(4 | 5 | –4), C(6 | –2 | 2) und D(–3 | –1 | 2).

94. Bestimmen Sie jeweils den Abstand von Gerade und Ebene.

a) g: $\vec{x} = \begin{pmatrix} -4 \\ -1 \\ 0 \end{pmatrix} + r \cdot \begin{pmatrix} 1 \\ -3 \\ 5 \end{pmatrix}$; E: $\vec{x} = \begin{pmatrix} 0 \\ 1 \\ -2 \end{pmatrix} + t \cdot \begin{pmatrix} 3 \\ 1 \\ -1 \end{pmatrix} + s \cdot \begin{pmatrix} -1 \\ -2 \\ 3 \end{pmatrix}$

b) g: $\vec{x} = \begin{pmatrix} 3 \\ 1 \\ 6 \end{pmatrix} + t \cdot \begin{pmatrix} 6 \\ 3 \\ 3 \end{pmatrix}$; E: $\left(\vec{x} - \begin{pmatrix} 0 \\ 1 \\ 2 \end{pmatrix}\right) \circ \begin{pmatrix} -4 \\ 5 \\ 3 \end{pmatrix} = 0$

9 Flächeninhalt und Volumen

In diesem Kapitel werden die gewonnenen Kenntnisse über das Skalar- und Vektorprodukt verwendet, um Flächeninhalte von geometrischen Figuren und Volumina von einigen Körpern zu bestimmen.

9.1 Fläche eines Parallelogramms

Aus der Mittelstufe wissen Sie, dass die Fläche eines Parallelogramms mit der Formel $A_P = a \cdot h$ berechnet werden kann, wobei a eine Seite des Parallelogramms und h die zugehörige Höhe ist.

Im Parallelogramm ABCD im Bild rechts lässt sich die Höhe h mithilfe des Sinus und $\vec{b} = \overrightarrow{BC}$ im rechtwinkligen Dreieck FBC bestimmen:

$h = |\vec{b}| \cdot \sin\beta$

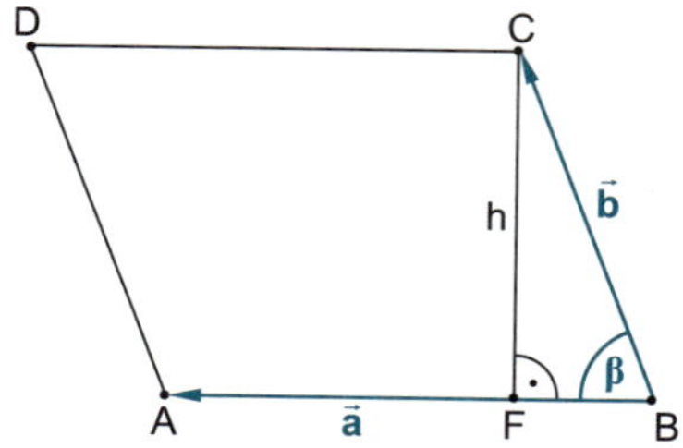

Für den Flächeninhalt des Parallelogramms ergibt sich mit $\vec{a} = \overrightarrow{BA}$:

$A_P = |\vec{a}| \cdot h = |\vec{a}| \cdot |\vec{b}| \cdot \sin\beta$

Die rechte Seite dieser Gleichung erinnert sehr an die in Kapitel 4 angeführte alternative Definition des Skalarprodukts (vgl. S. 38):

$\vec{a} \circ \vec{b} = |\vec{a}| \cdot |\vec{b}| \cdot \cos\beta$

Lediglich ist in der Flächenformel statt des Kosinus ein Sinus enthalten. Mithilfe der Beziehung $\sin^2\beta + \cos^2\beta = 1$ lässt sich der gewünschte Zusammenhang zwischen der Fläche A_P des Parallelogramms und dem Skalarprodukt herstellen:

$$\begin{aligned}(A_P)^2 &= |\vec{a}|^2 \cdot |\vec{b}|^2 \cdot \sin^2\beta = |\vec{a}|^2 \cdot |\vec{b}|^2 \cdot (1-\cos^2\beta)\\ &= |\vec{a}|^2 \cdot |\vec{b}|^2 - |\vec{a}|^2 \cdot |\vec{b}|^2 \cdot \cos^2\beta\\ &= |\vec{a}|^2 \cdot |\vec{b}|^2 - (\vec{a} \circ \vec{b})^2\end{aligned}$$

Schreibt man die Vektoren $\vec{a}$ und $\vec{b}$ mithilfe ihrer Koordinaten und multipliziert die auftretenden Skalarprodukte aus, erhält man nach einigen Umformungen (siehe Aufgabe 97) folgenden, leicht zu merkenden Sachverhalt:

Regel

Flächeninhalt eines Parallelogramms

Der Flächeninhalt A_P eines Parallelogramms, das von den Vektoren $\vec{a}$ und $\vec{b}$ aufgespannt wird, entspricht dem Betrag des Vektorprodukts dieser beiden Vektoren:

$A_P = |\vec{a} \times \vec{b}|$

Hinweis: Bei der Berechnung von Flächeninhalten und Volumina ist es grundsätzlich erforderlich, die Einheiten (FE bzw. VE) anzugeben; im Folgenden wird auf diese Angabe verzichtet.

Der Flächeninhalt A_D eines Dreiecks, das von den Vektoren $\vec{a}$ und $\vec{b}$ aufgespannt wird, ist halb so groß wie der Flächeninhalt des durch diese Vektoren aufgespannten Parallelogramms.

Regel

Flächeninhalt eines Dreiecks

Der Flächeninhalt A_D eines Dreiecks, das von den Vektoren $\vec{a}$ und $\vec{b}$ aufgespannt wird, entspricht dem halben Betrag des Vektorprodukts dieser beiden Vektoren:

$A_D = \frac{1}{2} \cdot |\vec{a} \times \vec{b}|$

Beispiel

Die Punkte A(1 | 2 | –3), B(5 | 4 | –1) und C(4 | 6 | 2) sind Eckpunkte eines Parallelogramms ABCD bzw. eines Dreiecks ABC.
Bestimmen Sie jeweils den Flächeninhalt.

Lösung:

Mit $\vec{a} = \overrightarrow{BA} = \begin{pmatrix} -4 \\ -2 \\ -2 \end{pmatrix}$ und $\vec{b} = \overrightarrow{BC} = \begin{pmatrix} -1 \\ 2 \\ 3 \end{pmatrix}$ ergibt sich:

$$A_P = |\vec{a} \times \vec{b}| = \left| \begin{pmatrix} -4 \\ -2 \\ -2 \end{pmatrix} \times \begin{pmatrix} -1 \\ 2 \\ 3 \end{pmatrix} \right| = \left| \begin{pmatrix} -2 \\ 14 \\ -10 \end{pmatrix} \right| = \sqrt{4+196+100} = \sqrt{300} = 10\sqrt{3}$$

$$A_D = \frac{1}{2} \cdot |\vec{a} \times \vec{b}| = 5\sqrt{3}$$

Aufgaben

95. Bestimmen Sie den Flächeninhalt eines Parallelogramms ABCD mit A(3 | 1 | –3), B(6 | 5 | 1) und C(1 | 9 | 8), indem Sie

a) die Formel mit dem Kreuzprodukt anwenden,

b) die Formel für die Parallelogrammfläche $A_P = a \cdot h$ anwenden und die Höhe mithilfe eines Parallelogrammwinkels bestimmen.

96. Bestimmen Sie den Flächeninhalt des Dreiecks ABC mit A(–3 | –1 | 5), B(1 | 4 | 4) und C(–1 | 6 | 5).

* **97.** Beweisen Sie die Formel für den Flächeninhalt eines Parallelogramms:
$A_P = |\vec{a} \times \vec{b}|$

Hinweise:

- Gehen Sie von der auf Seite 98 hergeleiteten Beziehung $A_P^2 = |\vec{a}|^2 \cdot |\vec{b}|^2 - (\vec{a} \circ \vec{b})^2$ aus und schreiben Sie die Vektoren $\vec{a}$ und $\vec{b}$ mit ihren Koordinaten:
  $\vec{a} = \begin{pmatrix} a_1 \\ a_2 \\ a_3 \end{pmatrix}$ bzw. $\vec{b} = \begin{pmatrix} b_1 \\ b_2 \\ b_3 \end{pmatrix}$
- Multiplizieren Sie die auftretenden Skalarprodukte aus und vereinfachen Sie den Term.
- Bestimmen Sie nun entsprechend $|\vec{a} \times \vec{b}|^2$ und vereinfachen Sie diesen Term ebenfalls.
- Vergleichen Sie die beiden vereinfachten Terme miteinander.

9.2 Volumen eines Spats

Ebenso wie zwei linear unabhängige Vektoren eine ebene Fläche (Parallelogramm) aufspannen, spannen drei linear unabhängige Vektoren ein räumliches Gebilde auf.

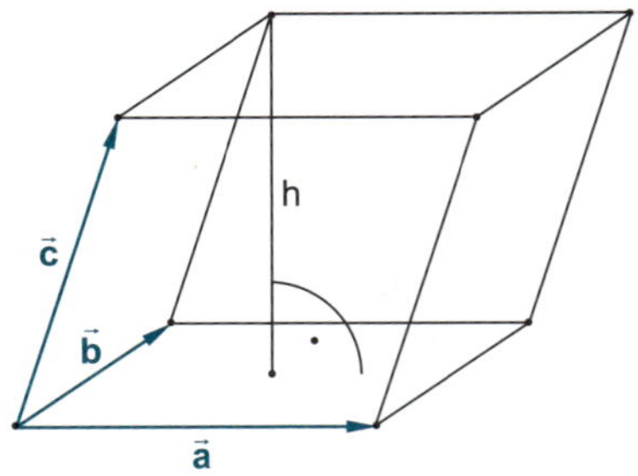

Definition

Ein **Spat** ist ein Körper mit sechs Parallelogrammen als Seitenflächen. Gegenüberliegende Flächen sind parallel und kongruent.
Ein **Quader** ist ein spezieller Spat, bei dem die Winkel zwischen benachbarten Seiten stets 90° betragen.

Das Volumen eines Spats, den man sich als „schiefen Quader" vorstellen kann, beträgt $V_S = A_P \cdot h$, wobei A_P der Flächeninhalt der Grundfläche (Parallelogramm) ist und h die dazugehörige Höhe bezeichnet.
Mithilfe der Flächenformel aus Abschnitt 9.1 ergibt sich mit den Bezeichnungen aus dem Bild oben:
$V_S = A_P \cdot h = |\vec{a} \times \vec{b}| \cdot |\vec{h}|$
Betrachtet man die Ebene, in der die Grundfläche des Spats liegt (diese wird aufgespannt durch die Vektoren $\vec{a}$ und $\vec{b}$), so entspricht die Länge der Projektion von $\vec{c}$ auf den Normalenvektor dieser Ebene der Höhe h. Die Volumenformel lässt sich deshalb auch mithilfe des Skalarprodukts schreiben (vgl. Regel auf S. 87).

Regel

Volumen eines Spats
Das Volumen eines Spats, der durch die Vektoren $\vec{a}$, $\vec{b}$ und $\vec{c}$ aufgespannt wird und die Höhe h besitzt, ist gegeben durch:
$V_S = |\vec{a} \times \vec{b}| \cdot |\vec{h}| = |(\vec{a} \times \vec{b}) \circ \vec{c}|$

Beispiel

Bestimmen Sie das Volumen eines Spats, der durch die Punkte $A(1|-4|3)$, $B(2|-1|2)$, $C(5|-2|2)$ und $D(0|-1|6)$ festgelegt ist.

Lösung:
Der Spat wird aufgespannt durch die Vektoren
$\vec{a} = \overrightarrow{AB} = \begin{pmatrix} 1 \\ 3 \\ -1 \end{pmatrix}$, $\vec{b} = \overrightarrow{AC} = \begin{pmatrix} 4 \\ 2 \\ -1 \end{pmatrix}$ und $\vec{c} = \overrightarrow{AD} = \begin{pmatrix} -1 \\ 3 \\ 3 \end{pmatrix}$.
Sein Volumen beträgt:

$$V_S = |(\vec{a} \times \vec{b}) \circ \vec{c}| = \left| \left(\begin{pmatrix} 1 \\ 3 \\ -1 \end{pmatrix} \times \begin{pmatrix} 4 \\ 2 \\ -1 \end{pmatrix} \right) \circ \begin{pmatrix} -1 \\ 3 \\ 3 \end{pmatrix} \right| = \left| \begin{pmatrix} -3+2 \\ -4+1 \\ 2-12 \end{pmatrix} \circ \begin{pmatrix} -1 \\ 3 \\ 3 \end{pmatrix} \right| = \left| \begin{pmatrix} -1 \\ -3 \\ -10 \end{pmatrix} \circ \begin{pmatrix} -1 \\ 3 \\ 3 \end{pmatrix} \right|$$

$$= |1 - 9 - 30| = 38$$

ufgaben

98. Bestimmen Sie das Volumen des Spats, der durch die Vektoren $\vec{a} = \begin{pmatrix} 3 \\ 0 \\ 2 \end{pmatrix}$, $\vec{b} = \begin{pmatrix} 4 \\ 2 \\ -3 \end{pmatrix}$ und $\vec{c} = \begin{pmatrix} -4 \\ -3 \\ 1 \end{pmatrix}$ aufgespannt wird.

99. Ein Spat hat die Eckpunkte
$A(3|2|-1)$, $B(6|7|3)$, $C(4|9|-4)$
und $E(-2|7|4)$.
Bestimmen Sie das Volumen dieses Spats.

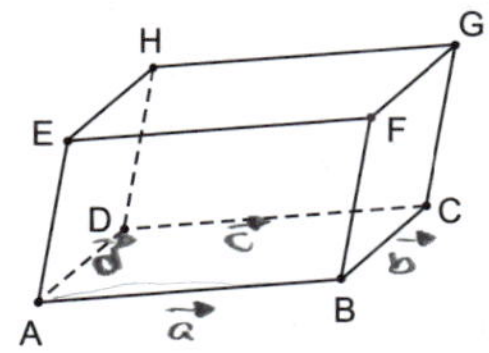

9.3 Volumen einer Pyramide

Für das Volumen einer Pyramide gilt die aus der Mittelstufe bekannte Formel $V = \frac{1}{3} \cdot G \cdot h$, wobei G die Grundfläche und h die zugehörige Höhe ist.

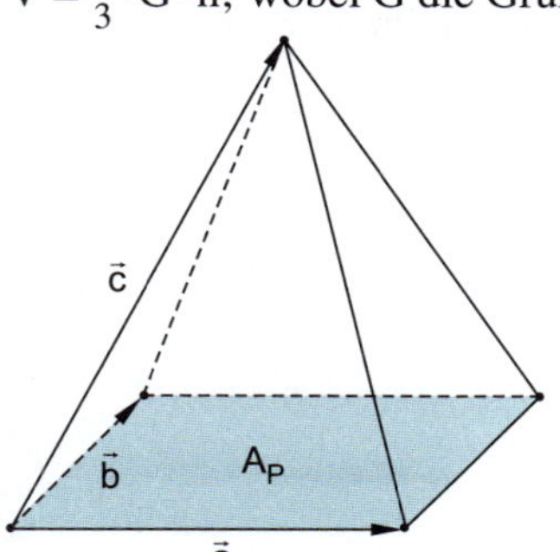

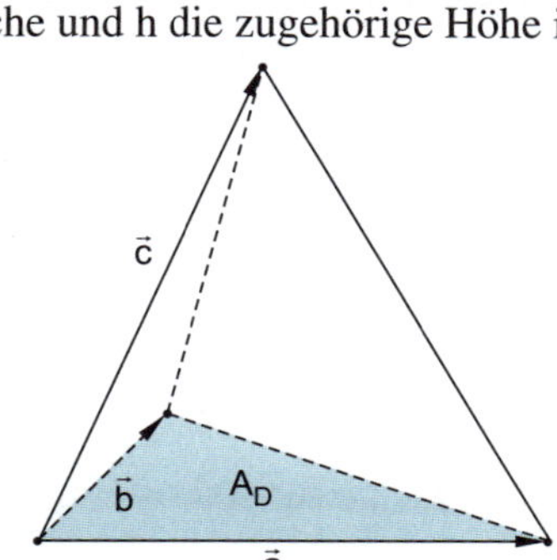

Wenn die Grundfläche der Pyramide ein Parallelogramm mit dem Inhalt A_P ist, das durch die Vektoren $\vec{a}$ und $\vec{b}$ aufgespannt wird (Bild links), und $\vec{c}$ ein Seitenkanten-Vektor ist, dann lässt sich die Formel für das Volumen eines Spats auf das Volumen einer Pyramide übertragen.

Regel

Volumen einer Pyramide mit einem Parallelogramm als Grundfläche

Das Volumen einer vierseitigen Pyramide, deren parallelogrammförmige Grundfläche mit dem Inhalt A_P von den Vektoren $\vec{a}$ und $\vec{b}$ aufgespannt wird, und bei der $\vec{c}$ ein Seitenkanten-Vektor ist, beträgt:

$V = \frac{1}{3} \cdot A_P \cdot h = \frac{1}{3} \cdot |(\vec{a} \times \vec{b}) \circ \vec{c}|$

Bei einer dreiseitigen Pyramide halbiert sich das Volumen entsprechend, denn jedes Dreieck mit dem Inhalt A_D lässt sich zu einem Parallelogramm mit dem doppelten Flächeninhalt ergänzen, d. h. $A_D = \frac{1}{2} \cdot A_P$, und dieses Verhältnis überträgt sich auf die zugehörigen Pyramiden.

Regel

Volumen einer Pyramide mit einem Dreieck als Grundfläche

Das Volumen einer dreiseitigen Pyramide, deren dreieckige Grundfläche mit dem Inhalt A_D von den Vektoren $\vec{a}$ und $\vec{b}$ aufgespannt wird, und bei der $\vec{c}$ ein Seitenkanten-Vektor ist, beträgt:

$V = \frac{1}{3} \cdot A_D \cdot h = \frac{1}{6} \cdot |(\vec{a} \times \vec{b}) \circ \vec{c}|$

Beispiel

Gegeben sind die Punkte A(0 | 0 | 0), B(3 | 0 | 0), C(0 | 5 | 0) und D(0 | 0 | 4).

a) Zeichnen Sie ein Schrägbild der Pyramide ABCD.

Bestimmen Sie das Volumen der dreiseitigen Pyramide auf zwei verschiedene Arten, indem Sie

b) die Formel $V_P = \frac{1}{3} \cdot G \cdot h$ zugrunde legen und das Dreieck ABC als Grundfläche verwenden,

c) die Volumenformel $V_P = \frac{1}{6} \cdot |(\vec{a} \times \vec{b}) \circ \vec{c}|$ einsetzen und als Startpunkt für die drei die Pyramide aufspannenden Vektoren den Punkt B verwenden.

Lösung:

a)

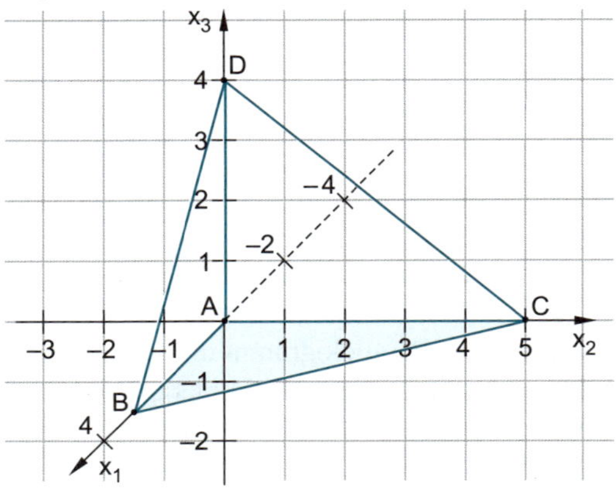

b) Da das Dreieck ABC bei A einen rechten Winkel hat, kann man die Seite [AC] als Grundseite und [AB] als zugehörige Höhe zur Flächenberechnung verwenden. Damit ergibt sich für die Grundfläche der Pyramide:

$A_{\Delta ABC} = \frac{1}{2} \cdot |\overrightarrow{AC}| \cdot |\overrightarrow{AB}| = \frac{1}{2} \cdot 5 \cdot 3 = \frac{15}{2}$

Mithilfe der Höhe $|\overrightarrow{AD}|$ der Pyramide ABCD folgt somit für ihr Volumen:

$V_P = \frac{1}{3} \cdot A_{\Delta ABC} \cdot |\overrightarrow{AD}| = \frac{1}{3} \cdot \frac{15}{2} \cdot 4 = 10$

c) Die Pyramide ABCD wird aufgespannt durch die Vektoren

$\vec{a} = \overrightarrow{BC} = \begin{pmatrix} -3 \\ 5 \\ 0 \end{pmatrix}$, $\vec{b} = \overrightarrow{BD} = \begin{pmatrix} -3 \\ 0 \\ 4 \end{pmatrix}$ und $\vec{c} = \overrightarrow{BA} = \begin{pmatrix} -3 \\ 0 \\ 0 \end{pmatrix}$.

Für das Volumen der Pyramide gilt:

$$V_P = \frac{1}{6} \cdot |(\vec{a} \times \vec{b}) \circ \vec{c}| = \frac{1}{6} \cdot \left| \left(\begin{pmatrix} -3 \\ 5 \\ 0 \end{pmatrix} \times \begin{pmatrix} -3 \\ 0 \\ 4 \end{pmatrix} \right) \circ \begin{pmatrix} -3 \\ 0 \\ 0 \end{pmatrix} \right|$$

$$= \frac{1}{6} \cdot \left| \begin{pmatrix} 20 \\ 12 \\ 15 \end{pmatrix} \circ \begin{pmatrix} -3 \\ 0 \\ 0 \end{pmatrix} \right| = \frac{1}{6} \cdot |-60| = 10$$

Aufgaben **100.** Bestimmen Sie das Volumen einer dreiseitigen Pyramide mit den Eckpunkten A(1|–4|–2), B(5|–3|0), C(4|2|1) und D(3|1|6).

101. Bestimmen Sie das Volumen einer vierseitigen Pyramide, deren Grundfläche ein Parallelogramm ABCD mit den Ecken A(1|2|–4), B(5|1|–3) und C(3|4|–2) ist, und die die Spitze S(2|2|5) hat.

* **102.** Betrachten Sie die Pyramide ABCD aus dem Beispiel von S. 102. Berechnen Sie das Volumen dieser Pyramide auf eine dritte Art, indem Sie die Formel $V_P = \frac{1}{3} \cdot G \cdot h$ zugrunde legen und das Dreieck BCD als Grundfläche verwenden.

10 Kreise und Kugeln

In den vorherigen Kapiteln hat sich die Betrachtung auf geometrische Objekte beschränkt, die Ecken und Kanten bzw. ebene Seitenflächen haben. In diesem Kapitel werden Sie sehen, wie sich auch Kreise und Kugeln mithilfe von Vektoren einfach beschreiben lassen. Da Punkte auf Kreisen bzw. Kugeln durch einen festen Abstand vom jeweiligen Mittelpunkt eindeutig bestimmt sind, ist dabei das Skalarprodukt in seiner Funktion zur Abstandsberechnung ein unverzichtbares Hilfsmittel.

10.1 Kreise

Aus der Mittelstufengeometrie wissen Sie, dass alle Punkte auf einem Kreis denselben Abstand von einem gegebenen Punkt, dem Mittelpunkt des Kreises, besitzen. Mithilfe von Vektoren lässt sich dies folgendermaßen ausdrücken:

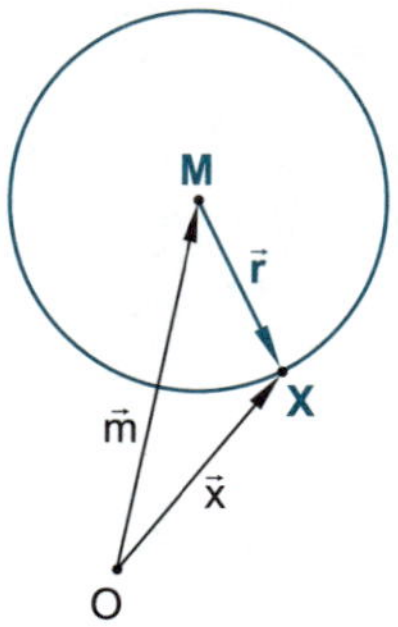

Der Vektor $\vec{r} = \overrightarrow{MX}$, der vom Mittelpunkt M zu einem beliebigen Kreispunkt X führt, besitzt stets dieselbe Länge r. Daher gilt für diesen Vektor:

$|\overrightarrow{MX}| = |\vec{x} - \vec{m}| = r$

Quadriert man diese Gleichung, lässt sie sich ohne Betrag schreiben:

$(\vec{x} - \vec{m})^2 = r^2$

Durch diese Gleichung sind alle Punkte eines Kreises vollständig beschrieben. Sie kann auch in der Koordinatenform geschrieben werden, wenn man die Vektoren $\vec{x}$ und $\vec{m}$ in Koordinaten schreibt und das Skalarprodukt ausmultipliziert:

$$(\vec{x} - \vec{m})^2 = r^2 \Leftrightarrow \left(\begin{pmatrix} x_1 \\ x_2 \end{pmatrix} - \begin{pmatrix} m_1 \\ m_2 \end{pmatrix}\right)^2 = r^2$$

$$\Leftrightarrow \begin{pmatrix} x_1 - m_1 \\ x_2 - m_2 \end{pmatrix}^2 = r^2$$

$$\Leftrightarrow (x_1 - m_1)^2 + (x_2 - m_2)^2 = r^2$$

Regel

Kreisgleichung

Alle Punkte X auf einem Kreis k mit Mittelpunkt M und Radius r erfüllen die Gleichung

k: $(\vec{x} - \vec{m})^2 = r^2$

oder in Koordinatenform:

k: $(x_1 - m_1)^2 + (x_2 - m_2)^2 = r^2$

Beispiel

Geben Sie eine Gleichung des Kreises um M(4 | 1) mit Radius 5 an und prüfen Sie, ob der Punkt P(7 | 5) auf diesem Kreis liegt.

Lösung:

Die Gleichung für diesen Kreis lautet:

$$\left(\vec{x} - \begin{pmatrix} 4 \\ 1 \end{pmatrix}\right)^2 = 5^2 \Leftrightarrow \left(\begin{pmatrix} x_1 \\ x_2 \end{pmatrix} - \begin{pmatrix} 4 \\ 1 \end{pmatrix}\right)^2 = 5^2 \Leftrightarrow \begin{pmatrix} x_1 - 4 \\ x_2 - 1 \end{pmatrix}^2 = 25$$

$$\Leftrightarrow (x_1 - 4)^2 + (x_2 - 1)^2 = 25$$

Um zu prüfen, ob der Punkt P(7 | 5) auf dem Kreis liegt, setzt man seinen Ortsvektor in die Kreisgleichung ein:

$$\left(\begin{pmatrix}7\\5\end{pmatrix}-\begin{pmatrix}4\\1\end{pmatrix}\right)^2=5^2 \quad\Leftrightarrow\quad \begin{pmatrix}3\\4\end{pmatrix}^2=25 \quad\Leftrightarrow\quad 3^2+4^2=25 \quad\Leftrightarrow\quad 9+16=25$$

Es ergibt sich eine wahre Aussage. Der Punkt P liegt somit auf diesem Kreis.

Aufgaben **103.** Geben Sie jeweils Mittelpunkt und Radius des Kreises k an:

a) k: $\left(\vec{x}-\begin{pmatrix}2\\1\end{pmatrix}\right)^2=49$

b) k: $(x_1-4)^2+(x_2+2)^2=81$

c) k: $x_1^2+x_2^2-4x_1+2x_2=11$

104. Prüfen Sie, welche der Punkte A(4 | 5), B(3 | –1) oder C(1 | 6) jeweils auf dem Kreis k liegen.

a) Der Kreis k besitzt den Mittelpunkt M(6 | –6) und den Radius 13.

b) k: $\left(\vec{x}-\begin{pmatrix}4\\-1\end{pmatrix}\right)^2=36$

c) k: $(x_1+2)^2+(x_2-2)^2=25$

d) k: $x_1^2+x_2^2+4x_1+6x_2=87$

* **105.** Bestimmen Sie Mittelpunkt und Radius sowie die Gleichung des Kreises, der die Punkte A(4 | 2), B(–3 | 1) und C(5 | 5) enthält.

10.2 Kugeln

Dieselben Überlegungen, die im zweidimensionalen Fall zur Kreisgleichung geführt haben, lassen sich analog im dreidimensionalen Fall auf Kugeln übertragen:
Alle Punkte X auf der Kugel mit Mittelpunkt M und Radius r erfüllen die Gleichung:

$|\overrightarrow{MX}|=|\vec{x}-\vec{m}|=r$

$\Leftrightarrow\quad (\vec{x}-\vec{m})^2=r^2$

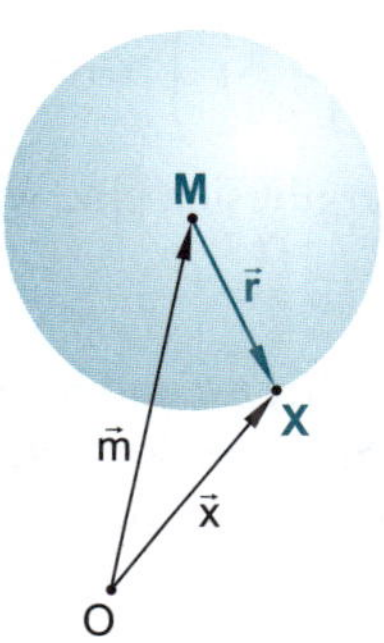

Wie beim Kreis lässt sich diese Gleichung auch in Koordinatenform schreiben:

$$(\vec{x}-\vec{m})^2 = r^2 \Leftrightarrow \left(\begin{pmatrix} x_1 \\ x_2 \\ x_3 \end{pmatrix} - \begin{pmatrix} m_1 \\ m_2 \\ m_3 \end{pmatrix}\right)^2 = r^2$$

$$\Leftrightarrow \begin{pmatrix} x_1 - m_1 \\ x_2 - m_2 \\ x_3 - m_3 \end{pmatrix}^2 = r^2$$

$$\Leftrightarrow (x_1 - m_1)^2 + (x_2 - m_2)^2 + (x_3 - m_3)^2 = r^2$$

Regel

Kugelgleichung

Alle Punkte X auf einer Kugel K mit Mittelpunkt M und Radius r erfüllen die Gleichung

K: $(\vec{x}-\vec{m})^2 = r^2$

oder in Koordinatenform:

K: $(x_1 - m_1)^2 + (x_2 - m_2)^2 + (x_3 - m_3)^2 = r^2$

Beispiel

Geben Sie eine Gleichung der Kugel um M(2 | 1 | –3) mit Radius 6 an und prüfen Sie, ob der Punkt P(6 | –3 | –5) auf dieser Kugel liegt.

Lösung:

Die Gleichung für diese Kugel lautet:

$$\left(\vec{x} - \begin{pmatrix} 2 \\ 1 \\ -3 \end{pmatrix}\right)^2 = 6^2 \quad \Leftrightarrow \quad \left(\begin{pmatrix} x_1 \\ x_2 \\ x_3 \end{pmatrix} - \begin{pmatrix} 2 \\ 1 \\ -3 \end{pmatrix}\right)^2 = 6^2$$

$$\Leftrightarrow \begin{pmatrix} x_1 - 2 \\ x_2 - 1 \\ x_3 + 3 \end{pmatrix}^2 = 36$$

$$\Leftrightarrow (x_1 - 2)^2 + (x_2 - 1)^2 + (x_3 + 3)^2 = 36$$

Um zu prüfen, ob der Punkt P(6 | –3 | –5) auf der Kugel liegt, setzt man seinen Ortsvektor in die Kugelgleichung ein:

$$\left(\begin{pmatrix} 6 \\ -3 \\ -5 \end{pmatrix} - \begin{pmatrix} 2 \\ 1 \\ -3 \end{pmatrix}\right)^2 = 6^2 \quad \Leftrightarrow \quad \begin{pmatrix} 4 \\ -4 \\ -2 \end{pmatrix}^2 = 36 \quad \Leftrightarrow \quad 16 + 16 + 4 = 36$$

Es ergibt sich eine wahre Aussage. Der Punkt P liegt somit auf dieser Kugel.

Hinweis: Kreise und Kugeln entsprechen einander also vollständig. Allgemein spricht man von der **n-dimensionalen Kugel**. In diesem Sinne lässt sich der Kreis als 2-dimensionale Kugel auffassen.

Aufgaben **106.** Geben Sie Mittelpunkt und Radius der Kugel K an:

a) K: $\left(\vec{x}-\begin{pmatrix}1\\1\\-5\end{pmatrix}\right)^2=49$

b) K: $(x_1-1)^2+(x_2+2)^2+(x_3-3)^2=121$

c) K: $x_1^2+x_2^2+x_3^2-4x_1+2x_2+2x_3=10$

107. Prüfen Sie, welche der Punkte A(4 | 5 | –1), B(2 | –1 | 2) oder C(5 | 1 | 6) jeweils auf der Kugel K liegen.

a) Die Kugel K besitzt den Mittelpunkt M(–1 | –1 | 3) und den Radius 7.

b) K: $\left(\vec{x}-\begin{pmatrix}4\\-3\\1\end{pmatrix}\right)^2=9$

c) K: $(x_1+4)^2+(x_2+1)^2+(x_3+1)^2=100$

d) K: $x_1^2+x_2^2+x_3^2+4x_1+2x_3=21$

∗ **108.** Bestimmen Sie Mittelpunkt und Radius sowie die Gleichung der Kugel, die die Punkte A(–5 | –5 | 4), B(7 | 7 | 6), C(2 | 7 | 1) und D(4 | 3 | –3) enthält.

10.3 Kugeln und Geraden

Nachdem Sie die vektorielle Darstellung von Kugeln kennengelernt haben, werden diese nun in die Betrachtung von Schnittproblemen mit einbezogen.

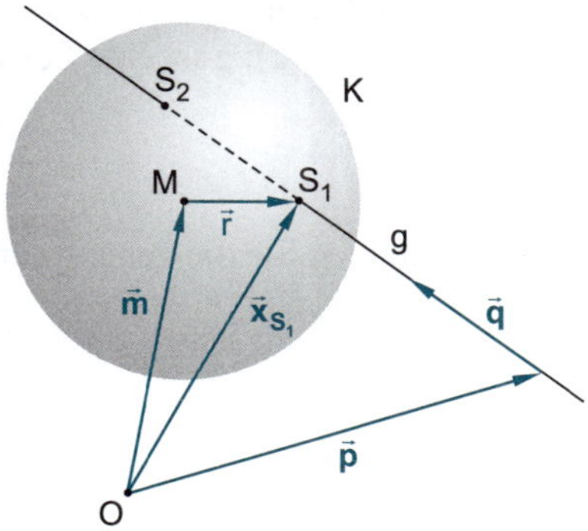

Wie bei allen Schnittproblemen lässt sich der Ortsvektor eines gemeinsamen Punktes S_1 von Kugel und Gerade über diese beiden Objekte erreichen, er muss also beide Gleichungen erfüllen.
Mit der Geradengleichung g: $\vec{x}=\vec{p}+s\cdot\vec{q}$ gilt für einen bestimmten Wert s_1:
$\vec{x}_{S_1}=\vec{p}+s_1\cdot\vec{q}$
Ebenso erfüllt der Schnittpunkt S_1 die Kugelgleichung K: $(\vec{x}-\vec{m})^2=r^2$, also:
$(\vec{x}_{S_1}-\vec{m})^2=r^2$
Setzt man $\vec{x}_{S_1}=\vec{p}+s_1\cdot\vec{q}$ in diese Gleichung ein, dann erhält man eine quadratische Gleichung, aus der man den Parameter s_1 bestimmen kann.

Je nach der Anzahl der Lösungen sind drei verschiedene Fälle möglich:

zwei Lösungen	**eine Lösung**	**keine Lösung**
Die Gerade g und die Kugel K **schneiden sich in zwei Punkten**; die Gerade ist eine **Sekante**.	Die Gerade g ist **Tangente** an die Kugel K. Der gemeinsame Punkt ist der **Berührpunkt**.	Gerade g und Kugel K haben **keine gemeinsamen** Punkte; die Gerade ist eine **Passante**.

Beispiel

Gegeben sind eine Kugel K und eine Gerade g mit den Gleichungen:

$$K: \left(\vec{x}-\begin{pmatrix}6\\1\\8\end{pmatrix}\right)^2=110 \text{ und } g: \vec{x}=\begin{pmatrix}-1\\-2\\6\end{pmatrix}+s\cdot\begin{pmatrix}1\\1\\-2\end{pmatrix}$$

Bestimmen Sie die gemeinsamen Punkte von Kugel und Gerade.

Lösung:

Man setzt den Vektor $\vec{x}$ der Geradengleichung in die Kugelgleichung ein:

$$\left(\begin{pmatrix}-1\\-2\\6\end{pmatrix}+s\cdot\begin{pmatrix}1\\1\\-2\end{pmatrix}-\begin{pmatrix}6\\1\\8\end{pmatrix}\right)^2=110 \quad\Leftrightarrow\quad \left(\begin{pmatrix}-7\\-3\\-2\end{pmatrix}+s\cdot\begin{pmatrix}1\\1\\-2\end{pmatrix}\right)=110$$

$$\Leftrightarrow\quad (-7+s)^2+(-3+s)^2+(-2-2s)^2=110$$

$$\Leftrightarrow\quad 49-14s+s^2+9-6s+s^2+4+8s+4s^2=110$$

$$\Leftrightarrow\quad 6s^2-12s-48=0$$

$$\Leftrightarrow\quad s^2-2s-8=0$$

$$\Leftrightarrow\quad s_1=-2;\ s_2=4$$

Setzt man diese Werte in die Geradengleichung ein, dann erhält man:

$$\vec{x}_{S_1}=\begin{pmatrix}-1\\-2\\6\end{pmatrix}+(-2)\cdot\begin{pmatrix}1\\1\\-2\end{pmatrix}=\begin{pmatrix}-3\\-4\\10\end{pmatrix} \text{ bzw. } \vec{x}_{S_2}=\begin{pmatrix}-1\\-2\\6\end{pmatrix}+4\cdot\begin{pmatrix}1\\1\\-2\end{pmatrix}=\begin{pmatrix}3\\2\\-2\end{pmatrix}$$

Die Kugel K und die Gerade g schneiden sich in den Punkten $S_1(-3\,|\,-4\,|\,10)$ und $S_2(3\,|\,2\,|\,-2)$; g ist eine Sekante der Kugel.

Aufgaben

109. Bestimmen Sie die gemeinsamen Punkte der Geraden g mit der Kugel

$$K: \left(\vec{x}-\begin{pmatrix}1\\-1\\-4\end{pmatrix}\right)^2=49.$$

a) $g: \vec{x}=\begin{pmatrix}9\\5\\-11\end{pmatrix}+s\cdot\begin{pmatrix}5\\0\\-5\end{pmatrix}$

b) $g: \vec{x}=\begin{pmatrix}5\\-5\\7\end{pmatrix}+s\cdot\begin{pmatrix}1\\3\\-4\end{pmatrix}$

c) $g: \vec{x}=\begin{pmatrix}2\\4\\1\end{pmatrix}+s\cdot\begin{pmatrix}5\\2\\-3\end{pmatrix}$

∗ **110.** Die Gerade g durch den Punkt A(8 | –9 | –3) schneidet die Kugel K mit dem Mittelpunkt M(3 | –1 | 4) im Punkt S_1(–1 | 3 | 6).
Bestimmen Sie den zweiten Schnittpunkt von Gerade und Kugel.

∗ **111.** Gegeben sind die Gerade g: $\vec{x} = \begin{pmatrix} -1 \\ 3 \\ -3 \end{pmatrix} + s \cdot \begin{pmatrix} 3 \\ -1 \\ 4 \end{pmatrix}$ und der Mittelpunkt M(3 | –1 | 6) einer Kugel K.
Untersuchen Sie, für welchen Radius r der Kugel die Gerade g eine Tangente an die Kugel ist, und geben Sie den Berührpunkt an.

∗ **112.** Gegeben ist die Kugel K mit Mittelpunkt M(–1 | 3 | 4) sowie der Punkt B(1 | 5 | 3) auf der Kugel.
Bestimmen Sie eine Tangente an die Kugel mit dem Berührpunkt B, die parallel zur x_1x_2-Ebene verläuft.

10.4 Kugeln und Ebenen

Wenn man gemeinsame Punkte von Kugeln und Ebenen sucht, ist der Abstand des Kugelmittelpunkts von der Ebene entscheidend dafür, welcher der drei möglichen Fälle vorliegt. Betrachtet wird eine Ebene E und eine Kugel K mit Radius r und Mittelpunkt M, der den Abstand d von der Ebene E hat.

1. Fall: **d < r**

Die Ebene E und die Kugel schneiden sich in einem **Schnittkreis**.

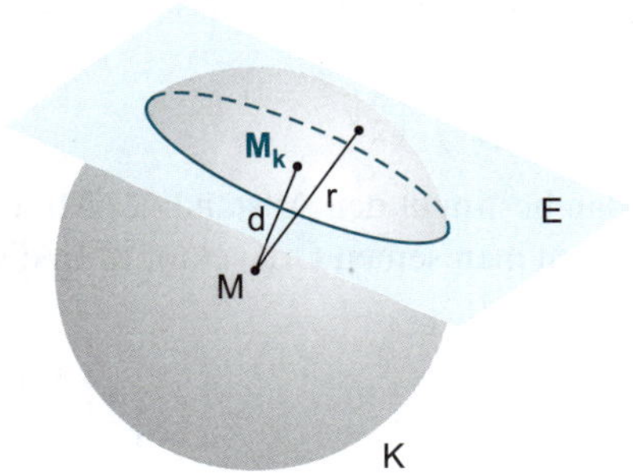

2. Fall: **d = r**

Die Ebene E und die Kugel berühren sich in einem **Berührpunkt B**. Die Ebene ist **Tangentialebene** der Kugel. Sie steht damit senkrecht auf dem Radiusvektor.

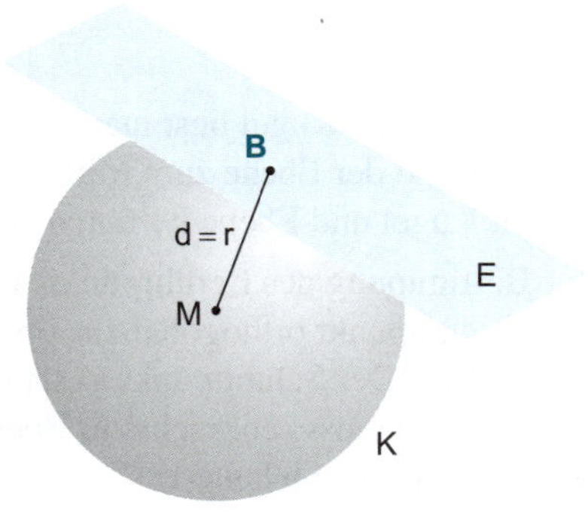

3. Fall: **d > r**

Die Ebene E und die Kugel haben **keine gemeinsamen Punkte**.

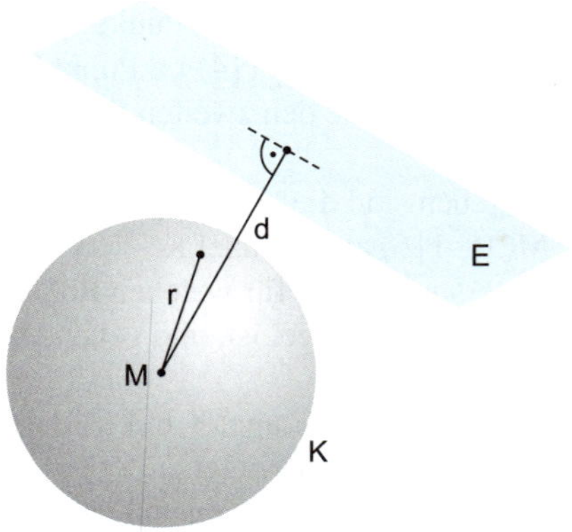

Beispiel

Bestimmen Sie die gemeinsamen Punkte der Kugel K: $\left(\vec{x}-\begin{pmatrix}-6\\2\\-3\end{pmatrix}\right)^2=49$ mit der Ebene E: $6x_1+3x_2+2x_3=13$.

Lösung:

Die Ebene E wird zunächst in die Hesse'sche Normalenform umgewandelt. Dazu wählt man einen beliebigen Punkt P der Ebene, z. B. P(1 | 1 | 2), und liest einen Normalenvektor $\vec{n}$ aus der Koordinatenform von E ab:

$$\vec{n}=\begin{pmatrix}6\\3\\2\end{pmatrix}$$

Mit dem Betrag $|\vec{n}|=\sqrt{36+9+4}=7$ lautet die Hesse'sche Normalenform:

$$E:\ \left(\vec{x}-\begin{pmatrix}1\\1\\2\end{pmatrix}\right)\circ\begin{pmatrix}6\\3\\2\end{pmatrix}\cdot\frac{1}{7}=0$$

Man bestimmt den Abstand des Mittelpunkts M(–6 | 2 | –3) von der Ebene E, indem man seinen Ortsvektor $\vec{m}$ in die Hesse'sche Normalenform der Ebene E einsetzt:

$$d(M;E)=\left|\frac{1}{7}\cdot\left(\vec{m}-\begin{pmatrix}1\\1\\2\end{pmatrix}\right)\circ\begin{pmatrix}6\\3\\2\end{pmatrix}\right|=\left|\frac{1}{7}\cdot\left(\begin{pmatrix}-6\\2\\-3\end{pmatrix}-\begin{pmatrix}1\\1\\2\end{pmatrix}\right)\circ\begin{pmatrix}6\\3\\2\end{pmatrix}\right|$$

$$=\frac{1}{7}\cdot\left|\begin{pmatrix}-7\\1\\-5\end{pmatrix}\circ\begin{pmatrix}6\\3\\2\end{pmatrix}\right|=\frac{49}{7}=7$$

Den Radius der Kugel liest man aus der Kugelgleichung ab: $\sqrt{49}=7$
Der Abstand der Ebene zum Mittelpunkt der Kugel ist gleich dem Radius der Kugel; Kugel und Ebene berühren sich also in einem **Punkt**.

Zur Bestimmung des Berührpunkts B wird eine Hilfsgerade h durch den Kugelmittelpunkt orthogonal zur Ebene aufgestellt und diese mit der Ebene geschnitten. Der Schnittpunkt ist dann der Berührpunkt B. Der Richtungsvektor von h muss senkrecht zur Ebene sein, d. h. parallel zu $\vec{n}$, eine Geradengleichung von h lautet:

h: $\vec{x} = \begin{pmatrix} -6 \\ 2 \\ -3 \end{pmatrix} + t \cdot \begin{pmatrix} 6 \\ 3 \\ 2 \end{pmatrix}$

Setzt man dies in die Ebenengleichung ein, ergibt sich:
$6 \cdot (-6+6t) + 3 \cdot (2+3t) + 2 \cdot (-3+2t) = 13 \quad \Leftrightarrow \quad 49t - 36 = 13 \quad \Leftrightarrow \quad t = 1$

Diesen Parameterwert t setzt man in die Geradengleichung von h ein und erhält den Ortsvektor des Berührpunktes B:

$\vec{b} = \begin{pmatrix} -6 \\ 2 \\ -3 \end{pmatrix} + 1 \cdot \begin{pmatrix} 6 \\ 3 \\ 2 \end{pmatrix} = \begin{pmatrix} 0 \\ 5 \\ -1 \end{pmatrix}$

Der Berührpunkt von Kugel und Ebene ist $B(0\,|\,5\,|\,-1)$.

Aufgaben

113. Betrachten Sie die Kugel K aus dem Beispiel von S. 112. Bestimmen Sie jeweils die gemeinsamen Punkte der Kugel mit der Ebene E.

a) E: $6x_1 + 3x_2 + 2x_3 = -8$ b) E: $6x_1 + 3x_2 + 2x_3 = 27$

114. Bestimmen Sie jeweils die gemeinsamen Punkte der Ebene E und der Kugel

K: $\left(\vec{x} - \begin{pmatrix} 3 \\ 1 \\ -2 \end{pmatrix}\right)^2 = 81.$

a) E: $x_1 - 4x_2 - 8x_3 = -66$ b) E: $\vec{x} = \begin{pmatrix} 8 \\ 2 \\ -5 \end{pmatrix} + s \cdot \begin{pmatrix} 2 \\ -2 \\ 3 \end{pmatrix} + t \cdot \begin{pmatrix} -3 \\ 1 \\ -1 \end{pmatrix}$

c) E: $\left(\vec{x} - \begin{pmatrix} -10 \\ 8 \\ 5 \end{pmatrix}\right) \circ \begin{pmatrix} 4 \\ 1 \\ -8 \end{pmatrix} = 0$

* **115.** Bestimmen Sie den Wert von d so, dass die Ebene E: $4x_1 - 2x_2 + 4x_3 = d$ eine Tangentialebene der Kugel K: $\left(\vec{x} - \begin{pmatrix} 1 \\ 2 \\ 1 \end{pmatrix}\right)^2 = 9$ ist.

* **116.** Bestimmen Sie die Gleichung der Tangentialebene an die Kugel mit Mittelpunkt $M(1\,|\,0\,|\,4)$ und Radius $r = 5$ im Punkt $B(5\,|\,-3\,|\,4)$.

* **117.** Die Ebene E: $4x_1 - 8x_2 + x_3 = 18$ ist Tangentialebene an die Kugel K mit Mittelpunkt $M(9\,|\,-7\,|\,7)$.
Bestimmen Sie den Berührpunkt sowie den Radius der Kugel.

10.5 Schnitt zweier Kugeln

Bei der Bestimmung der gemeinsamen Punkte zweier Kugeln sind die Radien r_1 und r_2 der beiden Kugeln sowie der Abstand d der beiden Mittelpunkte M_1 und M_2 entscheidend. Die Fälle werden der Reihe nach behandelt, wobei sich die Mittelpunkte der Kugeln einander annähern und allgemein gelten soll: $r_1 \geq r_2$

1. Fall: $\mathbf{d > r_1 + r_2}$
Der Abstand der beiden Mittelpunkte ist größer als die Summe der beiden Radien; die Kugeln haben **keine gemeinsamen Punkte**.

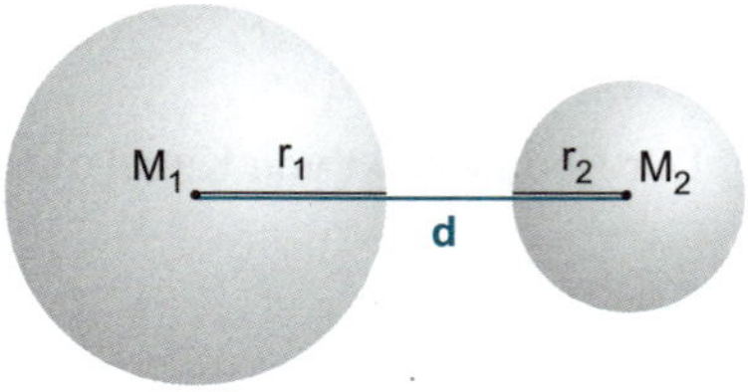

2. Fall: $\mathbf{d = r_1 + r_2}$
Der Abstand d der beiden Mittelpunkte ist genau die Summe der beiden Radien; die Kugeln **berühren sich von außen** in einem **Berührpunkt**.

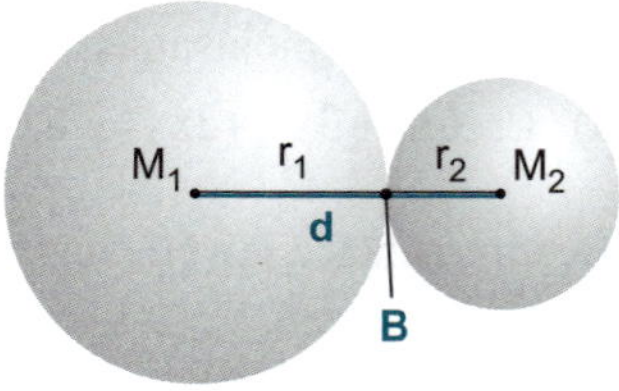

3. Fall: $\mathbf{r_1 - r_2 < d < r_1 + r_2}$
Der Abstand der beiden Kugelmittelpunkte ist größer als die Differenz der beiden Radien und kleiner als die Summe der beiden Radien; die beiden Kugeln besitzen einen **Schnittkreis**.

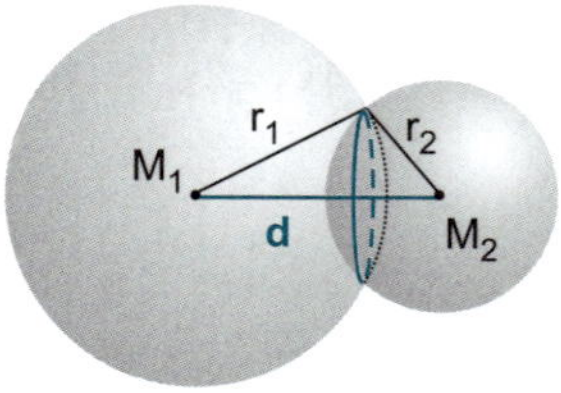

4. Fall: $\mathbf{d = r_1 - r_2}$
Der Abstand der beiden Mittelpunkte ist genau die Differenz der beiden Radien; die Kugeln **berühren sich von innen** in einem **Berührpunkt**.

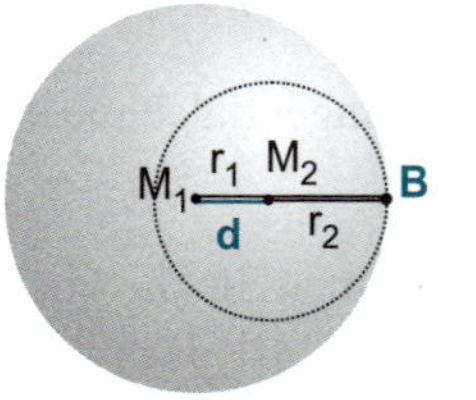

5. Fall: $\mathbf{d < r_1 - r_2}$
Der Abstand der beiden Kugelmittelpunkte ist kleiner als die Differenz der beiden Radien; die Kugeln liegen ineinander und haben **keine gemeinsamen Punkte**.

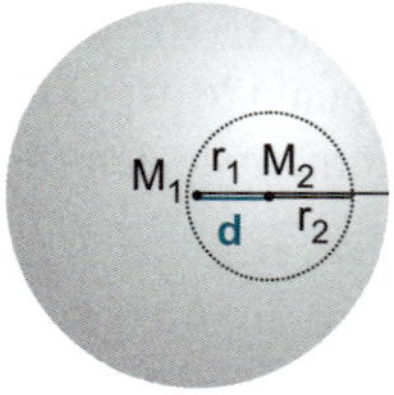

Beispiel

Gegeben sind die Mittelpunkte und Radien der drei Kugeln
K_1: $M_1(-3|1|4)$ und $r_1 = 5$;
K_2: $M_2(1|3|8)$ und $r_2 = \sqrt{13}$;
K_3: $M_3(3|-5|1)$ und $r_3 = 4$.

Bestimmen Sie die Lage
a) der Kugeln K_1 und K_2,
b) der Kugeln K_1 und K_3,
c) der Kugeln K_2 und K_3.

Lösung:

a) Der Abstand der Kugelmittelpunkte beträgt:
$$d = |\overrightarrow{M_1M_2}| = \sqrt{4^2 + 2^2 + 4^2} = \sqrt{36} = 6$$
Für die Radien gilt
$$r_1 - r_2 = 5 - \sqrt{13} \approx 1{,}4 < d < r_1 + r_2 = 5 + \sqrt{13} \approx 8{,}6,$$
die Kugeln schneiden sich also in einem Schnittkreis.

b) Der Abstand der beiden Kugelmittelpunkte beträgt:
$$d = |\overrightarrow{M_1M_3}| = \sqrt{6^2 + (-6)^2 + (-3)^2} = \sqrt{81} = 9$$
Der Abstand der beiden Mittelpunkte entspricht der Summe der beiden Kugelradien $r_1 + r_3 = 5 + 4 = 9$; die beiden Kugeln berühren sich also von außen.

c) Der Abstand der beiden Kugelmittelpunkte beträgt:
$$d = |\overrightarrow{M_2M_3}| = \sqrt{2^2 + (-8)^2 + (-7)^2} = \sqrt{117} \approx 10{,}8$$
Der Abstand der beiden Mittelpunkte ist größer als die Summe der beiden Kugelradien $r_2 + r_3 = \sqrt{13} + 4 \approx 7{,}6$; die beiden Kugeln liegen nebeneinander ohne gemeinsame Punkte.

Aufgaben

118. Entscheiden Sie, ob die beiden Kugeln mit den Radien r_1 bzw. r_2 und der Entfernung d zwischen den beiden Mittelpunkten einen Schnittkreis, einen Berührpunkt oder keine gemeinsamen Punkte besitzen.

a) $r_1 = 5$; $r_2 = 7$; $d = 16$
b) $r_1 = 6$; $r_2 = 7$; $d = 3$
c) $r_1 = 3$; $r_2 = 12$; $d = 5$
d) $r_1 = 4$; $r_2 = 6$; $d = 10$

* **119.** Bestimmen Sie r_2 so, dass sich die Kugeln K_1 mit Mittelpunkt $M_1(2|-2|1)$ und Radius $r_1 = 4$ und K_2 mit Mittelpunkt $M_2(-6|2|2)$ und Radius r_2 berühren.
Bestimmen Sie auch die beiden möglichen Berührpunkte der Kugeln.

11 Anwendungsaufgaben und Modellierung

In diesem Kapitel werden die Kenntnisse, die Sie bisher eingeübt haben, auf anwendungsorientierte Fragestellungen angewandt und anhand vieler abiturähnlicher Aufgaben eingeübt. Hierbei wird insbesondere der Modellierungsvorgang, also die Umsetzung einer realen Fragestellung auf ein mathematisches Modell, eingesetzt.

Modellieren bedeutet in der Mathematik, ein gegebenes Problem in die Sprache der Mathematik zu übersetzen, mit geeigneten mathematischen Methoden zu lösen und anschließend das Ergebnis auf die Realsituation zu übertragen. Dabei müssen im ersten Schritt für die Modellbildung evtl. einschränkende Bedingungen (Prämissen) festgelegt werden; bei der Rückübersetzung in die Realsituation müssen die Ergebnisse und die Eignung des gewählten Modells überprüft und bewertet werden.

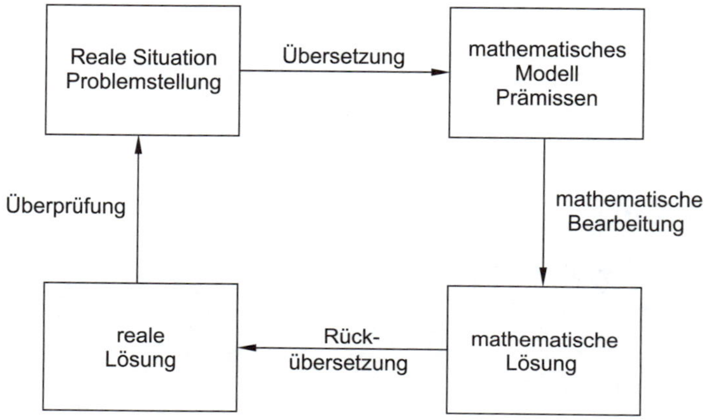

Beispiel

Ein Heißluftballon beginnt bei Windstille – ausgehend von einer Höhe von 200 m – einen Steigflug mit der Geschwindigkeit $5\,\frac{m}{s}$. Zu Beginn des Steigflugs befindet sich genau südlich vom Ballon in einer Entfernung von 2 km und in einer Höhe von 600 m ein Sportflugzeug, das mit der Geschwindigkeit von $144\,\frac{km}{h}$ genau in nördlicher Richtung fliegt und zusätzlich pro Sekunde 2 m an Höhe verliert.

Wie nahe kommen sich die beiden Objekte im Lauf der Zeit, wenn sie ihren Flugverlauf unverändert beibehalten? Kann dieser Flugverlauf gefahrlos beibehalten werden, wenn ein Sicherheitsabstand von 400 m einzuhalten ist?

Lösung:

Ansatz

Die beiden Objekte werden in ein Koordinatensystem eingebunden und der Flug durch einen Zeitparameter t beschrieben.

Übersetzung in ein mathematisches Modell

Zunächst wird ein geeignetes Koordinatensystem definiert. Hier wird es so gewählt, dass die x_1-Achse genau nach Süden, die x_2-Achse nach Osten und die x_3-Achse nach oben zeigt; der Ursprung in der x_1x_2-Ebene entspricht dem Ausgangspunkt des Ballons; außerdem entspricht eine Längeneinheit einem Meter: $1\text{ LE} \mathrel{\hat{=}} 1\text{ m}$

Die beiden Flugobjekte werden mithilfe der Angaben im Aufgabentext in diesem Koordinatensystem positioniert: Der Ballon befindet sich zu Beginn des Steigflugs auf 200 m Höhe, deshalb ist sein Ausgangspunkt $B(0|0|200)$; Das Flugzeug befindet sich zu Beginn 2 000 m in südlicher Richtung auf 600 m Höhe, also lautet sein Ausgangspunkt $F(2\,000|0|600)$.
Aufgrund der Windstille bewegt sich der Heißluftballon beim Steigflug senkrecht nach oben; innerhalb einer Sekunde bewegt er sich hierbei um die Strecke 5 m nach oben. Das Flugzeug bewegt sich mit der Geschwindigkeit $144\,\frac{\text{km}}{\text{h}} = 40\,\frac{\text{m}}{\text{s}}$ in nördlicher Richtung und verliert pro Sekunde 2 Meter an Höhe. Pro Sekunde werden die Positionsverschiebungen der beiden Objekte beschrieben durch die Vektoren:

$\vec{b} = \begin{pmatrix} 0 \\ 0 \\ 5 \end{pmatrix}$ (Ballon) und $\vec{f} = \begin{pmatrix} -40 \\ 0 \\ -2 \end{pmatrix}$ (Flugzeug)

Verwendet man t als Parameter für die Zeit (in Sekunden), kann die Position des Ballons in Abhängigkeit des Zeitverlaufs beschrieben werden durch die Gleichung $\vec{x}_B = \begin{pmatrix} 0 \\ 0 \\ 200 \end{pmatrix} + t \cdot \begin{pmatrix} 0 \\ 0 \\ 5 \end{pmatrix}$.

Für das Flugzeug ergibt sich analog in Abhängigkeit von t die Position

$\vec{x}_F = \begin{pmatrix} 2\,000 \\ 0 \\ 600 \end{pmatrix} + t \cdot \begin{pmatrix} -40 \\ 0 \\ -2 \end{pmatrix}$.

Mathematische Bearbeitung

Der Abstand von Flugzeug und Ballon in Abhängigkeit der Zeit beträgt:

$$d = |\vec{x}_F - \vec{x}_B| = \left| \begin{pmatrix} 2\,000 \\ 0 \\ 600 \end{pmatrix} + t \cdot \begin{pmatrix} -40 \\ 0 \\ -2 \end{pmatrix} - \begin{pmatrix} 0 \\ 0 \\ 200 \end{pmatrix} - t \cdot \begin{pmatrix} 0 \\ 0 \\ 5 \end{pmatrix} \right| = \left| \begin{pmatrix} 2\,000 \\ 0 \\ 400 \end{pmatrix} + t \cdot \begin{pmatrix} -40 \\ 0 \\ -7 \end{pmatrix} \right|$$

$$= \sqrt{(2\,000 - 40t)^2 + (400 - 7t)^2} = \sqrt{1\,649t^2 - 165\,600t + 4\,160\,000}$$

Dieser Abstand ist minimal, wenn der Radikand

$r(t) = 1\,649t^2 - 165\,600t + 4\,160\,000$

minimal ist.

$r'(t) = 3\,298t - 165\,600 = 0 \quad \Leftrightarrow \quad t = \frac{82\,800}{1\,649} \approx 50{,}2$

Da r(t) eine nach oben geöffnete Parabel beschreibt, ist der Scheitelpunkt tatsächlich ein Minimum. Der minimale Abstand beträgt somit ca.

$d_{min} = \sqrt{r\left(\frac{82\,800}{1\,649}\right)} \approx 49{,}25.$

Rückübersetzung und Überprüfung

Die beiden Flugobjekte erreichen nach ca. 50 Sekunden einen minimalen Abstand von knapp 50 m. Der Sicherheitsabstand von 400 m wird also sehr deutlich und gefährlich unterschritten, wenn keine Flugänderung erfolgt.

Aufgaben **120.** Gegeben ist ein Quader mit den Eckpunkten A(1 | 1 | 2), B(3 | 5 | 6), D(–1 | 3 | 1) und E(–3 | –1 | 6).
Bestimmen Sie die fehlenden Eckpunkte und berechnen Sie die Länge der Raumdiagonalen sowie die Schnittwinkel, unter denen sich zwei Raumdiagonalen schneiden.

121. Eine Pyramide mit quadratischer Grundfläche der Länge 5 m besitzt die Höhe 4 m.
Bestimmen Sie den Winkel, den eine Seitenfläche mit der Grundfläche einschließt, sowie die Winkel, unter dem sich zwei zur Spitze führende Kanten schneiden.

122. Um einen mit 4,50 m Höhe sehr hohen Ausstellungsraum wohnlicher zu gestalten, soll in diesem ein Segeltuch zur Reduktion der gefühlten Höhe aufgespannt werden. Die Positionen der Befestigungspunkte des dreieckigen Tuches sind der Skizze zu entnehmen.
Bestimmen Sie die Seitenlängen und Innenwinkel dieses Dreiecks-Segels.

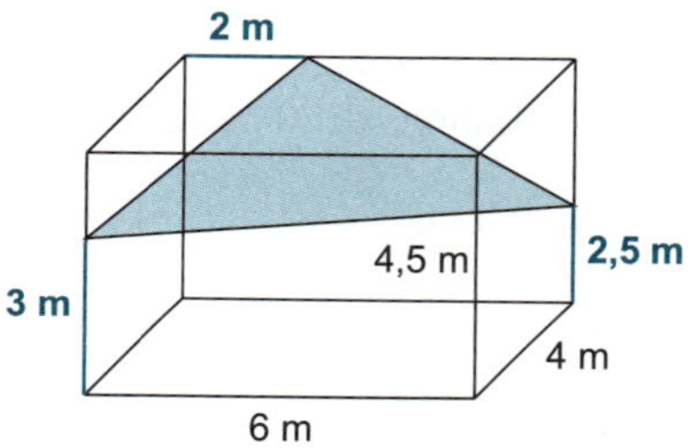

* **123.** In einem Würfel der Kantenlänge 4 bilden die Mittelpunkte der Seitenflächen einen einbeschriebenen Körper (Oktaeder).
Bestimmen Sie die Winkel, die zwei von einem Punkt ausgehende Kanten dieses Oktaeders bilden.
Berechnen Sie die Oberfläche und das Volumen dieses Oktaeders.
Bestimmen Sie den Winkel, den zwei Seitenflächen des Oktaeders bilden.

124. Um Hausdächer gegen Windkräfte zu stabilisieren, werden die Dachsparren durch Metallbänder, sogenannte Windrispen, versteift. In der Abbildung ist ein Satteldach zu sehen, das wie abgebildet durch vier farbig gezeichnete Windrispen verstärkt werden soll.
Bestimmen Sie die Länge des Metallbands, das man für die vier Windrispen insgesamt benötigt, sowie den Winkel, den zwei Rispen bei M bilden, wenn M die Mitte der Hauslänge bezeichnet.

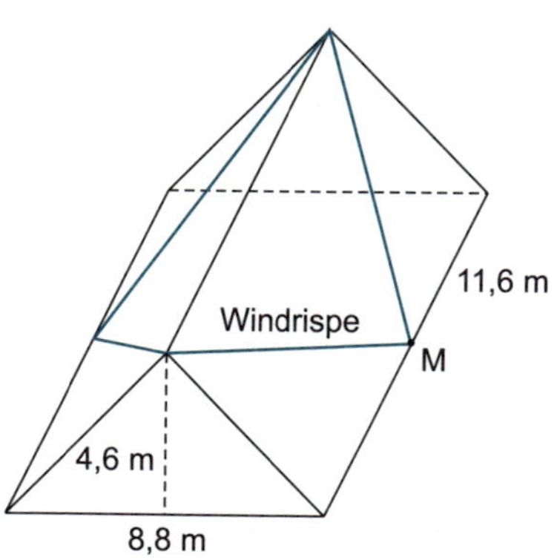

125. Nach einer örtlichen Vorschrift muss ein Kamin 1,20 m lotrecht (orthogonal zum Erdboden gemessen) über die Dachfläche hinausragen, um einen ungehinderten Abgasabzug zu gewährleisten.
Wie viele Schornsteinelemente mit einer Höhe von jeweils 30 cm benötigt man in der gezeichneten Situation, wenn der Kamin auf Erdbodenhöhe beginnen soll?
Welche Entfernung hat das Kaminende dann zur Dachfläche?

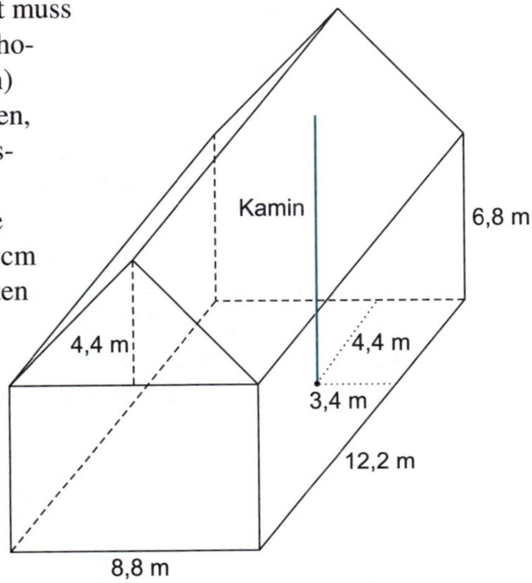

126. An einer Uferböschung mit 30° Steigung soll ein Fahnenmast mit drei Drahtseilen stabilisiert werden. Hierbei sollen die Drahtseile am Mast in einer Höhe von 3,90 m befestigt und an der Uferböschung wie abgebildet verankert werden, wobei die beiden unteren Drahtseile gleich lang sein sollen.
Bestimmen Sie die erforderlichen Längen der drei Drahtseile.

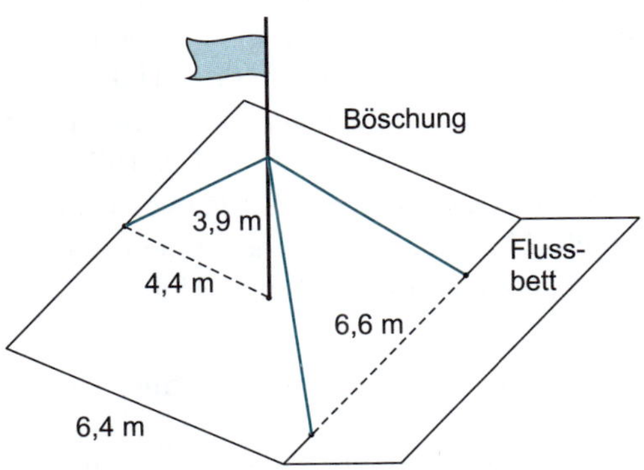

127. Die Punkte $A(1\,|\,2\,|\,1)$, $B(5\,|\,3\,|\,2)$ und $D(-1\,|\,5\,|\,6)$ sind Eckpunkte eines rechtwinkligen Spiegels.
Bestimmen Sie die vierte Ecke des Spiegels.
Ein Laser, der sich im Punkt $L(26\,|\,-35\,|\,37)$ befindet, wird auf den Mittelpunkt des Spiegels gerichtet. Der Laserstrahl wird am Spiegel reflektiert und trifft anschließend auf die ebene Wand mit der Gleichung $W\colon x_3 = 50$.
Bestimmen Sie den Auftreffpunkt.

128. Die Ebene E: $3x_1 + 2x_2 + 6x_3 = 24$ bildet zusammen mit den Koordinatenebenen eine dreiseitige Pyramide.
Zeichnen Sie die Pyramide in ein Koordinatensystem und bestimmen Sie Volumen und Oberfläche der Pyramide.
Bestimmen Sie den Mittelpunkt und Radius der Inkugel (also derjenigen Kugel, die alle vier Seiten der Pyramide berührt).

129. Ein Passagierflugzeug befindet sich zu Beginn der Radar-Erfassung in horizontal gemessener Entfernung von 12 km genau westlich von einer Radarstation und beginnt aus 4 500 m Höhe einen Landeanflug. Gleichzeitig befindet sich horizontal gemessen 36 km östlich von der Radarstation entfernt ein Sportflugzeug, das mit Nordkurs in einer Höhe von 2 000 m und mit einer Geschwindigkeit von 180 $\frac{km}{h}$ fliegt.
Nach 60 Sekunden befindet sich das Passagierflugzeug (horizontal gemessen) 6 km nördlich von der Radarstation auf einer Höhe von 3 900 m.

a) Bestimmen Sie den Abstand der beiden Flugbahnen.
b) Wann kommen sich die beiden Flugzeuge am nächsten?
Muss die Flugrichtung des Sportflugzeugs geändert werden, wenn ein Sicherheitsabstand von 10 km eingehalten werden muss?

130. Innerhalb des Erfassungsbereichs einer Radarstation werden die Positionen aller überwachten Flugobjekte registriert. Um 08.00 Uhr werden zwei Flugzeuge auf dem Radarschirm sichtbar, gemessen wird die

- Position eines Kleinflugzeugs: 12 km östlich und 4 km südlich der Radarstation auf 400 m Höhe
- Position eines Segelflugzeugs: 8 km östlich und 7 km nördlich der Radarstation auf 1 200 m Höhe

Um 08.02 Uhr werden die Positionen der beiden Flugobjekte neu gemessen.

- Kleinflugzeug: 9 km östlich, 2 km südlich auf einer Höhe von 600 m
- Segelflugzeug: 6 km östlich, 6 km nördlich auf einer Höhe von 1 100 m

a) Bestimmen Sie den Abstand der beiden Flugbahnen.
b) Wie nah kommen sich die beiden Flugzeuge, wenn sie ihre Flugrichtung beibehalten?
c) Um 08.05 Uhr soll ein Rettungshubschrauber, der 3 km westlich der Radarstation auf einer Anhöhe von 100 m stationiert ist, zu einem Rettungsflug in nordöstlicher Richtung starten, wobei eine Steiggeschwindigkeit (= Höhenzunahme pro Zeit) von 200 m/Minute eingestellt ist und der Hubschrauber in drei Minuten 3 km nördlich der Radarstation sein wird.
Prüfen Sie, ob diese Flugeinstellung den Vorschriften entspricht, wenn aus Sicherheitsgründen eine Mindestentfernung von 300 m zu anderen Flugobjekten eingehalten werden muss.

12 Aufgabenmix

Jetzt wird es ernst! Nun sollen Sie das Gelernte selbstständig anwenden! In diesem Kapitel finden Sie eine bunte Mischung von Aufgaben, für deren Lösung Sie die wesentlichen Ergebnisse des in diesem Band behandelten Stoffes benötigen. Die Aufgaben in diesem Kapitel sind in Form von **Aufgabenblocks** gruppiert, wobei jeweils die letzte Aufgabe eines Blocks umfangreichere und oft anspruchsvollere Fragestellungen enthält. Für die Bearbeitung eines einzelnen Aufgabenblocks sollten Sie sich ca. **60 Minuten Zeit** nehmen und erst danach die Lösung des gesamten Blocks überprüfen.
Wenn Sie bei der einen oder anderen Aufgabe Defizite erkennen, dann arbeiten Sie die entsprechenden Kapitel des Buchs noch einmal durch.

Aufgabenblock 1

131. Prüfen Sie, ob die Vektoren $\vec{a}=\begin{pmatrix}3\\1\\2\end{pmatrix}$, $\vec{b}=\begin{pmatrix}1\\1\\2\end{pmatrix}$ und $\vec{c}=\begin{pmatrix}-2\\1\\-3\end{pmatrix}$ linear abhängig sind.

132. Bestimmen Sie eine Koordinatengleichung der Ebene E durch die Punkte $A(3\,|\,2\,|\,-1)$, $B(-1\,|\,-2\,|\,0)$ und $C(1\,|\,0\,|\,3)$.

133. Bestimmen Sie den Schnittwinkel zwischen der Geraden AB mit $A(2\,|\,1\,|\,-5)$ und $B(-1\,|\,4\,|\,-2)$ und der Ebene
$E:\ \vec{x}=\begin{pmatrix}3\\1\\2\end{pmatrix}+r\cdot\begin{pmatrix}1\\1\\2\end{pmatrix}+s\cdot\begin{pmatrix}-2\\1\\-3\end{pmatrix}$.

134. Ergänzen Sie die Punkte $A(3\,|\,1\,|\,-1)$, $B(6\,|\,4\,|\,-3)$ und $C(5\,|\,-1\,|\,4)$ zu einem Parallelogramm ABCD und bestimmen Sie die Innenwinkel sowie den Flächeninhalt dieses Parallelogramms.

135. Berechnen Sie den Abstand des Punktes $P(3\,|\,2\,|\,6)$ von der Ebene $E:\ 6x_1+2x_2-4x_3=24$.

136. Nebenstehend sehen Sie das Schrägbild eines Würfels mit Kantenlänge 6 cm, dessen Ecke A im Koordinatenursprung liegt.

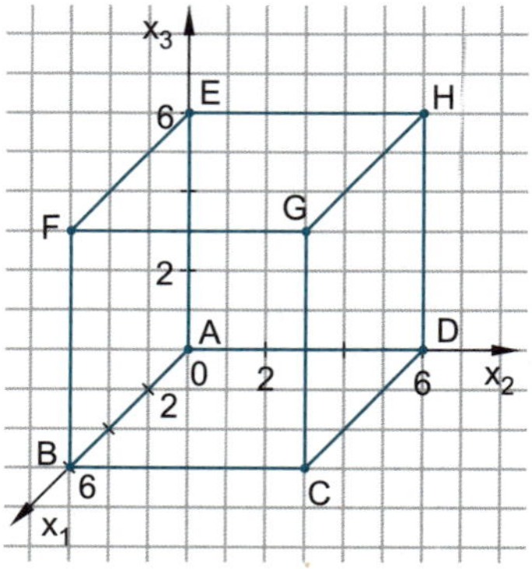

a) Geben Sie die Koordinaten der Eckpunkte des Würfels an und bestimmen Sie die Mittelpunkte der Kanten [AB], [BC], [CG], [GH], [HE] und [EA].
Zeigen Sie, dass diese Mittelpunkte in einer Ebene E liegen, und geben Sie eine Koordinatengleichung dieser Ebene an.

b) Zeigen Sie, dass das Sechseck, das durch diese Mittelpunkte gebildet wird, ein regelmäßiges Sechseck ist.

c) Bestimmen Sie den Winkel, den dieses Sechseck mit der Grundfläche des Würfels bildet.

Aufgabenblock 2

137. Bestimmen Sie die Gleichungen der Spurgeraden der Ebene E durch die Punkte A(4 | 2 | 1), B(8 | 1 | –4) und C(1 | 5 | 7).
Stellen Sie die Ebene in einem Koordinatensystem dar.

138. a) Stellen Sie den Nullvektor als Linearkombination der Vektoren
$\vec{a} = \begin{pmatrix} 7 \\ 5 \\ 3 \end{pmatrix}$, $\vec{b} = \begin{pmatrix} 2 \\ 4 \\ 6 \end{pmatrix}$, $\vec{c} = \begin{pmatrix} 1 \\ -1 \\ -3 \end{pmatrix}$ dar.

b) Prüfen Sie, ob die Vektoren $\vec{a} = \begin{pmatrix} 2 \\ -1 \\ 3 \end{pmatrix}$, $\vec{b} = \begin{pmatrix} 3 \\ -1 \\ 3 \end{pmatrix}$, $\vec{c} = \begin{pmatrix} 1 \\ -2 \\ 1 \end{pmatrix}$ linear abhängig oder unabhängig sind.

139. Bestimmen Sie den Abstand der beiden Ebenen
E_1: $\vec{x} = \begin{pmatrix} 0 \\ 1 \\ -2 \end{pmatrix} + r \cdot \begin{pmatrix} 4 \\ 1 \\ 4 \end{pmatrix} + s \cdot \begin{pmatrix} 2 \\ 3 \\ 1 \end{pmatrix}$ und E_2: $\vec{x} = \begin{pmatrix} 6 \\ 4 \\ 1 \end{pmatrix} + r \cdot \begin{pmatrix} 8 \\ 7 \\ 6 \end{pmatrix} + s \cdot \begin{pmatrix} -2 \\ 7 \\ -5 \end{pmatrix}$.

140. Bestimmen Sie Mittelpunkt und Radius sowie die Gleichung der Kugel, die die Punkte A(–3 | –4 | 7), B(9 | 8 | 9), C(4 | 8 | 4) und D(6 | 4 | 0) enthält.

141. Die Punkte A(4 | –2 | 0), B(4 | 2 | 0), C(–4 | 2 | 0) und D(–4 | –2 | 0) bilden die Grundfläche eines pyramidenförmigen Zeltes mit der Spitze S(0 | 0 | 6), das in ebenem Gelände aufgebaut ist (alle Koordinatenangaben in Meter).
Die Sonnenstrahlen fallen in Richtung des Vektors $\begin{pmatrix} -2 \\ 4 \\ -4 \end{pmatrix}$ auf das Zelt.

a) Zeichnen Sie ein Schrägbild des Zeltes.

b) Bestimmen Sie den Schattenpunkt der Zeltspitze auf dem Erdboden.

c) Zeichnen Sie den Schatten des Zeltes in das Schrägbild ein und bestimmen Sie die Größe dieses Zeltschattens.

Aufgabenblock 3

142. In einer Ebene liegen der Punkt A(2 | –1 | –1) und die Gerade

$g\colon\ \vec{x} = \begin{pmatrix} -1 \\ 1 \\ 3 \end{pmatrix} + k \cdot \begin{pmatrix} -2 \\ 1 \\ 1 \end{pmatrix}.$

Bestimmen Sie eine Parametergleichung der Ebene E.

143. Unter welchem Winkel schneidet die Gerade AB mit A(3 | –2 | 9) und B(–1 | 1 | 1) die Ebene E: $-4x_1 - 3x_2 + 2x_3 = 9$?

144. Bestimmen Sie einen Normalenvektor zu der Ebene E durch die Punkte A(1 | –1 | 3), B(–2 | 2 | –5) und C(3 | 1 | 0).

145. Gegeben sind die Geraden $g\colon\ \vec{x} = \begin{pmatrix} 3 \\ -1 \\ -1 \end{pmatrix} + r \cdot \begin{pmatrix} 1 \\ 0 \\ 2 \end{pmatrix}$ und $h\colon\ \vec{x} = \begin{pmatrix} 1 \\ 3 \\ 1 \end{pmatrix} + s \cdot \begin{pmatrix} 2 \\ -1 \\ 1 \end{pmatrix}.$

Bestimmen Sie die gegenseitige Lage der beiden Geraden.

146. Die Gerade g durch den Punkt A(5 | –5 | –2) schneidet die Kugel K mit dem Mittelpunkt M(0 | 3 | 5) im Punkt S_1(–4 | 7 | 7).
Bestimmen Sie den zweiten Schnittpunkt von Gerade und Kugel.

147. Auf einem Ausstellungsgelände befindet sich ein Pavillon, der als senkrechte gläserne Pyramide mit quadratischer Grundfläche und der Höhe 10 m ausgeführt ist. Die Punkte A(4 | 2 | 0), B(10 | –6 | 0) und D(12 | 8 | 0) sind Ecken der Pyramidengrundfläche.
Im Innern des Pavillons ist ein Modell der Erdkugel mit dem Durchmesser 2 m so aufgehängt, dass sich der Kugelmittelpunkt senkrecht unter der Pyramidenspitze befindet und von dieser die Entfernung 3 m hat (alle Koordinatenangaben in Meter).

a) Geben Sie die vierte Ecke C der Grundfläche, die Koordinaten der Pyramidenspitze S sowie eine Kugelgleichung für die Erdkugel an.

b) Weisen Sie nach, dass die Kugel die Seitenflächen der Pyramide nicht berührt oder schneidet.

Aufgabenblock 4

148. Bestimmen Sie die Seitenlängen des Dreiecks ABC mit A(1 | 0 | –3), B(–2 | 1 | 2), C(7 | 2 | –1).

149. Geben Sie die Ebene E: $\left(\vec{x} - \begin{pmatrix} 1 \\ 2 \\ 1 \end{pmatrix}\right) \circ \begin{pmatrix} 3 \\ -1 \\ -1 \end{pmatrix} = 0$ in Parameterform an.

150. Bestimmen Sie den Abstand des Punktes A(5 | –2 | 1) von der Geraden
$g\colon\ \vec{x} = \begin{pmatrix} -5 \\ -1 \\ 4 \end{pmatrix} + r \cdot \begin{pmatrix} -2 \\ -1 \\ 3 \end{pmatrix}.$

151. Geben Sie Mittelpunkt und Radius der Kugel mit der Gleichung
K: $x_1^2 + x_2^2 + x_3^2 - 6x_1 + 4x_2 + 8x_3 = 35$ an.

152. Gegeben sind die Ebenen
$E_1\colon\ \vec{x} = \begin{pmatrix} 4 \\ 1 \\ 2 \end{pmatrix} + r_1 \cdot \begin{pmatrix} -3 \\ 1 \\ 0 \end{pmatrix} + s_1 \cdot \begin{pmatrix} 1 \\ -2 \\ 5 \end{pmatrix}$ und $E_2\colon\ \vec{x} = \begin{pmatrix} 2 \\ 0 \\ 7 \end{pmatrix} + r_2 \cdot \begin{pmatrix} 2 \\ 4 \\ 2 \end{pmatrix} + s_2 \cdot \begin{pmatrix} 0 \\ -7 \\ -3 \end{pmatrix}.$
Untersuchen Sie die gegenseitige Lage der beiden Ebenen.

153. Die nebenstehende Skizze zeigt einen Ausstellungsraum. Dabei sind die Punkte A(4 | 0 | 3), B(4 | 1 | 2,5), C(1 | 4 | 2,5), D(0 | 4 | 3) und S(0 | 0 | 5) Eckpunkte des Daches. Eine Einheit entspricht 1 Meter.

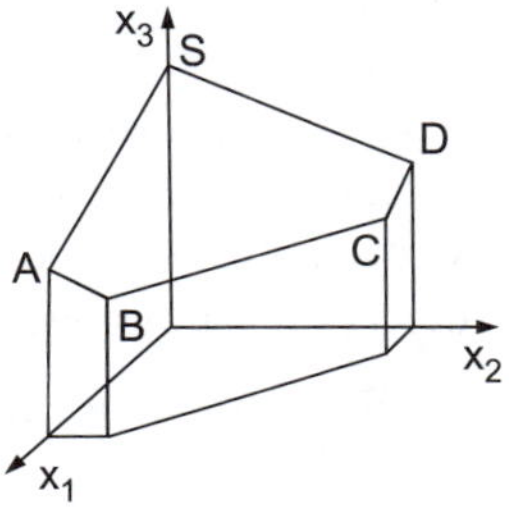

a) Zeigen Sie, dass das Dach ABCDS in einer Ebene liegt, und geben Sie eine Koordinatengleichung dieser Ebene an.

b) Bei der Montage wird die Dachfläche ABCDS durch eine Stütze gesichert, die im Punkt F(0 | 0 | 1) verankert ist und senkrecht zur Dachfläche steht. Berechnen Sie die Länge dieser Stütze.

Aufgabenblock 5

154. Eine Ebene besitzt den Normalenvektor $\vec{n} = \begin{pmatrix} 1 \\ -3 \\ -1 \end{pmatrix}$ und geht durch den Punkt $P(5\,|-1\,|\,0)$.
Geben Sie die Gleichung der Ebene in Parameterform an.

155. Bestimmen Sie den Winkel, unter dem sich die Ebenen
$E_1\colon 4x_1 - x_2 - x_3 = 5$ und $E_2\colon\ \vec{x} = \begin{pmatrix} 5 \\ 1 \\ -2 \end{pmatrix} + r \cdot \begin{pmatrix} 1 \\ 2 \\ 1 \end{pmatrix} + s \cdot \begin{pmatrix} 2 \\ 1 \\ 0 \end{pmatrix}$ schneiden.

156. Bestimmen Sie das Volumen einer dreiseitigen Pyramide mit den Eckpunkten $A(1\,|-4\,|-2)$, $B(5\,|-1\,|-2)$, $C(8\,|-5\,|-2)$ und $D(3\,|\,1\,|\,7)$.

157. Wandeln Sie die Ebene $E\colon\ \vec{x} = \begin{pmatrix} -1 \\ 2 \\ -2 \end{pmatrix} + r \cdot \begin{pmatrix} 1 \\ 2 \\ 0 \end{pmatrix} + s \cdot \begin{pmatrix} -1 \\ -1 \\ 3 \end{pmatrix}$ in Koordinatenform um.

158. Eine ägyptische Pyramide hat die Form einer senkrechten, quadratischen Pyramide. Die Seitenlänge des Quadrats beträgt 144 m, die Höhe der Pyramide 90 m.
Die Pyramide wird wie in der Abbildung so in ein Koordinatensystem gelegt, dass die Grundfläche in der x_1x_2-Ebene liegt und die Spitze auf der x_3-Achse (Längeneinheit 1 Meter).

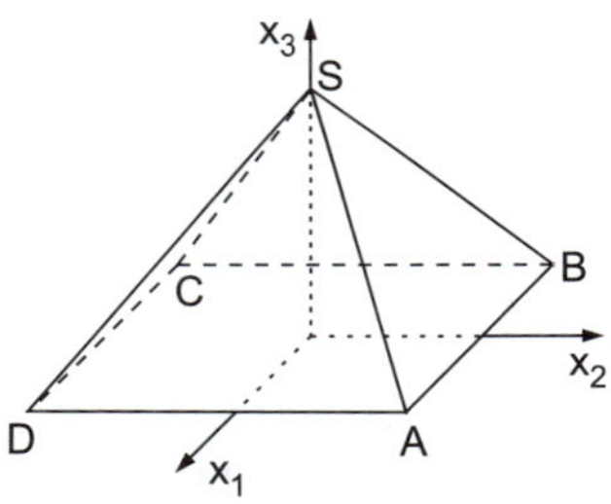

a) Bestimmen Sie eine Gleichung der Ebene E_1, die die Punkte A, B und S enthält.
Wie groß ist der Neigungswinkel einer Seitenfläche zur Grundfläche?

b) Die Ägypter bauten die Pyramide schichtweise. Zum Transport der Steine zur jeweiligen Schicht wurde eine Rampe benötigt. Die zum Transport der Steine benötigte Rampenfläche ist rechteckig und liegt bei einer bestimmten Bauhöhe in der Ebene $E_2\colon 5x_2 + 26x_3 = 1\,350$.

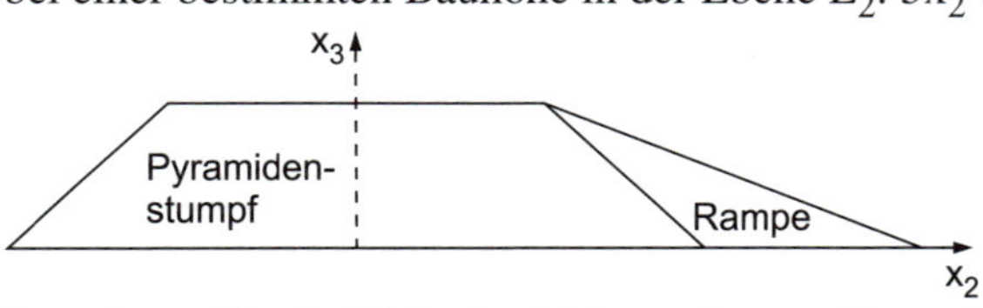

Berechnen Sie die Höhe des bisher gebauten Pyramidenstumpfes.
Wie lange ist die zum Transport der Steine benötigte Rampe?

Aufgabenblock 6

159. Geben Sie die gemeinsamen Punkte der Ebene E: $2x_1 - 4x_2 - 3x_3 = 12$ mit den Koordinatenachsen an.

160. Gegeben sind die Ebenen E_1: $2x_1 + 3x_2 + 3x_3 = -6$ und

E_2: $\left(\vec{x} - \begin{pmatrix} 3 \\ -4 \\ 0 \end{pmatrix}\right) \circ \begin{pmatrix} 6 \\ 3 \\ -1 \end{pmatrix} = 0.$

Bestimmen Sie eine Gleichung der Schnittgeraden der beiden Ebenen.

161. Bestimmen Sie die Innenwinkel des Dreiecks ABC mit $A(3\,|-1\,|\,4)$, $B(2\,|-2\,|-1)$, $C(-2\,|\,0\,|\,5)$.
Welches besondere Dreieck liegt vor?

162. Bestimmen Sie den Abstand der beiden Geraden

g: $\vec{x} = \begin{pmatrix} -4 \\ -1 \\ 2 \end{pmatrix} + t \cdot \begin{pmatrix} 4 \\ 2 \\ -5 \end{pmatrix}$ und h: $\vec{x} = \begin{pmatrix} -1 \\ 3 \\ 2 \end{pmatrix} + t \cdot \begin{pmatrix} -4 \\ -1 \\ 6 \end{pmatrix}$.

163. Bestimmen Sie r_2 so, dass sich die Kugeln K_1 mit Mittelpunkt $M_1(2\,|\,2\,|\,5)$ und Radius $r_1 = 1$ und K_2 mit Mittelpunkt $M_2(-4\,|\,5\,|\,3)$ und Radius r_2 berühren.
Bestimmen Sie die möglichen Berührpunkte der beiden Kugeln.

164. Ein Zelt hat die Form einer senkrechten quadratischen Pyramide.
Die Längen der Quadratseiten und die Pyramidenhöhe betragen jeweils 3,0 m.
Auf der Vorderseite befindet sich eine Zeltöffnung ABCD, die am Boden 1,50 m breit ist und bis zur Höhe von 1,50 m reicht.

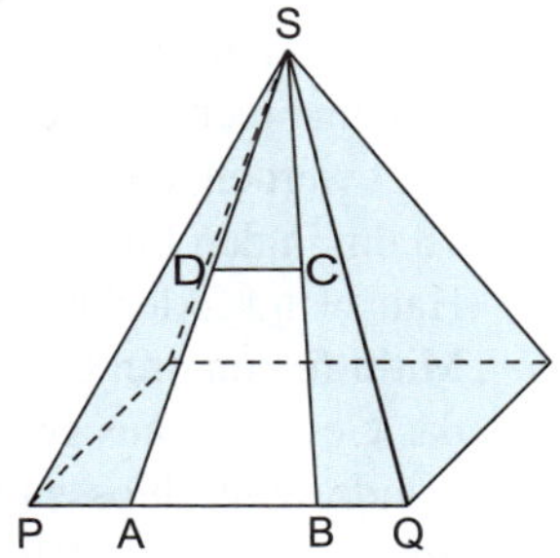

a) Benachbarte Seitenflächen bilden einen stumpfen Winkel. Bestimmen Sie diesen.

b) Berechnen Sie die Fläche des benötigten Zeltstoffs, wenn für die Zeltöffnung kein Stoff benötigt wird.

c) Zur Beleuchtung wird im Zelt eine (punktförmig gedachte) Lampe aufgehängt. Ihr Licht dringt durch die Einstiegsöffnung nach außen und beleuchtet auf dem Boden vor dem Zelt eine trapezförmige Fläche. Berechnen Sie die Größe der beleuchteten Bodenfläche, wenn sich die Lampe 75 cm unter der Zeltspitze befindet.

Aufgabenblock 7

165. Bestimmen Sie den Schnittwinkel der Ebenen
E: $3x_1 + x_2 - x_3 = 1$ und F: $2x_1 - 2x_2 + 3x_3 = -4$.

166. Bestimmen Sie den Abstand der Geraden g: $\vec{x} = \begin{pmatrix} -4 \\ -1 \\ 0 \end{pmatrix} + t \cdot \begin{pmatrix} 0 \\ 2 \\ 4 \end{pmatrix}$ von der Ebene
E: $\vec{x} = \begin{pmatrix} 5 \\ 1 \\ -2 \end{pmatrix} + r \cdot \begin{pmatrix} 2 \\ 5 \\ 3 \end{pmatrix} + s \cdot \begin{pmatrix} 0 \\ 1 \\ 2 \end{pmatrix}$.

167. Bestimmen Sie den Flächeninhalt des Dreiecks ABC mit $A(3\,|\,-2\,|\,-5)$, $B(2\,|\,1\,|\,1)$, $C(-1\,|\,3\,|\,-2)$.

168. Bestimmen Sie die Gleichungen der beiden Ebenen, die parallel zur Ebene
E: $2x_1 - 6x_2 + 3x_3 = 9$ verlaufen und die Kugel K berühren, wobei:

$$K: \left(\vec{x} - \begin{pmatrix} -1 \\ -3 \\ 4 \end{pmatrix}\right)^2 = 225$$

169. In einer Hausecke soll ein kleines Glas-Gewächshaus errichtet werden (siehe Planskizze). Hierzu wird eine quadratische Grundfläche AQDO mit der Seitenlänge 16 dm abgesteckt. In den Mittelpunkten B bzw. C der beiden Quadratseiten [AQ] bzw. [QD] soll eine rechteckige Glasplatte angesetzt werden, die in einer Höhe von 18 dm in den Punkten E und F an der Hauswand fixiert werden soll. Mithilfe von drei Glasdreiecken soll das Gewächshaus gegen die Hauswände abgeschlossen werden. Die Spitze G des Gewächshauses soll dabei 20 dm über dem Boden liegen. Bestimmen Sie die benötigte Glasfläche.

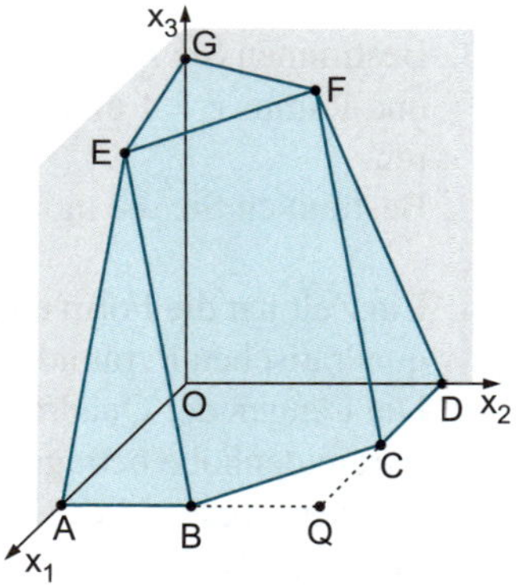

Lösungen

Auf den folgenden Seiten finden Sie vollständige Lösungen zu allen im Buch enthaltenen Übungsaufgaben.

1. a)
$$\begin{aligned} 4x - 5y &= -6 \quad |\cdot 3 \\ 3x + 2y &= 7 \quad |\cdot(-4) \end{aligned} \quad \Leftrightarrow \quad \begin{aligned} &\text{I} && 12x - 15y = -18 \\ &\text{II} && -12x - 8y = -28 \quad |\,\text{I}+\text{II} \end{aligned}$$

$$\Leftrightarrow \quad \begin{aligned} &\text{I} && 12x - 15y = -18 \\ &\text{III} && -23y = -46 \end{aligned}$$

Aus der zweiten Zeile erhält man $y = 2$. Setzt man dies in die ursprüngliche erste Zeile ein, dann ergibt sich: $4x - 5 \cdot 2 = -6 \;\Leftrightarrow\; 4x = 4 \;\Leftrightarrow\; x = 1$
Die Lösungsmenge lautet: $\mathbb{L} = \{(1;\, 2)\}$

b)
$$\begin{aligned} &\text{I} && 5x - 4y - 2z = -1 \\ &\text{II} && 3x + 3y + 3z = 12 \\ &\text{III} && 4x - 5y - 4z = -7 \end{aligned} \quad \Leftrightarrow \quad \begin{aligned} &\text{I} && 5x - 4y - 2z = -1 \\ &\text{IV} = 3 \cdot \text{I} - 5 \cdot \text{II} && -27y - 21z = -63 \\ &\text{V} = 4 \cdot \text{II} - 3 \cdot \text{III} && 27y + 24z = 69 \end{aligned}$$

$$\Leftrightarrow \quad \begin{aligned} &\text{I} && 5x - 4y - 2z = -1 \\ &\text{IV} && -27y - 21z = -63 \\ &\text{VI} = \text{IV} + \text{V} && 3z = 6 \end{aligned}$$

Aus Gleichung VI erhält man zunächst $z = 2$. Eingesetzt in IV folgt:
$-27y - 21 \cdot 2 = -63 \;\Leftrightarrow\; -27y = -21 \;\Leftrightarrow\; y = \frac{7}{9}$
Einsetzen in Gleichung I liefert
$5x - \frac{28}{9} - 4 = -1 \;\Leftrightarrow\; 5x = \frac{55}{9} \;\Leftrightarrow\; x = \frac{11}{9}$ und damit $\mathbb{L} = \left\{\left(\frac{11}{9};\, \frac{7}{9};\, 2\right)\right\}$.

c)
$$\begin{aligned} &\text{I} && 2x + 3y - 5z = 0 \\ &\text{II} && 4x - 3y + z = 0 \\ &\text{III} && 3x + 4y - 7z = 0 \end{aligned} \quad \Leftrightarrow \quad \begin{aligned} &\text{I} && 2x + 3y - 5z = 0 \\ &\text{IV} = 2 \cdot \text{I} - \text{II} && 9y - 11z = 0 \\ &\text{V} = 3 \cdot \text{I} - 2 \cdot \text{III} && y - z = 0 \end{aligned}$$

$$\Leftrightarrow \quad \begin{aligned} &\text{I} && 2x + 3y - 5z = 0 \\ &\text{IV} && 9y - 11z = 0 \\ &\text{VI} = \text{IV} - 9 \cdot \text{V} && -2z = 0 \end{aligned}$$

Aus Gleichung VI erhält man $z = 0$; Gleichung IV ergibt anschließend $y = 0$, und aus Gleichung I erhält man $x = 0$; insgesamt $\mathbb{L} = \{(0;\, 0;\, 0)\}$.

2. a)
$$\begin{aligned} &\text{I} && 3x - y + 2z = -2 \\ &\text{II} && 2x + 4y - 3z = 12 \\ &\text{III} && -x - 9y + 8z = 5 \end{aligned} \quad \Leftrightarrow \quad \begin{aligned} &\text{I} && 3x - y + 2z = -2 \\ &\text{IV} = 2 \cdot \text{I} - 3 \cdot \text{II} && -14y + 13z = -40 \\ &\text{V} = \text{II} + 2 \cdot \text{III} && -14y + 13z = 22 \end{aligned}$$

$$\Leftrightarrow \quad \begin{aligned} &\text{I} && 3x - y + 2z = -2 \\ &\text{IV} && -14y + 13z = -40 \\ &\text{VI} = \text{IV} - \text{V} && 0 = -62 \end{aligned}$$

Die dritte Zeile ist nie erfüllt, es folgt $\mathbb{L} = \{\ \}$.

b) $\begin{array}{llr} \text{I} & 4x - y - 3z = & 2 \\ \text{II} & 5x + 2y - 2z = & 3 \\ \text{III} & -3x + 4y + 4z = & -1 \end{array} \Leftrightarrow \begin{array}{llr} \text{I} & 4x - y - 3z = & 2 \\ \text{IV} = 5\cdot\text{I} - 4\cdot\text{II} & -13y - 7z = & -2 \\ \text{V} = 3\cdot\text{I} + 4\cdot\text{III} & 13y + 7z = & 2 \end{array}$

$\Leftrightarrow \begin{array}{llr} \text{I} & 4x - y - 3z = & 2 \\ \text{IV} & -13y - 7z = & -2 \\ \text{VI} = \text{IV} + \text{V} & 0 = & 0 \end{array}$

Gleichung VI ist immer erfüllt; daher ist z beliebig wählbar, und man löst Gleichung IV nach der Variablen y auf:

$-13y = 7z - 2 \quad \Leftrightarrow \quad y = -\frac{7}{13}z + \frac{2}{13}$

Setzt man dies in die erste Gleichung ein, dann ergibt sich:

$4x = -\frac{7}{13}z + \frac{2}{13} + 3z + 2 = \frac{32}{13}z + \frac{28}{13} \quad \Leftrightarrow \quad x = \frac{8}{13}z + \frac{7}{13}$

Somit hat dieses Gleichungssystem die Lösungsmenge:

$\mathbb{L} = \left\{\left(\frac{8}{13}z + \frac{7}{13};\ -\frac{7}{13}z + \frac{2}{13};\ z\right) \middle|\ z \in \mathbb{R}\right\}$

c) $\begin{array}{llr} \text{I} & 8x - 12y + 16z = & 20 \\ \text{II} & -10x + 15y - 20z = & -25 \\ \text{III} & 2x - 3y + 4z = & 5 \end{array} \Leftrightarrow \begin{array}{llr} \text{IV} = \text{I}:4 & 2x - 3y + 4z = 5 \\ \text{V} = \text{I}:4 + \text{II}:5 & 0 = 0 \\ \text{VI} = \text{I}:4 - \text{III} & 0 = 0 \end{array}$

Die Gleichungen V und VI sind immer erfüllt. In Gleichung IV sind bei drei Unbekannten zwei beliebig wählbar und daraus die dritte bestimmbar. Wählt man z. B. y und z beliebig, dann folgt $x = \frac{5}{2} + \frac{3}{2}y - 2z$.
Damit ergibt sich für die Lösungsmenge:

$\mathbb{L} = \left\{\left(\frac{5}{2} + \frac{3}{2}y - 2z;\ y;\ z\right) \middle|\ y, z \in \mathbb{R}\right\}$

3. a) $\begin{array}{llr} \text{I} & 4x - 3y + z = & 4 \\ \text{II} & 2x + 5y + 6z = & 3 \\ \text{III} & 3x + 2y - 2z = & a \end{array} \Leftrightarrow \begin{array}{llr} \text{I} & 4x - 3y + z = & 4 \\ \text{IV} = \text{I} - 2\cdot\text{II} & -13y - 11z = & -2 \\ \text{V} = 3\cdot\text{II} - 2\cdot\text{III} & 11y + 22z = & 9 - 2a \end{array}$

$\Leftrightarrow \begin{array}{llr} \text{I} & 4x - 3y + z = & 4 \\ \text{IV} & -13y - 11z = & -2 \\ \text{VI} = 2\cdot\text{IV} + \text{V} & -15y \quad = & 5 - 2a \end{array}$

Dies ist zwar nicht die eigentliche Stufenform, aber auch hier lassen sich die Unbekannten der Reihe nach bestimmen.
Die Gleichung VI führt zu $y = \frac{2}{15}a - \frac{1}{3}$. Eingesetzt in IV erhält man:

$-13\cdot\left(\frac{2}{15}a - \frac{1}{3}\right) - 11z = -2 \quad \Leftrightarrow \quad z = \frac{2}{11} - \frac{13}{11}\cdot\left(\frac{2}{15}a - \frac{1}{3}\right) = \frac{19}{33} - \frac{26}{165}a$

Aus Gleichung I folgt $4x - 3\cdot\left(\frac{2}{15}a - \frac{1}{3}\right) + \frac{19}{33} - \frac{26}{165}a = 4 \quad \Leftrightarrow \quad x = \frac{20}{33} + \frac{23}{165}a$,

sodass die Lösungsmenge lautet: $\mathbb{L} = \left\{\left(\frac{20}{33} + \frac{23}{165}a;\ \frac{2}{15}a - \frac{1}{3};\ \frac{19}{33} - \frac{26}{165}a\right)\right\}$

b)
$$\begin{array}{ll} \text{I} & 2x+3y-2z=3 \\ \text{II} & 3x-2y+3z=1 \\ \text{III} & 8x-\ \ y+4z=a \end{array} \Leftrightarrow \begin{array}{ll} \text{I} & 2x+3y-2z=3 \\ \text{IV}=3\cdot\text{I}-2\cdot\text{II} & 13y-12z=7 \\ \text{V}=4\cdot\text{I}-\text{III} & 13y-12z=12-a \end{array}$$

$$\Leftrightarrow \begin{array}{ll} \text{I} & 2x+3y-2z=3 \\ \text{IV} & 13y-12z=7 \\ \text{VI}=\text{IV}-\text{V} & 0=-5+a \end{array}$$

Nun gibt es zwei verschiedene Möglichkeiten.

1. Fall: **$a=5$**

Dann lautet die letzte Zeile $0=0$, ist also immer erfüllt. In diesem Fall lassen sich die Unbekannten y und x mithilfe der beliebig wählbaren Variablen z ausdrücken und es gibt unendlich viele Lösungen.

Aus Gleichung IV folgt:

$$13y=7+12z \quad \Leftrightarrow \quad y=\tfrac{7}{13}+\tfrac{12}{13}z$$

Setzt man dies in Gleichung I ein, erhält man:

$$2x+3\cdot\left(\tfrac{7}{13}+\tfrac{12}{13}z\right)-2z=3 \quad \Leftrightarrow \quad 2x=3-3\cdot\left(\tfrac{7}{13}+\tfrac{12}{13}z\right)+2z=\tfrac{18}{13}-\tfrac{10}{13}z$$

$$\Leftrightarrow \quad x=\tfrac{9}{13}-\tfrac{5}{13}z$$

Für $a=5$ ergibt sich somit die Lösungsmenge:

$$\mathbb{L}=\left\{\left(\tfrac{9}{13}-\tfrac{5}{13}z;\ \tfrac{7}{13}+\tfrac{12}{13}z;\ z\right)\,\middle|\, z\in\mathbb{R}\right\}$$

2. Fall: **$a\neq 5$**

Für den Fall $a\neq 5$ ist Gleichung VI eine falsche Aussage und es gibt keine Lösung, d. h. $\mathbb{L}=\{\ \}$.

c)
$$\begin{array}{ll} \text{I} & 3x-3y+\ \ z=1 \\ \text{II} & 2x-4y+7z=5 \\ \text{III} & -x+5y+a\cdot z=-9 \end{array} \Leftrightarrow \begin{array}{ll} \text{I} & 3x-3y+z=1 \\ \text{IV}=2\cdot\text{I}-3\cdot\text{II} & 6y-19z=-13 \\ \text{V}=\text{II}+2\cdot\text{III} & 6y+(7+2a)\cdot z=-13 \end{array}$$

$$\Leftrightarrow \begin{array}{ll} \text{I} & 3x-3y+z=1 \\ \text{IV} & 6y-19z=-13 \\ \text{VI}=\text{IV}-\text{V} & (-26-2a)\cdot z=0 \end{array}$$

Auch hier sind zwei verschiedene Fälle möglich.

1. Fall: **$a=-13$**

Gleichung VI lautet in diesem Fall $0=0$ und ist immer erfüllt.

Aus Gleichung IV folgt mit der freien Variablen z:

$$6y=19z-13 \quad \Leftrightarrow \quad y=\tfrac{19}{6}z-\tfrac{13}{6}$$

Eingesetzt in Gleichung I ergibt sich:

$$3x=3\cdot\left(\tfrac{19}{6}z-\tfrac{13}{6}\right)-z+1 \quad \Leftrightarrow \quad x=\tfrac{19}{6}z-\tfrac{13}{6}-\tfrac{1}{3}z+\tfrac{1}{3}=\tfrac{17}{6}z-\tfrac{11}{6}$$

Für $a=-13$ erhält man die Lösungsmenge:

$$\mathbb{L}=\left\{\left(\tfrac{17}{6}z-\tfrac{11}{6};\ \tfrac{19}{6}z-\tfrac{13}{6};\ z\right)\,\middle|\, z\in\mathbb{R}\right\}$$

2. Fall: $\mathbf{a \neq -13}$
Hier ist der Klammerterm in Gleichung VI ungleich 0, und man erhält nach Division durch diesen Klammerterm: $z=0$
Eingesetzt in Gleichung IV folgt $6y=-13 \Leftrightarrow y=-\frac{13}{6}$ und anschließend aus Gleichung I:

$3x=3\cdot\left(-\frac{13}{6}\right)-0+1=-\frac{11}{2} \Leftrightarrow x=-\frac{11}{6}$

Für $a\neq-13$ erhält man die Lösungsmenge: $\mathbb{L}=\left\{\left(-\frac{11}{6};-\frac{13}{6};0\right)\right\}$

4. a)
$$\begin{array}{lrl} \text{I} & 3x-4y+2z & =1 \\ \text{II} & 2x-\ \ y+3z & =4 \end{array} \Leftrightarrow \begin{array}{lrl} \text{I} & 3x-4y+2z & =1 \\ \text{III}=2\cdot\text{I}-3\cdot\text{II} & -5y-5z & =-10 \end{array}$$

Wählt man z beliebig, dann erhält man aus Gleichung III:
$-5y=5z-10 \Leftrightarrow y=-z+2$
Eingesetzt in Gleichung I ergibt sich:
$3x=4\cdot(-z+2)-2z+1=-6z+9 \Leftrightarrow x=-2z+3$
Insgesamt folgt: $\mathbb{L}=\{(-2z+3;-z+2;z)\mid z\in\mathbb{R}\}$

b)
$$\begin{array}{lrl} \text{I} & 5x-4y & =-5 \\ \text{II} & 6x-3y & =3 \\ \text{III} & 4x+2y & =22 \end{array} \Leftrightarrow \begin{array}{lrl} \text{I} & 5x-4y & =-5 \\ \text{IV}=6\cdot\text{I}-5\cdot\text{II} & -9y & =-45 \\ \text{V}=4\cdot\text{I}-5\cdot\text{III} & -26y & =-130 \end{array}$$

$$\Leftrightarrow \begin{array}{lrl} \text{I} & 5x-4y & =-5 \\ \text{IV} & -9y & =-45 \\ \text{VI}=26\cdot\text{IV}-9\cdot\text{V} & 0 & =0 \end{array}$$

Da Gleichung VI immer wahr ist, erhält man aus Gleichung IV den Wert $y=5$ und damit aus Gleichung I:
$5x=-5+4\cdot5 \Leftrightarrow x=3$
Die eindeutige Lösung lautet: $\mathbb{L}=\{(3;5)\}$

c)
$$\begin{array}{lrl} \text{I} & 2x-3y & =-1 \\ \text{II} & 5x-4y & =5 \\ \text{III} & 3x+5y & =8 \end{array} \Leftrightarrow \begin{array}{lrl} \text{I} & 2x-3y & =-1 \\ \text{IV}=5\cdot\text{I}-2\cdot\text{II} & -7y & =-15 \\ \text{V}=3\cdot\text{I}-2\cdot\text{III} & -19y & =-19 \end{array}$$

Aus Gleichung V ergibt sich $y=1$; dies stellt jedoch einen Widerspruch zu Gleichung IV dar; daher ist $\mathbb{L}=\{\ \}$.

d)
$$\begin{array}{lrl} \text{I} & 5x-3y+2z & =6 \\ \text{II} & 4x-5y+3z & =5 \\ \text{III} & 7x-2y-4z & =-3 \\ \text{IV} & 4x+\ y-3z & =-1 \end{array} \Leftrightarrow \begin{array}{lrl} \text{I} & 5x-3y+2z & =6 \\ \text{V}=4\cdot\text{I}-5\cdot\text{II} & 13y-7z & =-1 \\ \text{VI}=7\cdot\text{I}-5\cdot\text{III} & -11y+34z & =57 \\ \text{VII}=\text{II}-\text{IV} & -6y+6z & =6 \end{array}$$

$$\Leftrightarrow \begin{array}{lrl} \text{I} & 5x-3y+2z & =6 \\ \text{V} & 13y-7z & =-1 \\ \text{VIII}=11\cdot\text{V}+13\cdot\text{VI} & 365z & =730 \\ \text{IX}=6\cdot\text{V}+13\cdot\text{VII} & 36z & =72 \end{array}$$

$$\Leftrightarrow \begin{array}{ll} \text{I} & 5x - 3y + 2z = 6 \\ \text{V} & 13y - 7z = -1 \\ \text{X} = \text{VIII} : 365 & z = 2 \\ \text{XI} = 36 \cdot \text{VIII} - 365 \cdot \text{IX} & 0 = 0 \end{array}$$

Aus Gleichung X erhält man $z = 2$; eingesetzt in Gleichung V ergibt sich $13y = -1 + 7 \cdot 2 = 13 \Leftrightarrow y = 1$ und damit aus Gleichung I:
$5x = 6 + 3 \cdot 1 - 2 \cdot 2 = 5 \Leftrightarrow x = 1$
Insgesamt folgt: $\mathbb{L} = \{(\mathbf{1; 1; 2})\}$

e) $$\begin{array}{ll} \text{I} & x - 2y + z = 2 \\ \text{II} & 2x + y - z = 1 \\ \text{III} & x + 2y - 2z = -1 \\ \text{IV} & x - y + 2z = 2 \end{array} \Leftrightarrow \begin{array}{ll} \text{I} & x - 2y + z = 2 \\ \text{V} = 2 \cdot \text{I} - \text{II} & -5y + 3z = 3 \\ \text{VI} = \text{I} - \text{III} & -4y + 3z = 3 \\ \text{VII} = \text{I} - \text{IV} & -y - z = 0 \end{array}$$

$$\Leftrightarrow \begin{array}{ll} \text{I} & x - 2y + z = 2 \\ \text{V} & -5y + 3z = 3 \\ \text{VIII} = \text{V} - \text{VI} & -y = 0 \\ \text{IX} = \text{V} - 5 \cdot \text{VII} & 8z = 3 \end{array}$$

Aus Gleichung VIII folgt $y = 0$ und aus Gleichung IX erhält man $z = \frac{3}{8}$.
Setzt man diese Werte in Gleichung V ein, ergibt sich der Widerspruch:
$3 \cdot \frac{3}{8} = 3$
Daher ist $\mathbb{L} = \{\ \}$.

f) $$\begin{array}{ll} \text{I} & 4a - 3b + 5c - 2d = -5 \\ \text{II} & 2a + 2b + 3c - d = 1 \end{array} \Leftrightarrow \begin{array}{ll} \text{I} & 4a - 3b + 5c - 2d = -5 \\ \text{III} = \text{I} - 2 \cdot \text{II} & -7b - c = -7 \end{array}$$

Die Variablen c und d sind frei wählbar und für b ergibt sich aus III:
$-7b = -7 + c \Leftrightarrow b = 1 - \frac{1}{7}c$
Einsetzen in Gleichung I liefert:
$4a = -5 + 3 \cdot \left(1 - \frac{1}{7}c\right) - 5c + 2d = -2 - \frac{38}{7}c + 2d \Leftrightarrow a = -\frac{1}{2} - \frac{19}{14}c + \frac{1}{2}d$
Es folgt: $\mathbb{L} = \left\{\left(-\frac{1}{2} - \frac{19}{14}\mathbf{c} + \frac{1}{2}\mathbf{d};\ \mathbf{1} - \frac{1}{7}\mathbf{c};\ \mathbf{c};\ \mathbf{d}\right) \,\middle|\, \mathbf{c, d} \in \mathbb{R}\right\}$

5. $$\begin{array}{ll} \text{I} & 4x - 2y + z = r \\ \text{II} & 5x + 3y - 2z = r \\ \text{III} & 3x - 7y + 4z = 2r \end{array} \Leftrightarrow \begin{array}{ll} \text{I} & 4x - 2y + z = r \\ \text{IV} = 5 \cdot \text{I} - 4 \cdot \text{II} & -22y + 13z = r \\ \text{V} = 3 \cdot \text{I} - 4 \cdot \text{III} & 22y - 13z = -5r \end{array}$$

$$\Leftrightarrow \begin{array}{ll} \text{I} & 4x - 2y + z = r \\ \text{IV} & -22y + 13z = r \\ \text{VI} = \text{IV} + \text{V} & 0 = -4r \end{array}$$

Für $\mathbf{r = 0}$ ist Gleichung VI immer erfüllt, und es ergibt sich aus Gleichung IV
$-22y + 13z = 0 \Leftrightarrow y = \frac{13}{22}z$ und damit aus Gleichung I:

$4x - 2 \cdot \frac{13}{22}z + z = 0 \quad \Leftrightarrow \quad 4x = \frac{2}{11}z \quad \Leftrightarrow \quad x = \frac{1}{22}z$

Es folgt: $\mathbb{L} = \left\{ \left(\frac{1}{22}z;\ \frac{13}{22}z;\ z \right) \,\middle|\, z \in \mathbb{R} \right\}$

Für $r \neq 0$ ergibt sich wegen der falschen Aussage in Gleichung VI: $\mathbb{L} = \{\ \}$

6. Ansatz: Man verwendet a kg der Sorte A, b kg der Sorte B und c kg der Sorte C.
Eine Mischung aus diesen drei Sorten hat einen Eisengehalt von:

$\frac{70}{100}a + \frac{80}{100}b + \frac{60}{100}c \quad [\text{kg}]$

Da der Eisengehalt in der Mischung 72 % betragen und eine Tonne davon hergestellt werden soll, muss sie $1\,000\ \text{kg} \cdot \frac{72}{100} = 720$ kg Eisen enthalten.
Die entstehende erste Gleichung lautet also:

$\frac{70}{100}a + \frac{80}{100}b + \frac{60}{100}c = 720 \quad \Leftrightarrow \quad 7a + 8b + 6c = 7\,200$

Entsprechend ergibt sich für die Chrom-Menge:

$\frac{20}{100}a + \frac{15}{100}b + \frac{30}{100}c = \frac{20}{100} \cdot 1\,000 \quad \Leftrightarrow \quad 20a + 15b + 30c = 20\,000$
$\Leftrightarrow \quad 4a + 3b + 6c = 4\,000$

Schließlich ergibt sich für die Nickelmenge die Gleichung:

$\frac{10}{100}a + \frac{5}{100}b + \frac{10}{100}c = \frac{8}{100} \cdot 1\,000 \quad \Leftrightarrow \quad 10a + 5b + 10c = 8\,000$
$\Leftrightarrow \quad 2a + b + 2c = 1\,600$

Das zugehörige Gleichungssystem wird gelöst:

$$\begin{array}{ll} \text{I} & 7a + 8b + 6c = 7\,200 \\ \text{II} & 4a + 3b + 6c = 4\,000 \\ \text{III} & 2a + b + 2c = 1\,600 \end{array} \quad \Leftrightarrow \quad \begin{array}{lr} \text{I} & 7a + 8b + 6c = 7\,200 \\ \text{IV} = 4 \cdot \text{I} - 7 \cdot \text{II} & 11b - 18c = 800 \\ \text{V} = \text{II} - 2 \cdot \text{III} & b + 2c = 800 \end{array}$$

$$\Leftrightarrow \quad \begin{array}{lr} \text{I} & 7a + 8b + 6c = 7\,200 \\ \text{IV} & 11b - 18c = 800 \\ \text{VI} = \text{IV} - 11 \cdot \text{V} & -40c = -8\,000 \end{array}$$

Der letzten Zeile entnimmt man $\mathbf{c = 200}$; eingesetzt in IV erhält man
$11b - 18 \cdot 200 = 800 \quad \Leftrightarrow \quad 11b = 4\,400 \quad \Leftrightarrow \quad \mathbf{b = 400}$
und schließlich aus I:
$7a + 8 \cdot 400 + 6 \cdot 200 = 7\,200 \quad \Leftrightarrow \quad 7a = 7\,200 - 3\,200 - 1\,200 = 2\,800 \quad \Leftrightarrow \quad \mathbf{a = 400}$

Man muss also jeweils 400 kg der Sorten A und B sowie 200 kg der Sorte C mischen.

7. Ansatz: Da hier nur nach dem Verhältnis der Mischung gesucht wird und keine bestimmte Menge vorgegeben ist, können die Anteile der Stoffe für z. B. 1 000 g der Mischung berechnet werden, um anschließend daraus das Mischungsverhältnis zu bestimmen.

Bei k Gramm der Sorte K, s Gramm der Sorte S und p Gramm der Sorte P ergeben sich folgende Gleichungen für 1 000 Gramm Mischung:

Kaliummenge: $0{,}6k + 0{,}2s + 0{,}2p = 0{,}4 \cdot 1\,000$
Stickstoffmenge: $0{,}3k + 0{,}6s + 0{,}3p = 0{,}4 \cdot 1\,000$
Phosphormenge: $0{,}1k + 0{,}2s + 0{,}5p = 0{,}2 \cdot 1\,000$

Das zugehörige Gleichungssystem wird gelöst:

$$\begin{array}{ll} \text{I} & 6k + 2s + 2p = 4\,000 \\ \text{II} & 3k + 6s + 3p = 4\,000 \\ \text{III} & k + 2s + 5p = 2\,000 \end{array} \Leftrightarrow \begin{array}{lrrrr} \text{I} & 6k + & 2s + & 2p = & 4\,000 \\ \text{IV} = \text{I} - 2 \cdot \text{II} & & -10s - & 4p = & -4\,000 \\ \text{V} = \text{II} - 3 \cdot \text{III} & & & -12p = & -2\,000 \end{array}$$

Aus Gleichung V erhält man $p = \frac{500}{3}$ und damit aus Gleichung IV:

$$-10s = -4\,000 + 4 \cdot \frac{500}{3} = -\frac{10\,000}{3} \quad \Leftrightarrow \quad s = \frac{1\,000}{3}$$

Schließlich folgt aus Gleichung I:

$$6k = 4\,000 - 2 \cdot \frac{1\,000}{3} - 2 \cdot \frac{500}{3} = 3\,000 \quad \Leftrightarrow \quad k = 500$$

Die Sorten **K, S und P** müssen also im Verhältnis
$k : s : p = 500 : \frac{1\,000}{3} : \frac{500}{3} = 1\,500 : 1\,000 : 500 = \mathbf{3 : 2 : 1}$ gemischt werden.

8. Der Ansatz $p(x) = ax^3 + bx^2 + cx + d$ liefert mit den vier gegebenen Parabelpunkten vier Gleichungen:

$$\begin{array}{lll} \text{A:} & p(-1) & = -5 \\ \text{B:} & p(1) & = -1 \\ \text{C:} & p(2) & = 1 \\ \text{D:} & p(3) & = 11 \end{array} \Leftrightarrow \begin{array}{r} -a + b - c + d = -5 \\ a + b + c + d = -1 \\ 8a + 4b + 2c + d = 1 \\ 27a + 9b + 3c + d = 11 \end{array}$$

Bei diesem Gleichungssystem ist es einfacher, zunächst den Parameter d zu eliminieren, da dessen Koeffizienten kleiner sind:

$$\begin{array}{ll} \text{I} & -a + b - c + d = -5 \\ \text{II} & a + b + c + d = -1 \\ \text{III} & 8a + 4b + 2c + d = 1 \\ \text{IV} & 27a + 9b + 3c + d = 11 \end{array} \Leftrightarrow \begin{array}{ll} \text{I} & -a + b - c + d = -5 \\ \text{V} = \text{II} - \text{I} & 2a + 2c = 4 \\ \text{VI} = \text{III} - \text{I} & 9a + 3b + 3c = 6 \\ \text{VII} = \text{IV} - \text{I} & 28a + 8b + 4c = 16 \end{array}$$

$$\Leftrightarrow \begin{array}{ll} \text{I} & -a + b - c + d = -5 \\ \text{V} & 2a + 2c = 4 \\ \text{VIII} = 2 \cdot \text{VI} - 3 \cdot \text{V} & 12a + 6b = 0 \\ \text{IX} = \text{VII} - 2 \cdot \text{V} & 24a + 8b = 8 \end{array}$$

$$\Leftrightarrow \begin{array}{ll} \text{I} & -a + b - c + d = -5 \\ \text{V} & 2a + 2c = 4 \\ \text{VIII} & 12a + 6b = 0 \\ \text{X} = \text{IX} - 2 \cdot \text{VIII} & -4b = 8 \end{array}$$

Aus Gleichung X erhält man $b = -2$ und damit aus Gleichung VIII: $a = 1$
Aus Gleichung V folgt $c = 1$, und Gleichung I liefert schließlich $d = -1$.
Die Gleichung der kubischen Parabel lautet also $\mathbf{p(x) = x^3 - 2x^2 + x - 1}$.

9.

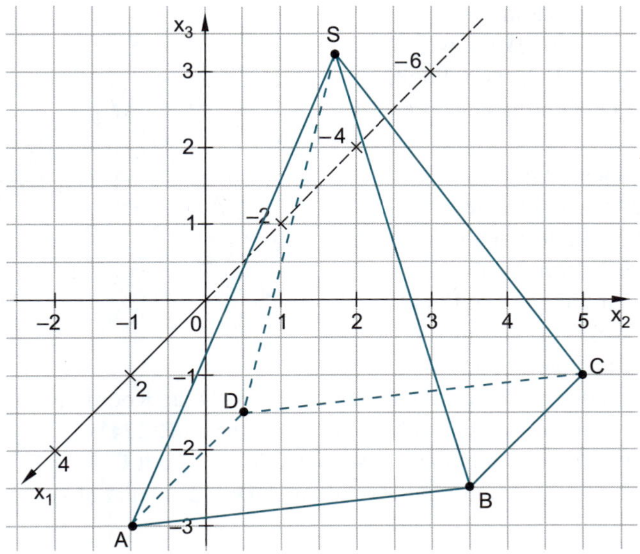

10. Das Haus wird so dargestellt, dass die Länge in x_1-Richtung zeigt, die Breite in x_2-Richtung und die Höhe in x_3-Richtung, wobei die Bodenfläche bei $x_3 = 0$ liegt und der Koordinatenursprung in der Mitte der Bodenfläche liegt. Die vordere Giebelseite des Hauses hat im Koordinatensystem dann die Eckpunkte A(4|−3|0); B(4|3|0); C(4|3|4); D(4|0|6); E(4|−3|4); die hintere Giebelseite Ecken mit jeweils um 8 kleineren x_1-Koordinaten: F(−4|−3|0); G(−4|3|0); H(−4|3|4); J(−4|0|6); K(−4|−3|4).

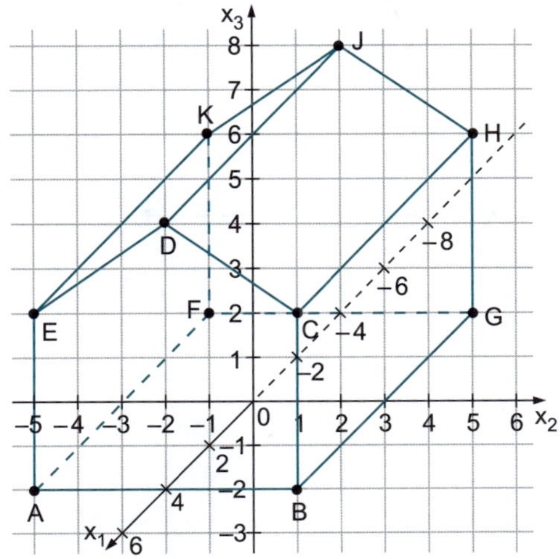

11. Die x_1-Koordinate des Punktes A ist gleich 6; der Punkt P(6|0|0) liegt im Bild um eine Einheit links vom Punkt A; daher hat A die Koordinaten **A(6|1|0)**.
Vom eingezeichneten Punkt B aus geht man zunächst die 4 Einheiten nach links und erhält dort den Hilfspunkt $Q(b_1|0|b_2)$. Vom Ursprung aus kommt man nur dann zum Punkt Q, wenn man zwei Einheiten in x_1-Richtung und dann eine Einheit in negativer x_3-Richtung geht. Somit hat der Hilfspunkt Q die Koordinaten Q(2|0|–1) und demzufolge der Punkt B die Koordinaten **B(2|4|–1)**.
Mit $c_1 = 0$ ergibt sich für den Punkt C als einzige Möglichkeit **C(0|5|0)**.
Analog ergeben sich für D und S die Koordinaten **D(4|2|1)** und **S(3|3|5)**.

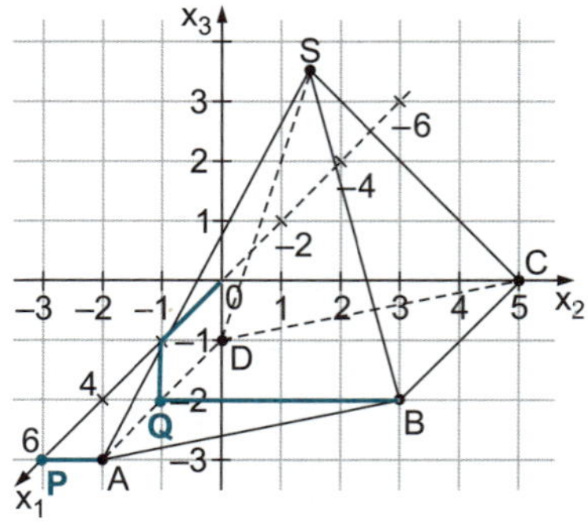

12. Die eine Quadratseite kann unverzerrt gezeichnet werden, die andere wird um den Faktor $\sqrt{0,5}$ verkleinert und unter einem Winkel von 45° angetragen.
Um die Höhe übertragen zu können, muss zunächst der Lotfußpunkt L als Schnittpunkt der Quadratdiagonalen eingezeichnet werden; anschließend kann die Höhe in L angetragen werden.

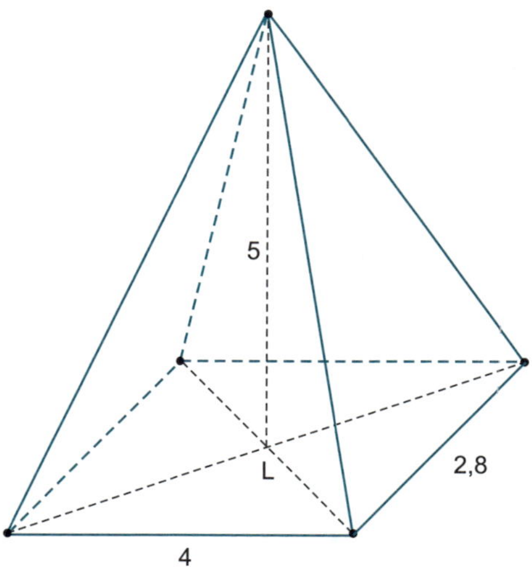

13. Die in der Dreitafelprojektion rechts farbig getönten Rechtecke gehören zu einem kleinen Quader, der rechts neben einem größeren Quader steht:

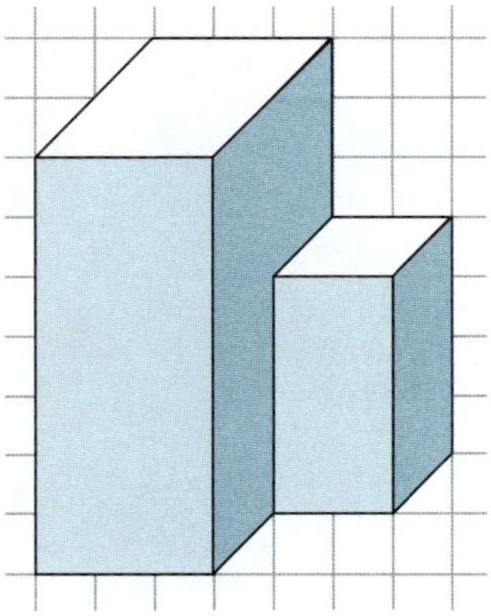

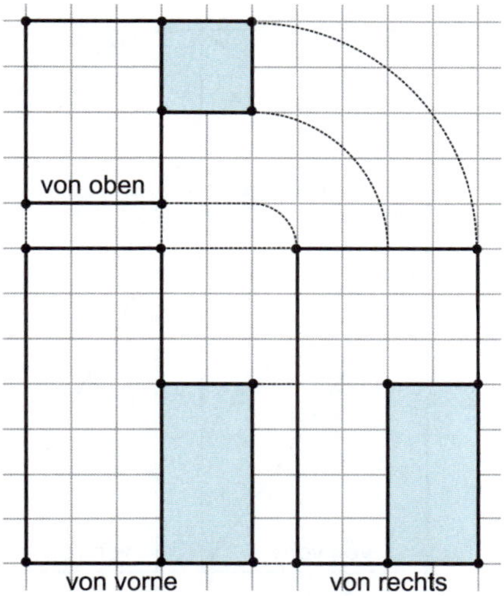

14. Von der Giebelseite betrachtet sieht das Haus folgendermaßen aus:

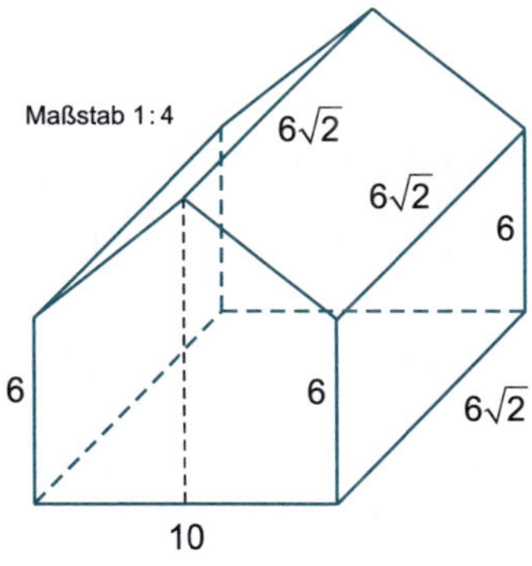

Von der Seite gesehen ergibt sich nebenstehendes Schrägbild:

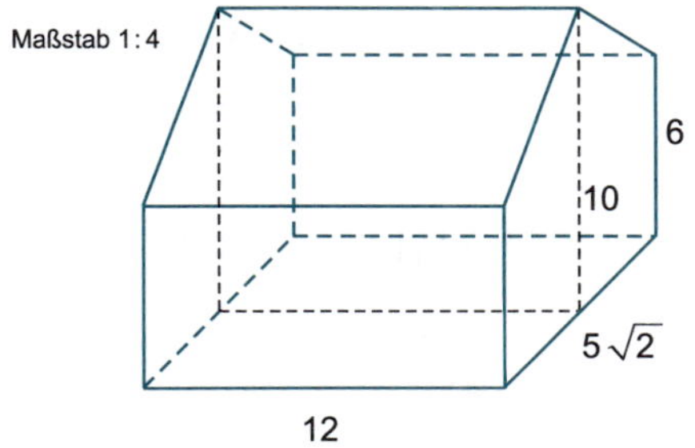

15.

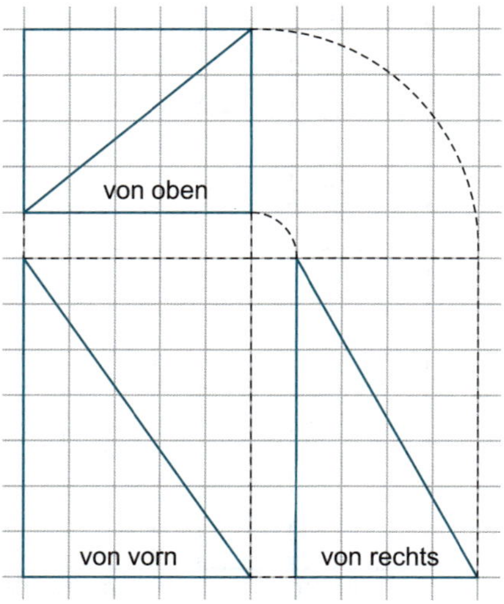

16. a) $\overrightarrow{AB} = \begin{pmatrix} 7-4 \\ -3-1 \end{pmatrix} = \begin{pmatrix} 3 \\ -4 \end{pmatrix}$ b) $\overrightarrow{AB} = \begin{pmatrix} 1-5 \\ 2-2 \\ -3-(-7) \end{pmatrix} = \begin{pmatrix} -4 \\ 0 \\ 4 \end{pmatrix}$

17. a) Mit $B(b_1 | b_2)$ und $\overrightarrow{AB} = \begin{pmatrix} b_1-4 \\ b_2-1 \end{pmatrix} = \begin{pmatrix} 3 \\ 2 \end{pmatrix}$ erhält man:

$b_1 - 4 = 3 \Leftrightarrow b_1 = 7$ bzw. $b_2 - 1 = 2 \Leftrightarrow b_2 = 3$ und somit **B(7 | 3)**.

b) Mit $B(b_1 | b_2 | b_3)$ und $\overrightarrow{AB} = \begin{pmatrix} b_1-3 \\ b_2-2 \\ b_3-(-3) \end{pmatrix} = \begin{pmatrix} 0 \\ -2 \\ 1 \end{pmatrix}$ folgt:

$b_1 - 3 = 0 \Leftrightarrow b_1 = 3$ bzw. $b_2 - 2 = -2 \Leftrightarrow b_2 = 0$ bzw.
$b_3 + 3 = 1 \Leftrightarrow b_3 = -2$ und damit **B(3 | 0 | –2)**.

c) Mit $A(a_1 | a_2)$ und $\overrightarrow{AB} = \begin{pmatrix} 3-a_1 \\ -1-a_2 \end{pmatrix} = \begin{pmatrix} 1 \\ 5 \end{pmatrix}$ folgt:

$3 - a_1 = 1 \Leftrightarrow a_1 = 2$ bzw. $-1 - a_2 = 5 \Leftrightarrow a_2 = -6$ und damit **A(2 | –6)**.

d) Mit $A(a_1 | a_2 | a_3)$ und $\overrightarrow{AB} = \begin{pmatrix} 1-a_1 \\ -3-a_2 \\ -4-a_3 \end{pmatrix} = \begin{pmatrix} 1 \\ 2 \\ -1 \end{pmatrix}$ erhält man:

$1 - a_1 = 1 \Leftrightarrow a_1 = 0$ bzw. $-3 - a_2 = 2 \Leftrightarrow a_2 = -5$ bzw.
$-4 - a_3 = -1 \Leftrightarrow a_3 = -3$ und als Ergebnis **A(0 | –5 | –3)**.

18. a) $\vec{a}+\vec{b}=\begin{pmatrix}1\\4\end{pmatrix}+\begin{pmatrix}-1\\3\end{pmatrix}=\begin{pmatrix}1-1\\4+3\end{pmatrix}=\begin{pmatrix}0\\7\end{pmatrix}$

b) $\vec{a}-\vec{c}=\begin{pmatrix}1\\4\end{pmatrix}-\begin{pmatrix}-3\\-1\end{pmatrix}=\begin{pmatrix}1-(-3)\\4-(-1)\end{pmatrix}=\begin{pmatrix}1+3\\4+1\end{pmatrix}=\begin{pmatrix}4\\5\end{pmatrix}$

c) $\vec{a}+\vec{c}-\vec{b}=\begin{pmatrix}1\\4\end{pmatrix}+\begin{pmatrix}-3\\-1\end{pmatrix}-\begin{pmatrix}-1\\3\end{pmatrix}=\begin{pmatrix}1-3+1\\4-1-3\end{pmatrix}=\begin{pmatrix}-1\\0\end{pmatrix}$

d) $2\vec{a}+3\vec{c}=2\cdot\begin{pmatrix}1\\4\end{pmatrix}+3\cdot\begin{pmatrix}-3\\-1\end{pmatrix}=\begin{pmatrix}2\cdot1+3\cdot(-3)\\2\cdot4+3\cdot(-1)\end{pmatrix}=\begin{pmatrix}2-9\\8-3\end{pmatrix}=\begin{pmatrix}-7\\5\end{pmatrix}$

e) $2\vec{b}-\vec{c}+3\vec{a}=2\cdot\begin{pmatrix}-1\\3\end{pmatrix}-\begin{pmatrix}-3\\-1\end{pmatrix}+3\cdot\begin{pmatrix}1\\4\end{pmatrix}=\begin{pmatrix}-2+3+3\\6+1+12\end{pmatrix}=\begin{pmatrix}4\\19\end{pmatrix}$

19. a) $\vec{a}+\vec{c}=\begin{pmatrix}-2\\1\\5\end{pmatrix}+\begin{pmatrix}1\\-2\\3\end{pmatrix}=\begin{pmatrix}-2+1\\1-2\\5+3\end{pmatrix}=\begin{pmatrix}-1\\-1\\8\end{pmatrix}$

b) $\vec{a}-\vec{c}+\vec{b}=\begin{pmatrix}-2\\1\\5\end{pmatrix}-\begin{pmatrix}1\\-2\\3\end{pmatrix}+\begin{pmatrix}-3\\4\\1\end{pmatrix}=\begin{pmatrix}-2-1-3\\1+2+4\\5-3+1\end{pmatrix}=\begin{pmatrix}-6\\7\\3\end{pmatrix}$

c) $\vec{a}+2\vec{c}=\begin{pmatrix}-2\\1\\5\end{pmatrix}+2\cdot\begin{pmatrix}1\\-2\\3\end{pmatrix}=\begin{pmatrix}-2+2\\1-4\\5+6\end{pmatrix}=\begin{pmatrix}0\\-3\\11\end{pmatrix}$

d) $2\vec{a}+\vec{b}-3\vec{c}=2\cdot\begin{pmatrix}-2\\1\\5\end{pmatrix}+\begin{pmatrix}-3\\4\\1\end{pmatrix}-3\cdot\begin{pmatrix}1\\-2\\3\end{pmatrix}=\begin{pmatrix}-4-3-3\\2+4+6\\10+1-9\end{pmatrix}=\begin{pmatrix}-10\\12\\2\end{pmatrix}$

e) $3\vec{c}-2\vec{b}+2\vec{a}=3\cdot\begin{pmatrix}1\\-2\\3\end{pmatrix}-2\cdot\begin{pmatrix}-3\\4\\1\end{pmatrix}+2\cdot\begin{pmatrix}-2\\1\\5\end{pmatrix}=\begin{pmatrix}3+6-4\\-6-8+2\\9-2+10\end{pmatrix}=\begin{pmatrix}5\\-12\\17\end{pmatrix}$

20. a) $\begin{pmatrix}3\\1\end{pmatrix}+\vec{c}=\begin{pmatrix}1\\5\end{pmatrix} \Leftrightarrow \vec{c}=\begin{pmatrix}1\\5\end{pmatrix}-\begin{pmatrix}3\\1\end{pmatrix}=\begin{pmatrix}-2\\4\end{pmatrix}$

b) $\begin{pmatrix}5\\1\end{pmatrix}-2\vec{a}=\begin{pmatrix}1\\7\end{pmatrix} \Leftrightarrow 2\vec{a}=\begin{pmatrix}5\\1\end{pmatrix}-\begin{pmatrix}1\\7\end{pmatrix}=\begin{pmatrix}4\\-6\end{pmatrix} \Leftrightarrow \vec{a}=\begin{pmatrix}2\\-3\end{pmatrix}$

c) $\begin{pmatrix}2\\1\end{pmatrix}+\vec{x}=\begin{pmatrix}8\\-5\end{pmatrix}-2\vec{x} \Leftrightarrow 3\vec{x}=\begin{pmatrix}8\\-5\end{pmatrix}-\begin{pmatrix}2\\1\end{pmatrix}=\begin{pmatrix}6\\-6\end{pmatrix} \Leftrightarrow \vec{x}=\begin{pmatrix}2\\-2\end{pmatrix}$

d) $\begin{pmatrix}4\\1\\1\end{pmatrix}+\vec{v}=\begin{pmatrix}1\\0\\2\end{pmatrix} \Leftrightarrow \vec{v}=\begin{pmatrix}1\\0\\2\end{pmatrix}-\begin{pmatrix}4\\1\\1\end{pmatrix}=\begin{pmatrix}-3\\-1\\1\end{pmatrix}$

e) $\begin{pmatrix}3\\1\\2\end{pmatrix}+\vec{d}-\begin{pmatrix}1\\0\\4\end{pmatrix}=\begin{pmatrix}7\\2\\3\end{pmatrix} \Leftrightarrow \vec{d}=\begin{pmatrix}7\\2\\3\end{pmatrix}-\begin{pmatrix}3\\1\\2\end{pmatrix}+\begin{pmatrix}1\\0\\4\end{pmatrix}=\begin{pmatrix}5\\1\\5\end{pmatrix}$

f) $\begin{pmatrix}1\\4\\-2\end{pmatrix}+\vec{a}=\begin{pmatrix}5\\-4\\6\end{pmatrix}-3\vec{a} \Leftrightarrow 4\vec{a}=\begin{pmatrix}5\\-4\\6\end{pmatrix}-\begin{pmatrix}1\\4\\-2\end{pmatrix}=\begin{pmatrix}4\\-8\\8\end{pmatrix} \Leftrightarrow \vec{a}=\begin{pmatrix}1\\-2\\2\end{pmatrix}$

g) $\begin{pmatrix}3\\1\\5\end{pmatrix}-\vec{b}+\begin{pmatrix}-1\\2\\1\end{pmatrix}=\vec{b}-\begin{pmatrix}-2\\-3\\-6\end{pmatrix} \Leftrightarrow -2\vec{b}=-\begin{pmatrix}-2\\-3\\-6\end{pmatrix}-\begin{pmatrix}3\\1\\5\end{pmatrix}-\begin{pmatrix}-1\\2\\1\end{pmatrix}=\begin{pmatrix}0\\0\\0\end{pmatrix} \Rightarrow \vec{b}=\begin{pmatrix}0\\0\\0\end{pmatrix}$

21. a) Ansatz: $\vec{a}=r\cdot\vec{b}+s\cdot\vec{c}$ bzw. $\begin{pmatrix}5\\7\end{pmatrix}=r\cdot\begin{pmatrix}3\\1\end{pmatrix}+s\cdot\begin{pmatrix}-2\\2\end{pmatrix}$

Dies führt auf das Gleichungssystem:

$$\begin{array}{ll} \text{I} & 3r-2s=5 \\ \text{II} & r+2s=7 \end{array} \Leftrightarrow \begin{array}{ll} \text{I} & 3r-2s=5 \\ \text{III}=3\cdot\text{II}-\text{I} & 8s=16 \end{array}$$

Es ergibt sich s = 2 und r = 3. Somit ist $\mathbf{\vec{a}=3\cdot\vec{b}+2\cdot\vec{c}}$.

b) Ansatz: $\vec{a}=r\cdot\vec{b}+s\cdot\vec{c}+t\cdot\vec{d}$ bzw. $\begin{pmatrix}1\\8\\-1\end{pmatrix}=r\cdot\begin{pmatrix}2\\-1\\2\end{pmatrix}+s\cdot\begin{pmatrix}1\\3\\0\end{pmatrix}+t\cdot\begin{pmatrix}4\\0\\3\end{pmatrix}$

$$\begin{array}{ll} \text{I} & 2r+s+4t=1 \\ \text{II} & -r+3s=8 \\ \text{III} & 2r+3t=-1 \end{array} \Leftrightarrow \begin{array}{ll} \text{I} & 2r+s+4t=1 \\ \text{IV}=\text{I}+2\cdot\text{II} & 7s+4t=17 \\ \text{V}=\text{I}-\text{III} & s+t=2 \end{array}$$

$$\Leftrightarrow \begin{array}{ll} \text{I} & 2r+s+4t=1 \\ \text{IV} & 7s+4t=17 \\ \text{VI}=\text{IV}-7\cdot\text{V} & -3t=3 \end{array}$$

Hieraus folgt t = –1, s = 3, r = 1 und daher $\mathbf{\vec{a}=\vec{b}+3\cdot\vec{c}-\vec{d}}$.

c) Ansatz: $\vec{a}=r\cdot\vec{b}+s\cdot\vec{c}+t\cdot\vec{d}$ bzw. $\begin{pmatrix}4\\7\end{pmatrix}=r\cdot\begin{pmatrix}3\\1\end{pmatrix}+s\cdot\begin{pmatrix}-2\\2\end{pmatrix}+t\cdot\begin{pmatrix}3\\4\end{pmatrix}$

$$\begin{array}{ll} \text{I} & 3r-2s+3t=4 \\ \text{II} & r+2s+4t=7 \end{array} \Leftrightarrow \begin{array}{ll} \text{I} & 3r-2s+3t=4 \\ \text{III}=3\cdot\text{II}-\text{I} & 8s+9t=17 \end{array}$$

Das Gleichungssystem ist unterbestimmt, d. h. man kann z. B. die Variable t beliebig wählen und dann r und s durch t ausdrücken:

$8s+9t=17 \Leftrightarrow s=\frac{17}{8}-\frac{9}{8}t$ und damit aus I:

$$3r-2\cdot\left(\frac{17}{8}-\frac{9}{8}t\right)+3t=4 \Leftrightarrow 3r=4+\frac{17}{4}-\frac{9}{4}t-3t=\frac{33}{4}-\frac{21}{4}t$$

$$\Leftrightarrow r=\frac{11}{4}-\frac{7}{4}t$$

Man kann den Vektor $\vec{a}$ also auf unendlich viele Arten darstellen:

$\mathbf{\vec{a}=\left(\frac{11}{4}-\frac{7}{4}t\right)\cdot\vec{b}+\left(\frac{17}{8}-\frac{9}{8}t\right)\cdot\vec{c}+t\cdot\vec{d};\ t\in\mathbb{R}}$

d) Ansatz:

$\vec{a} = r \cdot \vec{b} + s \cdot \vec{c} + t \cdot \vec{d} + u \cdot \vec{e}$ bzw. $\begin{pmatrix} 0 \\ 2 \\ -2 \end{pmatrix} = r \cdot \begin{pmatrix} 2 \\ -1 \\ 2 \end{pmatrix} + s \cdot \begin{pmatrix} 1 \\ 1 \\ 0 \end{pmatrix} + t \cdot \begin{pmatrix} -1 \\ -1 \\ 2 \end{pmatrix} + u \cdot \begin{pmatrix} 1 \\ -2 \\ -1 \end{pmatrix}$

$$\begin{array}{ll} \text{I} & 2r + s - t + u = 0 \\ \text{II} & -r + s - t - 2u = 2 \\ \text{III} & 2r + 2t - u = -2 \end{array} \Leftrightarrow \begin{array}{ll} \text{I} & 2r + s - t + u = 0 \\ \text{IV} = \text{I} + 2 \cdot \text{II} & 3s - 3t - 3u = 4 \\ \text{V} = \text{I} - \text{III} & s - 3t + 2u = 2 \end{array}$$

$$\Leftrightarrow \begin{array}{ll} \text{I} & 2r + s - t + u = 0 \\ \text{IV} & 3s - 3t - 3u = 4 \\ \text{VI} = \text{IV} - 3 \cdot \text{V} & 6t - 9u = -2 \end{array}$$

Das Gleichungssystem ist unterbestimmt; der Parameter u lässt sich beliebig wählen. Aus Gleichung VI erhält man dann:

$6t = -2 + 9u \quad \Leftrightarrow \quad t = -\frac{1}{3} + \frac{3}{2}u$ und damit aus IV:

$3s = 4 + 3 \cdot \left(-\frac{1}{3} + \frac{3}{2}u\right) + 3u = 3 + \frac{15}{2}u \quad \Leftrightarrow \quad s = 1 + \frac{5}{2}u$

Eingesetzt in I erhält man schließlich:

$$2r + \left(1 + \frac{5}{2}u\right) - \left(-\frac{1}{3} + \frac{3}{2}u\right) + u = 0$$

$$\Leftrightarrow \quad 2r = -\left(1 + \frac{5}{2}u\right) + \left(-\frac{1}{3} + \frac{3}{2}u\right) - u = -\frac{4}{3} - 2u$$

$$\Leftrightarrow \quad r = -\frac{2}{3} - u$$

Der Vektor $\vec{a}$ lässt sich auf unendlich viele Arten ausdrücken:

$$\mathbf{\vec{a} = \left(-\frac{2}{3} - u\right) \cdot \vec{b} + \left(1 + \frac{5}{2}u\right) \cdot \vec{c} + \left(-\frac{1}{3} + \frac{3}{2}u\right) \cdot \vec{d} + u \cdot \vec{e};\ u \in \mathbb{R}}$$

22. a) Ansatz: $\vec{a} = r \cdot \vec{b} + s \cdot \vec{c} \quad \Leftrightarrow \quad \begin{pmatrix} 4 \\ 1 \end{pmatrix} = r \cdot \begin{pmatrix} 6 \\ -3 \end{pmatrix} + s \cdot \begin{pmatrix} -4 \\ 2 \end{pmatrix}$

Das zugehörige Gleichungssystem lautet:

$$\begin{array}{ll} \text{I} & 6r - 4s = 4 \\ \text{II} & -3r + 2s = 1 \end{array} \Leftrightarrow \begin{array}{ll} \text{I} & 6r - 4s = 4 \\ \text{III} = 2 \cdot \text{II} + \text{I} & 0 = 6 \end{array}$$

Dieses Gleichungssystem besitzt keine Lösung, da Gleichung III nie erfüllt ist. Der Vektor $\vec{a}$ lässt sich also nicht als Linearkombination der anderen beiden Vektoren darstellen.

b) Ansatz: $\vec{a} = r \cdot \vec{b} + s \cdot \vec{c} \quad \Leftrightarrow \quad \begin{pmatrix} 1 \\ 0 \\ -1 \end{pmatrix} = r \cdot \begin{pmatrix} 2 \\ -1 \\ 0 \end{pmatrix} + s \cdot \begin{pmatrix} 1 \\ -1 \\ 2 \end{pmatrix}$

$$\begin{array}{ll} \text{I} & 2r + s = 1 \\ \text{II} & -r - s = 0 \\ \text{III} & 2s = -1 \end{array} \Leftrightarrow \begin{array}{ll} \text{I} & 2r + s = 1 \\ \text{IV} = \text{I} + 2 \cdot \text{II} & -s = 1 \\ \text{III} & 2s = -1 \end{array}$$

$$\Leftrightarrow \begin{array}{ll} \text{I} & 2r + s = 1 \\ \text{IV} & -s = 1 \\ \text{V} = 2 \cdot \text{IV} + \text{III} & 0 = 1 \end{array}$$

Gleichung V stellt einen Widerspruch dar; der Vektor $\vec{a}$ lässt sich also nicht als Linearkombination der anderen beiden Vektoren darstellen.

c) Ansatz: $\vec{a} = r \cdot \vec{b} + s \cdot \vec{c} + t \cdot \vec{d} \Leftrightarrow \begin{pmatrix} 1 \\ 2 \\ -1 \end{pmatrix} = r \cdot \begin{pmatrix} 2 \\ 1 \\ 0 \end{pmatrix} + s \cdot \begin{pmatrix} 1 \\ -1 \\ 2 \end{pmatrix} + t \cdot \begin{pmatrix} 4 \\ -1 \\ 4 \end{pmatrix}$

$$\begin{array}{ll} \text{I} & 2r + s + 4t = 1 \\ \text{II} & r - s - t = 2 \\ \text{III} & 2s + 4t = -1 \end{array} \Leftrightarrow \begin{array}{ll} \text{I} & 2r + s + 4t = 1 \\ \text{IV} = \text{I} - 2 \cdot \text{II} & 3s + 6t = -3 \\ \text{III} & 2s + 4t = -1 \end{array}$$

$$\Leftrightarrow \begin{array}{ll} \text{I} & 2r + s + 4t = 1 \\ \text{IV} & 3s + 6t = -3 \\ \text{V} = 2 \cdot \text{IV} - 3 \cdot \text{III} & 0 = -3 \end{array}$$

Wegen des Widerspruchs in Gleichung V ist die Darstellung des Vektors $\vec{a}$ als Linearkombination der anderen Vektoren nicht möglich.

23. a) Ansatz: $r \cdot \vec{a} + s \cdot \vec{b} = \vec{o}$ bzw. $r \cdot \begin{pmatrix} 4 \\ -1 \end{pmatrix} + s \cdot \begin{pmatrix} -12 \\ 3 \end{pmatrix} = \begin{pmatrix} 0 \\ 0 \end{pmatrix}$

$$\begin{array}{ll} \text{I} & 4r - 12s = 0 \\ \text{II} & -r + 3s = 0 \end{array} \Leftrightarrow \begin{array}{ll} \text{I} & 4r - 12s = 0 \\ \text{III} = 4 \cdot \text{II} + \text{I} & 0 = 0 \end{array}$$

Der Parameter s ist beliebig wählbar und aus Gleichung I folgt:
$4r = 12s \Leftrightarrow r = 3s$
Der Nullvektor lässt sich auf unendlich viele Möglichkeiten darstellen:
$\mathbf{\vec{o} = 3s \cdot \vec{a} + s \cdot \vec{b} = s \cdot (3\vec{a} + \vec{b});\ s \in \mathbb{R}}$

b) Ansatz: $r \cdot \vec{a} + s \cdot \vec{b} = \vec{o}$ bzw. $r \cdot \begin{pmatrix} 4 \\ 1 \end{pmatrix} + s \cdot \begin{pmatrix} 2 \\ 3 \end{pmatrix} = \begin{pmatrix} 0 \\ 0 \end{pmatrix}$

$$\begin{array}{ll} \text{I} & 4r + 2s = 0 \\ \text{II} & r + 3s = 0 \end{array} \Leftrightarrow \begin{array}{ll} \text{I} & 4r + 2s = 0 \\ \text{III} = 4 \cdot \text{II} - \text{I} & 10s = 0 \end{array}$$

Hieraus ergibt sich $s = 0$ und anschließend $r = 0$. Es ist also nur die (triviale) Darstellung $\mathbf{0 \cdot \vec{a} + 0 \cdot \vec{b} = \vec{o}}$ möglich.

c) Ansatz: $r \cdot \vec{a} + s \cdot \vec{b} + t \cdot \vec{c} = \vec{o}$ bzw. $r \cdot \begin{pmatrix} 2 \\ 1 \\ -1 \end{pmatrix} + s \cdot \begin{pmatrix} -3 \\ 1 \\ 2 \end{pmatrix} + t \cdot \begin{pmatrix} 1 \\ 3 \\ 4 \end{pmatrix} = \begin{pmatrix} 0 \\ 0 \\ 0 \end{pmatrix}$

$$\begin{array}{ll} \text{I} & 2r - 3s + t = 0 \\ \text{II} & r + s + 3t = 0 \\ \text{III} & -r + 2s + 4t = 0 \end{array} \Leftrightarrow \begin{array}{ll} \text{I} & 2r - 3s + t = 0 \\ \text{IV} = \text{I} - 2 \cdot \text{II} & -5s - 5t = 0 \\ \text{V} = \text{II} + \text{III} & 3s + 7t = 0 \end{array}$$

$$\Leftrightarrow \begin{array}{ll} \text{I} & 2r - 3s + t = 0 \\ \text{IV} & -5s - 5t = 0 \\ \text{VI} = 3 \cdot \text{IV} + 5 \cdot \text{V} & 20t = 0 \end{array}$$

Aus Gleichung VI folgt $t = 0$. Eingesetzt in IV ergibt sich $s = 0$, und Gleichung I liefert $r = 0$. Es ist also nur die (triviale) Linearkombination $\mathbf{0 \cdot \vec{a} + 0 \cdot \vec{b} + 0 \cdot \vec{c} = \vec{o}}$ möglich.

d) Ansatz: $r \cdot \vec{a} + s \cdot \vec{b} + t \cdot \vec{c} = \vec{o}$ bzw. $r \cdot \begin{pmatrix} 2 \\ 1 \\ -3 \end{pmatrix} + s \cdot \begin{pmatrix} -3 \\ -1 \\ 2 \end{pmatrix} + t \cdot \begin{pmatrix} 1 \\ 1 \\ -4 \end{pmatrix} = \begin{pmatrix} 0 \\ 0 \\ 0 \end{pmatrix}$

$$\begin{array}{ll} \text{I} & 2r - 3s + t = 0 \\ \text{II} & r - s + t = 0 \\ \text{III} & -3r + 2s - 4t = 0 \end{array} \iff \begin{array}{ll} \text{I} & 2r - 3s + t = 0 \\ \text{IV} = \text{I} - 2 \cdot \text{II} & -s - t = 0 \\ \text{V} = 3 \cdot \text{II} + \text{III} & -s - t = 0 \end{array}$$

$$\iff \begin{array}{ll} \text{I} & 2r - 3s + t = 0 \\ \text{IV} & -s - t = 0 \\ \text{VI} = \text{IV} - \text{V} & 0 = 0 \end{array}$$

Aus Gleichung IV ergibt sich mit t als frei wählbarem Parameter: $s = -t$

Aus Gleichung I erhält man damit:

$2r + 3t + t = 0 \iff 2r = -4t \iff r = -2t$

Für den Nullvektor ergeben sich unendlich viele Linearkombinationen:

$\mathbf{\vec{o} = -2t \cdot \vec{a} - t \cdot \vec{b} + t \cdot \vec{c};\ t \in \mathbb{R}}$

24. a) Der Vektor $\vec{b}$ ist das Dreifache des Vektors $\vec{a}$:

$\vec{b} = \begin{pmatrix} 9 \\ 3 \end{pmatrix} = 3 \cdot \begin{pmatrix} 3 \\ 1 \end{pmatrix} = 3 \cdot \vec{a}$

Der Vektor $\vec{b}$ ist also als Linearkombination des Vektors $\vec{a}$ darstellbar. Die Vektoren $\vec{a}$ und $\vec{b}$ sind damit **linear abhängig**.

b) Der Vektor $\vec{b}$ ist kein Vielfaches des Vektors $\vec{a}$, und umgekehrt ist damit auch $\vec{a}$ kein Vielfaches von $\vec{b}$: Der Ansatz

$\begin{pmatrix} 3 \\ 5 \end{pmatrix} = k \cdot \begin{pmatrix} -3 \\ 5 \end{pmatrix} \iff \begin{array}{ll} \text{I} & 3 = -3k \\ \text{II} & 5 = 5k \end{array}$

führt in der ersten Zeile auf $k = -1$ und in der zweiten Zeile auf $k = 1$ und somit zu einem Widerspruch. Die beiden Vektoren sind also **linear unabhängig**.

c) Die beiden Vektoren sind keine Vielfachen voneinander (analoge Überlegung wie in Teilaufgabe b); sie sind **linear unabhängig**.

d) Auch diese beiden Vektoren sind keine Vielfachen voneinander, sie sind **linear unabhängig**.

e) Es gilt:

$\vec{b} = \begin{pmatrix} -4 \\ -8 \\ 12 \end{pmatrix} = -\frac{4}{3} \cdot \begin{pmatrix} 3 \\ 6 \\ -9 \end{pmatrix} = -\frac{4}{3} \cdot \vec{a}$

Die Vektoren $\vec{a}$ und $\vec{b}$ sind also **linear abhängig**.

f) Bei drei oder mehr Vektoren wird die Definition der linearen Unabhängigkeit zugrunde gelegt und untersucht, wie sich der Nullvektor als Linearkombination dieser Vektoren darstellen lässt. Der Ansatz lautet:

$$r \cdot \begin{pmatrix} 1 \\ -1 \\ 2 \end{pmatrix} + s \cdot \begin{pmatrix} 4 \\ 1 \\ 3 \end{pmatrix} + t \cdot \begin{pmatrix} 1 \\ 2 \\ 3 \end{pmatrix} = \begin{pmatrix} 0 \\ 0 \\ 0 \end{pmatrix}$$

Dies führt auf folgendes Gleichungssystem:

$$\begin{array}{ll} \text{I} & r + 4s + t = 0 \\ \text{II} & -r + s + 2t = 0 \\ \text{III} & 2r + 3s + 3t = 0 \end{array} \iff \begin{array}{ll} \text{I} & r + 4s + t = 0 \\ \text{IV} = \text{I} + \text{II} & 5s + 3t = 0 \\ \text{V} = 2 \cdot \text{II} + \text{III} & 5s + 7t = 0 \end{array}$$

$$\iff \begin{array}{ll} \text{I} & r + 4s + t = 0 \\ \text{IV} & 5s + 3t = 0 \\ \text{VI} = \text{IV} - \text{V} & -4t = 0 \end{array}$$

Schrittweise folgt von unten nach oben $t = 0$, $s = 0$ und $r = 0$. Es ist nur die triviale Darstellung des Nullvektors möglich, d. h.: $0 \cdot \vec{a} + 0 \cdot \vec{b} + 0 \cdot \vec{c} = \vec{o}$

Die Vektoren sind **linear unabhängig**.

g) Da $\vec{c}$ der Nullvektor ist, kann man ihn sofort als Linearkombination der anderen Vektoren darstellen: $\vec{c} = 0 \cdot \vec{a} + 0 \cdot \vec{b}$

Die drei Vektoren sind folglich **linear abhängig**.

h) Ansatz: $r \cdot \begin{pmatrix} 1 \\ 0 \\ 0 \end{pmatrix} + s \cdot \begin{pmatrix} 0 \\ -1 \\ 0 \end{pmatrix} + t \cdot \begin{pmatrix} 0 \\ 0 \\ 2 \end{pmatrix} = \begin{pmatrix} 0 \\ 0 \\ 0 \end{pmatrix} \iff \begin{array}{ll} \text{I} & r = 0 \\ \text{II} & -s = 0 \\ \text{III} & 2t = 0 \end{array}$

Hier folgt sofort $t = 0$, $s = 0$ und $r = 0$. Damit ist nur die triviale Darstellung des Nullvektors als Linearkombination der Vektoren $\vec{a}$, $\vec{b}$ und $\vec{c}$ möglich, d. h.: $0 \cdot \vec{a} + 0 \cdot \vec{b} + 0 \cdot \vec{c} = \vec{o}$. Die drei Vektoren sind **linear unabhängig**.

25. a) Die Vektoren $\vec{a}$ und $\vec{b}$ sind linear abhängig, wenn sie ein Vielfaches voneinander sind, d. h. wenn es eine reelle Zahl k gibt, sodass $\vec{b} = k \cdot \vec{a}$ ist.

$$\vec{b} = k \cdot \vec{a} \iff \begin{pmatrix} 3 \\ b \end{pmatrix} = k \cdot \begin{pmatrix} 2 \\ a \end{pmatrix} \iff k = \frac{3}{2} \text{ und } b = \frac{3}{2} \cdot a$$

Der Wert von **a** ist also **beliebig wählbar** und für b muss $\mathbf{b = \frac{3}{2} \cdot a}$ gelten.

b) Ansatz: $\vec{b} = k \cdot \vec{a}$

$$\begin{pmatrix} -2 \\ 8 \\ b \end{pmatrix} = k \cdot \begin{pmatrix} 3 \\ a \\ -6 \end{pmatrix} \iff \begin{array}{ll} \text{I} & -2 = k \cdot 3 \\ \text{II} & 8 = k \cdot a \\ \text{III} & b = k \cdot (-6) \end{array}$$

Aus Gleichung I folgt $k = -\frac{2}{3}$ und damit aus den Gleichungen II und III:

$8 = -\frac{2}{3} \cdot a \iff a = -12$ bzw. $b = -\frac{2}{3} \cdot (-6) = 4$

Nur für $\mathbf{a = -12}$ und $\mathbf{b = 4}$ sind die Vektoren linear abhängig.

c) Ansatz: $\vec{b} = k \cdot \vec{a}$

$$\begin{pmatrix} 3 \\ b \\ 10 \end{pmatrix} = k \cdot \begin{pmatrix} 1 \\ a \\ 5 \end{pmatrix} \Leftrightarrow \begin{array}{ll} \text{I} & 3 = k \cdot 1 \\ \text{II} & b = k \cdot a \\ \text{III} & 10 = k \cdot 5 \end{array}$$

Aus Gleichung I folgt zunächst $k = 3$; setzt man dies jedoch in Gleichung III ein, ergibt sich der Widerspruch $10 = 3 \cdot 5$.

Diese beiden Vektoren sind also **immer linear unabhängig**.

26. a) Am einfachsten findet man einen linear unabhängigen Vektor durch „Versuch und Irrtum“:

Man wählt einen Vektor $\vec{c}$ beliebig, z. B. $\vec{c} = \begin{pmatrix} 1 \\ 0 \\ 0 \end{pmatrix}$ und prüft, ob dieser eine geeignete Wahl darstellt:

$$r \cdot \vec{a} + s \cdot \vec{b} + t \cdot \vec{c} = \vec{o} \Leftrightarrow r \cdot \begin{pmatrix} 1 \\ 2 \\ 4 \end{pmatrix} + s \cdot \begin{pmatrix} 0 \\ 2 \\ 2 \end{pmatrix} + t \cdot \begin{pmatrix} 1 \\ 0 \\ 0 \end{pmatrix} = \vec{o} \Leftrightarrow \begin{array}{lll} r & + t & = 0 \\ 2r + 2s & & = 0 \\ 4r + 2s & & = 0 \end{array}$$

Subtraktion der letzten beiden Gleichungen liefert die Gleichung $-2r = 0$, wodurch sofort $r = 0$ und anschließend $s = 0$ und dann $t = 0$ folgt.

Der Vektor $\vec{c} = \begin{pmatrix} 1 \\ 0 \\ 0 \end{pmatrix}$ ist also eine geeignete Wahl gewesen.

b) Mit der Wahl eines beliebigen Vektors und anschließendem Test gelangt man hier leider nicht zum Ziel, weil die beiden Vektoren $\vec{a}$ und $\vec{b}$ schon linear abhängig sind, denn $\vec{b} = -\frac{1}{2} \cdot \vec{a}$.

Es gibt also überhaupt keinen Vektor $\vec{c}$, der zusammen mit $\vec{a}$ und $\vec{b}$ drei linear unabhängige Vektoren ergeben könnte.

27. a) Zwei linear abhängige Vektoren sind immer Vielfache voneinander; sie sind also parallel und zeigen in dieselbe oder entgegengesetzte Richtung.

b) Von drei linear abhängigen Vektoren im dreidimensionalen Raum muss sich einer von ihnen als Linearkombination der beiden anderen Vektoren darstellen lassen. Die drei Vektoren liegen somit in einer Ebene.

28. a) Mit zwei linear unabhängigen Vektoren lässt sich jeder zweidimensionale Vektor als Linearkombination dieser beiden Vektoren darstellen. Daher sind drei Vektoren immer linear abhängig.

b) Vier dreidimensionale Vektoren sind immer linear abhängig.

29. a) $\begin{pmatrix}3\\2\end{pmatrix}\circ\begin{pmatrix}-1\\2\end{pmatrix}=3\cdot(-1)+2\cdot 2=-3+4=\mathbf{1}$

b) $\begin{pmatrix}r\\s\end{pmatrix}\circ\begin{pmatrix}-s\\r\end{pmatrix}=r\cdot(-s)+s\cdot r=-rs+rs=\mathbf{0}$

c) $\begin{pmatrix}3\\-1\\0\end{pmatrix}\circ\begin{pmatrix}2\\5\\-4\end{pmatrix}=3\cdot 2+(-1)\cdot 5+0\cdot(-4)=6-5+0=\mathbf{1}$

d) $\begin{pmatrix}a\\b\\c\end{pmatrix}\circ\begin{pmatrix}-b\\a\\1\end{pmatrix}=a\cdot(-b)+b\cdot a+c\cdot 1=-ab+ab+c=\mathbf{c}$

30. a) $\begin{pmatrix}3\\a\\2\end{pmatrix}\circ\begin{pmatrix}a\\-2\\5\end{pmatrix}=8 \;\Leftrightarrow\; 3a-2a+10=8 \;\Leftrightarrow\; a+10=8 \;\Leftrightarrow\; \mathbf{a=-2}$

b) $\begin{pmatrix}a\\a\\2\end{pmatrix}\circ\begin{pmatrix}a\\-2\\3\end{pmatrix}=6 \;\Leftrightarrow\; a^2-2a+6=6 \;\Leftrightarrow\; a^2-2a=0$

$\Leftrightarrow\; a\cdot(a-2)=0 \;\Leftrightarrow\; \mathbf{a=0 \text{ oder } a=2}$

31. a) $\vec{a}\circ\vec{a}=a_1^2+a_2^2+a_3^2\geq 0$, weil alle drei Summanden Quadrate sind und nicht negativ sein können.

b) $\vec{a}\circ\vec{a}=a_1^2+a_2^2+a_3^2=0$ kann sich nur ergeben, wenn $a_1^2=0$ und $a_2^2=0$ und $a_3^2=0$ gilt. Dies ist aber gleichbedeutend mit:

$$\vec{a}=\begin{pmatrix}0\\0\\0\end{pmatrix}=\vec{o}$$

c) Vereinfachung der linken Seite der Behauptung ergibt:

$$\vec{a}\circ(\vec{b}+\vec{c})=\begin{pmatrix}a_1\\a_2\\a_3\end{pmatrix}\circ\left(\begin{pmatrix}b_1\\b_2\\b_3\end{pmatrix}+\begin{pmatrix}c_1\\c_2\\c_3\end{pmatrix}\right)=\begin{pmatrix}a_1\\a_2\\a_3\end{pmatrix}\circ\begin{pmatrix}b_1+c_1\\b_2+c_2\\b_3+c_3\end{pmatrix}$$

$$=a_1\cdot(b_1+c_1)+a_2\cdot(b_2+c_2)+a_3\cdot(b_3+c_3)$$

$$=a_1b_1+a_1c_1+a_2b_2+a_2c_2+a_3b_3+a_3c_3$$

Vereinfachung der rechten Seite liefert:

$$\vec{a}\circ\vec{b}+\vec{a}\circ\vec{c}=\begin{pmatrix}a_1\\a_2\\a_3\end{pmatrix}\circ\begin{pmatrix}b_1\\b_2\\b_3\end{pmatrix}+\begin{pmatrix}a_1\\a_2\\a_3\end{pmatrix}\circ\begin{pmatrix}c_1\\c_2\\c_3\end{pmatrix}$$

$$=a_1b_1+a_2b_2+a_3b_3+a_1c_1+a_2c_2+a_3c_3$$

Die sechs Summanden stimmen in beiden Gleichungen überein, daher gilt das Distributivgesetz auch für das Skalarprodukt.

d) Gemäß Definition des Skalarprodukts gilt:

$k \cdot (\vec{a} \circ \vec{b}) = k \cdot (a_1b_1 + a_2b_2 + a_3b_3) = k \cdot a_1b_1 + k \cdot a_2b_2 + k \cdot a_3b_3$ und

$$(k \cdot \vec{a}) \circ \vec{b} = \begin{pmatrix} k \cdot a_1 \\ k \cdot a_2 \\ k \cdot a_3 \end{pmatrix} \circ \begin{pmatrix} b_1 \\ b_2 \\ b_3 \end{pmatrix} = (k \cdot a_1) \cdot b_1 + (k \cdot a_2) \cdot b_2 + (k \cdot a_3) \cdot b_3$$
$$= k \cdot a_1b_1 + k \cdot a_2b_2 + k \cdot a_3b_3$$

Da diese beiden Terme gleich sind, gilt also: $k \cdot (\vec{a} \circ \vec{b}) = (k \cdot \vec{a}) \circ \vec{b}$

32. Das Skalarprodukt $\vec{b} \circ \vec{c}$ ist eine reelle Zahl; daher ist $\vec{a} \cdot (\vec{b} \circ \vec{c})$ ein Vielfaches des Vektors $\vec{a}$. Andererseits ist $\vec{a} \circ \vec{b}$ ebenfalls eine reelle Zahl und somit $(\vec{a} \circ \vec{b}) \cdot \vec{c}$ ein Vielfaches des Vektors $\vec{c}$.
Wenn die Vektoren $\vec{a}$ und $\vec{c}$ linear unabhängig sind, dann können somit Vielfache dieser Vektoren nicht gleich sein und damit die Gleichung nicht richtig sein.

33. Im Teilterm $\vec{a} \cdot \vec{b} \cdot \vec{c}$ muss einer der beiden Malpunkte ein Skalarprodukt darstellen. Die Produkte $\vec{a} \circ \vec{c}$ und $\vec{a} \circ \vec{d}$ stellen ebenfalls Skalarprodukte und damit reelle Zahlen dar. Die anderen Malpunkte bedeuten die Multiplikation eines Vektors mit einer Zahl oder zweier Zahlen und sind somit kein Skalarprodukt-Verknüpfungszeichen. Der Term lautet also richtig:

$(\vec{a} \circ \vec{b}) \cdot \vec{c} + 5 \cdot \vec{d} - \vec{b} \cdot (\vec{a} \circ \vec{c}) \cdot (\vec{a} \circ \vec{d})$

oder alternativ

$\vec{a} \cdot (\vec{b} \circ \vec{c}) + 5 \cdot \vec{d} - \vec{b} \cdot (\vec{a} \circ \vec{c}) \cdot (\vec{a} \circ \vec{d})$

34. a) $\vec{a} \circ (\vec{b} - \vec{c}) + \vec{c} \circ (\vec{a} - \vec{b}) - \vec{b} \circ (\vec{a} - \vec{c}) = \vec{a} \circ \vec{b} - \vec{a} \circ \vec{c} + \vec{c} \circ \vec{a} - \vec{c} \circ \vec{b} - \vec{b} \circ \vec{a} + \vec{b} \circ \vec{c}$
$= \vec{a} \circ \vec{b} - \vec{a} \circ \vec{c} + \vec{a} \circ \vec{c} - \vec{b} \circ \vec{c} - \vec{a} \circ \vec{b} + \vec{b} \circ \vec{c} = \mathbf{\vec{0}}$

b) $(\vec{a} + \vec{b}) \circ (\vec{a} - \vec{b}) = \vec{a} \circ \vec{a} - \vec{a} \circ \vec{b} + \vec{b} \circ \vec{a} - \vec{b} \circ \vec{b} = \vec{a} \circ \vec{a} - \vec{a} \circ \vec{b} + \vec{a} \circ \vec{b} - \vec{b} \circ \vec{b}$
$= \vec{a} \circ \vec{a} - \vec{b} \circ \vec{b} = \mathbf{\vec{a}^2 - \vec{b}^2}$

35. $(\vec{a} + \vec{b})^2 = (\vec{a} + \vec{b}) \circ (\vec{a} + \vec{b}) = \begin{pmatrix} a_1 + b_1 \\ a_2 + b_2 \\ a_3 + b_3 \end{pmatrix} \circ \begin{pmatrix} a_1 + b_1 \\ a_2 + b_2 \\ a_3 + b_3 \end{pmatrix}$

$= (a_1 + b_1) \cdot (a_1 + b_1) + (a_2 + b_2) \cdot (a_2 + b_2) + (a_3 + b_3) \cdot (a_3 + b_3)$

$= a_1^2 + 2a_1b_1 + b_1^2 + a_2^2 + 2a_2b_2 + b_2^2 + a_3^2 + 2a_3b_3 + b_3^2$

$= a_1^2 + a_2^2 + a_3^2 + 2 \cdot (a_1b_1 + a_2b_2 + a_3b_3) + b_1^2 + b_2^2 + b_3^2$

$= \mathbf{\vec{a}^2 + 2 \cdot (\vec{a} \circ \vec{b}) + \vec{b}^2}$

$$(\vec{a}-\vec{b})^2 = (\vec{a}-\vec{b})\circ(\vec{a}-\vec{b}) = \begin{pmatrix} a_1-b_1 \\ a_2-b_2 \\ a_3-b_3 \end{pmatrix}\circ\begin{pmatrix} a_1-b_1 \\ a_2-b_2 \\ a_3-b_3 \end{pmatrix}$$
$$= (a_1-b_1)\cdot(a_1-b_1)+(a_2-b_2)\cdot(a_2-b_2)+(a_3-b_3)\cdot(a_3-b_3)$$
$$= a_1^2-2a_1b_1+b_1^2+a_2^2-2a_2b_2+b_2^2+a_3^2-2a_3b_3+b_3^2$$
$$= a_1^2+a_2^2+a_3^2-2\cdot(a_1b_1+a_2b_2+a_3b_3)+b_1^2+b_2^2+b_3^2$$
$$= \mathbf{\vec{a}^2-2\cdot(\vec{a}\circ\vec{b})+\vec{b}^2}$$

36. $|\vec{a}| = \left|\begin{pmatrix} 3 \\ -4 \end{pmatrix}\right| = \sqrt{3^2+(-4)^2} = \sqrt{9+16} = \sqrt{25} = \mathbf{5}$

$|\vec{b}| = \left|\begin{pmatrix} 1 \\ s \end{pmatrix}\right| = \sqrt{1^2+s^2} = \mathbf{\sqrt{1+s^2}}$

$|\vec{c}| = \left|\begin{pmatrix} 8 \\ -4 \\ 1 \end{pmatrix}\right| = \sqrt{8^2+(-4)^2+1^2} = \sqrt{64+16+1} = \sqrt{81} = \mathbf{9}$

$|\vec{d}| = \left|\begin{pmatrix} r \\ -4 \\ 3 \end{pmatrix}\right| = \sqrt{r^2+(-4)^2+3^2} = \sqrt{r^2+16+9} = \mathbf{\sqrt{r^2+25}}$

37. Drückt man die Seiten des Dreiecks durch die entsprechenden Vektoren aus, erhält man:

$\overrightarrow{AB} = \begin{pmatrix} 2-1 \\ 6-2 \\ 5-(-3) \end{pmatrix} = \begin{pmatrix} 1 \\ 4 \\ 8 \end{pmatrix}$

$\Rightarrow \quad \mathbf{c} = |\overrightarrow{AB}| = \sqrt{1^2+4^2+8^2} = \sqrt{1+16+64} = \sqrt{81} = \mathbf{9}$

$\overrightarrow{BC} = \begin{pmatrix} 7-2 \\ -4-6 \\ -6-5 \end{pmatrix} = \begin{pmatrix} 5 \\ -10 \\ -11 \end{pmatrix}$

$\Rightarrow \quad \mathbf{a} = |\overrightarrow{BC}| = \sqrt{5^2+(-10)^2+(-11)^2} = \sqrt{25+100+121} = \mathbf{\sqrt{246} \approx 15{,}7}$

$\overrightarrow{AC} = \begin{pmatrix} 7-1 \\ -4-2 \\ -6-(-3) \end{pmatrix} = \begin{pmatrix} 6 \\ -6 \\ -3 \end{pmatrix}$

$\Rightarrow \quad \mathbf{b} = |\overrightarrow{AC}| = \sqrt{6^2+(-6)^2+(-3)^2} = \sqrt{36+36+9} = \sqrt{81} = \mathbf{9}$

38. a) $\cos\gamma = \dfrac{\begin{pmatrix} 5 \\ -2 \end{pmatrix}\circ\begin{pmatrix} 1 \\ -2 \end{pmatrix}}{\left|\begin{pmatrix} 5 \\ -2 \end{pmatrix}\right|\cdot\left|\begin{pmatrix} 1 \\ -2 \end{pmatrix}\right|} = \dfrac{9}{\sqrt{29}\cdot\sqrt{5}} \quad\Leftrightarrow\quad \mathbf{\gamma \approx 41{,}6°}$

b) $\cos\gamma = \dfrac{\begin{pmatrix} 4 \\ 3 \end{pmatrix}\circ\begin{pmatrix} -9 \\ 12 \end{pmatrix}}{\left|\begin{pmatrix} 4 \\ 3 \end{pmatrix}\right|\cdot\left|\begin{pmatrix} -9 \\ 12 \end{pmatrix}\right|} = \dfrac{0}{5\cdot 15} = 0 \quad\Leftrightarrow\quad \mathbf{\gamma = 90°}$

c) $\cos\gamma = \frac{\begin{pmatrix}5\\1\\-3\end{pmatrix}\circ\begin{pmatrix}3\\2\\0\end{pmatrix}}{\left|\begin{pmatrix}5\\1\\-3\end{pmatrix}\right|\cdot\left|\begin{pmatrix}3\\2\\0\end{pmatrix}\right|} = \frac{17}{\sqrt{35}\cdot\sqrt{13}} \Leftrightarrow \boldsymbol{\gamma \approx 37,2°}$

d) $\cos\gamma = \frac{\begin{pmatrix}5\\2\\-1\end{pmatrix}\circ\begin{pmatrix}-2\\3\\-4\end{pmatrix}}{\left|\begin{pmatrix}5\\2\\-1\end{pmatrix}\right|\cdot\left|\begin{pmatrix}-2\\3\\-4\end{pmatrix}\right|} = \frac{0}{\sqrt{30}\cdot\sqrt{29}} = 0 \Leftrightarrow \boldsymbol{\gamma = 90°}$

e) $\cos\gamma = \frac{\begin{pmatrix}-4\\6\\-10\end{pmatrix}\circ\begin{pmatrix}6\\-9\\15\end{pmatrix}}{\left|\begin{pmatrix}-4\\6\\-10\end{pmatrix}\right|\cdot\left|\begin{pmatrix}6\\-9\\15\end{pmatrix}\right|} = \frac{-228}{\sqrt{152}\cdot\sqrt{342}} = -1 \Leftrightarrow \boldsymbol{\gamma = 180°}$

f) $\cos\gamma = \frac{\begin{pmatrix}12\\-4\\8\end{pmatrix}\circ\begin{pmatrix}9\\-3\\6\end{pmatrix}}{\left|\begin{pmatrix}12\\-4\\8\end{pmatrix}\right|\cdot\left|\begin{pmatrix}9\\-3\\6\end{pmatrix}\right|} = \frac{168}{\sqrt{224}\cdot\sqrt{126}} = 1 \Leftrightarrow \boldsymbol{\gamma = 0°}$

39. $\vec{a}\circ\vec{b} = \begin{pmatrix}1\\r\\s\end{pmatrix}\circ\begin{pmatrix}-s\\0\\1\end{pmatrix} = -s+0+s = 0$

Das Skalarprodukt ist für alle Werte von s und r stets null; daher sind die Vektoren $\vec{a}$ und $\vec{b}$ in jedem Fall orthogonal zueinander.

40. Die Bedingung für $\vec{a}$ lautet:

$\begin{pmatrix}a_1\\a_2\\a_3\end{pmatrix}\circ\begin{pmatrix}1\\2\\3\end{pmatrix} = a_1 + 2a_2 + 3a_3 = 10$

Für diese Gleichung gibt es unendlich viele Lösungen, mögliche Vektoren $\vec{a}$ sind z. B.:

$\vec{a} = \begin{pmatrix}8\\1\\0\end{pmatrix}$; $\vec{a} = \begin{pmatrix}5\\1\\1\end{pmatrix}$; $\vec{a} = \begin{pmatrix}0\\5\\0\end{pmatrix}$; $\vec{a} = \begin{pmatrix}1\\0\\3\end{pmatrix}$ oder viele andere.

41. $\begin{pmatrix}1\\s\\3\end{pmatrix}\circ\begin{pmatrix}s\\-3\\2\end{pmatrix} = s - 3s + 6 = -2s + 6$

Damit die beiden Vektoren orthogonal sind, muss das Skalarprodukt gleich null sein, also: $-2s+6=0 \Leftrightarrow \boldsymbol{s=3}$

42. a) Zur Bestimmung des Winkels α verwendet man die Vektoren

$\overrightarrow{AB} = \begin{pmatrix} 4 \\ 3 \end{pmatrix}$ und $\overrightarrow{AC} = \begin{pmatrix} -3 \\ 4 \end{pmatrix}$.

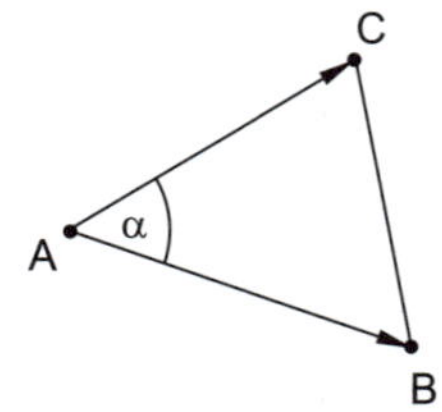

$$\cos\alpha = \frac{\overrightarrow{AB} \circ \overrightarrow{AC}}{|\overrightarrow{AB}| \cdot |\overrightarrow{AC}|} = \frac{\begin{pmatrix} 4 \\ 3 \end{pmatrix} \circ \begin{pmatrix} -3 \\ 4 \end{pmatrix}}{\left|\begin{pmatrix} 4 \\ 3 \end{pmatrix}\right| \cdot \left|\begin{pmatrix} -3 \\ 4 \end{pmatrix}\right|} = \frac{0}{5 \cdot 5} = 0$$

$\Rightarrow$ $\mathbf{\alpha = 90°}$

Für β benötigt man die Vektoren

$\overrightarrow{BA} = \begin{pmatrix} -4 \\ -3 \end{pmatrix}$ und $\overrightarrow{BC} = \begin{pmatrix} -7 \\ 1 \end{pmatrix}$.

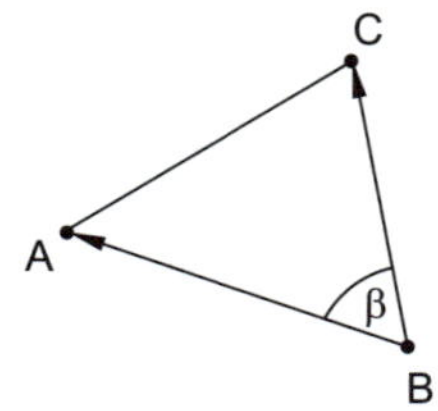

$$\cos\beta = \frac{\overrightarrow{BA} \circ \overrightarrow{BC}}{|\overrightarrow{BA}| \cdot |\overrightarrow{BC}|} = \frac{\begin{pmatrix} -4 \\ -3 \end{pmatrix} \circ \begin{pmatrix} -7 \\ 1 \end{pmatrix}}{\left|\begin{pmatrix} -4 \\ -3 \end{pmatrix}\right| \cdot \left|\begin{pmatrix} -7 \\ 1 \end{pmatrix}\right|} = \frac{25}{5 \cdot \sqrt{50}} = \frac{1}{\sqrt{2}}$$

$\Rightarrow$ $\mathbf{\beta = 45°}$

Zum Winkel γ gelangt man entweder über die Winkelsumme im Dreieck oder mithilfe von

$\overrightarrow{CA} = \begin{pmatrix} 3 \\ -4 \end{pmatrix}$ und $\overrightarrow{CB} = \begin{pmatrix} 7 \\ -1 \end{pmatrix}$.

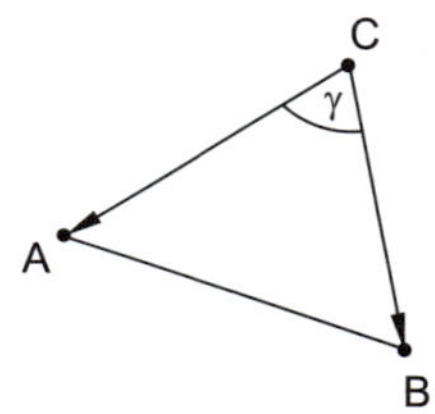

$$\cos\gamma = \frac{\overrightarrow{CA} \circ \overrightarrow{CB}}{|\overrightarrow{CA}| \cdot |\overrightarrow{CB}|} = \frac{\begin{pmatrix} 3 \\ -4 \end{pmatrix} \circ \begin{pmatrix} 7 \\ -1 \end{pmatrix}}{\left|\begin{pmatrix} 3 \\ -4 \end{pmatrix}\right| \cdot \left|\begin{pmatrix} 7 \\ -1 \end{pmatrix}\right|} = \frac{25}{5 \cdot \sqrt{50}} = \frac{1}{\sqrt{2}}$$

$\Rightarrow$ $\mathbf{\gamma = 45°}$

Das Dreieck ABC ist damit rechtwinklig und gleichschenklig.

b) Analoge Vorgehensweise liefert für die dreidimensionalen Vektoren:

$$\cos\alpha = \frac{\overrightarrow{AB} \circ \overrightarrow{AC}}{|\overrightarrow{AB}| \cdot |\overrightarrow{AC}|} = \frac{\begin{pmatrix} 2 \\ -2 \\ 1 \end{pmatrix} \circ \begin{pmatrix} -4 \\ 1 \\ 3 \end{pmatrix}}{\left|\begin{pmatrix} 2 \\ -2 \\ 1 \end{pmatrix}\right| \cdot \left|\begin{pmatrix} -4 \\ 1 \\ 3 \end{pmatrix}\right|} = \frac{-7}{3 \cdot \sqrt{26}} \quad \Leftrightarrow \quad \mathbf{\alpha \approx 117{,}2°}$$

$$\cos\beta = \frac{\overrightarrow{BA} \circ \overrightarrow{BC}}{|\overrightarrow{BA}| \cdot |\overrightarrow{BC}|} = \frac{\begin{pmatrix} -2 \\ 2 \\ -1 \end{pmatrix} \circ \begin{pmatrix} -6 \\ 3 \\ 2 \end{pmatrix}}{\left|\begin{pmatrix} -2 \\ 2 \\ -1 \end{pmatrix}\right| \cdot \left|\begin{pmatrix} -6 \\ 3 \\ 2 \end{pmatrix}\right|} = \frac{16}{3 \cdot 7} = \frac{16}{21} \quad \Leftrightarrow \quad \mathbf{\beta \approx 40{,}4°}$$

$$\cos\gamma = \frac{\overrightarrow{CA} \circ \overrightarrow{CB}}{|\overrightarrow{CA}| \cdot |\overrightarrow{CB}|} = \frac{\begin{pmatrix} 4 \\ -1 \\ -3 \end{pmatrix} \circ \begin{pmatrix} 6 \\ -3 \\ -2 \end{pmatrix}}{\left|\begin{pmatrix} 4 \\ -1 \\ -3 \end{pmatrix}\right| \cdot \left|\begin{pmatrix} 6 \\ -3 \\ -2 \end{pmatrix}\right|} = \frac{33}{\sqrt{26} \cdot 7} \quad \Leftrightarrow \quad \mathbf{\gamma \approx 22{,}4°}$$

43. Man betrachtet das rechtwinklige Dreieck AHC und bestimmt zunächst den Winkel α:

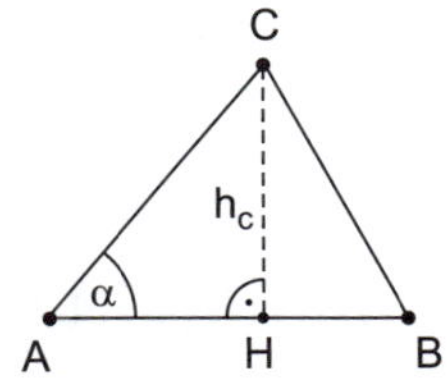

$$\cos\alpha = \frac{\overrightarrow{AB} \circ \overrightarrow{AC}}{|\overrightarrow{AB}| \cdot |\overrightarrow{AC}|} = \frac{\begin{pmatrix}4\\0\\3\end{pmatrix} \circ \begin{pmatrix}2\\-2\\-1\end{pmatrix}}{\left|\begin{pmatrix}4\\0\\3\end{pmatrix}\right| \cdot \left|\begin{pmatrix}2\\-2\\-1\end{pmatrix}\right|} = \frac{5}{5 \cdot 3} \quad \Rightarrow \quad \alpha \approx 70{,}5°$$

Hiermit lässt sich die Höhe h_c bestimmen:

$$\sin\alpha = \frac{h_c}{|\overrightarrow{AC}|} \quad \Rightarrow \quad \mathbf{h_c} = |\overrightarrow{AC}| \cdot \sin\alpha \approx 3 \cdot 0{,}94 \approx \mathbf{2{,}82}$$

Somit folgt für die Fläche des Dreiecks:

$$\mathbf{A} = \frac{1}{2} \cdot |\overrightarrow{AB}| \cdot h_c \approx \frac{1}{2} \cdot 5 \cdot 2{,}82 \approx \mathbf{7{,}05}$$

Die Höhe beträgt ca. 2,8 [LE], der Flächeninhalt ca. 7,1 [FE].

44. Für das Skalarprodukt $\vec{a} \circ \vec{n}$ gilt:

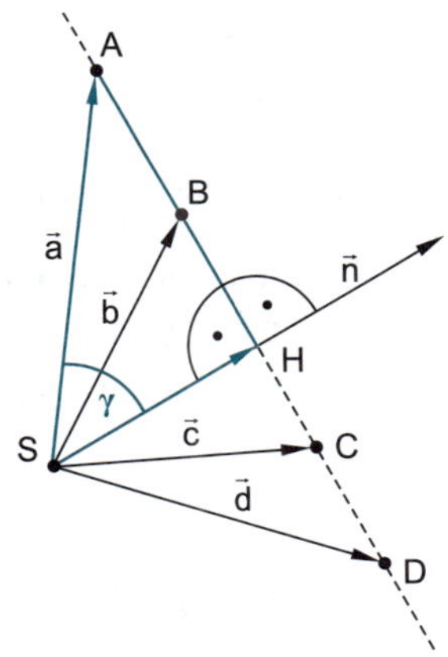

$$\vec{a} \circ \vec{n} = |\vec{a}| \cdot |\vec{n}| \cdot \cos\gamma$$

Im rechtwinkligen Dreieck ASH gilt andererseits:

$$\cos\gamma = \frac{|\overrightarrow{SH}|}{|\vec{a}|} \quad \Leftrightarrow \quad |\vec{a}| \cdot \cos\gamma = |\overrightarrow{SH}|$$

Insgesamt folgt:

$$\mathbf{\vec{a} \circ \vec{n}} = |\vec{a}| \cdot |\vec{n}| \cdot \cos\gamma = \mathbf{|\vec{n}| \cdot |\overrightarrow{SH}|}$$

Analog ergibt sich im rechtwinkligen Dreieck BSH:

$$|\vec{b}| \cdot \cos\gamma' = |\overrightarrow{SH}|,$$

wobei γ' der zugehörige Dreieckswinkel bei S ist. Demzufolge gilt für dieses Skalarprodukt:

$$\mathbf{\vec{b} \circ \vec{n}} = |\vec{b}| \cdot |\vec{n}| \cdot \cos\gamma' = \mathbf{|\vec{n}| \cdot |\overrightarrow{SH}|}$$

Entsprechend ergibt sich für die anderen beiden Skalarprodukte über die Dreiecke SDH und SCH:

$$\mathbf{\vec{c} \circ \vec{n} = |\vec{n}| \cdot |\overrightarrow{SH}|} \quad \text{und} \quad \mathbf{\vec{d} \circ \vec{n} = |\vec{n}| \cdot |\overrightarrow{SH}|}$$

Da die senkrechte Projektion der Vektoren $\vec{a}$, $\vec{b}$, $\vec{c}$ und $\vec{d}$ auf den Vektor $\vec{n}$ jeweils gleich dem Vektor $\overrightarrow{SH}$ ist, ergibt sich folgender Satz: Das Skalarprodukt zweier Vektoren ist gleich dem Produkt der Länge des einen Vektors und der Länge der senkrechten Projektion des anderen Vektors auf diesen.

Anmerkung: Wenn der eingeschlossene Winkel stumpf ist, dann ergibt sich als Skalarprodukt das entsprechende negative Produkt.

45. Skizze:

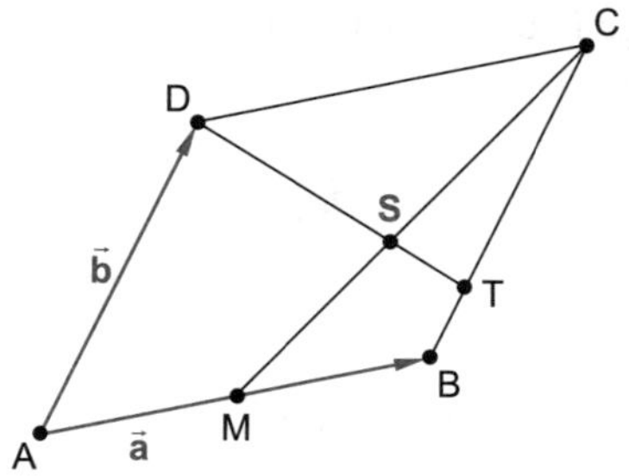

Es gilt:

$\overrightarrow{AM} = \frac{1}{2} \cdot \overrightarrow{AB}$

$\overrightarrow{TC} = 5 \cdot \overrightarrow{BT} \quad \Rightarrow \quad \overrightarrow{BT} = \frac{1}{6} \cdot \overrightarrow{BC}$

Das Parallelogramm wird durch die linear unabhängigen Vektoren $\vec{a} = \overrightarrow{AB}$ und $\vec{b} = \overrightarrow{AD}$ aufgespannt. Betrachtet wird der geschlossene Vektorzug:

$\overrightarrow{ST} + \overrightarrow{TC} + \overrightarrow{CS} = \vec{o}$

Für die drei darin auftretenden Vektoren gilt:

$\overrightarrow{ST} = x \cdot \overrightarrow{DT} = x \cdot \left(-\vec{b} + \vec{a} + \frac{1}{6}\vec{b}\right) = x \cdot \left(\vec{a} - \frac{5}{6}\vec{b}\right) = x \cdot \vec{a} - \frac{5}{6} x \cdot \vec{b}$

$\overrightarrow{TC} = \frac{5}{6}\vec{b}$

$\overrightarrow{CS} = y \cdot \overrightarrow{CM} = y \cdot \left(-\vec{b} - \frac{1}{2}\vec{a}\right) = -\frac{y}{2} \cdot \vec{a} - y \cdot \vec{b}$

Setzt man diese drei Vektoren zum Nullvektor zusammen, erhält man:

$\overrightarrow{ST} + \overrightarrow{TC} + \overrightarrow{CS} = \vec{o}$

$\Leftrightarrow \quad x \cdot \vec{a} - \frac{5}{6} x \cdot \vec{b} + \frac{5}{6}\vec{b} - \frac{y}{2} \cdot \vec{a} - y \cdot \vec{b} = \vec{o}$

$\Leftrightarrow \quad x \cdot \vec{a} - \frac{y}{2} \cdot \vec{a} - \frac{5}{6} x \cdot \vec{b} + \frac{5}{6}\vec{b} - y \cdot \vec{b} = \vec{o}$

$\Leftrightarrow \quad \left(x - \frac{y}{2}\right) \cdot \vec{a} + \left(-\frac{5}{6} x + \frac{5}{6} - y\right) \cdot \vec{b} = \vec{o}$

Da die Vektoren $\vec{a}$ und $\vec{b}$ linear unabhängig sind, ist die Darstellung des Nullvektors nur möglich, wenn die Koeffizienten dieser Linearkombination beide gleich 0 sind. Daher muss gelten:

$$\begin{array}{ll} \text{I} & x - \frac{y}{2} = 0 \\ \text{II} & -\frac{5}{6}x + \frac{5}{6} - y = 0 \end{array} \Leftrightarrow \begin{array}{ll} \text{I} & x - \frac{y}{2} = 0 \\ \text{II} & -\frac{5}{6}x - y = -\frac{5}{6} \end{array}$$

$$\Leftrightarrow \begin{array}{lr} \text{I} & x - \frac{1}{2}y = 0 \\ \text{IV} = 6 \cdot \text{II} + 5 \cdot \text{I} & -\frac{17}{2}y = -5 \end{array}$$

Aus der zweiten Zeile ergibt sich $y = \frac{10}{17}$ und damit aus I: $x = \frac{y}{2} = \frac{5}{17}$

Der Ansatz $\overrightarrow{ST} = x \cdot \overrightarrow{DT}$ liefert schließlich: $\overrightarrow{ST} = \frac{5}{17} \cdot \overrightarrow{DT}$

Daher teilt S bzw. die Strecke [MC] die Strecke [DT] im Verhältnis **12 : 5**.

46. Die Raute wird aufgespannt durch die linear unabhängigen Vektoren $\vec{a} = \overrightarrow{AB}$ und $\vec{b} = \overrightarrow{AD}$, für die gilt:

$|\vec{a}| = |\vec{b}|$

Die Diagonalen werden durch $\vec{a}$ und $\vec{b}$ ausgedrückt:

$\overrightarrow{AC} = \vec{a} + \vec{b}$ und $\overrightarrow{BD} = -\vec{a} + \vec{b}$

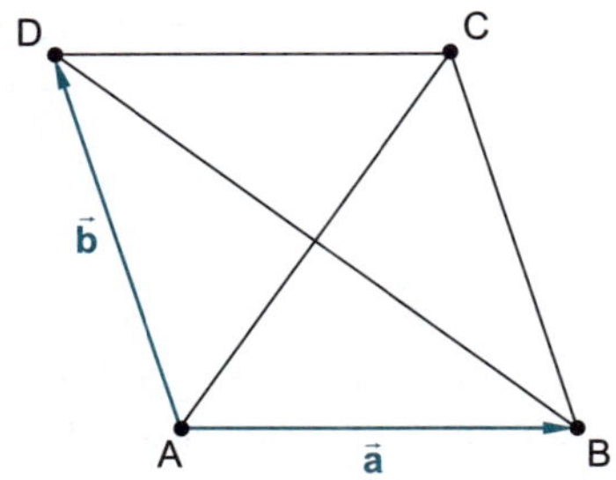

Zu zeigen ist, dass diese beiden Vektoren orthogonal zueinander sind.
Dazu bestimmt man das Skalarprodukt:

$\overrightarrow{AC} \circ \overrightarrow{BD} = (\vec{a} + \vec{b}) \circ (-\vec{a} + \vec{b}) = -\vec{a}^2 + \vec{b}^2$

Wegen der Voraussetzung $|\vec{a}| = |\vec{b}|$ gilt $\vec{a}^2 = \vec{b}^2$ und damit $-\vec{a}^2 + \vec{b}^2 = 0$.
Die Vektoren $\overrightarrow{AC}$ und $\overrightarrow{BD}$ und damit die beiden Diagonalen der Raute stehen also senkrecht aufeinander.

47. Das Dreieck ABC wird durch die Vektoren $\vec{c} = \overrightarrow{AB}$ und $\vec{b} = \overrightarrow{AC}$ aufgespannt (siehe nebenstehende Skizze).
Man bildet eine geschlossene Vektorkette, z. B.

$\overrightarrow{M_cB} + \overrightarrow{BS} + \overrightarrow{SM_c} = \vec{o}$

und drückt die drei darin auftretenden Vektoren durch $\vec{a}$ und $\vec{b}$ aus:

$\overrightarrow{M_cB} = \frac{1}{2}\vec{c}$

$\overrightarrow{BS} = x \cdot \overrightarrow{BM_b} = x \cdot \left(-\vec{c} + \frac{1}{2}\vec{b}\right)$

$\overrightarrow{SM_c} = y \cdot \overrightarrow{CM_c} = y \cdot \left(-\vec{b} + \frac{1}{2}\vec{c}\right)$

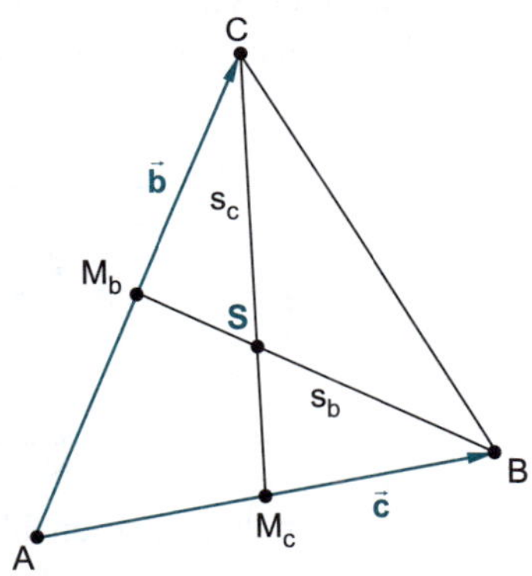

Addition der drei Vektoren ergibt:

$\overrightarrow{M_cB} + \overrightarrow{BS} + \overrightarrow{SM_c} = \frac{1}{2}\vec{c} + x \cdot \left(-\vec{c} + \frac{1}{2}\vec{b}\right) + y \cdot \left(-\vec{b} + \frac{1}{2}\vec{c}\right) = \vec{o}$

$\Leftrightarrow \quad \frac{1}{2}\vec{c} - x \cdot \vec{c} + \frac{x}{2} \cdot \vec{b} - y \cdot \vec{b} + \frac{y}{2} \cdot \vec{c} = \vec{o} \quad \Leftrightarrow \quad \left(\frac{1}{2} - x + \frac{y}{2}\right) \cdot \vec{c} + \left(\frac{x}{2} - y\right) \cdot \vec{b} = \vec{o}$

Wegen der linearen Unabhängigkeit der Vektoren $\vec{c}$ und $\vec{b}$ folgt daraus:

$$\begin{array}{lll} \text{I} & \frac{1}{2} - x + \frac{y}{2} = 0 \\ \text{II} & \frac{x}{2} - y = 0 \end{array} \Leftrightarrow \begin{array}{lll} \text{I} & -x + \frac{y}{2} = -\frac{1}{2} \\ \text{II} & \frac{x}{2} - y = 0 \end{array} \Leftrightarrow \begin{array}{lll} \text{I} & -x + \frac{y}{2} = -\frac{1}{2} \\ \text{III} = 2 \cdot \text{II} + \text{I} & -\frac{3}{2}y = -\frac{1}{2} \end{array}$$

Aus der zweiten Zeile ergibt sich $y = \frac{1}{3}$, eingesetzt in I erhält man:

$-x = -\frac{1}{2} - \frac{y}{2} = -\frac{1}{2} - \frac{1}{6} = -\frac{2}{3} \quad \Leftrightarrow \quad x = \frac{2}{3}$

Die Seitenhalbierenden teilen sich also im Verhältnis **1 : 2**.

48. Skizze:

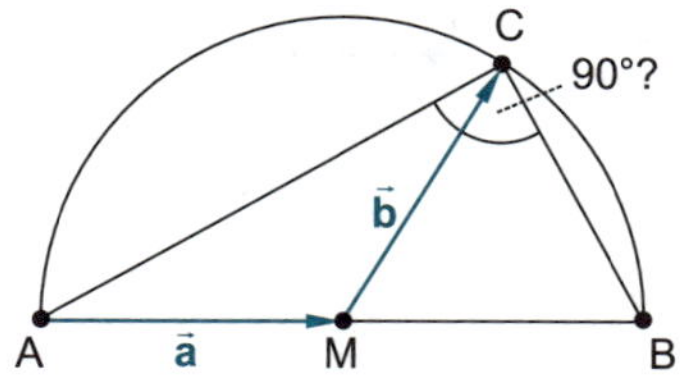

Die linear unabhängigen Vektoren $\vec{a} = \overrightarrow{AM} = \overrightarrow{MB}$ und $\vec{b} = \overrightarrow{MC}$ sind beides Radien des Kreises, also gilt:

$|\vec{a}| = |\vec{b}|$ und damit auch $\vec{a}^2 = \vec{b}^2$

Zu zeigen ist $\overrightarrow{AC} \perp \overrightarrow{CB}$, d. h. $\overrightarrow{AC} \circ \overrightarrow{CB} = 0$.
Aus der Skizze entnimmt man:

$\overrightarrow{AC} = \vec{a} + \vec{b}$ und $\overrightarrow{CB} = -\vec{b} + \vec{a}$

Für das Skalarprodukt dieser beiden Vektoren erhält man:

$\overrightarrow{AC} \circ \overrightarrow{CB} = (\vec{a} + \vec{b}) \circ (-\vec{b} + \vec{a}) = -\vec{b}^2 + \vec{a}^2$

Da $\vec{a}^2 = \vec{b}^2$ ist, ist dieses Produkt gleich 0. Die Vektoren $\overrightarrow{AC}$ und $\overrightarrow{CB}$ und damit auch die Seiten [AC] und [BC] stehen also orthogonal aufeinander, d. h. das Dreieck ABC hat bei C einen rechten Winkel.

49. Skizze:

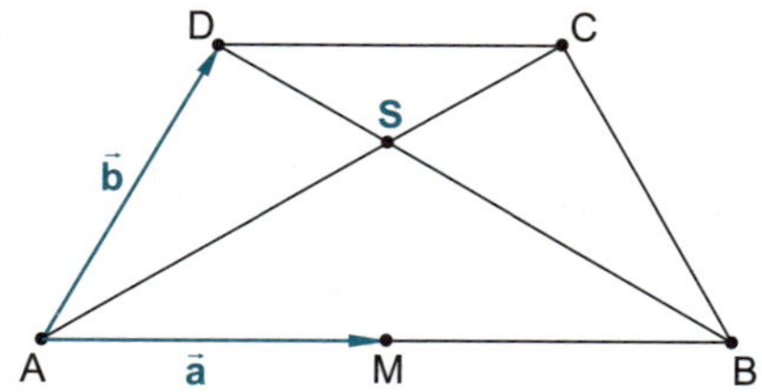

Es gilt:

$|AD| = |BC|$

$\overrightarrow{AB} = 2 \cdot \overrightarrow{DC}$

$\overrightarrow{AM} = \frac{1}{2} \cdot \overrightarrow{AB}$

Geht man von den linear unabhängigen Vektoren $\vec{a} = \overrightarrow{AM}$ und $\vec{b} = \overrightarrow{AD}$ aus, dann erhält man wegen der Parallelität der Seiten [AB] und [CD] und der Längengleichheit von [AM] und [CD]:

$\overrightarrow{AC} = \vec{b} + \vec{a}$ sowie $\overrightarrow{DB} = -\vec{b} + 2\vec{a}$

Der geschlossene Vektorzug $\overrightarrow{AS} + \overrightarrow{SB} + \overrightarrow{BA} = \vec{o}$ lässt sich somit darstellen als:

$$\begin{aligned}\overrightarrow{AS} + \overrightarrow{SB} + \overrightarrow{BA} &= x \cdot \overrightarrow{AC} + y \cdot \overrightarrow{DB} - 2\vec{a}\\ &= x \cdot (\vec{b} + \vec{a}) + y \cdot (-\vec{b} + 2\vec{a}) - 2\vec{a}\\ &= (x + 2y - 2) \cdot \vec{a} + (x - y) \cdot \vec{b} = \vec{o}\end{aligned}$$

Aus der linearen Unabhängigkeit der Vektoren $\vec{a}$ und $\vec{b}$ folgt:

$$\begin{array}{ll} \text{I} & x + 2y - 2 = 0 \\ \text{II} & x - y \quad\;\; = 0 \end{array} \Leftrightarrow \begin{array}{ll} \text{I} & x + 2y = 2 \\ \text{II} & x - y = 0 \end{array} \Leftrightarrow \begin{array}{ll} \text{I} & x + 2y = 2 \\ \text{III} = \text{I} - \text{II} & 3y = 2 \end{array}$$

Die zweite Zeile führt auf $y = \frac{2}{3}$, und aus I ergibt sich anschließend:

$x = 2 - 2 \cdot \frac{2}{3} = \frac{2}{3}$

Die Diagonalen teilen sich im Verhältnis **1 : 2**.

50. a) Stützvektor $\vec{a} = \overrightarrow{OA} = \begin{pmatrix} 3 \\ -2 \end{pmatrix}$; Richtungsvektor $\vec{r} = \overrightarrow{AB} = \begin{pmatrix} 0 \\ 1 \end{pmatrix}$

Die Gleichung der Geraden g durch die Punkte A und B lautet:

$\mathbf{g\colon \vec{x} = \begin{pmatrix} 3 \\ -2 \end{pmatrix} + k \cdot \begin{pmatrix} 0 \\ 1 \end{pmatrix};\ k \in \mathbb{R}}$

b) Stützvektor $\vec{a} = \overrightarrow{OA} = \begin{pmatrix} -1 \\ -3 \\ 2 \end{pmatrix}$; Richtungsvektor $\vec{r} = \overrightarrow{AB} = \begin{pmatrix} 2 \\ 0 \\ -3 \end{pmatrix}$

Die Gleichung der Geraden g durch die Punkte A und B lautet:

$\mathbf{g\colon \vec{x} = \begin{pmatrix} -1 \\ -3 \\ 2 \end{pmatrix} + k \cdot \begin{pmatrix} 2 \\ 0 \\ -3 \end{pmatrix};\ k \in \mathbb{R}}$

51. a) $k=0\colon\ \vec{x} = \begin{pmatrix} 3 \\ -2 \end{pmatrix} + 0 \cdot \begin{pmatrix} 3 \\ -1 \end{pmatrix} = \begin{pmatrix} 3 \\ -2 \end{pmatrix}$; **A(3|–2)**

$k=1\colon\ \vec{x} = \begin{pmatrix} 3 \\ -2 \end{pmatrix} + 1 \cdot \begin{pmatrix} 3 \\ -1 \end{pmatrix} = \begin{pmatrix} 6 \\ -3 \end{pmatrix}$; **B(6|–3)**

$k=2\colon\ \vec{x} = \begin{pmatrix} 3 \\ -2 \end{pmatrix} + 2 \cdot \begin{pmatrix} 3 \\ -1 \end{pmatrix} = \begin{pmatrix} 9 \\ -4 \end{pmatrix}$; **C(9|–4)**

$k=-1\colon\ \vec{x} = \begin{pmatrix} 3 \\ -2 \end{pmatrix} - 1 \cdot \begin{pmatrix} 3 \\ -1 \end{pmatrix} = \begin{pmatrix} 0 \\ -1 \end{pmatrix}$; **D(0|–1)**

b) $k=0\colon\ \vec{x} = \begin{pmatrix} -1 \\ -3 \\ 2 \end{pmatrix} + 0 \cdot \begin{pmatrix} 1 \\ -3 \\ -1 \end{pmatrix} = \begin{pmatrix} -1 \\ -3 \\ 2 \end{pmatrix}$; **A(–1|–3|2)**

$k=1\colon\ \vec{x} = \begin{pmatrix} -1 \\ -3 \\ 2 \end{pmatrix} + 1 \cdot \begin{pmatrix} 1 \\ -3 \\ -1 \end{pmatrix} = \begin{pmatrix} 0 \\ -6 \\ 1 \end{pmatrix}$; **B(0|–6|1)**

$k=2\colon\ \vec{x} = \begin{pmatrix} -1 \\ -3 \\ 2 \end{pmatrix} + 2 \cdot \begin{pmatrix} 1 \\ -3 \\ -1 \end{pmatrix} = \begin{pmatrix} 1 \\ -9 \\ 0 \end{pmatrix}$; **C(1|–9|0)**

$k=-3\colon\ \vec{x} = \begin{pmatrix} -1 \\ -3 \\ 2 \end{pmatrix} - 3 \cdot \begin{pmatrix} 1 \\ -3 \\ -1 \end{pmatrix} = \begin{pmatrix} -4 \\ 6 \\ 5 \end{pmatrix}$; **D(–4|6|5)**

52. a) Ansatz: $\begin{pmatrix} 3 \\ 2 \end{pmatrix} + k \cdot \begin{pmatrix} -2 \\ 3 \end{pmatrix} = \begin{pmatrix} 7 \\ -4 \end{pmatrix}$

$$\begin{matrix} 3-2k = 7 \\ 2+3k=-4 \end{matrix} \iff \begin{matrix} -2k = 4 \\ 3k = -6 \end{matrix} \iff \begin{matrix} k=-2 \\ k=-2 \end{matrix}$$

Für **$k=-2$** wird der Punkt C erreicht.

b) Ansatz: $\begin{pmatrix}1\\2\\5\end{pmatrix}+k\cdot\begin{pmatrix}1\\-2\\1\end{pmatrix}=\begin{pmatrix}5\\-6\\9\end{pmatrix}$

$$\begin{array}{l} 1+\ \ k=\ 5 \\ 2-2k=-6 \\ 5+\ \ k=\ 9 \end{array} \iff \begin{array}{l} k=\ 4 \\ -2k=-8 \\ k=\ 4 \end{array} \iff \begin{array}{l} k=4 \\ k=4 \\ k=4 \end{array}$$

Für **k = 4** wird der Punkt C erreicht.

53. a) $\begin{pmatrix}4\\-1\end{pmatrix}+k\cdot\begin{pmatrix}-3\\2\end{pmatrix}=\begin{pmatrix}1\\1\end{pmatrix} \iff \begin{array}{l} 4-3k=1 \\ -1+2k=1 \end{array} \iff \begin{array}{l} -3k=-3 \\ 2k=\ 2 \end{array} \iff \begin{array}{l} k=1 \\ k=1 \end{array}$

A liegt auf der Geraden g.

$\begin{pmatrix}4\\-1\end{pmatrix}+k\cdot\begin{pmatrix}-3\\2\end{pmatrix}=\begin{pmatrix}-5\\5\end{pmatrix} \iff \begin{array}{l} 4-3k=-5 \\ -1+2k=\ 5 \end{array} \iff \begin{array}{l} -3k=-9 \\ 2k=\ 6 \end{array} \iff \begin{array}{l} k=3 \\ k=3 \end{array}$

B liegt auch auf der Geraden g.

$\begin{pmatrix}4\\-1\end{pmatrix}+k\cdot\begin{pmatrix}-3\\2\end{pmatrix}=\begin{pmatrix}7\\2\end{pmatrix} \iff \begin{array}{l} 4-3k=7 \\ -1+2k=2 \end{array} \iff \begin{array}{l} -3k=3 \\ 2k=3 \end{array} \iff \begin{array}{l} k=-1 \\ k=\frac{3}{2} \end{array}$

C liegt **nicht** auf der Geraden g.

b) $\begin{pmatrix}-2\\-1\\4\end{pmatrix}+k\cdot\begin{pmatrix}3\\-1\\-2\end{pmatrix}=\begin{pmatrix}7\\-4\\-2\end{pmatrix} \iff \begin{array}{l} -2+3k=\ 7 \\ -1-\ \ k=-4 \\ 4-2k=-2 \end{array} \iff \begin{array}{l} 3k=\ 9 \\ -k=-3 \\ -2k=-6 \end{array} \iff \begin{array}{l} k=3 \\ k=3 \\ k=3 \end{array}$

A liegt auf der Geraden g.

$\begin{pmatrix}-2\\-1\\4\end{pmatrix}+k\cdot\begin{pmatrix}3\\-1\\-2\end{pmatrix}=\begin{pmatrix}-8\\1\\8\end{pmatrix} \iff \begin{array}{l} -2+3k=-8 \\ -1-\ \ k=\ 1 \\ 4-2k=\ 8 \end{array} \iff \begin{array}{l} 3k=-6 \\ -k=\ 2 \\ -2k=\ 4 \end{array} \iff \begin{array}{l} k=-2 \\ k=-2 \\ k=-2 \end{array}$

B liegt auch auf der Geraden g.

$\begin{pmatrix}-2\\-1\\4\end{pmatrix}+k\cdot\begin{pmatrix}3\\-1\\-2\end{pmatrix}=\begin{pmatrix}3\\1\\3\end{pmatrix} \iff \begin{array}{l} -2+3k=3 \\ -1-\ \ k=1 \\ 4-2k=3 \end{array} \iff \begin{array}{l} 3k=\ 5 \\ -k=\ 2 \\ -2k=-1 \end{array} \iff \begin{array}{l} k=\frac{5}{3} \\ k=-2 \\ k=\frac{1}{2} \end{array}$

C liegt **nicht** auf der Geraden g.

54. a) **AB**: $\vec{x}=\overrightarrow{OA}+k\cdot\overrightarrow{AB}=\begin{pmatrix}1\\1\end{pmatrix}+k\cdot\begin{pmatrix}5\\1\end{pmatrix};\quad k\in\mathbb{R}$

AC: $\vec{x}=\overrightarrow{OA}+k\cdot\overrightarrow{AC}=\begin{pmatrix}1\\1\end{pmatrix}+k\cdot\begin{pmatrix}4\\3\end{pmatrix};\quad k\in\mathbb{R}$

BC: $\vec{x}=\overrightarrow{OB}+k\cdot\overrightarrow{BC}=\begin{pmatrix}6\\2\end{pmatrix}+k\cdot\begin{pmatrix}-1\\2\end{pmatrix};\quad k\in\mathbb{R}$

b) **AB**: $\vec{x} = \overrightarrow{OA} + k \cdot \overrightarrow{AB} = \begin{pmatrix} 1 \\ -1 \\ 2 \end{pmatrix} + k \cdot \begin{pmatrix} 6 \\ 5 \\ 3 \end{pmatrix}$; $k \in \mathbb{R}$

AC: $\vec{x} = \overrightarrow{OA} + k \cdot \overrightarrow{AC} = \begin{pmatrix} 1 \\ -1 \\ 2 \end{pmatrix} + k \cdot \begin{pmatrix} 2 \\ -4 \\ -3 \end{pmatrix}$; $k \in \mathbb{R}$

BC: $\vec{x} = \overrightarrow{OB} + k \cdot \overrightarrow{BC} = \begin{pmatrix} 7 \\ 4 \\ 5 \end{pmatrix} + k \cdot \begin{pmatrix} -4 \\ -9 \\ -6 \end{pmatrix}$; $k \in \mathbb{R}$

55. a) Auf g liegen die Punkte A(3 | –2) und B(–1 | 0) (für k = 0 bzw. k = 1). Wenn die beiden Geraden identisch sind, dann müssen A und B auch auf h liegen:

$$\begin{pmatrix} 7 \\ -4 \end{pmatrix} + m \cdot \begin{pmatrix} 8 \\ 4 \end{pmatrix} = \begin{pmatrix} 3 \\ -2 \end{pmatrix} \Leftrightarrow \begin{aligned} 7 + 8m &= 3 \\ -4 + 4m &= -2 \end{aligned} \Leftrightarrow \begin{aligned} 8m &= -4 \\ 4m &= 2 \end{aligned} \Leftrightarrow \begin{aligned} m &= -0{,}5 \\ m &= 0{,}5 \end{aligned}$$

Da bereits A nicht auf h liegt, sind die beiden Geraden **nicht identisch**.

b) Auf g liegen die Punkte A(–2 | 2 | 3) und B(4 | 0 | 7) (für k = 0 bzw. k = 1). Man prüft, ob diese Punkte auch auf der Geraden h liegen:

$$\begin{pmatrix} 4 \\ 0 \\ 7 \end{pmatrix} + m \cdot \begin{pmatrix} -3 \\ 1 \\ -2 \end{pmatrix} = \begin{pmatrix} -2 \\ 2 \\ 3 \end{pmatrix} \Leftrightarrow \begin{aligned} 4 - 3m &= -2 \\ m &= 2 \\ 7 - 2m &= 3 \end{aligned} \Leftrightarrow \begin{aligned} -3m &= -6 \\ m &= 2 \\ -2m &= -4 \end{aligned} \Leftrightarrow \begin{aligned} m &= 2 \\ m &= 2 \\ m &= 2 \end{aligned}$$

A liegt also auch auf h.

Der Punkt B(4 | 0 | 7) ist Stützpunkt der Geraden h (erkennbar an der Geradengleichung für m = 0), liegt also auch auf h; somit sind die beiden Geraden g und h **identisch**.

56. Man verwendet z. B. den Vektor $\overrightarrow{OA}$ als Stützvektor und die Vektoren $\overrightarrow{AB}$ und $\overrightarrow{AC}$ als Spannvektoren:

a) **E:** $\vec{x} = \begin{pmatrix} 5 \\ 2 \\ 1 \end{pmatrix} + r \cdot \begin{pmatrix} -4 \\ -1 \\ 2 \end{pmatrix} + s \cdot \begin{pmatrix} -8 \\ -1 \\ 2 \end{pmatrix}$

b) **E:** $\vec{x} = \begin{pmatrix} 6 \\ -1 \\ -3 \end{pmatrix} + r \cdot \begin{pmatrix} -3 \\ -2 \\ 4 \end{pmatrix} + s \cdot \begin{pmatrix} -6 \\ 2 \\ 3 \end{pmatrix}$

57. Man setzt beliebige Zahlen für r und s bzw. s und t ein und erhält damit beliebig viele Punkte auf der Ebene E, z. B.:

a) r = 1; s = 0: $\vec{x}_1 = \begin{pmatrix} 5 \\ 0 \\ 3 \end{pmatrix} + 1 \cdot \begin{pmatrix} 2 \\ 1 \\ -1 \end{pmatrix} + 0 \cdot \begin{pmatrix} 1 \\ 0 \\ 2 \end{pmatrix} = \begin{pmatrix} 7 \\ 1 \\ 2 \end{pmatrix} \Rightarrow$ **$P_1(7 | 1 | 2)$**

$r=0;\ s=1{:}\quad \vec{x}_2=\begin{pmatrix}5\\0\\3\end{pmatrix}+0\cdot\begin{pmatrix}2\\1\\-1\end{pmatrix}+1\cdot\begin{pmatrix}1\\0\\2\end{pmatrix}=\begin{pmatrix}6\\0\\5\end{pmatrix}\quad\Rightarrow\quad \mathbf{P_2(6\,|\,0\,|\,5)}$

$r=0;\ s=0{:}\quad \vec{x}_3=\begin{pmatrix}5\\0\\3\end{pmatrix}+0\cdot\begin{pmatrix}2\\1\\-1\end{pmatrix}+0\cdot\begin{pmatrix}1\\0\\2\end{pmatrix}=\begin{pmatrix}5\\0\\3\end{pmatrix}\quad\Rightarrow\quad \mathbf{P_3(5\,|\,0\,|\,3)}$

$r=-1;\ s=1{:}\quad \vec{x}_4=\begin{pmatrix}5\\0\\3\end{pmatrix}-1\cdot\begin{pmatrix}2\\1\\-1\end{pmatrix}+1\cdot\begin{pmatrix}1\\0\\2\end{pmatrix}=\begin{pmatrix}4\\-1\\6\end{pmatrix}\quad\Rightarrow\quad \mathbf{P_4(4\,|\,-1\,|\,6)}$

b) $s=1;\ t=0{:}\quad \vec{x}_1=\begin{pmatrix}-1\\3\\0\end{pmatrix}+1\cdot\begin{pmatrix}1\\3\\1\end{pmatrix}+0\cdot\begin{pmatrix}0\\2\\2\end{pmatrix}=\begin{pmatrix}0\\6\\1\end{pmatrix}\quad\Rightarrow\quad \mathbf{P_1(0\,|\,6\,|\,1)}$

$s=0;\ t=-1{:}\quad \vec{x}_2=\begin{pmatrix}-1\\3\\0\end{pmatrix}+0\cdot\begin{pmatrix}1\\3\\1\end{pmatrix}-1\cdot\begin{pmatrix}0\\2\\2\end{pmatrix}=\begin{pmatrix}-1\\1\\-2\end{pmatrix}\quad\Rightarrow\quad \mathbf{P_2(-1\,|\,1\,|\,-2)}$

$s=2;\ t=1{:}\quad \vec{x}_3=\begin{pmatrix}-1\\3\\0\end{pmatrix}+2\cdot\begin{pmatrix}1\\3\\1\end{pmatrix}+1\cdot\begin{pmatrix}0\\2\\2\end{pmatrix}=\begin{pmatrix}1\\11\\4\end{pmatrix}\quad\Rightarrow\quad \mathbf{P_3(1\,|\,11\,|\,4)}$

$s=-1;\ t=-1{:}\quad \vec{x}_4=\begin{pmatrix}-1\\3\\0\end{pmatrix}-1\cdot\begin{pmatrix}1\\3\\1\end{pmatrix}-1\cdot\begin{pmatrix}0\\2\\2\end{pmatrix}=\begin{pmatrix}-2\\-2\\-3\end{pmatrix}\quad\Rightarrow\quad \mathbf{P_4(-2\,|\,-2\,|\,-3)}$

58. a) Ansatz: $\begin{pmatrix}1\\-4\\-2\end{pmatrix}+r\cdot\begin{pmatrix}1\\-1\\2\end{pmatrix}+s\cdot\begin{pmatrix}-2\\0\\1\end{pmatrix}=\begin{pmatrix}9\\-6\\-1\end{pmatrix}$

$$\begin{array}{lrcl} \text{I} & r-2s+1 &=& 9\\ \text{II} & -r\qquad\ -4 &=& -6\\ \text{III} & 2r+\ s-2 &=& -1\end{array}\quad\Leftrightarrow\quad\begin{array}{lrcl} \text{I} & r-2s &=& 8\\ \text{II} & -r &=& -2\\ \text{III} & 2r+\ s &=& 1\end{array}$$

Aus Gleichung II ergibt sich $\mathbf{r=2}$; eingesetzt in Gleichung III erhält man $\mathbf{s=-3}$. In Gleichung I ergibt sich mit diesen Werten von r und s eine wahre Aussage: $2-2\cdot(-3)=2+6=8$

b) Ansatz: $\begin{pmatrix}1\\0\\5\end{pmatrix}+r\cdot\begin{pmatrix}1\\-2\\1\end{pmatrix}+s\cdot\begin{pmatrix}1\\-1\\-3\end{pmatrix}=\begin{pmatrix}-1\\5\\-1\end{pmatrix}$

$$\begin{array}{lrcl} \text{I} & r+\ s+1 &=& -1\\ \text{II} & -2r-\ s &=& 5\\ \text{III} & r-3s+5 &=& -1\end{array}\quad\Leftrightarrow\quad\begin{array}{lrcl} \text{I} & r+\ s &=& -2\\ \text{II} & -2r-\ s &=& 5\\ \text{III} & r-3s &=& -6\end{array}$$

$$\Leftrightarrow\quad\begin{array}{lrcl} \text{I} & r+\ s &=& -2\\ \text{IV}=2\cdot\text{I}+\text{II} & s &=& 1\\ \text{V}=\text{I}-\text{III} & 4s &=& 4\end{array}$$

$$\Leftrightarrow\quad\begin{array}{lrcl} \text{I} & r+s &=& -2\\ \text{IV} & s &=& 1\\ \text{VI}=4\cdot\text{IV}-\text{V} & 0 &=& 0\end{array}$$

Die Gleichung VI ist immer erfüllt, aus Gleichung IV entnimmt man $\mathbf{s=1}$, eingesetzt in I folgt $\mathbf{r=-3}$.

59. Punktprobe für A ergibt:

$$\begin{pmatrix}-1\\-2\\0\end{pmatrix}+r\cdot\begin{pmatrix}2\\1\\-4\end{pmatrix}+s\cdot\begin{pmatrix}-2\\2\\1\end{pmatrix}=\begin{pmatrix}1\\1\\1\end{pmatrix} \Leftrightarrow \begin{array}{ll}\text{I} & 2r-2s=2\\ \text{II} & r+2s=3\\ \text{III} & -4r+s=1\end{array}$$

$$\Leftrightarrow \begin{array}{lr}\text{I} & 2r-2s=2\\ \text{IV}=\text{I}-2\cdot\text{II} & -6s=-4\\ \text{V}=2\cdot\text{I}+\text{III} & -3s=5\end{array}$$

Gleichung IV erzwingt $s=\frac{2}{3}$, während sich aus Gleichung V der Wert $s=-\frac{5}{3}$ ergibt. Wegen dieses Widerspruchs liegt A **nicht** in der Ebene E.

Punktprobe für B ergibt:

$$\begin{pmatrix}-1\\-2\\0\end{pmatrix}+r\cdot\begin{pmatrix}2\\1\\-4\end{pmatrix}+s\cdot\begin{pmatrix}-2\\2\\1\end{pmatrix}=\begin{pmatrix}-5\\2\\2\end{pmatrix} \Leftrightarrow \begin{array}{ll}\text{I} & 2r-2s=-4\\ \text{II} & r+2s=4\\ \text{III} & -4r+s=2\end{array}$$

$$\Leftrightarrow \begin{array}{lr}\text{I} & 2r-2s=-4\\ \text{IV}=\text{I}-2\cdot\text{II} & -6s=-12\\ \text{V}=2\cdot\text{I}+\text{III} & -3s=-6\end{array}$$

Aus den Gleichungen IV und V folgt jeweils $s=2$; eingesetzt in I erhält man $2r-4=-4 \Leftrightarrow r=0$. Der Punkt B liegt somit in der Ebene E.

Punktprobe für C ergibt:

$$\begin{pmatrix}-1\\-2\\0\end{pmatrix}+r\cdot\begin{pmatrix}2\\1\\-4\end{pmatrix}+s\cdot\begin{pmatrix}-2\\2\\1\end{pmatrix}=\begin{pmatrix}7\\2\\1\end{pmatrix} \Leftrightarrow \begin{array}{ll}\text{I} & 2r-2s=8\\ \text{II} & r+2s=4\\ \text{III} & -4r+s=1\end{array}$$

$$\Leftrightarrow \begin{array}{lr}\text{I} & 2r-2s=8\\ \text{IV}=\text{I}-2\cdot\text{II} & -6s=0\\ \text{V}=2\cdot\text{I}+\text{III} & -3s=17\end{array}$$

Gleichung IV erzwingt $s=0$, während sich aus Gleichung V der Wert $s=-\frac{17}{3}$ ergibt. Wegen dieses Widerspruchs liegt C **nicht** in der Ebene E.

60. a) Der Punkt $A(1\,|\,1\,|\,-1)$ und der Stützpunkt $B(-1\,|\,0\,|\,3)$ der Geraden g liegen in der Ebene E. Daher kann man A als Stützpunkt der Ebene E verwenden und den Vektor $\overrightarrow{AB}$ sowie den Richtungsvektor der Geraden g als Spannvektoren. Eine Gleichung der Ebene E lautet somit:

$$\textbf{E: } \vec{x}=\begin{pmatrix}1\\1\\-1\end{pmatrix}+s\cdot\begin{pmatrix}-2\\-1\\4\end{pmatrix}+t\cdot\begin{pmatrix}2\\1\\0\end{pmatrix}$$

b) Der Punkt $P(3\,|\,2\,|\,3)$ liegt auf der Geraden g, denn:

$$\vec{x}_P=\begin{pmatrix}3\\2\\3\end{pmatrix}=\begin{pmatrix}-1\\0\\3\end{pmatrix}+2\cdot\begin{pmatrix}2\\1\\0\end{pmatrix}$$

Da es unendlich viele Ebenen gibt, die die Gerade g und damit auch den Punkt P enthalten, ist die Ebene nicht eindeutig bestimmt. Zur eindeutigen Festlegung einer dieser Ebenen bräuchte man einen Punkt der Ebene, der nicht auf der Geraden g liegt.

61. Man wählt z. B. A als Stützpunkt der Ebene und $\overrightarrow{AB} = \begin{pmatrix} -6 \\ -1 \\ -1 \end{pmatrix}$ als einen der Spannvektoren. Der zweite Spannvektor ist beliebig. Es ergeben sich beispielsweise folgende Ebenen als mögliche Lösungen der Fragestellung:

$\mathbf{E_1}$: $\vec{x} = \begin{pmatrix} 3 \\ 1 \\ 2 \end{pmatrix} + r \cdot \begin{pmatrix} -6 \\ -1 \\ -1 \end{pmatrix} + s \cdot \begin{pmatrix} 1 \\ 0 \\ 0 \end{pmatrix}$ oder $\mathbf{E_2}$: $\vec{x} = \begin{pmatrix} 3 \\ 1 \\ 2 \end{pmatrix} + r \cdot \begin{pmatrix} -6 \\ -1 \\ -1 \end{pmatrix} + s \cdot \begin{pmatrix} 1 \\ 1 \\ 1 \end{pmatrix}$

62. Für die Überprüfung der Identität zweier Ebenen gibt es mehrere Möglichkeiten. Man kann z. B. prüfen, ob drei Punkte einer Ebene, die ein Dreieck bilden, auch in der anderen Ebene liegen. Alternativ lässt sich eine Identität nachweisen, wenn man zeigt, dass der Stützpunkt der einen Ebene in der anderen Ebene liegt und die beiden Richtungsvektoren der einen Ebene jeweils eine Linearkombination der Richtungsvektoren der anderen Ebene sind.

a) Für diese Teilaufgabe wird die erste Möglichkeit verwendet: Man wählt drei Punkte der ersten Ebene E_1 aus: Mit $r = s = 0$ erhält man den Stützpunkt $A(-2\,|\,-2\,|\,0)$; für $r = 1$ und $s = 0$ ergibt sich $B(3\,|\,-1\,|\,-1)$ und für $r = 0$ und $s = 1$ erhält man $C(1\,|\,-3\,|\,2)$.

Man prüft, ob diese Punkte auch in der Ebene E_2 liegen:

$$\text{A:}\quad \begin{pmatrix} 5 \\ 1 \\ -4 \end{pmatrix} + t \cdot \begin{pmatrix} 9 \\ 5 \\ -7 \end{pmatrix} + u \cdot \begin{pmatrix} 1 \\ -3 \\ 5 \end{pmatrix} = \begin{pmatrix} -2 \\ -2 \\ 0 \end{pmatrix} \quad \Leftrightarrow \quad \begin{array}{ll} \text{I} & 5 + 9t + u = -2 \\ \text{II} & 1 + 5t - 3u = -2 \\ \text{III} & -4 - 7t + 5u = 0 \end{array}$$

$$\Leftrightarrow \begin{array}{ll} \text{I} & 9t + u = -7 \\ \text{II} & 5t - 3u = -3 \\ \text{III} & -7t + 5u = 4 \end{array} \quad \Leftrightarrow \quad \begin{array}{lr} \text{I} & 9t + u = -7 \\ \text{IV} = 5 \cdot \text{I} - 9 \cdot \text{II} & 32u = -8 \\ \text{V} = 7 \cdot \text{II} + 5 \cdot \text{III} & 4u = -1 \end{array}$$

$$\Leftrightarrow \begin{array}{lr} \text{I} & 9t + u = -7 \\ \text{IV} & 32u = -8 \\ \text{VI} = \text{IV} - 8 \cdot \text{V} & 0 = 0 \end{array}$$

Gleichung VI ist immer erfüllt, und aus Gleichung IV lässt sich u und anschließend aus Gleichung I die Variable t eindeutig bestimmen ($u = -\frac{1}{4}$; $t = -\frac{3}{4}$); A liegt also auch in der zweiten Ebene.

$$\text{B:}\quad \begin{pmatrix} 5 \\ 1 \\ -4 \end{pmatrix} + t \cdot \begin{pmatrix} 9 \\ 5 \\ -7 \end{pmatrix} + u \cdot \begin{pmatrix} 1 \\ -3 \\ 5 \end{pmatrix} = \begin{pmatrix} 3 \\ -1 \\ -1 \end{pmatrix} \quad \Leftrightarrow \quad \begin{array}{ll} \text{I} & 5 + 9t + u = 3 \\ \text{II} & 1 + 5t - 3u = -1 \\ \text{III} & -4 - 7t + 5u = -1 \end{array}$$

$$\Leftrightarrow \begin{array}{ll} \text{I} & 9t + u = -2 \\ \text{II} & 5t - 3u = -2 \\ \text{III} & -7t + 5u = 3 \end{array} \quad \Leftrightarrow \quad \begin{array}{lr} \text{I} & 9t + u = -2 \\ \text{IV} = 5 \cdot \text{I} - 9 \cdot \text{II} & 32u = 8 \\ \text{V} = 7 \cdot \text{II} + 5 \cdot \text{III} & 4u = 1 \end{array}$$

$$\Leftrightarrow \begin{array}{lr} \text{I} & 9t + u = -2 \\ \text{IV} & 32u = 8 \\ \text{VI} = \text{IV} - 8 \cdot \text{V} & 0 = 0 \end{array}$$

Auch hier ist Gleichung VI immer erfüllt, und aus Gleichung IV ergibt sich u und anschließend aus Gleichung I die Variable t eindeutig ($u = \frac{1}{4}$; $t = -\frac{1}{4}$); B liegt ebenfalls in der Ebene E_2.

$$\text{C:}\quad \begin{pmatrix}5\\1\\-4\end{pmatrix} + t\cdot\begin{pmatrix}9\\5\\-7\end{pmatrix} + u\cdot\begin{pmatrix}1\\-3\\5\end{pmatrix} = \begin{pmatrix}1\\-3\\2\end{pmatrix} \Leftrightarrow \begin{array}{ll} \text{I} & 5+9t+u=1 \\ \text{II} & 1+5t-3u=-3 \\ \text{III} & -4-7t+5u=2 \end{array}$$

$$\Leftrightarrow \begin{array}{ll} \text{I} & 9t+u=-4 \\ \text{II} & 5t-3u=-4 \\ \text{III} & -7t+5u=6 \end{array} \Leftrightarrow \begin{array}{ll} \text{I} & 9t+u=-4 \\ \text{IV}=5\cdot\text{I}-9\cdot\text{II} & 32u=16 \\ \text{V}=7\cdot\text{II}+5\cdot\text{III} & 4u=2 \end{array}$$

$$\Leftrightarrow \begin{array}{ll} \text{I} & 9t+u=-4 \\ \text{IV} & 32u=16 \\ \text{VI}=\text{IV}-8\cdot\text{V} & 0=0 \end{array}$$

Wie bei den anderen Punkten ergeben sich auch hier eindeutige Werte für t und u ($u = \frac{1}{2}$; $t = -\frac{1}{2}$); also liegt auch C in der zweiten Ebene und die beiden Ebenen sind damit **identisch**.

b) Hier wird die zweite Methode angewandt.
Zunächst prüft man, ob der Stützpunkt A(1|–9|1) der ersten Ebene E_1 in der zweiten Ebene E_2 liegt:

$$\begin{pmatrix}-1\\-4\\-1\end{pmatrix} + t\cdot\begin{pmatrix}2\\1\\-4\end{pmatrix} + u\cdot\begin{pmatrix}-2\\2\\1\end{pmatrix} = \begin{pmatrix}1\\-9\\1\end{pmatrix} \Leftrightarrow \begin{array}{ll} \text{I} & -1+2t-2u=1 \\ \text{II} & -4+t+2u=-9 \\ \text{III} & -1-4t+u=1 \end{array}$$

$$\Leftrightarrow \begin{array}{ll} \text{I} & 2t-2u=2 \\ \text{II} & t+2u=-5 \\ \text{III} & -4t+u=2 \end{array} \Leftrightarrow \begin{array}{ll} \text{I} & 2t-2u=2 \\ \text{IV}=\text{I}-2\cdot\text{II} & -6u=12 \\ \text{V}=2\cdot\text{I}+\text{III} & -3u=6 \end{array}$$

$$\Leftrightarrow \begin{array}{ll} \text{I} & 2t-2u=2 \\ \text{IV} & -6u=12 \\ \text{VI}=\text{IV}-2\cdot\text{V} & 0=0 \end{array}$$

Dieses Gleichungssystem besitzt eine eindeutige Lösung ($u=-2$; $t=-1$); der Stützpunkt A der ersten Ebene liegt also auch in der zweiten Ebene.

Anschließend überprüft man, ob die Spannvektoren $\begin{pmatrix}2\\4\\-7\end{pmatrix}$, $\begin{pmatrix}2\\1\\-4\end{pmatrix}$ und $\begin{pmatrix}-2\\2\\1\end{pmatrix}$ linear abhängig sind:

$$r\cdot\begin{pmatrix}2\\4\\-7\end{pmatrix} + s\cdot\begin{pmatrix}2\\1\\-4\end{pmatrix} + t\cdot\begin{pmatrix}-2\\2\\1\end{pmatrix} = \begin{pmatrix}0\\0\\0\end{pmatrix} \Leftrightarrow \begin{array}{ll} \text{I} & 2r+2s-2t=0 \\ \text{II} & 4r+s+2t=0 \\ \text{III} & -7r-4s+t=0 \end{array}$$

$$\Leftrightarrow \begin{array}{ll} \text{I} & 2r+2s-2t=0 \\ \text{IV}=2\cdot\text{I}-\text{II} & 3s-6t=0 \\ \text{V}=7\cdot\text{I}+2\cdot\text{III} & 6s-12t=0 \end{array}$$

$$\Leftrightarrow \begin{array}{ll} \text{I} & 2r+2s-2t=0 \\ \text{IV} & 3s-6t=0 \\ \text{VI}=2\cdot\text{IV}-\text{V} & 0=0 \end{array}$$

Wegen der freien Wählbarkeit eines der drei Parameter besitzt das Gleichungssystem nicht nur die triviale Lösung; die geprüften Vektoren sind linear abhängig.

Dieselbe Prüfung wird für die Spannvektoren $\begin{pmatrix}-1\\0\\1\end{pmatrix}$, $\begin{pmatrix}2\\1\\-4\end{pmatrix}$ und $\begin{pmatrix}-2\\2\\1\end{pmatrix}$ durchgeführt:

$$r\cdot\begin{pmatrix}-1\\0\\1\end{pmatrix}+s\cdot\begin{pmatrix}2\\1\\-4\end{pmatrix}+t\cdot\begin{pmatrix}-2\\2\\1\end{pmatrix}=\begin{pmatrix}0\\0\\0\end{pmatrix} \Leftrightarrow \begin{array}{ll}\text{I} & -r+2s-2t=0\\ \text{II} & s+2t=0\\ \text{III} & r-4s+t=0\end{array}$$

$$\Leftrightarrow \begin{array}{ll}\text{I} & -r+2s-2t=0\\ \text{II} & s+2t=0\\ \text{IV}=\text{I}+\text{III} & -2s-t=0\end{array}$$

$$\Leftrightarrow \begin{array}{ll}\text{I} & -r+2s-2t=0\\ \text{II} & s+2t=0\\ \text{V}=2\cdot\text{II}+\text{IV} & 3t=0\end{array}$$

Hier besitzt das Gleichungssystem nur die triviale Lösung ($t=s=r=0$); die geprüften Vektoren sind linear unabhängig.

Der Spannvektor $\begin{pmatrix}-1\\0\\1\end{pmatrix}$ der Ebene E_1 „ragt“ also aus der Ebene E_2 heraus, und die beiden Ebenen sind somit **nicht identisch**.

63. Aus den Bedingungen $\vec{a}\circ\vec{n}=0$ und $\vec{b}\circ\vec{n}=0$ ergibt sich:

$$\begin{pmatrix}1\\0\\5\end{pmatrix}\circ\begin{pmatrix}n_1\\n_2\\n_3\end{pmatrix}=0 \text{ und } \begin{pmatrix}-1\\3\\1\end{pmatrix}\circ\begin{pmatrix}n_1\\n_2\\n_3\end{pmatrix}=0$$

Dies führt auf das Gleichungssystem:

$$\begin{array}{ll}\text{I} & n_1+5n_3=0\\ \text{II} & -n_1+3n_2+n_3=0\end{array} \Leftrightarrow \begin{array}{ll}\text{I} & n_1+5n_3=0\\ \text{III}=\text{II}+\text{I} & 3n_2+6n_3=0\end{array}$$

Die Koordinate n_3 ist beliebig wählbar, z. B. $n_3=1$.

Aus Gleichung III erhält man damit

$3n_2+6\cdot1=0 \Leftrightarrow 3n_2=-6 \Leftrightarrow n_2=-2$

und aus Gleichung I folgt:

$n_1+5\cdot1=0 \Leftrightarrow n_1=-5$

Ein Normalenvektor der Ebene lautet also $\vec{n}=\begin{pmatrix}-5\\-2\\1\end{pmatrix}$.

64. Die Ebene E besitzt die Spannvektoren $\overrightarrow{AB}=\begin{pmatrix}1\\-3\\-3\end{pmatrix}$ und $\overrightarrow{AC}=\begin{pmatrix}-2\\1\\1\end{pmatrix}$.

Somit ergibt sich aus den Bedingungen $\overrightarrow{AB}\circ\vec{n}=0$ und $\overrightarrow{AC}\circ\vec{n}=0$ das Gleichungssystem:

$$\begin{array}{ll}\text{I} & n_1-3n_2-3n_3=0\\ \text{II} & -2n_1+n_2+n_3=0\end{array} \Leftrightarrow \begin{array}{ll}\text{I} & n_1-3n_2-3n_3=0\\ \text{III}=2\cdot\text{I}+\text{II} & -5n_2-5n_3=0\end{array}$$

Wählt man $n_3 = 1$, folgt aus Gleichung III: $-5n_2 - 5 = 0 \;\Leftrightarrow\; n_2 = -1$
Eingesetzt in die erste Zeile erhält man: $n_1 + 3 - 3 = 0 \;\Leftrightarrow\; n_1 = 0$

Ein Normalenvektor der Ebene lautet somit $\vec{n} = \begin{pmatrix} 0 \\ -1 \\ 1 \end{pmatrix}$ und seine Länge beträgt:

$$|\vec{n}| = \left|\begin{pmatrix} 0 \\ -1 \\ 1 \end{pmatrix}\right| = \sqrt{0^2 + (-1)^2 + 1^2} = \sqrt{2}$$

Ein Normaleneinheitsvektor der Ebene ist damit $\mathbf{\vec{n}_0 = \frac{1}{\sqrt{2}} \cdot \begin{pmatrix} 0 \\ -1 \\ 1 \end{pmatrix}}$.

65. Ein Normalenvektor einer Ebene muss orthogonal zu den beiden Spannvektoren der Ebene stehen. Dadurch ist seine Richtung vorgegeben und er ist bis auf Länge und Orientierung eindeutig bestimmt. Somit sind alle Normalenvektoren einer Ebene zueinander parallel, also linear abhängig.

66. Man bestimmt zunächst zwei Spannvektoren der Ebene; diese müssen orthogonal zu $\vec{n}$ stehen und linear unabhängig sein. Die erste Bedingung lautet:

$$\vec{v} \circ \begin{pmatrix} 1 \\ 3 \\ -2 \end{pmatrix} = 0 \;\Leftrightarrow\; v_1 + 3v_2 - 2v_3 = 0$$

Um zwei linear unabhängige Vektoren zu erhalten, wählt man je zwei Koordinaten so, dass sie keine Vielfachen voneinander sind.
Mit $v_2 = 1$ und $v_3 = 1$ ergibt sich z. B. $v_1 = -3v_2 + 2v_3 = -1$, also: $\vec{v}_1 = \begin{pmatrix} -1 \\ 1 \\ 1 \end{pmatrix}$

Mit $v_2 = 1$ und $v_3 = 0$ ergibt sich $v_1 = -3v_2 = -3$ und somit: $\vec{v}_2 = \begin{pmatrix} -3 \\ 1 \\ 0 \end{pmatrix}$

Zusammen mit dem Ortsvektor von P als Stützvektor der Ebene erhält man als Gleichung für die Ebene:

$$\mathbf{E:\ \vec{x} = \begin{pmatrix} 5 \\ 1 \\ 2 \end{pmatrix} + r \cdot \begin{pmatrix} -1 \\ 1 \\ 1 \end{pmatrix} + s \cdot \begin{pmatrix} -3 \\ 1 \\ 0 \end{pmatrix}}$$

67. a) $\vec{a} \times \vec{b} = \begin{pmatrix} 1 \\ 2 \\ 1 \end{pmatrix} \times \begin{pmatrix} 1 \\ 3 \\ 2 \end{pmatrix} = \begin{pmatrix} 2\cdot 2 - 1\cdot 3 \\ 1\cdot 1 - 1\cdot 2 \\ 1\cdot 3 - 2\cdot 1 \end{pmatrix} = \mathbf{\begin{pmatrix} 1 \\ -1 \\ 1 \end{pmatrix}}$

b) $\vec{a} \times \vec{b} = \begin{pmatrix} 0 \\ 0 \\ 1 \end{pmatrix} \times \begin{pmatrix} 0 \\ 1 \\ 0 \end{pmatrix} = \begin{pmatrix} 0\cdot 0 - 1\cdot 1 \\ 1\cdot 0 - 0\cdot 0 \\ 0\cdot 1 - 0\cdot 0 \end{pmatrix} = \mathbf{\begin{pmatrix} -1 \\ 0 \\ 0 \end{pmatrix}}$

c) $\vec{a} \times \vec{b} = \begin{pmatrix} 0 \\ 0 \\ 0 \end{pmatrix} \times \begin{pmatrix} 4 \\ 1 \\ 6 \end{pmatrix} = \begin{pmatrix} 0\cdot 6 - 0\cdot 1 \\ 0\cdot 4 - 0\cdot 6 \\ 0\cdot 1 - 0\cdot 4 \end{pmatrix} = \mathbf{\begin{pmatrix} 0 \\ 0 \\ 0 \end{pmatrix}}$

68. $\vec{a} \times \vec{b} = \begin{pmatrix} 1 \\ 3 \\ 5 \end{pmatrix} \times \begin{pmatrix} -1 \\ 1 \\ -1 \end{pmatrix} = \begin{pmatrix} 3 \cdot (-1) - 5 \cdot 1 \\ 5 \cdot (-1) - 1 \cdot (-1) \\ 1 \cdot 1 - 3 \cdot (-1) \end{pmatrix} = \begin{pmatrix} \mathbf{-8} \\ \mathbf{-4} \\ \mathbf{4} \end{pmatrix}$

69. Ein Normalenvektor der Ebene E muss senkrecht auf beiden Spannvektoren stehen:

$$\vec{n} = \begin{pmatrix} 3 \\ 1 \\ -2 \end{pmatrix} \times \begin{pmatrix} 1 \\ -2 \\ -3 \end{pmatrix} = \begin{pmatrix} 1 \cdot (-3) - (-2) \cdot (-2) \\ -2 \cdot 1 - 3 \cdot (-3) \\ 3 \cdot (-2) - 1 \cdot 1 \end{pmatrix} = \begin{pmatrix} \mathbf{-7} \\ \mathbf{7} \\ \mathbf{-7} \end{pmatrix}$$

Jeder Normalenvektor der Ebene ist also ein Vielfaches von $\vec{\mathbf{n}} = \begin{pmatrix} \mathbf{-7} \\ \mathbf{7} \\ \mathbf{-7} \end{pmatrix}$.

70. Zunächst wird ein Normalenvektor der Ebene bestimmt:

$$\vec{n} = \begin{pmatrix} 3 \\ -1 \\ -4 \end{pmatrix} \times \begin{pmatrix} 1 \\ 5 \\ -3 \end{pmatrix} = \begin{pmatrix} 23 \\ 5 \\ 16 \end{pmatrix}$$

Mit dem Stützpunkt P(1 | 2 | –5) erhält man als Normalenform der Ebene:

$$\mathbf{E:} \left(\vec{\mathbf{x}} - \begin{pmatrix} \mathbf{1} \\ \mathbf{2} \\ \mathbf{-5} \end{pmatrix} \right) \circ \begin{pmatrix} \mathbf{23} \\ \mathbf{5} \\ \mathbf{16} \end{pmatrix} = \mathbf{0}$$

71. Als Stützpunkt der Ebene kann man P(1 | 4 | 7) verwenden. Die Spannvektoren der Ebene müssen orthogonal zu $\vec{n}$ stehen, also $\vec{n} \circ \vec{v} = 0$ erfüllen:

$$\vec{n} \circ \vec{v} = \begin{pmatrix} 3 \\ 1 \\ -4 \end{pmatrix} \circ \vec{v} = 0 \quad \Leftrightarrow \quad 3v_1 + v_2 - 4v_3 = 0$$

Zwei geeignete Vektoren sind z. B. $\vec{v}_1 = \begin{pmatrix} 0 \\ 4 \\ 1 \end{pmatrix}$ und $\vec{v}_2 = \begin{pmatrix} 1 \\ -3 \\ 0 \end{pmatrix}$.

Damit lautet eine mögliche Parameterform der Ebene:

$$\mathbf{E:}\ \vec{\mathbf{x}} = \begin{pmatrix} \mathbf{1} \\ \mathbf{4} \\ \mathbf{7} \end{pmatrix} + \mathbf{r} \cdot \begin{pmatrix} \mathbf{0} \\ \mathbf{4} \\ \mathbf{1} \end{pmatrix} + \mathbf{s} \cdot \begin{pmatrix} \mathbf{1} \\ \mathbf{-3} \\ \mathbf{0} \end{pmatrix}$$

72. Alle Punkte, die in der Ebene liegen, müssen ihre Gleichung erfüllen.

Punktprobe mit A:

$$\left(\begin{pmatrix} 2 \\ -4 \\ 1 \end{pmatrix} - \begin{pmatrix} -2 \\ 2 \\ 3 \end{pmatrix} \right) \circ \begin{pmatrix} 5 \\ 2 \\ 4 \end{pmatrix} = 0 \quad \Leftrightarrow \quad \begin{pmatrix} 4 \\ -6 \\ -2 \end{pmatrix} \circ \begin{pmatrix} 5 \\ 2 \\ 4 \end{pmatrix} = 0 \quad \Leftrightarrow \quad 20 - 12 - 8 = 0 \quad \Leftrightarrow \quad 0 = 0$$

A liegt in der Ebene E.

Punktprobe mit B:

$$\left(\begin{pmatrix} 3 \\ 1 \\ 2 \end{pmatrix} - \begin{pmatrix} -2 \\ 2 \\ 3 \end{pmatrix} \right) \circ \begin{pmatrix} 5 \\ 2 \\ 4 \end{pmatrix} = 0 \quad \Leftrightarrow \quad \begin{pmatrix} 5 \\ -1 \\ -1 \end{pmatrix} \circ \begin{pmatrix} 5 \\ 2 \\ 4 \end{pmatrix} = 0 \quad \Leftrightarrow \quad 25 - 2 - 4 = 0 \quad \Leftrightarrow \quad 19 = 0$$

B liegt **nicht** in der Ebene E.

Punktprobe mit C:

$$\left(\begin{pmatrix}0\\1\\2\end{pmatrix}-\begin{pmatrix}-2\\2\\3\end{pmatrix}\right)\circ\begin{pmatrix}5\\2\\4\end{pmatrix}=0 \quad\Leftrightarrow\quad \begin{pmatrix}2\\-1\\-1\end{pmatrix}\circ\begin{pmatrix}5\\2\\4\end{pmatrix}=0 \quad\Leftrightarrow\quad 10-2-4=0 \quad\Leftrightarrow\quad 4=0$$

C liegt **nicht** in der Ebene E.

Punktprobe mit D:

$$\left(\begin{pmatrix}-2\\-2\\5\end{pmatrix}-\begin{pmatrix}-2\\2\\3\end{pmatrix}\right)\circ\begin{pmatrix}5\\2\\4\end{pmatrix}=0 \quad\Leftrightarrow\quad \begin{pmatrix}0\\-4\\2\end{pmatrix}\circ\begin{pmatrix}5\\2\\4\end{pmatrix}=0 \quad\Leftrightarrow\quad -8+8=0 \quad\Leftrightarrow\quad 0=0$$

D liegt in der Ebene E.

73. Für die Parameterform von E wählt man z. B. A als Stützpunkt und die Vektoren $\overrightarrow{AB}$ und $\overrightarrow{AC}$ als Spannvektoren:

$$\mathbf{E:}\ \vec{x}=\begin{pmatrix}2\\-4\\1\end{pmatrix}+r\cdot\begin{pmatrix}1\\5\\1\end{pmatrix}+s\cdot\begin{pmatrix}-2\\5\\1\end{pmatrix}$$

Ein Normalenvektor von E ergibt sich durch:

$$\vec{n}=\begin{pmatrix}1\\5\\1\end{pmatrix}\times\begin{pmatrix}-2\\5\\1\end{pmatrix}=\begin{pmatrix}0\\-3\\15\end{pmatrix}$$

Damit erhält man als Normalenform der Ebene:

$$\mathbf{E:}\ \left(\vec{x}-\begin{pmatrix}2\\-4\\1\end{pmatrix}\right)\circ\begin{pmatrix}0\\-3\\15\end{pmatrix}=0$$

74. a) Bestimmung eines Normalenvektors von E:

$$\vec{n}=\begin{pmatrix}1\\-2\\-1\end{pmatrix}\times\begin{pmatrix}-2\\1\\-4\end{pmatrix}=\begin{pmatrix}9\\6\\-3\end{pmatrix}$$

Verwendet man $\frac{1}{3}\cdot\vec{n}=\begin{pmatrix}3\\2\\-1\end{pmatrix}$ als Normalenvektor der Ebene (um mit kleineren Zahlen rechnen zu können), lautet die Koordinatenform der Ebene:

E: $3x_1+2x_2-x_3=c$

Um c zu bestimmen, setzt man den Stützpunkt $(-5\,|\,-2\,|\,-1)$ der Ebene in diese Gleichung ein:

$3\cdot(-5)+2\cdot(-2)-(-1)=c \quad\Leftrightarrow\quad c=-15-4+1=-18$

Die Koordinatenform der Ebene lautet also:

E: $3x_1+2x_2-x_3=-18$

b) Man multipliziert das Skalarprodukt in der Normalenform aus:

$$\left(\vec{x}-\begin{pmatrix}-1\\-2\\4\end{pmatrix}\right)\circ\begin{pmatrix}5\\-2\\4\end{pmatrix}=0 \quad\Leftrightarrow\quad (x_1+1)\cdot5+(x_2+2)\cdot(-2)+(x_3-4)\cdot4=0 \quad\Leftrightarrow$$

$5x_1+5-2x_2-4+4x_3-16=0 \quad\Leftrightarrow\quad 5x_1-2x_2+4x_3=15$

Die Koordinatenform der Ebene lautet **E: $5x_1-2x_2+4x_3=15$**.

75. Ein Normalenvektor der Ebene kann direkt aus der Koordinatenform abgelesen werden, z. B. $\vec{n} = \begin{pmatrix} 2 \\ 1 \\ -3 \end{pmatrix}$.

Einen Punkt auf der Ebene findet man mithilfe der Ebenengleichung durch Wahl zweier Koordinaten, z. B. P(0|−8|0). Somit lautet die Normalenform:

$$\mathbf{E:}\ \left(\vec{x} - \begin{pmatrix} 0 \\ -8 \\ 0 \end{pmatrix}\right) \circ \begin{pmatrix} 2 \\ 1 \\ -3 \end{pmatrix} = 0$$

Zwei zu $\vec{n}$ orthogonale Spannvektoren sind z. B. $\vec{v}_1 = \begin{pmatrix} 1 \\ -2 \\ 0 \end{pmatrix}$ und $\vec{v}_2 = \begin{pmatrix} 0 \\ 3 \\ 1 \end{pmatrix}$, sodass sich als Parameterform der Ebene ergibt:

$$\mathbf{E:}\ \vec{x} = \begin{pmatrix} 0 \\ -8 \\ 0 \end{pmatrix} + r \cdot \begin{pmatrix} 1 \\ -2 \\ 0 \end{pmatrix} + s \cdot \begin{pmatrix} 0 \\ 3 \\ 1 \end{pmatrix}$$

76. Ein Normalenvektor der Ebene kann direkt aus den Koeffizienten der Koordinatenform abgelesen werden, ein Punkt der Ebene muss die Ebenengleichung erfüllen, also z. B.:

$\vec{n} = \begin{pmatrix} 5 \\ 3 \\ -4 \end{pmatrix}$ und **P(0|0|2)**

77. Punktprobe mit A ergibt: $2 \cdot 2 + 3 \cdot 3 - 1 = 6 \quad \Leftrightarrow \quad 12 = 6$

$\Rightarrow$ A liegt **nicht** auf E.

Punktprobe mit B ergibt: $2 \cdot 1 + 3 \cdot 1 - (-1) = 6 \quad \Leftrightarrow \quad 6 = 6$

$\Rightarrow$ B liegt auf E.

Punktprobe mit C ergibt: $2 \cdot 5 + 3 \cdot (-2) - (-2) = 6 \quad \Leftrightarrow \quad 6 = 6$

$\Rightarrow$ C liegt ebenfalls auf E.

78. Für einen Punkt $P(p_1 | p_2 | p_3)$, der die Vorgabe erfüllt, muss gelten:

$$|\overrightarrow{AP}| = |\overrightarrow{BP}| \quad \Leftrightarrow \quad \left|\begin{pmatrix} p_1 - 1 \\ p_2 - 3 \\ p_3 - 5 \end{pmatrix}\right| = \left|\begin{pmatrix} p_1 - 3 \\ p_2 + 5 \\ p_3 - 3 \end{pmatrix}\right|$$

$$\Leftrightarrow \quad (p_1 - 1)^2 + (p_2 - 3)^2 + (p_3 - 5)^2 = (p_1 - 3)^2 + (p_2 + 5)^2 + (p_3 - 3)^2$$

$$\Leftrightarrow \quad p_1^2 - 2p_1 + 1 + p_2^2 - 6p_2 + 9 + p_3^2 - 10p_3 + 25 = p_1^2 - 6p_1 + 9 + p_2^2 + 10p_2 + 25 + p_3^2 - 6p_3 + 9$$

$$\Leftrightarrow \quad -2p_1 - 6p_2 - 10p_3 + 35 = -6p_1 + 10p_2 - 6p_3 + 43$$

$$\Leftrightarrow \quad 4p_1 - 16p_2 - 4p_3 = 8$$

Alle diese Punkte liegen auf einer **Ebene**, deren Gleichung lautet:

$\mathbf{E:\ 4x_1 - 16x_2 - 4x_3 = 8}$

79. Jeder Punkt auf der x_1-Achse besitzt die x_2- und x_3-Koordinate 0, also Koordinaten der Form $A(a|0|0)$. Aus der Ebenengleichung ergibt sich:

$2 \cdot a - 3 \cdot 0 + 0 = 6 \iff a = 3$

Der Schnittpunkt mit der x_1-Achse lautet $\mathbf{A(3|0|0)}$.

Der Ansatz $B(0|b|0)$ liefert: $2 \cdot 0 - 3 \cdot b + 0 = 6 \iff b = -2$

Der Schnittpunkt mit der x_2-Achse lautet $\mathbf{B(0|-2|0)}$.

Der Ansatz $C(0|0|c)$ liefert: $2 \cdot 0 - 3 \cdot 0 + c = 6 \iff c = 6$

Der Schnittpunkt mit der x_3-Achse lautet $\mathbf{C(0|0|6)}$.

80. Um die Ebene in Koordinatenform darzustellen, wird zunächst ein Normalenvektor bestimmt:

$$\vec{n} = \overrightarrow{AB} \times \overrightarrow{AC} = \begin{pmatrix} 2 \\ 0 \\ 2 \end{pmatrix} \times \begin{pmatrix} -2 \\ -2 \\ 2 \end{pmatrix} = \begin{pmatrix} 4 \\ -8 \\ -4 \end{pmatrix}$$

Die Koordinatenform der Ebene E lautet also $4x_1 - 8x_2 - 4x_3 = c$, wobei c durch Einsetzen des Punktes A bestimmt werden kann:

$4 \cdot 3 - 8 \cdot 3 - 4 \cdot (-1) = c \iff c = -8$

Mithilfe der Koordinatenform der Ebene E: $4x_1 - 8x_2 - 4x_3 = -8$ können die Spurpunkte bestimmt werden:

$x_2 = x_3 = 0$ liefert $x_1 = -2 \Rightarrow \mathbf{S_1(-2|0|0)}$

$x_3 = x_1 = 0$ liefert $x_2 = 1 \Rightarrow \mathbf{S_2(0|1|0)}$

$x_1 = x_2 = 0$ liefert $x_3 = 2 \Rightarrow \mathbf{S_3(0|0|2)}$

Die Spurgeraden lauten demzufolge

$$\mathbf{g_1}\colon \vec{x} = \overrightarrow{OS_1} + t \cdot \overrightarrow{S_1S_2} = \begin{pmatrix} -2 \\ 0 \\ 0 \end{pmatrix} + t \cdot \begin{pmatrix} 2 \\ 1 \\ 0 \end{pmatrix} \text{ bzw.}$$

$$\mathbf{g_2}\colon \vec{x} = \overrightarrow{OS_2} + t \cdot \overrightarrow{S_2S_3} = \begin{pmatrix} 0 \\ 1 \\ 0 \end{pmatrix} + t \cdot \begin{pmatrix} 0 \\ -1 \\ 2 \end{pmatrix} \text{ bzw.}$$

$$\mathbf{g_3}\colon \vec{x} = \overrightarrow{OS_3} + t \cdot \overrightarrow{S_3S_1} = \begin{pmatrix} 0 \\ 0 \\ 2 \end{pmatrix} + t \cdot \begin{pmatrix} -2 \\ 0 \\ -2 \end{pmatrix}$$

81. a) Gemeinsame Punkte von g und h:

$$\begin{pmatrix} 3 \\ -2 \\ 1 \end{pmatrix} + r \cdot \begin{pmatrix} 1 \\ -1 \\ 2 \end{pmatrix} = \begin{pmatrix} 4 \\ -2 \\ -2 \end{pmatrix} + s \cdot \begin{pmatrix} 3 \\ -2 \\ 1 \end{pmatrix} \iff \begin{array}{ll} \text{I} & 3 + r = 4 + 3s \\ \text{II} & -2 - r = -2 - 2s \\ \text{III} & 1 + 2r = -2 + s \end{array}$$

$$\iff \begin{array}{ll} \text{I} & r - 3s = 1 \\ \text{II} & -r + 2s = 0 \\ \text{III} & 2r - s = -3 \end{array} \iff \begin{array}{lr} \text{I} & r - 3s = 1 \\ \text{IV} = \text{I} + \text{II} & -s = 1 \\ \text{V} = 2 \cdot \text{II} + \text{III} & 3s = -3 \end{array}$$

$$\begin{array}{lll} & \text{I} & r - 3s = 1 \\ \Leftrightarrow & \text{IV} & -\ s = 1 \\ & \text{VI} = 3 \cdot \text{IV} + \text{V} & 0 = 0 \end{array}$$

Aus Gleichung IV ergibt sich $s=-1$, und Gleichung I liefert dann:

$r+3=1 \;\Leftrightarrow\; r=-2$

Setzt man $s=-1$ in die Gleichung der Geraden h ein (bzw. $r=-2$ in die Gleichung der Geraden g), dann folgt:

$$\vec{x}_S = \begin{pmatrix} 4 \\ -2 \\ -2 \end{pmatrix} + (-1) \cdot \begin{pmatrix} 3 \\ -2 \\ 1 \end{pmatrix} = \begin{pmatrix} 1 \\ 0 \\ -3 \end{pmatrix}$$

Die beiden Geraden **g und h schneiden sich im Punkt S(1 | 0 | –3)**.

b) Gemeinsame Punkte von g und k:

$$\begin{pmatrix} 3 \\ -2 \\ 1 \end{pmatrix} + r \cdot \begin{pmatrix} 1 \\ -1 \\ 2 \end{pmatrix} = \begin{pmatrix} -1 \\ 2 \\ -7 \end{pmatrix} + t \cdot \begin{pmatrix} -2 \\ 2 \\ -4 \end{pmatrix} \;\Leftrightarrow\; \begin{array}{ll} \text{I} & 3 + r = -1 - 2t \\ \text{II} & -2 - r = 2 + 2t \\ \text{III} & 1 + 2r = -7 - 4t \end{array}$$

$$\Leftrightarrow \begin{array}{ll} \text{I} & r + 2t = -4 \\ \text{II} & -r - 2t = 4 \\ \text{III} & 2r + 4t = -8 \end{array} \;\Leftrightarrow\; \begin{array}{ll} \text{I} & r + 2t = -4 \\ \text{IV} = \text{I} + \text{II} & 0 = 0 \\ \text{V} = 2 \cdot \text{II} + \text{III} & 0 = 0 \end{array}$$

Der Parameter t bzw. r ist beliebig wählbar; die beiden Geraden **g und k sind identisch**.

Alternativer Lösungsweg:

Die Richtungsvektoren $\vec{r}_g = \begin{pmatrix} 1 \\ -1 \\ 2 \end{pmatrix}$ und $\vec{r}_k = \begin{pmatrix} -2 \\ 2 \\ -4 \end{pmatrix}$ der Geraden g bzw. k sind linear abhängig: $\vec{r}_k = -2 \cdot \vec{r}_g$

Daher sind die Geraden g und k entweder echt parallel oder identisch. Welcher dieser beiden Fälle vorliegt, lässt sich anhand einer Punktprobe entscheiden: Wenn der Stützpunkt G(3 | –2 | 1) der Geraden g auf der Geraden k liegt, dann sind die Geraden identisch, andernfalls echt parallel:

$$\begin{pmatrix} 3 \\ -2 \\ 1 \end{pmatrix} = \begin{pmatrix} -1 \\ 2 \\ -7 \end{pmatrix} + t \cdot \begin{pmatrix} -2 \\ 2 \\ -4 \end{pmatrix} \;\Leftrightarrow\; \begin{array}{ll} \text{I} & 3 = -1 - 2t \\ \text{II} & -2 = 2 + 2t \\ \text{III} & 1 = -7 - 4t \end{array} \;\Leftrightarrow\; \begin{array}{ll} \text{I} & 4 = -2t \\ \text{II} & -4 = 2t \\ \text{III} & 8 = -4t \end{array}$$

In allen drei Gleichungen ergibt sich $t=-2$; der Stützpunkt G liegt also auf k. Die beiden Geraden sind identisch.

c) Gemeinsame Punkte von g und ℓ:

$$\begin{pmatrix} 3 \\ -2 \\ 1 \end{pmatrix} + r \cdot \begin{pmatrix} 1 \\ -1 \\ 2 \end{pmatrix} = \begin{pmatrix} 2 \\ 3 \\ 5 \end{pmatrix} + u \cdot \begin{pmatrix} -3 \\ 3 \\ -6 \end{pmatrix} \;\Leftrightarrow\; \begin{array}{ll} \text{I} & 3 + r = 2 - 3u \\ \text{II} & -2 - r = 3 + 3u \\ \text{III} & 1 + 2r = 5 - 6u \end{array}$$

$$\Leftrightarrow \begin{array}{ll} \text{I} & r + 3u = -1 \\ \text{II} & -r - 3u = 5 \\ \text{III} & 2r + 6u = 4 \end{array} \;\Leftrightarrow\; \begin{array}{ll} \text{I} & r + 3u = -1 \\ \text{IV} = \text{I} + \text{II} & 0 = 4 \\ \text{V} = 2 \cdot \text{II} + \text{III} & 0 = 14 \end{array}$$

Gleichungen IV und V stellen Widersprüche dar; die beiden Geraden haben keine gemeinsamen Punkte.

Die Richtungsvektoren der beiden Geraden sind Vielfache voneinander:

$$\begin{pmatrix}-3\\3\\-6\end{pmatrix}=(-3)\cdot\begin{pmatrix}1\\-1\\2\end{pmatrix}$$

Somit sind sie linear abhängig und die Geraden **g und ℓ sind parallel** zueinander.

Alternativer Lösungsweg:

Analog zu Teilaufgabe b kann man wegen der linearen Abhängigkeit der Richtungsvektoren

$$\vec{r}_g=\begin{pmatrix}1\\-1\\2\end{pmatrix} \text{ und } \vec{r}_\ell=\begin{pmatrix}-3\\3\\-6\end{pmatrix}=-3\cdot\vec{r}_g$$

wieder eine Punktprobe mit dem Stützpunkt G(3 | –2 | 1) der Geraden g und der Geraden ℓ durchführen:

$$\begin{pmatrix}3\\-2\\1\end{pmatrix}=\begin{pmatrix}2\\3\\5\end{pmatrix}+u\cdot\begin{pmatrix}-3\\3\\-6\end{pmatrix} \Leftrightarrow \begin{array}{ll}\text{I} & 3=2-3u\\ \text{II} & -2=3+3u\\ \text{III} & 1=5-6u\end{array} \Leftrightarrow \begin{array}{ll}\text{I} & 1=-3u\\ \text{II} & -5=3u\\ \text{III} & -4=-6u\end{array}$$

Dieses Gleichungssystem hat keine Lösung; daher sind die beiden Geraden g und ℓ echt parallel.

d) Gemeinsame Punkte von h und ℓ:

$$\begin{pmatrix}4\\-2\\-2\end{pmatrix}+s\cdot\begin{pmatrix}3\\-2\\1\end{pmatrix}=\begin{pmatrix}2\\3\\5\end{pmatrix}+u\cdot\begin{pmatrix}-3\\3\\-6\end{pmatrix} \Leftrightarrow \begin{array}{ll}\text{I} & 4+3s=2-3u\\ \text{II} & -2-2s=3+3u\\ \text{III} & -2+s=5-6u\end{array}$$

$$\Leftrightarrow \begin{array}{ll}\text{I} & 3s+3u=-2\\ \text{II} & -2s-3u=5\\ \text{III} & s+6u=7\end{array} \Leftrightarrow \begin{array}{ll}\text{I} & 3s+3u=-2\\ \text{IV}=2\cdot\text{I}+3\cdot\text{II} & -3u=11\\ \text{V}=\text{II}+2\cdot\text{III} & 9u=19\end{array}$$

$$\Leftrightarrow \begin{array}{ll}\text{I} & 3s+3u=-2\\ \text{IV} & -3u=11\\ \text{VI}=3\cdot\text{IV}+\text{V} & 0=52\end{array}$$

Wegen des Widerspruchs in Gleichung VI besitzen die beiden Geraden keine gemeinsamen Punkte. Ihre Richtungsvektoren sind keine Vielfachen voneinander und somit linear unabhängig; daher sind die Geraden **h und ℓ windschief.**

82. Gleichung der Ebene E: $\vec{x}=\begin{pmatrix}3\\1\\1\end{pmatrix}+r\cdot\begin{pmatrix}2\\4\\-4\end{pmatrix}+s\cdot\begin{pmatrix}-2\\0\\-2\end{pmatrix}$

Gemeinsame Punkte von E und g:

$$\begin{pmatrix}3\\1\\1\end{pmatrix}+r\cdot\begin{pmatrix}2\\4\\-4\end{pmatrix}+s\cdot\begin{pmatrix}-2\\0\\-2\end{pmatrix}=\begin{pmatrix}5\\1\\-8\end{pmatrix}+t\cdot\begin{pmatrix}1\\1\\5\end{pmatrix} \Leftrightarrow \begin{array}{ll}\text{I} & 3+2r-2s=5+t\\ \text{II} & 1+4r=1+t\\ \text{III} & 1-4r-2s=-8+5t\end{array}$$

$$\Leftrightarrow \begin{array}{ll}\text{I} & 2r-2s-t=2\\ \text{II} & 4r-t=0\\ \text{III} & -4r-2s-5t=-9\end{array} \Leftrightarrow \begin{array}{ll}\text{I} & 2r-2s-t=2\\ \text{IV}=2\cdot\text{I}-\text{II} & -4s-t=4\\ \text{V}=\text{II}+\text{III} & -2s-6t=-9\end{array}$$

$$\Leftrightarrow \begin{array}{lrl} \text{I} & 2r - 2s - \quad t = & 2 \\ \text{IV} & -4s - \quad t = & 4 \\ \text{VI} = \text{IV} - 2\cdot\text{V} & 11t = & 22 \end{array}$$

Das Gleichungssystem besitzt eine eindeutige Lösung ($t=2$, $s=-\frac{3}{2}$, $r=\frac{1}{2}$); setzt man $t=2$ in die Geradengleichung von g ein, erhält man:

$$\vec{x}_S = \begin{pmatrix} 5 \\ 1 \\ -8 \end{pmatrix} + 2\cdot\begin{pmatrix} 1 \\ 1 \\ 5 \end{pmatrix} = \begin{pmatrix} 7 \\ 3 \\ 2 \end{pmatrix}$$

Die Gerade **g schneidet die Ebene E im Punkt S(7 | 3 | 2)**.

Gemeinsame Punkte von E und h:

$$\begin{pmatrix} 3 \\ 1 \\ 1 \end{pmatrix} + r\cdot\begin{pmatrix} 2 \\ 4 \\ -4 \end{pmatrix} + s\cdot\begin{pmatrix} -2 \\ 0 \\ -2 \end{pmatrix} = \begin{pmatrix} 3 \\ -2 \\ 1 \end{pmatrix} + t\cdot\begin{pmatrix} 4 \\ 2 \\ 1 \end{pmatrix} \Leftrightarrow \begin{array}{ll} \text{I} & 3 + 2r - 2s = 3 + 4t \\ \text{II} & 1 + 4r = -2 + 2t \\ \text{III} & 1 - 4r - 2s = 1 + t \end{array}$$

$$\Leftrightarrow \begin{array}{ll} \text{I} & 2r - 2s - 4t = 0 \\ \text{II} & 4r - 2t = -3 \\ \text{III} & -4r - 2s - t = 0 \end{array} \Leftrightarrow \begin{array}{ll} \text{I} & 2r - 2s - 4t = 0 \\ \text{IV} = 2\cdot\text{I} - \text{II} & -4s - 6t = 3 \\ \text{V} = \text{II} + \text{III} & -2s - 3t = -3 \end{array}$$

$$\Leftrightarrow \begin{array}{ll} \text{I} & 2r - 2s - 4t = 0 \\ \text{IV} & -4s - 6t = 3 \\ \text{VI} = \text{IV} - 2\cdot\text{V} & 0 = 9 \end{array}$$

Das Gleichungssystem besitzt keine Lösung; die Gerade **h ist parallel zur Ebene E**.

Gemeinsame Punkte von E und k:

$$\begin{pmatrix} 3 \\ 1 \\ 1 \end{pmatrix} + r\cdot\begin{pmatrix} 2 \\ 4 \\ -4 \end{pmatrix} + s\cdot\begin{pmatrix} -2 \\ 0 \\ -2 \end{pmatrix} = \begin{pmatrix} 5 \\ -1 \\ 6 \end{pmatrix} + t\cdot\begin{pmatrix} -5 \\ -6 \\ 4 \end{pmatrix} \Leftrightarrow \begin{array}{ll} \text{I} & 3 + 2r - 2s = 5 - 5t \\ \text{II} & 1 + 4r = -1 - 6t \\ \text{III} & 1 - 4r - 2s = 6 + 4t \end{array}$$

$$\Leftrightarrow \begin{array}{ll} \text{I} & 2r - 2s + 5t = 2 \\ \text{II} & 4r + 6t = -2 \\ \text{III} & -4r - 2s - 4t = 5 \end{array} \Leftrightarrow \begin{array}{ll} \text{I} & 2r - 2s + 5t = 2 \\ \text{IV} = 2\cdot\text{I} - \text{II} & -4s + 4t = 6 \\ \text{V} = \text{II} + \text{III} & -2s + 2t = 3 \end{array}$$

$$\Leftrightarrow \begin{array}{ll} \text{I} & 2r - 2s + 5t = 2 \\ \text{IV} & -4s + 4t = 6 \\ \text{VI} = \text{IV} - 2\cdot\text{V} & 0 = 0 \end{array}$$

Die Gleichung VI ist immer erfüllt, das Gleichungssystem besitzt unendlich viele Lösungen; die Variable t ist beliebig wählbar. Daher **liegt die Gerade k in der Ebene E**.

83. a) Lage der Ebenen E_1 und E_2:

$$\begin{pmatrix} 4 \\ 1 \\ 2 \end{pmatrix} + r\cdot\begin{pmatrix} -3 \\ 1 \\ 0 \end{pmatrix} + s\cdot\begin{pmatrix} 1 \\ -2 \\ 5 \end{pmatrix} = \begin{pmatrix} 3 \\ 1 \\ -2 \end{pmatrix} + t\cdot\begin{pmatrix} 7 \\ -4 \\ 5 \end{pmatrix} + u\cdot\begin{pmatrix} -4 \\ 3 \\ -5 \end{pmatrix}$$

$$\Leftrightarrow \begin{array}{ll} \text{I} & 4 - 3r + s = 3 + 7t - 4u \\ \text{II} & 1 + r - 2s = 1 - 4t + 3u \\ \text{III} & 2 + 5s = -2 + 5t - 5u \end{array} \Leftrightarrow \begin{array}{ll} \text{I} & -3r + s - 7t + 4u = -1 \\ \text{II} & r - 2s + 4t - 3u = 0 \\ \text{III} & 5s - 5t + 5u = -4 \end{array}$$

$$\begin{array}{lll} & \text{I} & -3r + s - 7t + 4u = -1 \\ \Leftrightarrow & \text{IV} = \text{I} + 3 \cdot \text{II} & -5s + 5t - 5u = -1 \\ & \text{III} & 5s - 5t + 5u = -4 \end{array}$$

$$\begin{array}{lll} & \text{I} & -3r + s - 7t + 4u = -1 \\ \Leftrightarrow & \text{IV} & -5s + 5t - 5u = -1 \\ & \text{V} = \text{IV} + \text{III} & 0 = -5 \end{array}$$

Gleichung V enthält einen Widerspruch; die Ebenen **E_1 und E_2 sind parallel**.

b) Lage der Ebenen E_1 und E_3:

$$\begin{pmatrix} 4 \\ 1 \\ 2 \end{pmatrix} + r \cdot \begin{pmatrix} -3 \\ 1 \\ 0 \end{pmatrix} + s \cdot \begin{pmatrix} 1 \\ -2 \\ 5 \end{pmatrix} = \begin{pmatrix} 2 \\ 4 \\ 1 \end{pmatrix} + t \cdot \begin{pmatrix} -1 \\ -2 \\ 1 \end{pmatrix} + u \cdot \begin{pmatrix} 1 \\ -1 \\ -4 \end{pmatrix}$$

$$\begin{array}{llll} & \text{I} \;\; 4 - 3r + s = 2 - t + u & & \text{I} \;\; -3r + s + t - u = -2 \\ \Leftrightarrow & \text{II} \;\; 1 + r - 2s = 4 - 2t - u & \Leftrightarrow & \text{II} \;\; r - 2s + 2t + u = 3 \\ & \text{III} \;\; 2 + 5s = 1 + t - 4u & & \text{III} \;\; 5s - t + 4u = -1 \end{array}$$

$$\begin{array}{lll} & \text{I} & -3r + s + t - u = -2 \\ \Leftrightarrow & \text{IV} = \text{I} + 3 \cdot \text{II} & -5s + 7t + 2u = 7 \\ & \text{III} & 5s - t + 4u = -1 \end{array}$$

$$\begin{array}{lll} & \text{I} & -3r + s + t - u = -2 \\ \Leftrightarrow & \text{IV} & -5s + 7t + 2u = 7 \\ & \text{V} = \text{IV} + \text{III} & 6t + 6u = 6 \end{array}$$

Aus Gleichung V folgt: $t = 1 - u$

Somit schneiden sich die Ebenen E_1 und E_3 in einer **Schnittgeraden s**, deren Gleichung bestimmt werden kann, indem man $t = 1 - u$ in die Gleichung der Ebene E_3 einsetzt:

$$\textbf{s: } \vec{x} = \begin{pmatrix} 2 \\ 4 \\ 1 \end{pmatrix} + (1 - u) \cdot \begin{pmatrix} -1 \\ -2 \\ 1 \end{pmatrix} + u \cdot \begin{pmatrix} 1 \\ -1 \\ -4 \end{pmatrix} = \begin{pmatrix} 1 \\ 2 \\ 2 \end{pmatrix} + u \cdot \begin{pmatrix} 2 \\ 1 \\ -5 \end{pmatrix}$$

c) Zunächst wird die Gleichung der Ebene E_4 aufgestellt:

$$E_4\text{: } \vec{x} = \begin{pmatrix} 2 \\ 0 \\ 7 \end{pmatrix} + k \cdot \begin{pmatrix} 6 \\ -2 \\ 0 \end{pmatrix} + m \cdot \begin{pmatrix} -5 \\ 5 \\ -10 \end{pmatrix}$$

Lage der Ebenen E_1 und E_4:

$$\begin{pmatrix} 4 \\ 1 \\ 2 \end{pmatrix} + r \cdot \begin{pmatrix} -3 \\ 1 \\ 0 \end{pmatrix} + s \cdot \begin{pmatrix} 1 \\ -2 \\ 5 \end{pmatrix} = \begin{pmatrix} 2 \\ 0 \\ 7 \end{pmatrix} + k \cdot \begin{pmatrix} 6 \\ -2 \\ 0 \end{pmatrix} + m \cdot \begin{pmatrix} -5 \\ 5 \\ -10 \end{pmatrix}$$

$$\begin{array}{ll} & \text{I} \;\; 4 - 3r + s = 2 + 6k - 5m \\ \Leftrightarrow & \text{II} \;\; 1 + r - 2s = -2k + 5m \\ & \text{III} \;\; 2 + 5s = 7 - 10m \end{array}$$

$$\begin{array}{ll} & \text{I} \;\; -3r + s - 6k + 5m = -2 \\ \Leftrightarrow & \text{II} \;\; r - 2s + 2k - 5m = -1 \\ & \text{III} \;\; 5s + 10m = 5 \end{array}$$

$$\begin{array}{llrrrrl} & \text{I} & -3r+ & s- & 6k+ & 5m= & -2\\ \Leftrightarrow & \text{IV}=\text{I}+3\cdot\text{II} & & -5s & & -10m= & -5\\ & \text{III} & & 5s & & +10m= & 5\end{array}$$

$$\begin{array}{llrrrrl} & \text{I} & -3r+ & s- & 6k+ & 5m= & -2\\ \Leftrightarrow & \text{IV} & & -5s & & -10m= & -5\\ & \text{V}=\text{IV}+\text{III} & & & & 0= & 0\end{array}$$

Gleichung V ist immer erfüllt, und die Variablen k und m sind frei wählbar. Daher sind die beiden Ebenen **E_1 und E_4 identisch**.

d) Die Gleichung der Ebene E_4 wurde in Teilaufgabe c aufgestellt.
Lage der Ebenen E_3 und E_4:

$$\begin{pmatrix}2\\4\\1\end{pmatrix}+t\cdot\begin{pmatrix}-1\\-2\\1\end{pmatrix}+u\cdot\begin{pmatrix}1\\-1\\-4\end{pmatrix}=\begin{pmatrix}2\\0\\7\end{pmatrix}+k\cdot\begin{pmatrix}6\\-2\\0\end{pmatrix}+m\cdot\begin{pmatrix}-5\\5\\-10\end{pmatrix}$$

$$\begin{array}{ll} & \text{I}\quad 2-\ t+\ u=2+6k-5m\\ \Leftrightarrow & \text{II}\quad 4-2t-\ u=\ -2k+5m\\ & \text{III}\quad 1+\ t-4u=7\ -10m\end{array}$$

$$\begin{array}{ll} & \text{I}\quad -t+u-6k+5m=0\\ \Leftrightarrow & \text{II}\quad -2t-u+2k-5m=-4\\ & \text{III}\quad t-4u+10m=6\end{array}$$

$$\begin{array}{llrrrrl} & \text{I} & -t+ & u- & 6k+ & 5m= & 0\\ \Leftrightarrow & \text{IV}=2\cdot\text{I}-\text{II} & & 3u- & 14k+ & 15m= & 4\\ & \text{V}=\text{I}+\text{III} & & -3u- & 6k+ & 15m= & 6\end{array}$$

$$\begin{array}{llrrrrl} & \text{I} & -t+ & u- & 6k+ & 5m= & 0\\ \Leftrightarrow & \text{IV} & & 3u- & 14k+ & 15m= & 4\\ & \text{VI}=\text{IV}+\text{V} & & & -20k+ & 30m= & 10\end{array}$$

Die Variable m ist frei wählbar, und für k ergibt sich aus Gleichung VI:

$$-20k=10-30m \quad\Leftrightarrow\quad k=-\tfrac{1}{2}+\tfrac{3}{2}m$$

Setzt man diesen Wert von k in die Gleichung der Ebene E_4 ein, dann erhält man:

$$\vec{x}=\begin{pmatrix}2\\0\\7\end{pmatrix}+\left(-\tfrac{1}{2}+\tfrac{3}{2}m\right)\cdot\begin{pmatrix}6\\-2\\0\end{pmatrix}+m\cdot\begin{pmatrix}-5\\5\\-10\end{pmatrix}=\begin{pmatrix}2\\0\\7\end{pmatrix}-\tfrac{1}{2}\cdot\begin{pmatrix}6\\-2\\0\end{pmatrix}+\tfrac{3}{2}m\cdot\begin{pmatrix}6\\-2\\0\end{pmatrix}+m\cdot\begin{pmatrix}-5\\5\\-10\end{pmatrix}$$

$$=\begin{pmatrix}2\\0\\7\end{pmatrix}+\begin{pmatrix}-3\\1\\0\end{pmatrix}+m\cdot\begin{pmatrix}9\\-3\\0\end{pmatrix}+m\cdot\begin{pmatrix}-5\\5\\-10\end{pmatrix}=\begin{pmatrix}-1\\1\\7\end{pmatrix}+m\cdot\begin{pmatrix}4\\2\\-10\end{pmatrix}$$

Die **Schnittgerade s** der Ebenen E_3 und E_4 hat also die Gleichung:

$$\mathbf{s:}\ \vec{x}=\begin{pmatrix}-1\\1\\7\end{pmatrix}+m\cdot\begin{pmatrix}4\\2\\-10\end{pmatrix}$$

84. Wenn zwei Ebenen parallel sind, dann sind auch ihre Normalenvektoren parallel, also linear abhängig. Da man einen Normalenvektor einer Ebene direkt an den Koeffizienten der Koordinatenform ablesen kann, bedeutet dies, dass die linken Seiten der Koordinatenform-Gleichungen der beiden Ebenen Vielfache voneinander sein müssen; z. B. sind die Ebenen
E_1: $3x_1+2x_2-x_3=-18$ und E_2: $-6x_1-4x_2+2x_3=4$
parallel zueinander.

85. a) Man setzt jeweils die Geradengleichung in die Ebenengleichung ein.

Gerade g:

$$-2\cdot(1-5t)-(-6+3t)-4\cdot(0+t)=7 \iff -2+10t+6-3t-4t=7$$
$$\iff 3t=3 \iff t=1$$

Die Gerade g schneidet die Ebene E in einem Punkt S; diesen **Schnittpunkt** erhält man, indem man t = 1 in die Gleichung von g einsetzt:

$$\vec{x}_S=\begin{pmatrix}1\\-6\\0\end{pmatrix}+1\cdot\begin{pmatrix}-5\\3\\1\end{pmatrix}=\begin{pmatrix}-4\\-3\\1\end{pmatrix};\ \mathbf{S(-4\,|\,-3\,|\,1)}$$

Gerade h:

$$-2\cdot(1-4t)-(-6+4t)-4\cdot(0+t)=7 \iff -2+8t+6-4t-4t=7 \iff 4=7$$

Wegen des Widerspruchs haben die Gerade h und die Ebene E **keine gemeinsamen Punkte**; die Gerade **h ist parallel zur Ebene E**.

b) Die Ebene E wird zunächst in Koordinatenform umgewandelt:

$$E:\ \left(\vec{x}-\begin{pmatrix}-9\\0\\2\end{pmatrix}\right)\circ\begin{pmatrix}2\\3\\1\end{pmatrix}=0 \iff E:\ (x_1+9)\cdot 2+x_2\cdot 3+(x_3-2)\cdot 1=0$$
$$\iff E:\ 2x_1+3x_2+x_3=-16$$

Anschließend werden die Geradengleichungen von g bzw. h in diese Koordinatenform eingesetzt.

Gerade g:

$$2\cdot(1-5t)+3\cdot(-6+3t)+(0+t)=-16 \iff 2-10t-18+9t+t=-16$$
$$\iff -16=-16$$

Diese Gleichung ist für alle Werte von t erfüllt; die Gerade **g liegt in der Ebene E** (und entspricht somit der Schnittmenge von g und E).

Gerade h:

$$2\cdot(1-4t)+3\cdot(-6+4t)+(0+t)=-16 \iff 2-8t-18+12t+t=-16$$
$$\iff 5t=0 \iff t=0$$

Die Gerade h schneidet die Ebene E in einem Punkt S; dieser **Schnittpunkt** entspricht dem Stützpunkt der Geraden h: **S(1 | −6 | 0)**

86. a) E_2 wird in Koordinatenform umgewandelt:

$$\left(\vec{x}-\begin{pmatrix}2\\-4\\2\end{pmatrix}\right)\circ\begin{pmatrix}2\\1\\-1\end{pmatrix}=0 \iff (x_1-2)\cdot 2+(x_2+4)\cdot 1+(x_3-2)\cdot(-1)=0$$
$$\iff 2x_1+x_2-x_3=-2$$

Somit erhält man für die Schnittmenge folgendes Gleichungssystem:

$$\begin{array}{ll} \text{I} & 2x_1+3x_2+x_3=-6 \\ \text{II} & 2x_1+x_2-x_3=-2 \end{array} \iff \begin{array}{ll} \text{I} & 2x_1+3x_2+x_3=-6 \\ \text{III}=\text{I}-\text{II} & 2x_2+2x_3=-4 \end{array}$$

Bei freier Wahl von x_3 erhält man aus Gleichung III:

$$2x_2=-4-2x_3 \iff x_2=-2-x_3$$

Einsetzen in Gleichung I liefert:

$$2x_1+3x_2+x_3=-6 \iff 2x_1+3\cdot(-2-x_3)+x_3=-6$$
$$\iff 2x_1-6-3x_3+x_3=-6$$
$$\iff 2x_1=2x_3 \iff x_1=x_3$$

Damit haben die Ebenen E_1 und E_2 die **Schnittgerade**:

$$\mathbf{g}:\ \vec{\mathbf{x}}=\begin{pmatrix}x_1\\x_2\\x_3\end{pmatrix}=\begin{pmatrix}x_3\\-2-x_3\\x_3\end{pmatrix}=\begin{pmatrix}0\\-2\\0\end{pmatrix}+r\cdot\begin{pmatrix}1\\-1\\1\end{pmatrix}$$

b) Umwandlung von E_3 in Koordinatenform:

$$\left(\vec{x}-\begin{pmatrix}-1\\-3\\5\end{pmatrix}\right)\circ\begin{pmatrix}4\\6\\2\end{pmatrix}=0 \iff (x_1+1)\cdot 4+(x_2+3)\cdot 6+(x_3-5)\cdot 2=0$$
$$\iff 4x_1+6x_2+2x_3=-12$$

Somit erhält man für die Schnittmenge folgendes Gleichungssystem:

$$\begin{array}{ll} \text{I} & 2x_1+3x_2+x_3=-6 \\ \text{II} & 4x_1+6x_2+2x_3=-12 \end{array} \iff \begin{array}{ll} \text{I} & 2x_1+3x_2+x_3=-6 \\ \text{III}=2\cdot\text{I}-\text{II} & 0=0 \end{array}$$

Die Gleichung III ist immer erfüllt; die Schnittmenge ist gegeben durch Gleichung I und entspricht der Ebene E_1, d. h. die beiden Ebenen E_1 und E_3 sind **identisch**.

c) Die Schnittmenge wird bestimmt durch folgendes Gleichungssystem:

$$\begin{array}{ll} \text{I} & 2x_1+3x_2+x_3=-6 \\ \text{II} & x_1+3x_2-x_3=3 \end{array} \iff \begin{array}{ll} \text{I} & 2x_1+3x_2+x_3=-6 \\ \text{III}=\text{I}-2\cdot\text{II} & -3x_2+3x_3=-12 \end{array}$$

Mit freier Wahl von x_3 erhält man aus Gleichung III:

$$-3x_2=-12-3x_3 \iff x_2=4+x_3$$

Einsetzen in Gleichung I liefert damit:

$$2x_1+3\cdot(4+x_3)+x_3=-6 \iff 2x_1=-18-4x_3 \iff x_1=-9-2x_3$$

Die Gleichung der **Schnittgeraden** von E_1 und E_4 lautet somit:

$$\mathbf{g}:\ \vec{\mathbf{x}}=\begin{pmatrix}x_1\\x_2\\x_3\end{pmatrix}=\begin{pmatrix}-9-2x_3\\4+x_3\\x_3\end{pmatrix}=\begin{pmatrix}-9\\4\\0\end{pmatrix}+r\cdot\begin{pmatrix}-2\\1\\1\end{pmatrix}$$

d) Die Koordinaten aus der Ebene E_5 werden in die Gleichung von E_1 eingesetzt:

$2\cdot(-5+r-2s)+3\cdot(2-2r+s)+(-2+4r+s)=-6$

$\Leftrightarrow\ -10+2r-4s+6-6r+3s-2+4r+s=-6$

$\Leftrightarrow\ -6=-6$

Die Aussage ist wahr, d. h. die beiden Ebenen E_1 und E_5 sind **identisch**.

87. $\overrightarrow{AB}=\begin{pmatrix}-4\\4\\6\end{pmatrix};\ \overrightarrow{AC}=\begin{pmatrix}3\\5\\3\end{pmatrix};\ \overrightarrow{BC}=\begin{pmatrix}7\\1\\-3\end{pmatrix}$

$$\cos\alpha=\frac{\overrightarrow{AB}\circ\overrightarrow{AC}}{|\overrightarrow{AB}|\cdot|\overrightarrow{AC}|}=\frac{26}{\sqrt{68}\cdot\sqrt{43}}\quad\Leftrightarrow\quad \boldsymbol{\alpha\approx 61{,}3°}$$

$$\cos\beta=\frac{\overrightarrow{BA}\circ\overrightarrow{BC}}{|\overrightarrow{BA}|\cdot|\overrightarrow{BC}|}=\frac{(-\overrightarrow{AB})\circ\overrightarrow{BC}}{|\overrightarrow{AB}|\cdot|\overrightarrow{BC}|}=\frac{42}{\sqrt{68}\cdot\sqrt{59}}\quad\Leftrightarrow\quad \boldsymbol{\beta\approx 48{,}5°}$$

$$\cos\gamma=\frac{\overrightarrow{CA}\circ\overrightarrow{CB}}{|\overrightarrow{CA}|\cdot|\overrightarrow{CB}|}=\frac{(-\overrightarrow{AC})\circ(-\overrightarrow{BC})}{|\overrightarrow{AC}|\cdot|\overrightarrow{BC}|}=\frac{17}{\sqrt{43}\cdot\sqrt{59}}\quad\Leftrightarrow\quad \boldsymbol{\gamma\approx 70{,}3°}$$

Anmerkung: Durch das Runden der Ergebnisse beträgt die Summe der berechneten Innenwinkel des Dreiecks ABC nicht genau 180°.

88. Richtungsvektor von g: $\vec{r}_g=\overrightarrow{AB}=\begin{pmatrix}-8\\-1\\5\end{pmatrix}$; Normalenvektor von E: $\vec{n}=\begin{pmatrix}4\\-3\\1\end{pmatrix}$

$$\sin\varphi=\frac{|\vec{r}_g\circ\vec{n}|}{|\vec{r}_g|\cdot|\vec{n}|}=\frac{24}{\sqrt{90}\cdot\sqrt{26}}\quad\Leftrightarrow\quad \boldsymbol{\varphi\approx 29{,}7°}$$

89. a) $\vec{n}_1=\begin{pmatrix}4\\-1\\-2\end{pmatrix};\ \vec{n}_2=\begin{pmatrix}1\\5\\1\end{pmatrix}\times\begin{pmatrix}-2\\1\\1\end{pmatrix}=\begin{pmatrix}4\\-3\\11\end{pmatrix}$

$$\cos\varphi=\left|\frac{\vec{n}_1\circ\vec{n}_2}{|\vec{n}_1|\cdot|\vec{n}_2|}\right|=\frac{3}{\sqrt{21}\cdot\sqrt{146}}\quad\Leftrightarrow\quad \boldsymbol{\varphi\approx 86{,}9°}$$

b) $\vec{n}_1=\begin{pmatrix}4\\-1\\-2\end{pmatrix};\ \vec{n}_2=\begin{pmatrix}2\\-1\\-1\end{pmatrix}$

$$\cos\varphi=\left|\frac{\vec{n}_1\circ\vec{n}_2}{|\vec{n}_1|\cdot|\vec{n}_2|}\right|=\frac{11}{\sqrt{21}\cdot\sqrt{6}}\quad\Leftrightarrow\quad \boldsymbol{\varphi\approx 11{,}5°}$$

90. a) $P(0|9|0)$ ist ein Punkt der Ebene E und $\vec{n}=\begin{pmatrix}4\\2\\-4\end{pmatrix}$ ein Normalenvektor mit der Länge $|\vec{n}|=\sqrt{16+4+16}=6$.

Die Hesse'sche Normalenform der Ebene E lautet damit:

$$E:\ \left(\vec{x}-\begin{pmatrix}0\\9\\0\end{pmatrix}\right)\circ\frac{1}{6}\begin{pmatrix}4\\2\\-4\end{pmatrix}=0$$

Einsetzen von A liefert den Abstand d des Punktes A zur Ebene E:

$$\mathbf{d} = \left|\left(\begin{pmatrix}5\\1\\2\end{pmatrix} - \begin{pmatrix}0\\9\\0\end{pmatrix}\right) \circ \frac{1}{6}\begin{pmatrix}4\\2\\-4\end{pmatrix}\right| = \frac{1}{6} \cdot \left|\begin{pmatrix}5\\-8\\2\end{pmatrix} \circ \begin{pmatrix}4\\2\\-4\end{pmatrix}\right| = \frac{1}{6} \cdot |-4| = \mathbf{\frac{2}{3}}$$

b) Bestimmung eines Normalenvektors von E:

$$\vec{n} = \begin{pmatrix}2\\7\\8\end{pmatrix} \times \begin{pmatrix}-2\\4\\3\end{pmatrix} = \begin{pmatrix}-11\\-22\\22\end{pmatrix}$$

Mit $|\vec{n}| = 33$ lautet die Hesse'sche Normalenform der Ebene:

$$E: \left(\vec{x} - \begin{pmatrix}1\\2\\1\end{pmatrix}\right) \circ \frac{1}{33}\begin{pmatrix}-11\\-22\\22\end{pmatrix} = 0$$

Durch Einsetzen von A erhält man den gesuchten Abstand:

$$\mathbf{d} = \left|\left(\begin{pmatrix}5\\1\\2\end{pmatrix} - \begin{pmatrix}1\\2\\1\end{pmatrix}\right) \circ \frac{1}{33}\begin{pmatrix}-11\\-22\\22\end{pmatrix}\right| = \frac{1}{33} \cdot \left|\begin{pmatrix}4\\-1\\1\end{pmatrix} \circ \begin{pmatrix}-11\\-22\\22\end{pmatrix}\right| = \frac{1}{33} \cdot 0 = \mathbf{0}$$

Der Punkt A liegt also in der Ebene E.

c) Mit $\vec{n} = \begin{pmatrix}2\\-6\\3\end{pmatrix}$ ist $|\vec{n}| = 7$, und die Hesse'sche Normalenform von E lautet:

$$E: \left(\vec{x} - \begin{pmatrix}1\\1\\-2\end{pmatrix}\right) \circ \frac{1}{7}\begin{pmatrix}2\\-6\\3\end{pmatrix} = 0$$

Einsetzen von A liefert den gesuchten Abstand:

$$\mathbf{d} = \left|\left(\begin{pmatrix}5\\1\\2\end{pmatrix} - \begin{pmatrix}1\\1\\-2\end{pmatrix}\right) \circ \frac{1}{7}\begin{pmatrix}2\\-6\\3\end{pmatrix}\right| = \frac{1}{7} \cdot \left|\begin{pmatrix}4\\0\\4\end{pmatrix} \circ \begin{pmatrix}2\\-6\\3\end{pmatrix}\right| = \frac{1}{7} \cdot 20 = \mathbf{\frac{20}{7}}$$

d) Mit $\overrightarrow{BC} = \begin{pmatrix}-1\\-4\\6\end{pmatrix}$ und $\overrightarrow{BD} = \begin{pmatrix}2\\-4\\-3\end{pmatrix}$ als Spannvektoren erhält man:

$$\vec{n} = \begin{pmatrix}-1\\-4\\6\end{pmatrix} \times \begin{pmatrix}2\\-4\\-3\end{pmatrix} = \begin{pmatrix}36\\9\\12\end{pmatrix}$$

Mit $|\vec{n}| = 39$ lautet die Hesse'sche Normalenform der Ebene:

$$E: \left(\vec{x} - \begin{pmatrix}7\\3\\3\end{pmatrix}\right) \circ \frac{1}{39}\begin{pmatrix}36\\9\\12\end{pmatrix} = 0$$

Durch Einsetzen von A erhält man den Abstand des Punktes A zur Ebene:

$$\mathbf{d} = \left|\left(\begin{pmatrix}5\\1\\2\end{pmatrix} - \begin{pmatrix}7\\3\\3\end{pmatrix}\right) \circ \frac{1}{39}\begin{pmatrix}36\\9\\12\end{pmatrix}\right| = \frac{1}{39} \cdot \left|\begin{pmatrix}-2\\-2\\-1\end{pmatrix} \circ \begin{pmatrix}36\\9\\12\end{pmatrix}\right| = \frac{1}{39} \cdot |-102| = \mathbf{\frac{34}{13}}$$

91. *Weg 1:*

Hilfsebene E_1, die orthogonal zur Geraden g verläuft und A enthält:

$$E_1: \left(\vec{x} - \begin{pmatrix} 5 \\ 2 \\ 4 \end{pmatrix}\right) \circ \begin{pmatrix} 2 \\ -1 \\ 3 \end{pmatrix} = 0 \quad \Leftrightarrow \quad 2(x_1 - 5) - (x_2 - 2) + 3(x_3 - 4) = 0$$

$$\Leftrightarrow \quad 2x_1 - x_2 + 3x_3 = 20$$

Schnitt der Ebene E_1 mit der Geraden g:

$2 \cdot (1 + 2r) - (4 - r) + 3 \cdot (-2 + 3r) = 20 \quad \Leftrightarrow \quad 14r = 28 \quad \Leftrightarrow \quad r = 2$

Den Schnittpunkt S erhält man durch Einsetzen von $r = 2$ in die Geradengleichung von g: $S(5\,|\,2\,|\,4)$

Der Schnittpunkt entspricht dem Punkt A, d. h. **A liegt auf der Geraden** (und besitzt damit den Abstand $\mathbf{d = 0}$ von g).

Analog bestimmt man eine Hilfsebene E_2, die den Punkt B enthält:

$$E_2: \left(\vec{x} - \begin{pmatrix} 5 \\ -6 \\ 6 \end{pmatrix}\right) \circ \begin{pmatrix} 2 \\ -1 \\ 3 \end{pmatrix} = 0 \quad \Leftrightarrow \quad 2(x_1 - 5) - (x_2 + 6) + 3(x_3 - 6) = 0$$

$$\Leftrightarrow \quad 2x_1 - x_2 + 3x_3 = 34$$

Schnitt der Ebene E_2 mit der Geraden g:

$2 \cdot (1 + 2r) - (4 - r) + 3 \cdot (-2 + 3r) = 34 \quad \Leftrightarrow \quad 14r = 42 \quad \Leftrightarrow \quad r = 3$

Als Schnittpunkt erhält man $S(7\,|\,1\,|\,7)$ und für den Abstand:

$$\mathbf{d} = |\overrightarrow{BS}| = \left|\begin{pmatrix} 2 \\ 7 \\ 1 \end{pmatrix}\right| = \mathbf{\sqrt{54} = 3\sqrt{6}}$$

Weg 2:

Koordinaten eines Punktes P auf der Geraden g: $P(1 + 2r\,|\,4 - r\,|\,-2 + 3r)$

Länge der Strecke [AP]:

$$|\overrightarrow{AP}| = \left|\begin{pmatrix} 2r - 4 \\ -r + 2 \\ 3r - 6 \end{pmatrix}\right| = \sqrt{(2r - 4)^2 + (-r + 2)^2 + (3r - 6)^2}$$

Minimum des Radikanden $R(r) = 14r^2 - 56r + 56$:

$R'(r) = 28r - 56 = 0 \quad \Leftrightarrow \quad r = 2$

Für $r = 2$ entspricht P dem Lotfußpunkt F_1 und es ergibt sich:

$\mathbf{d} = |\overrightarrow{AF_1}| = \sqrt{14 \cdot 2^2 - 56 \cdot 2 + 56} \mathbf{= 0}$, d. h. **A liegt auf g.**

Länge der Strecke [BP]:

$$|\overrightarrow{BP}| = \left|\begin{pmatrix} 2r - 4 \\ -r + 10 \\ 3r - 8 \end{pmatrix}\right| = \sqrt{(2r - 4)^2 + (-r + 10)^2 + (3r - 8)^2}$$

Minimum des Radikanden $R(r) = 14r^2 - 84r + 180$:

$R'(r) = 28r - 84 = 0 \quad \Leftrightarrow \quad r = 3$

Für $r = 3$ entspricht P dem Lotfußpunkt F_2 und es ergibt sich:

$\mathbf{d} = |\overrightarrow{BF_2}| = \sqrt{14 \cdot 3^2 - 84 \cdot 3 + 180} \mathbf{= \sqrt{54} = 3\sqrt{6}}$

Weg 3:

Es wird ein Punkt F_1 bzw. F_2 auf der Geraden g gesucht, sodass $\overrightarrow{AF_1}$ bzw. $\overrightarrow{BF_2}$ orthogonal auf dem Richtungsvektor der Geraden steht.
Ein beliebiger Punkt P auf g hat die Koordinaten $P(1+2r\,|\,4-r\,|\,-2+3r)$.

$$\overrightarrow{AP} \circ \begin{pmatrix} 2 \\ -1 \\ 3 \end{pmatrix} = 0 \;\Leftrightarrow\; \begin{pmatrix} 2r-4 \\ -r+2 \\ 3r-6 \end{pmatrix} \circ \begin{pmatrix} 2 \\ -1 \\ 3 \end{pmatrix} = 0$$

$$\Leftrightarrow\; (2r-4)\cdot 2 + (-r+2)\cdot(-1) + (3r-6)\cdot 3 = 0$$

$$\Leftrightarrow\; 14r-28=0 \;\Leftrightarrow\; r=2$$

Mit $r=2$ ergibt sich, dass F_1 mit A identisch ist (vgl. Weg 1) und A daher bereits auf g liegt, d. h. $\mathbf{d=0}$.

$$\overrightarrow{BP} \circ \begin{pmatrix} 2 \\ -1 \\ 3 \end{pmatrix} = 0 \;\Leftrightarrow\; \begin{pmatrix} 2r-4 \\ -r+10 \\ 3r-8 \end{pmatrix} \circ \begin{pmatrix} 2 \\ -1 \\ 3 \end{pmatrix} = 0$$

$$\Leftrightarrow\; (2r-4)\cdot 2 + (-r+10)\cdot(-1) + (3r-8)\cdot 3 = 0$$

$$\Leftrightarrow\; 14r-42=0 \;\Leftrightarrow\; r=3$$

Mit $r=3$ folgt wie bei Weg 2: $\mathbf{d} = |\overrightarrow{BF_2}| = \mathbf{\sqrt{54} = 3\sqrt{6}}$

92. a) Bestimmung eines Normalenvektors von E_2:

$$\vec{n}_2 = \begin{pmatrix} 6 \\ 1 \\ 4 \end{pmatrix} \times \begin{pmatrix} 0 \\ 3 \\ 3 \end{pmatrix} = \begin{pmatrix} -9 \\ -18 \\ 18 \end{pmatrix} = 9 \cdot \begin{pmatrix} -1 \\ -2 \\ 2 \end{pmatrix}$$

Mit $|\vec{n}_2| = 27$ lautet die Hesse'sche Normalenform der Ebene E_2:

$$E_2\colon \left(\vec{x} - \begin{pmatrix} 6 \\ 4 \\ 1 \end{pmatrix}\right) \circ \frac{1}{3}\begin{pmatrix} -1 \\ -2 \\ 2 \end{pmatrix} = 0$$

Um zu überprüfen, ob die beiden Ebenen parallel sind, prüft man, ob der Normalenvektor von E_2 auch orthogonal zu den beiden Spannvektoren von E_1 ist:

$$\begin{pmatrix} 4 \\ 2 \\ 4 \end{pmatrix} \circ \begin{pmatrix} -1 \\ -2 \\ 2 \end{pmatrix} = -4-4+8=0 \text{ bzw. } \begin{pmatrix} -2 \\ 3 \\ 2 \end{pmatrix} \circ \begin{pmatrix} -1 \\ -2 \\ 2 \end{pmatrix} = 2-6+4=0$$

Einsetzen eines Punktes von E_1 in die Hesse'sche Normalenform von E_2 liefert den Abstand der beiden Ebenen:

$$\mathbf{d} = \left| \left(\begin{pmatrix} 0 \\ 1 \\ -2 \end{pmatrix} - \begin{pmatrix} 6 \\ 4 \\ 1 \end{pmatrix} \right) \circ \frac{1}{3}\begin{pmatrix} -1 \\ -2 \\ 2 \end{pmatrix} \right| = \left| \begin{pmatrix} -6 \\ -3 \\ -3 \end{pmatrix} \circ \frac{1}{3}\begin{pmatrix} -1 \\ -2 \\ 2 \end{pmatrix} \right| = \frac{1}{3}\cdot 6 \mathbf{=2}$$

b) Die Normalenvektoren $\vec{n}_1 = \begin{pmatrix} 4 \\ -3 \\ 0 \end{pmatrix}$ und $\vec{n}_2 = \begin{pmatrix} -8 \\ 6 \\ 0 \end{pmatrix}$ der beiden Ebenen sind linear abhängig ($\vec{n}_2 = -2\cdot\vec{n}_1$), daher sind die beiden Ebenen parallel.
Mithilfe des Punktes $P(0\,|\,2\,|\,0)$ der Ebene E_2 und $|\vec{n}_2| = \sqrt{64+36} = 10$ lautet ihre Hesse'sche Normalenform:

$E_2\colon \left(\vec{x} - \begin{pmatrix} 0 \\ 2 \\ 0 \end{pmatrix}\right) \circ \frac{1}{10}\begin{pmatrix} -8 \\ 6 \\ 0 \end{pmatrix} = 0$

Einsetzen des Punktes Q(1 | 1 | 0) der Ebene E_1 liefert den Abstand:

$$\mathbf{d} = \left|\left(\begin{pmatrix} 1 \\ 1 \\ 0 \end{pmatrix} - \begin{pmatrix} 0 \\ 2 \\ 0 \end{pmatrix}\right) \circ \frac{1}{10}\begin{pmatrix} -8 \\ 6 \\ 0 \end{pmatrix}\right| = \frac{1}{10} \cdot \left|\begin{pmatrix} 1 \\ -1 \\ 0 \end{pmatrix} \circ \begin{pmatrix} -8 \\ 6 \\ 0 \end{pmatrix}\right| = \frac{1}{10} \cdot |-14| = \mathbf{\frac{7}{5}}$$

c) Bestimmung des Normalenvektors von E_2:

$$\vec{n}_2 = \begin{pmatrix} 3 \\ 1 \\ 4 \end{pmatrix} \times \begin{pmatrix} 0 \\ 4 \\ 8 \end{pmatrix} = \begin{pmatrix} -8 \\ -24 \\ 12 \end{pmatrix}$$

Dieser Normalenvektor ist linear abhängig vom Normalenvektor $\vec{n}_1 = \begin{pmatrix} -2 \\ -6 \\ 3 \end{pmatrix}$ der Ebene E_1 ($\vec{n}_2 = 4 \cdot \vec{n}_1$); daher sind die beiden Ebenen parallel.

Die Hesse'sche Normalenform der Ebene E_2 lautet:

$E_2\colon \left(\vec{x} - \begin{pmatrix} 6 \\ 4 \\ 1 \end{pmatrix}\right) \circ \frac{1}{28}\begin{pmatrix} -8 \\ -24 \\ 12 \end{pmatrix} = 0$

Einsetzen des Punktes P(0 | 1 | 2) der Ebene E_1 liefert den Abstand:

$$\mathbf{d} = \left|\left(\begin{pmatrix} 0 \\ 1 \\ 2 \end{pmatrix} - \begin{pmatrix} 6 \\ 4 \\ 1 \end{pmatrix}\right) \circ \frac{1}{28}\begin{pmatrix} -8 \\ -24 \\ 12 \end{pmatrix}\right| = \frac{1}{28} \cdot \left|\begin{pmatrix} -6 \\ -3 \\ 1 \end{pmatrix} \circ \begin{pmatrix} -8 \\ -24 \\ 12 \end{pmatrix}\right| = \frac{132}{28} = \mathbf{\frac{33}{7}}$$

93. a) Zunächst wird ein Einheitsvektor bestimmt, der orthogonal zu den Richtungsvektoren der beiden Geraden steht:

$$\vec{n} = \begin{pmatrix} 4 \\ 3 \\ 3 \end{pmatrix} \times \begin{pmatrix} 0 \\ -3 \\ -1 \end{pmatrix} = \begin{pmatrix} 6 \\ 4 \\ -12 \end{pmatrix};\ |\vec{n}| = \frac{1}{14};\ \vec{n}_0 = \frac{1}{14} \cdot \begin{pmatrix} 6 \\ 4 \\ -12 \end{pmatrix} = \frac{1}{7} \cdot \begin{pmatrix} 3 \\ 2 \\ -6 \end{pmatrix}$$

$$\mathbf{d} = \left|\left(\begin{pmatrix} -1 \\ -3 \\ 5 \end{pmatrix} - \begin{pmatrix} -4 \\ -3 \\ 3 \end{pmatrix}\right) \circ \vec{n}_0\right| = \frac{1}{7} \cdot \left|\begin{pmatrix} 3 \\ 0 \\ 2 \end{pmatrix} \circ \begin{pmatrix} 3 \\ 2 \\ -6 \end{pmatrix}\right| = \mathbf{\frac{3}{7}}$$

b) Wie in Teilaufgabe a erhält man:

$$\vec{n} = \begin{pmatrix} 4 \\ 6 \\ -1 \end{pmatrix} \times \begin{pmatrix} -1 \\ 8 \\ 5 \end{pmatrix} = \begin{pmatrix} 38 \\ -19 \\ 38 \end{pmatrix};\ |\vec{n}| = 57;\ \vec{n}_0 = \frac{1}{57} \cdot \begin{pmatrix} 38 \\ -19 \\ 38 \end{pmatrix} = \frac{1}{3} \cdot \begin{pmatrix} 2 \\ -1 \\ 2 \end{pmatrix}$$

$$\mathbf{d} = \left|\left(\begin{pmatrix} -4 \\ -1 \\ 0 \end{pmatrix} - \begin{pmatrix} -9 \\ 1 \\ 6 \end{pmatrix}\right) \circ \vec{n}_0\right| = \frac{1}{3} \cdot \left|\begin{pmatrix} 5 \\ -2 \\ -6 \end{pmatrix} \circ \begin{pmatrix} 2 \\ -1 \\ 2 \end{pmatrix}\right| = \mathbf{0}$$

Da sich der Abstand 0 ergibt, schneiden sich die beiden Geraden.

c) Mit den Richtungsvektoren $\overrightarrow{AB} = \begin{pmatrix} 1 \\ 4 \\ 0 \end{pmatrix}$ bzw. $\overrightarrow{CD} = \begin{pmatrix} -9 \\ 1 \\ 0 \end{pmatrix}$ ergibt sich:

$$\vec{n} = \begin{pmatrix} 1 \\ 4 \\ 0 \end{pmatrix} \times \begin{pmatrix} -9 \\ 1 \\ 0 \end{pmatrix} = \begin{pmatrix} 0 \\ 0 \\ 37 \end{pmatrix};\ |\vec{n}| = 37;\ \vec{n}_0 = \frac{1}{37} \cdot \begin{pmatrix} 0 \\ 0 \\ 37 \end{pmatrix} = \begin{pmatrix} 0 \\ 0 \\ 1 \end{pmatrix}$$

$$\mathbf{d} = \left|\left(\begin{pmatrix} 3 \\ 1 \\ -4 \end{pmatrix} - \begin{pmatrix} 6 \\ -2 \\ 2 \end{pmatrix}\right) \circ \vec{n}_0\right| = \left|\begin{pmatrix} -3 \\ 3 \\ -6 \end{pmatrix} \circ \begin{pmatrix} 0 \\ 0 \\ 1 \end{pmatrix}\right| = \mathbf{6}$$

94. a) Bestimmung eines Normalenvektors von E:

$$\vec{n} = \begin{pmatrix} 3 \\ 1 \\ -1 \end{pmatrix} \times \begin{pmatrix} -1 \\ -2 \\ 3 \end{pmatrix} = \begin{pmatrix} 1 \\ -8 \\ -5 \end{pmatrix}$$

Die Gerade g und die Ebene E sind parallel, denn der Richtungsvektor von g ist orthogonal zu $\vec{n}$:

$$\begin{pmatrix} 1 \\ -3 \\ 5 \end{pmatrix} \circ \begin{pmatrix} 1 \\ -8 \\ -5 \end{pmatrix} = 0$$

Mit $|\vec{n}| = \sqrt{90}$ lautet die Hesse'sche Normalenform der Ebene:

$$E: \left(\vec{x} - \begin{pmatrix} 0 \\ 1 \\ -2 \end{pmatrix} \right) \circ \frac{1}{3\sqrt{10}} \begin{pmatrix} 1 \\ -8 \\ -5 \end{pmatrix} = 0$$

Einsetzen des Stützpunktes von g liefert hieraus den Abstand zwischen Gerade und Ebene:

$$\mathbf{d} = \left| \left(\begin{pmatrix} -4 \\ -1 \\ 0 \end{pmatrix} - \begin{pmatrix} 0 \\ 1 \\ -2 \end{pmatrix} \right) \circ \frac{1}{3\sqrt{10}} \begin{pmatrix} 1 \\ -8 \\ -5 \end{pmatrix} \right| = \frac{1}{3\sqrt{10}} \cdot \left| \begin{pmatrix} -4 \\ -2 \\ 2 \end{pmatrix} \circ \begin{pmatrix} 1 \\ -8 \\ -5 \end{pmatrix} \right| = \frac{1}{3\sqrt{10}} \cdot |2| = \mathbf{\frac{1}{15}\sqrt{10}}$$

b) Die Gerade g und die Ebene E sind parallel, denn der Richtungsvektor von g ist orthogonal zum Normalenvektor $\vec{n}$ der Ebene:

$$\begin{pmatrix} 6 \\ 3 \\ 3 \end{pmatrix} \circ \begin{pmatrix} -4 \\ 5 \\ 3 \end{pmatrix} = 0$$

Mit $|\vec{n}| = \sqrt{50}$ ergibt sich als Hesse'sche Normalenform der Ebene E:

$$E: \left(\vec{x} - \begin{pmatrix} 0 \\ 1 \\ 2 \end{pmatrix} \right) \circ \frac{1}{5\sqrt{2}} \begin{pmatrix} -4 \\ 5 \\ 3 \end{pmatrix} = 0$$

Setzt man den Stützpunkt P(3 | 1 | 6) der Geraden g ein, erhält man:

$$\mathbf{d} = \left| \left(\begin{pmatrix} 3 \\ 1 \\ 6 \end{pmatrix} - \begin{pmatrix} 0 \\ 1 \\ 2 \end{pmatrix} \right) \circ \frac{1}{5\sqrt{2}} \begin{pmatrix} -4 \\ 5 \\ 3 \end{pmatrix} \right| = \frac{1}{5\sqrt{2}} \cdot \left| \begin{pmatrix} 3 \\ 0 \\ 4 \end{pmatrix} \circ \begin{pmatrix} -4 \\ 5 \\ 3 \end{pmatrix} \right| = \frac{1}{5\sqrt{2}} \cdot 0 = \mathbf{0}$$

Die Gerade g liegt somit in der Ebene E.

95. Skizze:

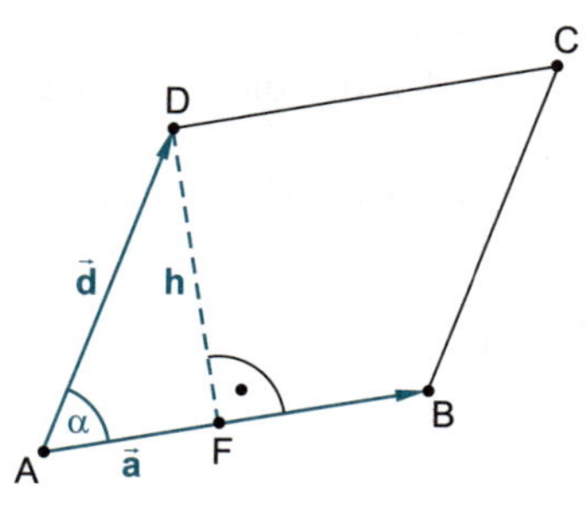

Im Parallelogramm ABCD gilt:

$$\overrightarrow{AB} = \begin{pmatrix} 3 \\ 4 \\ 4 \end{pmatrix} \text{ und } \overrightarrow{AD} = \overrightarrow{BC} = \begin{pmatrix} -5 \\ 4 \\ 7 \end{pmatrix}$$

a) Berechnung der Fläche mittels Kreuzprodukt:

$$\mathbf{A_P} = |\overrightarrow{AB} \times \overrightarrow{AD}| = \left|\begin{pmatrix}3\\4\\4\end{pmatrix} \times \begin{pmatrix}-5\\4\\7\end{pmatrix}\right| = \left|\begin{pmatrix}12\\-41\\32\end{pmatrix}\right| = \sqrt{2\,849} \;\mathbf{\approx 53{,}4}$$

b) Berechnung der Fläche über die Formel $A_P = a \cdot h$:

$a = |\overrightarrow{AB}| = \sqrt{41}$; $d = |\overrightarrow{AD}| = \sqrt{90}$

$$\cos\alpha = \frac{\overrightarrow{AB} \circ \overrightarrow{AD}}{|\overrightarrow{AB}| \cdot |\overrightarrow{AD}|} = \frac{-15+16+28}{\sqrt{41} \cdot \sqrt{90}} = \frac{29}{\sqrt{41} \cdot \sqrt{90}} \iff \alpha \approx 61{,}5°$$

Im rechtwinkligen Dreieck AFD gilt $h = d \cdot \sin\alpha \approx 8{,}34$ und daher:

$\mathbf{A_P} = a \cdot h \;\mathbf{\approx 53{,}4}$

96. $\overrightarrow{AB} = \begin{pmatrix}4\\5\\-1\end{pmatrix}$; $\overrightarrow{AC} = \begin{pmatrix}2\\7\\0\end{pmatrix}$

$$\mathbf{A_D} = \frac{1}{2} \cdot |\overrightarrow{AB} \times \overrightarrow{AC}| = \frac{1}{2} \cdot \left|\begin{pmatrix}4\\5\\-1\end{pmatrix} \times \begin{pmatrix}2\\7\\0\end{pmatrix}\right| = \frac{1}{2} \cdot \left|\begin{pmatrix}7\\-2\\18\end{pmatrix}\right| = \frac{1}{2}\sqrt{377} \;\mathbf{\approx 9{,}7}$$

97. Mithilfe der Koordinatenschreibweise der Vektoren $\vec{a}$ und $\vec{b}$ erhält man:

$$\begin{aligned}
A_P^2 &= |\vec{a}|^2 \cdot |b|^2 - (\vec{a} \circ \vec{b})^2 \\
&= (a_1^2 + a_2^2 + a_3^2) \cdot (b_1^2 + b_2^2 + b_3^2) - (a_1b_1 + a_2b_2 + a_3b_3)^2 \\
&= (a_1^2b_1^2 + a_2^2b_1^2 + a_3^2b_1^2 + a_1^2b_2^2 + a_2^2b_2^2 + a_3^2b_2^2 + a_1^2b_3^2 + a_2^2b_3^2 + a_3^2b_3^2) \\
&\quad -(a_1^2b_1^2 + a_2^2b_2^2 + a_3^2b_3^2 + 2a_1b_1a_2b_2 + 2a_1b_1a_3b_3 + 2a_2b_2a_3b_3) \\
&= a_2^2b_1^2 + a_3^2b_1^2 + a_1^2b_2^2 + a_3^2b_2^2 + a_1^2b_3^2 + a_2^2b_3^2 \\
&\quad - 2a_1b_1a_2b_2 - 2a_1b_1a_3b_3 - 2a_2b_2a_3b_3
\end{aligned}$$

Andererseits lässt sich das Quadrat des Betrags $|\vec{a} \times \vec{b}|$ ebenfalls vereinfachen:

$$\begin{aligned}
|\vec{a} \times \vec{b}|^2 = \left|\begin{pmatrix}a_2b_3 - a_3b_2\\a_3b_1 - a_1b_3\\a_1b_2 - a_2b_1\end{pmatrix}\right|^2 &= (a_2b_3 - a_3b_2)^2 + (a_3b_1 - a_1b_3)^2 + (a_1b_2 - a_2b_1)^2 \\
&= a_2^2b_3^2 - 2a_2b_3a_3b_2 + a_3^2b_2^2 + a_3^2b_1^2 - 2a_3b_1a_1b_3 \\
&\quad + a_1^2b_3^2 + a_1^2b_2^2 - 2a_1b_2a_2b_1 + a_2^2b_1^2
\end{aligned}$$

Vergleicht man diese beiden Terme, sieht man, dass sie bis auf die Reihenfolge der Summanden übereinstimmen. Damit ist bewiesen, dass $A_P^2 = |\vec{a} \times \vec{b}|^2$ und somit $A_P = |\vec{a} \times \vec{b}|$ gilt.

98. $\mathbf{V_S} = |\vec{a}\times\vec{b}|\cdot|\vec{h}| = |(\vec{a}\times\vec{b})\circ\vec{c}| = \left|\left(\begin{pmatrix}3\\0\\2\end{pmatrix}\times\begin{pmatrix}4\\2\\-3\end{pmatrix}\right)\circ\begin{pmatrix}-4\\-3\\1\end{pmatrix}\right| = \left|\begin{pmatrix}-4\\17\\6\end{pmatrix}\circ\begin{pmatrix}-4\\-3\\1\end{pmatrix}\right|$

$= |16-51+6| = \mathbf{29}$

99. Der Spat wird durch die Vektoren $\vec{a} = \overrightarrow{AB} = \begin{pmatrix}3\\5\\4\end{pmatrix}$, $\vec{b} = \overrightarrow{AD} = \overrightarrow{BC} = \begin{pmatrix}-2\\2\\-7\end{pmatrix}$ und $\vec{c} = \overrightarrow{AE} = \begin{pmatrix}-5\\5\\5\end{pmatrix}$ aufgespannt. Somit ergibt sich als Volumen dieses Spats:

$\mathbf{V_S} = |\vec{a}\times\vec{b}|\cdot|\vec{h}| = |(\vec{a}\times\vec{b})\circ\vec{c}| = \left|\left(\begin{pmatrix}3\\5\\4\end{pmatrix}\times\begin{pmatrix}-2\\2\\-7\end{pmatrix}\right)\circ\begin{pmatrix}-5\\5\\5\end{pmatrix}\right| = \left|\begin{pmatrix}-43\\13\\16\end{pmatrix}\circ\begin{pmatrix}-5\\5\\5\end{pmatrix}\right| = \mathbf{360}$

100. Die Pyramide wird erzeugt von $\overrightarrow{AB} = \begin{pmatrix}4\\1\\2\end{pmatrix}$, $\overrightarrow{AC} = \begin{pmatrix}3\\6\\3\end{pmatrix}$ und $\overrightarrow{AD} = \begin{pmatrix}2\\5\\8\end{pmatrix}$.

Damit ergibt sich für das Volumen:

$\mathbf{V_P} = \frac{1}{6}\cdot|(\overrightarrow{AB}\times\overrightarrow{AC})\circ\overrightarrow{AD}| = \frac{1}{6}\cdot\left|\left(\begin{pmatrix}4\\1\\2\end{pmatrix}\times\begin{pmatrix}3\\6\\3\end{pmatrix}\right)\circ\begin{pmatrix}2\\5\\8\end{pmatrix}\right| = \frac{1}{6}\cdot\left|\begin{pmatrix}-9\\-6\\21\end{pmatrix}\circ\begin{pmatrix}2\\5\\8\end{pmatrix}\right| = \frac{120}{6} = \mathbf{20}$

101. Diese vierseitige Pyramide wird erzeugt von

$\overrightarrow{AB} = \begin{pmatrix}4\\-1\\1\end{pmatrix}$; $\overrightarrow{AD} = \overrightarrow{BC} = \begin{pmatrix}-2\\3\\1\end{pmatrix}$ und $\overrightarrow{AS} = \begin{pmatrix}1\\0\\9\end{pmatrix}$.

Das Volumen dieser Pyramide beträgt:

$\mathbf{V_P} = \frac{1}{3}\cdot|(\overrightarrow{AB}\times\overrightarrow{AD})\circ\overrightarrow{AS}|$

$= \frac{1}{3}\cdot\left|\left(\begin{pmatrix}4\\-1\\1\end{pmatrix}\times\begin{pmatrix}-2\\3\\1\end{pmatrix}\right)\circ\begin{pmatrix}1\\0\\9\end{pmatrix}\right| = \frac{1}{3}\cdot\left|\begin{pmatrix}-4\\-6\\10\end{pmatrix}\circ\begin{pmatrix}1\\0\\9\end{pmatrix}\right|$

$= \mathbf{\frac{86}{3}}$

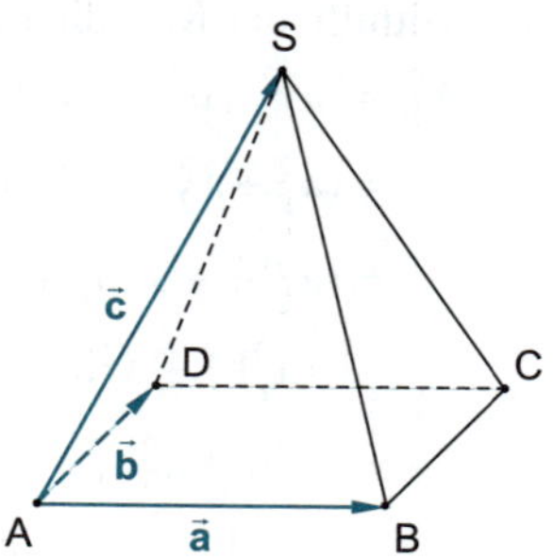

102. Verwendet man das Dreieck BCD als Grundfläche, muss zunächst der Inhalt dieses Dreiecks bestimmt werden:

$A_{BCD} = \frac{1}{2}\cdot|\overrightarrow{BC}\times\overrightarrow{BD}| = \frac{1}{2}\cdot\left|\begin{pmatrix}-3\\5\\0\end{pmatrix}\times\begin{pmatrix}-3\\0\\4\end{pmatrix}\right| = \frac{1}{2}\cdot\left|\begin{pmatrix}20\\12\\15\end{pmatrix}\right|$

$= \frac{1}{2}\cdot\sqrt{400+144+225} = \frac{1}{2}\cdot\sqrt{769}$

Anschließend muss man die zugehörige Höhe bestimmen. Diese steht orthogonal zur Ebene BDC und entspricht dem Abstand der Spitze A zu dieser Ebene.

Ein Normalenvektor der Ebene BCD ist

$$\vec{n} = \overrightarrow{BC} \times \overrightarrow{BD} = \begin{pmatrix} 20 \\ 12 \\ 15 \end{pmatrix},$$

sodass sich für die Höhe h_P der Pyramide ergibt:

$$h_P = d(A; E_{BCD}) = \frac{1}{|\vec{n}|} \cdot |\overrightarrow{AB} \circ \vec{n}| = \frac{1}{\sqrt{769}} \cdot \left| \begin{pmatrix} 3 \\ 0 \\ 0 \end{pmatrix} \circ \begin{pmatrix} 20 \\ 12 \\ 15 \end{pmatrix} \right| = \frac{60}{\sqrt{769}}$$

Für das Volumen der Pyramide ergibt sich schließlich:

$$\mathbf{V_P} = \frac{1}{3} \cdot A_{BCD} \cdot h_P = \frac{1}{3} \cdot \frac{1}{2} \cdot \sqrt{769} \cdot \frac{60}{\sqrt{769}} = \mathbf{10}$$

103. a) $\mathbf{M(2\,|\,1);\ r = \sqrt{49} = 7}$

b) $(x_1 - 4)^2 + (x_2 + 2)^2 = 81 \quad \Leftrightarrow \quad \left(\vec{x} - \begin{pmatrix} 4 \\ -2 \end{pmatrix}\right)^2 = 81 \quad \Rightarrow \quad \mathbf{M(4\,|\,-2);\ r = \sqrt{81} = 9}$

c) Hier muss man auf der linken Seite der Gleichung zunächst quadratisch ergänzen, um Mittelpunkt und Radius ablesen zu können:

$$\begin{aligned} x_1^2 + x_2^2 - 4x_1 + 2x_2 = 11 \quad &\Leftrightarrow \quad x_1^2 - 4x_1 + 2^2 + x_2^2 + 2x_2 + 1^2 - 4 - 1 = 11 \\ &\Leftrightarrow \quad (x_1 - 2)^2 + (x_2 + 1)^2 = 11 + 4 + 1 \\ &\Leftrightarrow \quad \left(\vec{x} - \begin{pmatrix} 2 \\ -1 \end{pmatrix}\right)^2 = 16 \end{aligned}$$

Es folgt: $\mathbf{M(2\,|\,-1);\ r = \sqrt{16} = 4}$

104. a) Die Gleichung des Kreises k lautet:

$$k: \left(\vec{x} - \begin{pmatrix} 6 \\ -6 \end{pmatrix}\right)^2 = 169$$

Punktprobe mit A:

$$\left(\begin{pmatrix} 4 \\ 5 \end{pmatrix} - \begin{pmatrix} 6 \\ -6 \end{pmatrix}\right)^2 = 169 \quad \Leftrightarrow \quad (-2)^2 + 11^2 = 169 \quad \Leftrightarrow \quad 125 = 169$$

A liegt **nicht** auf k.

Punktprobe mit B:

$$\left(\begin{pmatrix} 3 \\ -1 \end{pmatrix} - \begin{pmatrix} 6 \\ -6 \end{pmatrix}\right)^2 = 169 \quad \Leftrightarrow \quad (-3)^2 + 5^2 = 169 \quad \Leftrightarrow \quad 34 = 169$$

B liegt **nicht** auf k.

Punktprobe mit C:

$$\left(\begin{pmatrix} 1 \\ 6 \end{pmatrix} - \begin{pmatrix} 6 \\ -6 \end{pmatrix}\right)^2 = 169 \quad \Leftrightarrow \quad (-5)^2 + 12^2 = 169 \quad \Leftrightarrow \quad 169 = 169$$

C liegt auf k.

b) Punktprobe mit A:

$\left(\begin{pmatrix} 4 \\ 5 \end{pmatrix} - \begin{pmatrix} 4 \\ -1 \end{pmatrix}\right)^2 = 36 \quad\Leftrightarrow\quad 0^2 + 6^2 = 36 \quad\Leftrightarrow\quad 36 = 36$

A liegt auf k.

Punktprobe mit B:

$\left(\begin{pmatrix} 3 \\ -1 \end{pmatrix} - \begin{pmatrix} 4 \\ -1 \end{pmatrix}\right)^2 = 36 \quad\Leftrightarrow\quad (-1)^2 + 0^2 = 36 \quad\Leftrightarrow\quad 1 = 36$

B liegt **nicht** auf k.

Punktprobe mit C:

$\left(\begin{pmatrix} 1 \\ 6 \end{pmatrix} - \begin{pmatrix} 4 \\ -1 \end{pmatrix}\right)^2 = 36 \quad\Leftrightarrow\quad (-3)^2 + 7^2 = 36 \quad\Leftrightarrow\quad 58 = 36$

C liegt **nicht** auf k.

c) Punktprobe mit A:

$(4+2)^2 + (5-2)^2 = 25 \quad\Leftrightarrow\quad 6^2 + 3^2 = 25 \quad\Leftrightarrow\quad 45 = 25$

A liegt **nicht** auf k.

Punktprobe mit B:

$(3+2)^2 + (-1-2)^2 = 25 \quad\Leftrightarrow\quad 5^2 + (-3)^2 = 25 \quad\Leftrightarrow\quad 34 = 25$

B liegt **nicht** auf k.

Punktprobe mit C:

$(1+2)^2 + (6-2)^2 = 25 \quad\Leftrightarrow\quad 3^2 + 4^2 = 25 \quad\Leftrightarrow\quad 25 = 25$

C liegt auf k.

d) Punktprobe mit A:

$4^2 + 5^2 + 4 \cdot 4 + 6 \cdot 5 = 87 \quad\Leftrightarrow\quad 16 + 25 + 16 + 30 = 87 \quad\Leftrightarrow\quad 87 = 87$

A liegt auf k.

Punktprobe mit B:

$3^2 + (-1)^2 + 4 \cdot 3 + 6 \cdot (-1) = 87 \quad\Leftrightarrow\quad 9 + 1 + 12 - 6 = 87 \quad\Leftrightarrow\quad 16 = 87$

B liegt **nicht** auf k.

Punktprobe mit C:

$1^2 + 6^2 + 4 \cdot 1 + 6 \cdot 6 = 87 \quad\Leftrightarrow\quad 1 + 36 + 4 + 36 = 87 \quad\Leftrightarrow\quad 77 = 87$

C liegt **nicht** auf k.

105. Die Gleichung eines Kreises mit Mittelpunkt $M(m_1 \mid m_2)$ und Radius r lautet:

$k: (x_1 - m_1)^2 + (x_2 - m_2)^2 = r^2$

Da der Kreis die Punkte A, B und C enthalten soll, müssen folgende Gleichungen erfüllt sein:

A: $(4 - m_1)^2 + (2 - m_2)^2 = r^2 \quad\Leftrightarrow\quad m_1^2 - 8m_1 + m_2^2 - 4m_2 = r^2 - 20$

B: $(-3-m_1)^2+(1-m_2)^2=r^2 \quad \Leftrightarrow \quad m_1^2+6m_1+m_2^2-2m_2=r^2-10$

C: $(5-m_1)^2+(5-m_2)^2=r^2 \quad \Leftrightarrow \quad m_1^2-10m_1+m_2^2-10m_2=r^2-50$

Man erhält ein Gleichungssystem mit drei Gleichungen und den drei Unbekannten r, m_1 und m_2:

$$\begin{array}{ll} \text{I} & m_1^2-8m_1+m_2^2-4m_2=r^2-20 \\ \text{II} & m_1^2+6m_1+m_2^2-2m_2=r^2-10 \\ \text{III} & m_1^2-10m_1+m_2^2-10m_2=r^2-50 \end{array}$$

$$\begin{array}{llrl} & \text{I} & m_1^2-8m_1+m_2^2-4m_2 & =r^2-20 \\ \Leftrightarrow & \text{IV}=\text{I}-\text{II} & -14m_1\quad -2m_2 & = -10 \\ & \text{V}=\text{II}-\text{III} & 16m_1\quad +8m_2 & = 40 \end{array}$$

$$\begin{array}{llrl} & \text{I} & m_1^2-8m_1+m_2^2-4m_2 & =r^2-20 \\ \Leftrightarrow & \text{IV} & -14m_1\quad -2m_2 & = -10 \\ & \text{VI}=8\cdot\text{IV}+7\cdot\text{V} & 40m_2 & = 200 \end{array}$$

Aus Gleichung VI erhält man: $m_2=5$

Eingesetzt in Gleichung IV ergibt sich:

$-14m_1-10=-10 \quad \Leftrightarrow \quad m_1=0$

Setzt man diese Mittelpunktkoordinaten in Gleichung I ein, erhält man:

$25-20=r^2-20 \quad \Leftrightarrow \quad r^2=25 \quad \Leftrightarrow \quad r=5$

Der gesuchte Kreis hat den Mittelpunkt **M(0 | 5)**, den Radius **r = 5** sowie die Gleichung:

$$\mathbf{k:}\ \left(\vec{x}-\begin{pmatrix}0\\5\end{pmatrix}\right)^2=25$$

106. a) **M(1 | 1 | –5)**; $\mathbf{r}=\sqrt{49}=\mathbf{7}$

b) $(x_1-1)^2+(x_2+2)^2+(x_3-3)^2=121 \quad \Leftrightarrow \quad \left(\vec{x}-\begin{pmatrix}1\\-2\\3\end{pmatrix}\right)^2=121$

$\Rightarrow$ **M(1 | –2 | 3)**; $\mathbf{r}=\sqrt{121}=\mathbf{11}$

c) Hier muss man auf der linken Seite der Gleichung zunächst quadratisch ergänzen, um Mittelpunkt und Radius ablesen zu können:

$x_1^2+x_2^2+x_3^2-4x_1+2x_2+2x_3=10$

$\Leftrightarrow \quad x_1^2-4x_1+2^2+x_2^2+2x_2+1^2+x_3^2+2x_3+1^2-4-1-1=10$

$\Leftrightarrow \quad (x_1-2)^2+(x_2+1)^2+(x_3+1)^2=10+4+1+1$

$\Leftrightarrow \quad \left(\vec{x}-\begin{pmatrix}2\\-1\\-1\end{pmatrix}\right)^2=16$

Es folgt: **M(2 | –1 | –1)**; $\mathbf{r}=\sqrt{16}=\mathbf{4}$

107. a) Die Gleichung der Kugel K lautet:

$$K: \left(\vec{x}-\begin{pmatrix}-1\\-1\\3\end{pmatrix}\right)^2=49$$

Punktprobe mit A:

$$\left(\begin{pmatrix}4\\5\\-1\end{pmatrix}-\begin{pmatrix}-1\\-1\\3\end{pmatrix}\right)^2=49 \Leftrightarrow \begin{pmatrix}5\\6\\-4\end{pmatrix}^2=49 \Leftrightarrow 25+36+16=49 \Leftrightarrow 77=49$$

A liegt **nicht** auf K.

Punktprobe mit B:

$$\left(\begin{pmatrix}2\\-1\\2\end{pmatrix}-\begin{pmatrix}-1\\-1\\3\end{pmatrix}\right)^2=49 \Leftrightarrow \begin{pmatrix}3\\0\\-1\end{pmatrix}^2=49 \Leftrightarrow 9+1=49 \Leftrightarrow 10=49$$

B liegt **nicht** auf K.

Punktprobe mit C:

$$\left(\begin{pmatrix}5\\1\\6\end{pmatrix}-\begin{pmatrix}-1\\-1\\3\end{pmatrix}\right)^2=49 \Leftrightarrow \begin{pmatrix}6\\2\\3\end{pmatrix}^2=49 \Leftrightarrow 36+4+9=49 \Leftrightarrow 49=49$$

C liegt auf K.

b) Punktprobe mit A:

$$\left(\begin{pmatrix}4\\5\\-1\end{pmatrix}-\begin{pmatrix}4\\-3\\1\end{pmatrix}\right)^2=9 \Leftrightarrow \begin{pmatrix}0\\8\\-2\end{pmatrix}^2=9 \Leftrightarrow 64+4=9 \Leftrightarrow 68=9$$

A liegt **nicht** auf K.

Punktprobe mit B:

$$\left(\begin{pmatrix}2\\-1\\2\end{pmatrix}-\begin{pmatrix}4\\-3\\1\end{pmatrix}\right)^2=9 \Leftrightarrow \begin{pmatrix}-2\\2\\1\end{pmatrix}^2=9 \Leftrightarrow 4+4+1=9 \Leftrightarrow 9=9$$

B liegt auf K.

Punktprobe mit C:

$$\left(\begin{pmatrix}5\\1\\6\end{pmatrix}-\begin{pmatrix}4\\-3\\1\end{pmatrix}\right)^2=9 \Leftrightarrow \begin{pmatrix}1\\4\\5\end{pmatrix}^2=9 \Leftrightarrow 1+16+25=9 \Leftrightarrow 42=9$$

C liegt **nicht** auf K.

c) Punktprobe mit A:

$$(4+4)^2+(5+1)^2+(-1+1)^2=100 \Leftrightarrow 64+36+0=100 \Leftrightarrow 100=100$$

A liegt auf K.

Punktprobe mit B:

$$(2+4)^2+(-1+1)^2+(2+1)^2=100 \Leftrightarrow 36+0+9=100 \Leftrightarrow 45=100$$

B liegt **nicht** auf K.

Punktprobe mit C:
$(5+4)^2+(1+1)^2+(6+1)^2=100 \Leftrightarrow 81+4+49=100 \Leftrightarrow 134=100$
C liegt **nicht** auf K.

d) Punktprobe mit A:
$4^2+5^2+(-1)^2+4\cdot 4+2\cdot(-1)=21 \Leftrightarrow 16+25+1+16-2=21$
$\Leftrightarrow 56=21$
A liegt **nicht** auf K.
Punktprobe mit B:
$2^2+(-1)^2+2^2+4\cdot 2+2\cdot 2=21 \Leftrightarrow 4+1+4+8+4=21 \Leftrightarrow 21=21$
B liegt auf K.
Punktprobe mit C:
$5^2+1^2+6^2+4\cdot 5+2\cdot 6=21 \Leftrightarrow 25+1+36+20+12=21 \Leftrightarrow 94=21$
C liegt **nicht** auf K.

108. Gleichung einer Kugel mit Mittelpunkt $M(m_1\,|\,m_2\,|\,m_3)$ und Radius r:
K: $(x_1-m_1)^2+(x_2-m_2)^2+(x_3-m_3)^2=r^2$
Da der Kreis die Punkte A, B, C und D enthalten soll, müssen folgende Gleichungen erfüllt sein:
A: $(-5-m_1)^2+(-5-m_2)^2+(4-m_3)^2=r^2$
B: $(7-m_1)^2+(7-m_2)^2+(6-m_3)^2=r^2$
C: $(2-m_1)^2+(7-m_2)^2+(1-m_3)^2=r^2$
D: $(4-m_1)^2+(3-m_2)^2+(-3-m_3)^2=r^2$
Hieraus gewinnt man ein Gleichungssystem mit vier Gleichungen und den vier Unbekannten m_1, m_2, m_3 und r:

$$\begin{array}{ll} \text{I} & m_1^2+m_2^2+m_3^2+10m_1+10m_2-8m_3=r^2-66 \\ \text{II} & m_1^2+m_2^2+m_3^2-14m_1-14m_2-12m_3=r^2-134 \\ \text{III} & m_1^2+m_2^2+m_3^2-4m_1-14m_2-2m_3=r^2-54 \\ \text{IV} & m_1^2+m_2^2+m_3^2-8m_1-6m_2+6m_3=r^2-34 \end{array}$$

$$\Leftrightarrow \begin{array}{ll} \text{I} & m_1^2+m_2^2+m_3^2+10m_1+10m_2-8m_3=r^2-66 \\ \text{V}=\text{I}-\text{II} & 24m_1+24m_2+4m_3=68 \\ \text{VI}=\text{I}-\text{III} & 14m_1+24m_2-6m_3=-12 \\ \text{VII}=\text{I}-\text{IV} & 18m_1+16m_2-14m_3=-32 \end{array}$$

$$\Leftrightarrow \begin{array}{ll} \text{I} & m_1^2+m_2^2+m_3^3+10m_1+10m_2-8m_3=r^2-66 \\ \text{VIII}=\text{V}:4 & 6m_1+6m_2+m_3=17 \\ \text{IX}=\text{VI}:2 & 7m_1+12m_2-3m_3=-6 \\ \text{X}=\text{VII}:2 & 9m_1+8m_2-7m_3=-16 \end{array}$$

$$\Leftrightarrow \begin{array}{lrcl} \text{I} & m_1^2+m_2^2+m_3^2+10m_1+10m_2-8m_3 &=& r^2-66 \\ \text{VIII} & 6m_1+6m_2+m_3 &=& 17 \\ \text{XI}=7\cdot\text{VIII}-6\cdot\text{IX} & -30m_2+25m_3 &=& 155 \\ \text{XII}=3\cdot\text{VIII}-2\cdot\text{X} & 2m_2+17m_3 &=& 83 \end{array}$$

$$\Leftrightarrow \begin{array}{lrcl} \text{I} & m_1^2+m_2^2+m_3^2+10m_1+10m_2-8m_3 &=& r^2-66 \\ \text{VIII} & 6m_1+6m_2+m_3 &=& 17 \\ \text{XI} & -30m_2+25m_3 &=& 155 \\ \text{XIII}=\text{XI}:5+3\cdot\text{XII} & 56m_3 &=& 280 \end{array}$$

Aus Gleichung XIII entnimmt man: $m_3=5$

Eingesetzt in Gleichung XI ergibt sich:

$-30m_2=155-25\cdot5=30 \iff m_2=-1$

Diese Werte in Gleichung VIII eingesetzt liefert:

$6m_1=17-6\cdot(-1)-5=18 \iff m_1=3$

Aus Gleichung I ergibt sich schließlich:

$3^2+(-1)^2+5^2+10\cdot3+10\cdot(-1)-8\cdot5=r^2-66 \iff r^2=81 \iff r=9$

Mittelpunkt der Kugel: **M(3 | –1 | 5)**; Radius **r = 9**; Kugelgleichung:

K: $(x_1-3)^2+(x_2+1)^2+(x_3-5)^2=81$

109. Man setzt jeweils den Ortsvektor $\vec{x}$ der Geraden in die Kugelgleichung ein.

a) $$\left(\begin{pmatrix}9\\5\\-11\end{pmatrix}+s\cdot\begin{pmatrix}5\\0\\-5\end{pmatrix}-\begin{pmatrix}1\\-1\\-4\end{pmatrix}\right)^2=49 \iff \left(\begin{pmatrix}8\\6\\-7\end{pmatrix}+s\cdot\begin{pmatrix}5\\0\\-5\end{pmatrix}\right)^2=49$$

$$\iff (5s+8)^2+6^2+(-5s-7)^2=49$$

$$\iff 50s^2+150s+100=0$$

$$\iff s^2+3s+2=0$$

$$\iff s=-1 \text{ oder } s=-2$$

Setzt man $s=-1$ bzw. $s=-2$ in die Geradengleichung ein, erhält man die beiden Schnittpunkte **S_1(4 | 5 | –6)** bzw. **S_2(–1 | 5 | –1)**; die Gerade g ist eine Sekante der Kugel K.

b) $$\left(\begin{pmatrix}5\\-5\\7\end{pmatrix}+s\cdot\begin{pmatrix}1\\3\\-4\end{pmatrix}-\begin{pmatrix}1\\-1\\-4\end{pmatrix}\right)^2=49 \iff \left(\begin{pmatrix}4\\-4\\11\end{pmatrix}+s\cdot\begin{pmatrix}1\\3\\-4\end{pmatrix}\right)^2=49$$

$$\iff (s+4)^2+(3s-4)^2+(-4s+11)^2=49$$

$$\iff 26s^2-104s+104=0$$

$$\iff s^2-4s+4=0$$

$$\iff s=2$$

Einsetzen von $s=2$ in die Geradengleichung ergibt den Berührpunkt **S(7 | 1 | –1)**; die Gerade g ist eine Tangente.

c) $\left(\begin{pmatrix}2\\4\\1\end{pmatrix}+s\cdot\begin{pmatrix}5\\2\\-3\end{pmatrix}-\begin{pmatrix}1\\-1\\-4\end{pmatrix}\right)^2=49 \Leftrightarrow \left(\begin{pmatrix}1\\5\\5\end{pmatrix}+s\cdot\begin{pmatrix}5\\2\\-3\end{pmatrix}\right)^2=49$

$\Leftrightarrow (5s+1)^2+(2s+5)^2+(-3s+5)^2=49$

$\Leftrightarrow 38s^2+2=0$

Diese Gleichung besitzt keine reelle Lösung; die Gerade g ist eine Passante und besitzt **keine gemeinsamen Punkte** mit der Kugel.

110. Der Radius der Kugel beträgt:

$r=|\overrightarrow{MS_1}|=\sqrt{(-4)^2+4^2+2^2}=\sqrt{36}=6$

Die Gleichung der Kugel lautet somit:

$K: \left(\vec{x}-\begin{pmatrix}3\\-1\\4\end{pmatrix}\right)^2=36$

Die Gerade durch die Punkte S_1 und A besitzt die Gleichung:

$g: \vec{x}=\begin{pmatrix}-1\\3\\6\end{pmatrix}+s\cdot\begin{pmatrix}9\\-12\\-9\end{pmatrix}$

Setzt man diesen allgemeinen Vektor in die Kugelgleichung ein, erhält man:

$\left(\begin{pmatrix}-1\\3\\6\end{pmatrix}+s\cdot\begin{pmatrix}9\\-12\\-9\end{pmatrix}-\begin{pmatrix}3\\-1\\4\end{pmatrix}\right)^2=36 \Leftrightarrow \left(\begin{pmatrix}-4\\4\\2\end{pmatrix}+s\cdot\begin{pmatrix}9\\-12\\-9\end{pmatrix}\right)^2=36$

$\Leftrightarrow (9s-4)^2+(-12s+4)^2+(-9s+2)^2=36$

$\Leftrightarrow 306s^2-204s=0$

$\Leftrightarrow s=0 \text{ oder } s=\frac{2}{3}$

Der Wert $s=0$ liefert den bereits bekannten Schnittpunkt S_1 und $s=\frac{2}{3}$ ergibt den gesuchten zweiten Schnittpunkt **$S_2(5|-5|0)$**.

111. Damit die Gerade eine Tangente an die Kugel ist, muss der Abstand des Mittelpunkts von der Geraden gleich dem Radius sein.
Da der Berührpunkt B auf der Geraden g liegt, hat er die Gestalt $B(-1+3s|3-s|-3+4s)$.
Weil der Berührradius $\overline{MB}$ orthogonal auf g steht, muss außerdem gelten:

$\overrightarrow{MB}\circ\begin{pmatrix}3\\-1\\4\end{pmatrix}=0 \Leftrightarrow \begin{pmatrix}-1+3s-3\\3-s+1\\-3+4s-6\end{pmatrix}\circ\begin{pmatrix}3\\-1\\4\end{pmatrix}=0 \Leftrightarrow \begin{pmatrix}-4+3s\\4-s\\-9+4s\end{pmatrix}\circ\begin{pmatrix}3\\-1\\4\end{pmatrix}=0$

$\Leftrightarrow -12+9s-4+s-36+16s=0 \Leftrightarrow 26s=52 \Leftrightarrow s=2$

Als Berührpunkt auf g ergibt sich damit **B(5|1|5)**; für den Radius der Kugel erhält man:

$\mathbf{r}=|\overrightarrow{BM}|=\sqrt{(-2)^2+(-2)^2+1^2}=\sqrt{9}\mathbf{=3}$

112. Die Tangente steht orthogonal auf dem Berührradius, sodass für den Richtungsvektor $\vec{r}$ der zugehörigen Geradengleichung $\overrightarrow{BM} \circ \vec{r} = 0$ gelten muss:

$$\overrightarrow{BM} \circ \vec{r} = 0 \quad \Leftrightarrow \quad \begin{pmatrix} -2 \\ -2 \\ 1 \end{pmatrix} \circ \begin{pmatrix} r_1 \\ r_2 \\ r_3 \end{pmatrix} = 0 \quad \Leftrightarrow \quad -2r_1 - 2r_2 + r_3 = 0$$

Damit die Tangente parallel zur x_1x_2-Ebene verläuft, muss $r_3 = 0$ sein, also $-2r_1 - 2r_2 = 0 \;\Leftrightarrow\; r_1 = -r_2$ und somit z. B.

$$\vec{r} = \begin{pmatrix} 1 \\ -1 \\ 0 \end{pmatrix}$$

Die gesuchte Tangente hat somit die Gleichung $\mathbf{\vec{x} = \begin{pmatrix} 1 \\ 5 \\ 3 \end{pmatrix} + s \cdot \begin{pmatrix} 1 \\ -1 \\ 0 \end{pmatrix}}$.

113. a) Der Punkt $Q(-1\,|\,0\,|\,-1)$ liegt auf E; den Abstand des Kugelmittelpunkts M von E bestimmt man mithilfe der Hesse'schen Normalenform der Ebene:

$$E\colon\ \frac{1}{7} \cdot \left(\vec{x} - \begin{pmatrix} -1 \\ 0 \\ -1 \end{pmatrix} \right) \circ \begin{pmatrix} 6 \\ 3 \\ 2 \end{pmatrix} = 0$$

$$d(M; E) = \left| \frac{1}{7} \cdot \left(\begin{pmatrix} -6 \\ 2 \\ -3 \end{pmatrix} - \begin{pmatrix} -1 \\ 0 \\ -1 \end{pmatrix} \right) \circ \begin{pmatrix} 6 \\ 3 \\ 2 \end{pmatrix} \right| = \frac{1}{7} \cdot \left| \begin{pmatrix} -5 \\ 2 \\ -2 \end{pmatrix} \circ \begin{pmatrix} 6 \\ 3 \\ 2 \end{pmatrix} \right| = \frac{28}{7} = 4$$

Der Abstand von M zur Ebene ist kleiner als der Kugelradius $r = 7$, also schneiden sich die Kugel K und die Ebene E in einem **Kreis** mit Mittelpunkt M_k und Radius r_k. Dieser Schnittkreis liegt in der Ebene E.

Bestimmung von r_k und M_k

Im rechtwinkligen Dreieck MM_kS ergibt sich mit $r = 7$ und $d = 4$:

$$r_k = \sqrt{7^2 - 4^2} = \sqrt{33}$$

Der Radius des Schnittkreises beträgt demzufolge $r_k = \sqrt{33} \approx 5{,}7$ Längeneinheiten.

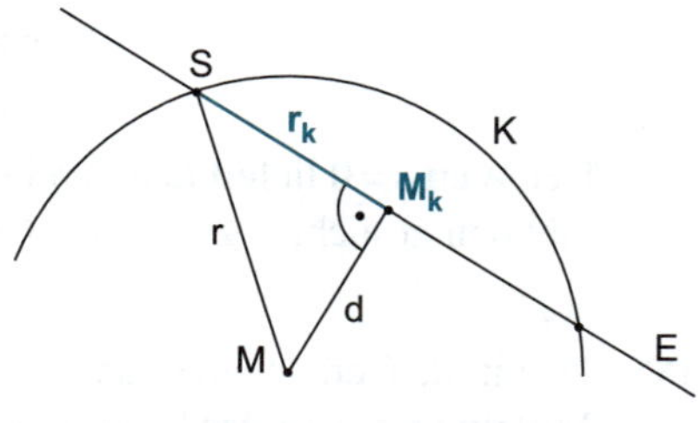

Der Mittelpunkt M_k wird bestimmt, indem man eine zur Ebene E orthogonale Hilfsgerade h durch M mit der Ebene E schneidet. Der Richtungsvektor dieser Geraden muss parallel zum Normalenvektor der Ebene sein, eine Gleichung lautet:

$$h\colon\ \vec{x} = \begin{pmatrix} -6 \\ 2 \\ -3 \end{pmatrix} + t \cdot \begin{pmatrix} 6 \\ 3 \\ 2 \end{pmatrix}$$

Eingesetzt in die Gleichung von E ergibt sich:

$$6 \cdot (-6 + 6t) + 3 \cdot (2 + 3t) + 2 \cdot (-3 + 2t) = -8 \quad \Leftrightarrow \quad 49t - 36 = -8 \quad \Leftrightarrow \quad t = \frac{4}{7}$$

Setzt man diesen Parameterwert in die Geradengleichung ein, erhält man für den Kreismittelpunkt M_k:

$$\vec{m}_k = \begin{pmatrix} -6 \\ 2 \\ -3 \end{pmatrix} + \frac{4}{7} \cdot \begin{pmatrix} 6 \\ 3 \\ 2 \end{pmatrix} = \frac{1}{7} \cdot \begin{pmatrix} -18 \\ 26 \\ -13 \end{pmatrix} \Rightarrow M_k\left(-\tfrac{18}{7} \middle| \tfrac{26}{7} \middle| -\tfrac{13}{7}\right)$$

Der Schnittkreis liegt in der Ebene E und besitzt den Mittelpunkt $M_k\left(-\tfrac{18}{7} \middle| \tfrac{26}{7} \middle| -\tfrac{13}{7}\right)$ sowie den Radius $r_k = \sqrt{33}$.

b) Der Punkt R(4 | 1 | 0) liegt in der Ebene E; die Hesse'sche Normalenform von E lautet:

$$E\colon \frac{1}{7} \cdot \left(\vec{x} - \begin{pmatrix} 4 \\ 1 \\ 0 \end{pmatrix}\right) \circ \begin{pmatrix} 6 \\ 3 \\ 2 \end{pmatrix} = 0$$

Hieraus folgt für den Abstand des Kugelmittelpunkts M von E:

$$d(M; E) = \left| \frac{1}{7} \cdot \left(\begin{pmatrix} -6 \\ 2 \\ -3 \end{pmatrix} - \begin{pmatrix} 4 \\ 1 \\ 0 \end{pmatrix} \right) \circ \begin{pmatrix} 6 \\ 3 \\ 2 \end{pmatrix} \right| = \frac{1}{7} \cdot \left| \begin{pmatrix} -10 \\ 1 \\ -3 \end{pmatrix} \circ \begin{pmatrix} 6 \\ 3 \\ 2 \end{pmatrix} \right| = \frac{63}{7} = 9$$

Der Abstand der Ebene E vom Kugelmittelpunkt M ist größer als der Kugelradius r = 7; Kugel K und Ebene E haben **keine gemeinsamen Punkte**.

114. a) $\vec{n} = \begin{pmatrix} 1 \\ -4 \\ -8 \end{pmatrix}$; $|\vec{n}| = 9$; $\vec{n}_0 = \frac{1}{9} \cdot \begin{pmatrix} 1 \\ -4 \\ -8 \end{pmatrix}$

Der Punkt P(–2 | 0 | 8) liegt auf der Ebene; die HNF von E lautet:

$$E\colon \left(\vec{x} - \begin{pmatrix} -2 \\ 0 \\ 8 \end{pmatrix}\right) \circ \frac{1}{9} \begin{pmatrix} 1 \\ -4 \\ -8 \end{pmatrix} = 0$$

Einsetzen von M(3 | 1 | –2) liefert den Abstand des Mittelpunkts von E:

$$d(M; E) = \left| \left(\begin{pmatrix} 3 \\ 1 \\ -2 \end{pmatrix} - \begin{pmatrix} -2 \\ 0 \\ 8 \end{pmatrix} \right) \circ \frac{1}{9} \begin{pmatrix} 1 \\ -4 \\ -8 \end{pmatrix} \right| = \frac{1}{9} \cdot \left| \begin{pmatrix} 5 \\ 1 \\ -10 \end{pmatrix} \circ \begin{pmatrix} 1 \\ -4 \\ -8 \end{pmatrix} \right| = \frac{1}{9} \cdot 81 = 9$$

Der Abstand ist gleich dem Radius der Kugel, E ist somit eine Tangentialebene an K. Der Schnitt einer zu E orthogonalen Geraden h durch den Mittelpunkt mit der Ebene E liefert den Berührpunkt.

$$h\colon \vec{x} = \begin{pmatrix} 3 \\ 1 \\ -2 \end{pmatrix} + s \cdot \begin{pmatrix} 1 \\ -4 \\ -8 \end{pmatrix}$$

Einsetzen in die Ebenengleichung liefert:

$3 + s - 4 \cdot (1 - 4s) - 8 \cdot (-2 - 8s) = -66 \Leftrightarrow 81s = -81 \Leftrightarrow s = -1$

Setzt man diesen Wert in die Gleichung von h ein, dann ergibt sich der **Berührpunkt B(2 | 5 | 6).**

b) $\vec{n} = \begin{pmatrix} 2 \\ -2 \\ 3 \end{pmatrix} \times \begin{pmatrix} -3 \\ 1 \\ -1 \end{pmatrix} = \begin{pmatrix} -1 \\ -7 \\ -4 \end{pmatrix}; \quad |\vec{n}| = \sqrt{66}$

Mit dem Stützpunkt P(8 | 2 | –5) der Ebene ergibt sich die HNF von E:

$$E: \left(\vec{x} - \begin{pmatrix} 8 \\ 2 \\ -5 \end{pmatrix}\right) \circ \frac{1}{\sqrt{66}} \begin{pmatrix} -1 \\ -7 \\ -4 \end{pmatrix} = 0$$

Setzt man den Mittelpunkt M(3 | 1 | –2) der Kugel in diese Gleichung ein, erhält man den Abstand von M zur Ebene E:

$$d(M; E) = \left| \left(\begin{pmatrix} 3 \\ 1 \\ -2 \end{pmatrix} - \begin{pmatrix} 8 \\ 2 \\ -5 \end{pmatrix} \right) \circ \frac{1}{\sqrt{66}} \begin{pmatrix} -1 \\ -7 \\ -4 \end{pmatrix} \right| = \frac{1}{\sqrt{66}} \cdot \left| \begin{pmatrix} -5 \\ -1 \\ 3 \end{pmatrix} \circ \begin{pmatrix} -1 \\ -7 \\ -4 \end{pmatrix} \right| = \frac{0}{\sqrt{66}} = 0$$

Der Mittelpunkt der Kugel K liegt in der Ebene E.
Die **Ebene schneidet die Kugel** somit in einem **Kreis mit Mittelpunkt M und Radius 9** (Radius der Kugel). Dieser Kreis liegt in der Ebene E.

c) Hesse'sche Normalenform der Ebene:

$$E: \left(\vec{x} - \begin{pmatrix} -10 \\ 8 \\ 5 \end{pmatrix}\right) \circ \frac{1}{9} \begin{pmatrix} 4 \\ 1 \\ -8 \end{pmatrix} = 0$$

Mittelpunkt M(3 | 1 | –2) der Kugel eingesetzt in diese Gleichung liefert:

$$d(M; E) = \left| \left(\begin{pmatrix} 3 \\ 1 \\ -2 \end{pmatrix} - \begin{pmatrix} -10 \\ 8 \\ 5 \end{pmatrix} \right) \circ \frac{1}{9} \begin{pmatrix} 4 \\ 1 \\ -8 \end{pmatrix} \right| = \frac{1}{9} \cdot \left| \begin{pmatrix} 13 \\ -7 \\ -7 \end{pmatrix} \circ \begin{pmatrix} 4 \\ 1 \\ -8 \end{pmatrix} \right| = \frac{101}{9} = 11\tfrac{2}{9} > 9$$

Der Abstand der Ebene E vom Kugelmittelpunkt M ist größer als der Kugelradius; die Ebene hat **keine gemeinsamen Punkte** mit der Kugel.

115. *Lösungsmöglichkeit 1:*

Man stellt die Gleichung einer Hilfsgeraden h durch den Kugelmittelpunkt M(1 | 2 | 1) auf, die orthogonal zur Ebene verläuft, also z. B. mit dem Richtungsvektor $\vec{r} = \vec{n}$:

$$h: \vec{x} = \begin{pmatrix} 1 \\ 2 \\ 1 \end{pmatrix} + t \cdot \begin{pmatrix} 4 \\ -2 \\ 4 \end{pmatrix}$$

Schnitt dieser Geraden mit der Kugel liefert:

$$\left(\begin{pmatrix} 1 \\ 2 \\ 1 \end{pmatrix} + t \cdot \begin{pmatrix} 4 \\ -2 \\ 4 \end{pmatrix} - \begin{pmatrix} 1 \\ 2 \\ 1 \end{pmatrix} \right)^2 = 9 \quad \Leftrightarrow \quad \left(t \cdot \begin{pmatrix} 4 \\ -2 \\ 4 \end{pmatrix} \right)^2 = 9$$

$$\Leftrightarrow \quad 16t^2 + 4t^2 + 16t^2 = 9 \quad \Leftrightarrow \quad 36t^2 = 9 \quad \Leftrightarrow \quad t = \pm\tfrac{1}{2}$$

Für $t = \frac{1}{2}$ erhält man aus der Gleichung von h den Berührpunkt $B_1(3 | 1 | 3)$, und Einsetzen von B_1 in die Ebene E ergibt:

$4 \cdot 3 - 2 \cdot 1 + 4 \cdot 3 = d \quad \Leftrightarrow \quad \mathbf{d = 22}$

Für $t = -\frac{1}{2}$ erhält man auf h den Berührpunkt $B_2(-1 | 3 | -1)$, und Einsetzen von B_2 in die Ebene E ergibt:

$4 \cdot (-1) - 2 \cdot 3 + 4 \cdot (-1) = d \quad \Leftrightarrow \quad \mathbf{d = -14}$

Lösungsmöglichkeit 2:
Man stellt die Hesse'sche Normalenform von E auf:

$$\vec{n} = \begin{pmatrix} 4 \\ -2 \\ 4 \end{pmatrix}; \quad |\vec{n}| = 6; \quad \vec{n}_0 = \frac{1}{6} \cdot \begin{pmatrix} 4 \\ -2 \\ 4 \end{pmatrix}$$

Ein Punkt auf E ist z. B. $P\left(0 \,\middle|\, \frac{d}{2} \,\middle|\, \frac{d}{2}\right)$; somit lautet die HNF:

$$E: \left(\vec{x} - \begin{pmatrix} 0 \\ \frac{d}{2} \\ \frac{d}{2} \end{pmatrix}\right) \circ \frac{1}{6} \begin{pmatrix} 4 \\ -2 \\ 4 \end{pmatrix} = 0$$

Der Abstand vom Mittelpunkt $M(1\,|\,2\,|\,1)$ der Kugel zur Ebene E beträgt:

$$d(M; E) = \left|\left(\begin{pmatrix} 1 \\ 2 \\ 1 \end{pmatrix} - \begin{pmatrix} 0 \\ \frac{d}{2} \\ \frac{d}{2} \end{pmatrix}\right) \circ \frac{1}{6} \begin{pmatrix} 4 \\ -2 \\ 4 \end{pmatrix}\right| = \frac{1}{6} \cdot \left|\begin{pmatrix} 1 \\ 2 - \frac{d}{2} \\ 1 - \frac{d}{2} \end{pmatrix} \circ \begin{pmatrix} 4 \\ -2 \\ 4 \end{pmatrix}\right| = \frac{1}{6} \cdot |4 - 4 + d + 4 - 2d|$$

$$= \frac{1}{6} \cdot |4 - d|$$

Damit die Ebene eine Tangentialebene der Kugel ist, muss dieser Abstand gleich dem Kugelradius $r = 3$ sein:

$$\frac{1}{6} \cdot |4 - d| = 3 \quad \Leftrightarrow \quad 4 - d = 18 \text{ oder } -(4 - d) = 18$$

$$\Leftrightarrow \quad \mathbf{d = -14} \text{ oder } \mathbf{d = 22}$$

116. Der Normalenvektor der gesuchten Tangentialebene ist $\overrightarrow{MB} = \begin{pmatrix} 4 \\ -3 \\ 0 \end{pmatrix}$, ihre Gleichung hat die Form:
$E: 4x_1 - 3x_2 = d$
Einsetzen von $B(5\,|\,-3\,|\,4)$ in diese Gleichung liefert:
$4 \cdot 5 - 3 \cdot (-3) = d \quad \Leftrightarrow \quad d = 29$
Die gesuchte Tangentialebene durch B hat die Gleichung $\mathbf{E: 4x_1 - 3x_2 = 29}$.

117. Aufstellen der Hesse'schen Normalenform der Ebene E mithilfe eines Punkts der Ebene, z. B. $P(4\,|\,0\,|\,2)$, und dem Normalenvektor:

$$\vec{n} = \begin{pmatrix} 4 \\ -8 \\ 1 \end{pmatrix}; \quad |\vec{n}| = 9 \quad \Rightarrow \quad E: \left(\vec{x} - \begin{pmatrix} 4 \\ 0 \\ 2 \end{pmatrix}\right) \circ \frac{1}{9} \begin{pmatrix} 4 \\ -8 \\ 1 \end{pmatrix} = 0$$

Einsetzen von $M(9\,|\,-7\,|\,7)$ in diese HNF liefert den Abstand von M zu E:

$$d(M; E) = \left|\left(\begin{pmatrix} 9 \\ -7 \\ 7 \end{pmatrix} - \begin{pmatrix} 4 \\ 0 \\ 2 \end{pmatrix}\right) \circ \frac{1}{9} \begin{pmatrix} 4 \\ -8 \\ 1 \end{pmatrix}\right| = \frac{1}{9} \cdot \left|\begin{pmatrix} 5 \\ -7 \\ 5 \end{pmatrix} \circ \begin{pmatrix} 4 \\ -8 \\ 1 \end{pmatrix}\right| = \frac{81}{9} = 9$$

Da die Ebene Tangentialebene der Kugel ist, stimmt dieser Abstand mit dem Radius der Kugel überein, d. h. $\mathbf{r = 9}$.

Der Berührpunkt ist der Schnittpunkt der Ebene E mit der zu E orthogonalen Hilfsgeraden h durch M; ihre Gleichung lautet:

$$h:\ \vec{x} = \begin{pmatrix} 9 \\ -7 \\ 7 \end{pmatrix} + t \cdot \begin{pmatrix} 4 \\ -8 \\ 1 \end{pmatrix}$$

Schnitt mit der Ebene E:

$$4 \cdot (9+4t) - 8 \cdot (-7-8t) + 7 + t = 18 \quad \Leftrightarrow \quad 81t = -81 \quad \Leftrightarrow \quad t = -1$$

Durch Einsetzen von $t=-1$ in die Gleichung von h erhält man den Berührpunkt **$B(5\,|\,1\,|\,6)$**.

118. a) Der Abstand der beiden Kugelmittelpunkte ist größer als die Summe der Radien: $d = 16 > 12 = r_1 + r_2$
Die Kugeln **liegen nebeneinander**, haben also **keine gemeinsamen Punkte**.

b) Der Abstand der beiden Kugelmittelpunkte ist kleiner als die Summe und größer als die Differenz der Kugelradien:
$r_2 - r_1 = 1 < d = 3 < 13 = r_1 + r_2$
Die beiden Kugeln **schneiden sich in einem Schnittkreis**.

c) Der Abstand der beiden Kugelmittelpunkte ist kleiner als die Differenz der Kugelradien: $d = 5 < 9 = r_2 - r_1$
Die beiden Kugeln **liegen ineinander**, haben also **keine gemeinsamen Punkte**.

d) Der Abstand der beiden Kugelmittelpunkte entspricht der Summe der beiden Kugelradien: $d = 10 = r_1 + r_2$
Die beiden Kugeln **berühren sich von außen** in einem **Berührpunkt**.

119. Abstand der beiden Kugelmittelpunkte: $d = \left|\overrightarrow{M_1M_2}\right| = \sqrt{64+16+1} = 9$
Damit sich die Kugeln berühren, muss einer der folgenden beiden Fälle zutreffen.

Fall 1: $r_1 + r_2 = d$ (Berührung von außen)

Es folgt: $4 + r_2 = 9 \quad \Leftrightarrow \quad \mathbf{r_2 = 5}$

Der Berührpunkt B_1 erfüllt die Bedingung:

$$\overrightarrow{M_1B_1} = \frac{4}{9} \cdot \overrightarrow{M_1M_2} = \frac{4}{9} \cdot \begin{pmatrix} -8 \\ 4 \\ 1 \end{pmatrix}$$

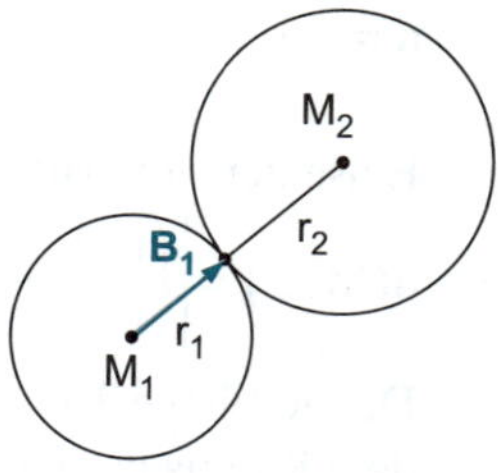

Hieraus ergibt sich:

$$B_1\left(2-\frac{32}{9}\,\middle|\,-2+\frac{16}{9}\,\middle|\,1+\frac{4}{9}\right) = \mathbf{B_1\left(-\frac{14}{9}\,\middle|\,-\frac{2}{9}\,\middle|\,\frac{13}{9}\right)}$$

Fall 2: $|r_1 - r_2| = d$ (Berührung von innen)

Es folgt: $|4 - r_2| = 9 \quad \Leftrightarrow \quad \mathbf{r_2 = 13}$
(da $r_2 > 0$ gilt)

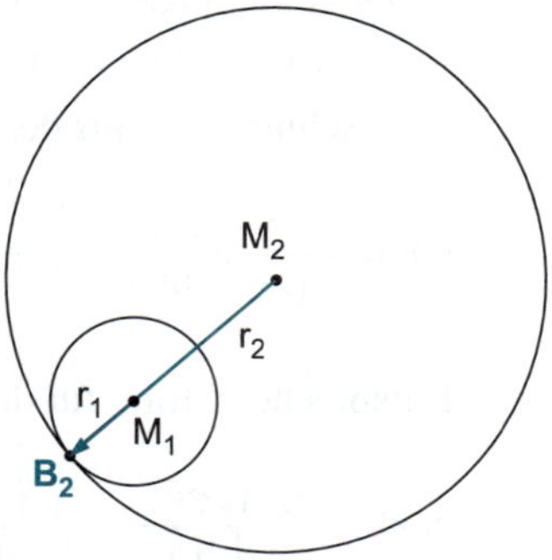

Da K_1 innerhalb K_2 liegt, gilt für den Berührpunkt B_2:

$$\overrightarrow{M_2B_2} = \overrightarrow{M_2M_1} + \overrightarrow{M_1B_2}$$
$$= \overrightarrow{M_2M_1} + \tfrac{4}{9} \cdot \overrightarrow{M_2M_1}$$
$$= \tfrac{13}{9} \cdot \overrightarrow{M_2M_1} = \tfrac{13}{9} \cdot \begin{pmatrix} 8 \\ -4 \\ -1 \end{pmatrix}$$

Es ergibt sich:

$$B_2\left(-6 + \tfrac{104}{9} \,\middle|\, 2 - \tfrac{52}{9} \,\middle|\, 2 - \tfrac{13}{9}\right) = \mathbf{B_2\left(\tfrac{50}{9} \,\middle|\, -\tfrac{34}{9} \,\middle|\, \tfrac{5}{9}\right)}$$

120. $\overrightarrow{AB} = \begin{pmatrix} 2 \\ 4 \\ 4 \end{pmatrix}; \quad \overrightarrow{AD} = \begin{pmatrix} -2 \\ 2 \\ -1 \end{pmatrix}; \quad \overrightarrow{AE} = \begin{pmatrix} -4 \\ -2 \\ 4 \end{pmatrix}$

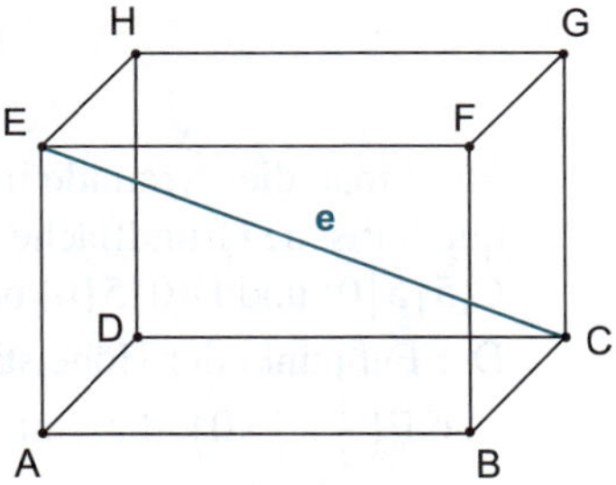

Diese Vektoren spannen tatsächlich einen Quader auf, denn sie stehen jeweils orthogonal aufeinander:

$$\overrightarrow{AB} \circ \overrightarrow{AD} = \begin{pmatrix} 2 \\ 4 \\ 4 \end{pmatrix} \circ \begin{pmatrix} -2 \\ 2 \\ -1 \end{pmatrix} = -4 + 8 - 4 = 0$$

$$\overrightarrow{AB} \circ \overrightarrow{AE} = \begin{pmatrix} 2 \\ 4 \\ 4 \end{pmatrix} \circ \begin{pmatrix} -4 \\ -2 \\ 4 \end{pmatrix} = -8 - 8 + 16 = 0$$

$$\overrightarrow{AD} \circ \overrightarrow{AE} = \begin{pmatrix} -2 \\ 2 \\ -1 \end{pmatrix} \circ \begin{pmatrix} -4 \\ -2 \\ 4 \end{pmatrix} = 8 - 4 - 4 = 0$$

Der Punkt C ergänzt das Dreieck ABD zu einem Rechteck; hier gilt:

$$\overrightarrow{BC} = \overrightarrow{AD} = \begin{pmatrix} -2 \\ 2 \\ -1 \end{pmatrix} \quad \Rightarrow \quad \mathbf{C(1\,|\,7\,|\,5)}$$

Die fehlenden Eckpunkte F, G und H erhält man entsprechend durch Addition des Vektors $\overrightarrow{AE}$ zu den Ortsvektoren von B, C bzw. D:
F(–1 | 3 | 10); G(–3 | 5 | 9) und **H(–5 | 1 | 5)**

Die Raumdiagonalen eines Quaders sind alle gleich lang; z. B. gilt für die Länge der Raumdiagonalen e im Bild oben:

$$\mathbf{e} = |\overrightarrow{EC}| = \left|\begin{pmatrix} 4 \\ 8 \\ -1 \end{pmatrix}\right| = \sqrt{16 + 64 + 1} = \sqrt{81} = \mathbf{9}$$

Die Schnittwinkel, die je zwei Raumdiagonalen einschließen, sind dagegen nicht zwingend gleich und müssen einzeln bestimmt werden.

Den Schnittwinkel α der Diagonalen AG und BH bestimmt man aus:

$$\cos\alpha = \frac{|\overrightarrow{AG} \circ \overrightarrow{BH}|}{|\overrightarrow{AG}| \cdot |\overrightarrow{BH}|} = \frac{\left|\begin{pmatrix}-4\\4\\7\end{pmatrix} \circ \begin{pmatrix}-8\\-4\\-1\end{pmatrix}\right|}{\left|\begin{pmatrix}-4\\4\\7\end{pmatrix}\right| \cdot \left|\begin{pmatrix}-8\\-4\\-1\end{pmatrix}\right|} = \frac{9}{\sqrt{81} \cdot \sqrt{81}} = \frac{9}{81} \Rightarrow \mathbf{\alpha \approx 83{,}6°}$$

Entsprechend folgt für den Schnittwinkel β der Diagonalen AG und CE:

$$\cos\beta = \frac{|\overrightarrow{AG} \circ \overrightarrow{CE}|}{|\overrightarrow{AG}| \cdot |\overrightarrow{CE}|} = \frac{\left|\begin{pmatrix}-4\\4\\7\end{pmatrix} \circ \begin{pmatrix}-4\\-8\\1\end{pmatrix}\right|}{\left|\begin{pmatrix}-4\\4\\7\end{pmatrix}\right| \cdot \left|\begin{pmatrix}-4\\-8\\1\end{pmatrix}\right|} = \frac{9}{\sqrt{81} \cdot \sqrt{81}} = \frac{9}{81} \Rightarrow \mathbf{\beta \approx 83{,}6°}$$

Schließlich erhält man den Schnittwinkel γ zwischen BH und CE aus:

$$\cos\gamma = \frac{|\overrightarrow{BH} \circ \overrightarrow{CE}|}{|\overrightarrow{BH}| \cdot |\overrightarrow{CE}|} = \frac{\left|\begin{pmatrix}-8\\-4\\-1\end{pmatrix} \circ \begin{pmatrix}-4\\-8\\1\end{pmatrix}\right|}{\left|\begin{pmatrix}-8\\-4\\-1\end{pmatrix}\right| \cdot \left|\begin{pmatrix}-4\\-8\\1\end{pmatrix}\right|} = \frac{63}{\sqrt{81} \cdot \sqrt{81}} = \frac{63}{81} \Rightarrow \mathbf{\gamma \approx 38{,}9°}$$

121. Stellt man die Pyramide in einem Koordinatensystem dar, dann kann die quadratische Grundfläche z. B. die Eckpunkte $A(0|0|0)$, $B(5|0|0)$, $C(5|5|0)$ und $D(0|5|0)$ besitzen.

Der Fußpunkt der Höhe stimmt mit dem Mittelpunkt des Quadrats überein, also $F\left(\frac{5}{2} \,\middle|\, \frac{5}{2} \,\middle|\, 0\right)$; die Spitze der Pyramide ist $S\left(\frac{5}{2} \,\middle|\, \frac{5}{2} \,\middle|\, 4\right)$.

Um den Winkel zwischen einer Seitenfläche und der Grundfläche zu berechnen, betrachtet man z. B. die Ebene der Seitenfläche ABS.

Richtungsvektoren dieser Ebene sind $\overrightarrow{AB} = \begin{pmatrix}5\\0\\0\end{pmatrix}$ und $\overrightarrow{AS} = \begin{pmatrix}2{,}5\\2{,}5\\4\end{pmatrix}$; ein Normalenvektor lautet $\vec{n}_1 = \overrightarrow{AB} \times \overrightarrow{AS} = \begin{pmatrix}5\\0\\0\end{pmatrix} \times \begin{pmatrix}2{,}5\\2{,}5\\4\end{pmatrix} = \begin{pmatrix}0\\-20\\12{,}5\end{pmatrix}$.

Die Ebene, die die Grundfläche ABCD der Pyramide enthält, hat die Richtungsvektoren $\overrightarrow{AB} = \begin{pmatrix}5\\0\\0\end{pmatrix}$ und $\overrightarrow{AD} = \begin{pmatrix}0\\5\\0\end{pmatrix}$ und den Normalenvektor

$$\vec{n}_2 = \overrightarrow{AB} \times \overrightarrow{AD} = \begin{pmatrix}5\\0\\0\end{pmatrix} \times \begin{pmatrix}0\\5\\0\end{pmatrix} = \begin{pmatrix}0\\0\\25\end{pmatrix}.$$

Damit lässt sich der **Winkel α zwischen einer Seitenfläche und der Grundfläche** mithilfe folgender Formel berechnen:

$$\cos\alpha = \frac{|\vec{n}_1 \circ \vec{n}_2|}{|\vec{n}_1| \cdot |\vec{n}_2|} = \frac{\left|\begin{pmatrix}0\\-20\\12{,}5\end{pmatrix} \circ \begin{pmatrix}0\\0\\25\end{pmatrix}\right|}{\left|\begin{pmatrix}0\\-20\\12{,}5\end{pmatrix}\right| \cdot \left|\begin{pmatrix}0\\0\\25\end{pmatrix}\right|} = \frac{312{,}5}{\sqrt{556{,}25} \cdot \sqrt{625}} \approx 0{,}530 \Rightarrow \mathbf{\alpha \approx 58{,}0°}$$

Beim Schnittwinkel zweier Seitenkanten muss man zwei verschiedene Möglichkeiten unterscheiden, nämlich den Winkel zwischen zwei benachbarten Seitenkanten sowie denjenigen zwischen gegenüberliegenden Kanten.

Für den **Schnittwinkel β der benachbarten Kanten** $\overrightarrow{AS}$ und $\overrightarrow{BS}$ ergibt sich:

$$\cos\beta = \frac{|\overrightarrow{AS} \circ \overrightarrow{BS}|}{|\overrightarrow{AS}| \cdot |\overrightarrow{BS}|} = \frac{\left|\begin{pmatrix}2,5\\2,5\\4\end{pmatrix} \circ \begin{pmatrix}-2,5\\2,5\\4\end{pmatrix}\right|}{\left|\begin{pmatrix}2,5\\2,5\\4\end{pmatrix}\right| \cdot \left|\begin{pmatrix}-2,5\\2,5\\4\end{pmatrix}\right|} = \frac{16}{\sqrt{28,5} \cdot \sqrt{28,5}} = \frac{16}{28,5} \quad \Rightarrow \quad \boldsymbol{\beta \approx 55,8°}$$

Für den **Schnittwinkel γ der gegenüberliegenden Kanten** $\overrightarrow{AS}$ und $\overrightarrow{CS}$ ergibt sich:

$$\cos\gamma = \frac{|\overrightarrow{AS} \circ \overrightarrow{CS}|}{|\overrightarrow{AS}| \cdot |\overrightarrow{CS}|} = \frac{\left|\begin{pmatrix}2,5\\2,5\\4\end{pmatrix} \circ \begin{pmatrix}-2,5\\-2,5\\4\end{pmatrix}\right|}{\left|\begin{pmatrix}2,5\\2,5\\4\end{pmatrix}\right| \cdot \left|\begin{pmatrix}-2,5\\-2,5\\4\end{pmatrix}\right|} = \frac{3,5}{\sqrt{28,5} \cdot \sqrt{28,5}} = \frac{3,5}{28,5} \quad \Rightarrow \quad \boldsymbol{\gamma \approx 82,9°}$$

122. Stellt man den Ausstellungsraum in einem geeigneten Koordinatensystem dar (1 LE ≙ 1 m), dann erhält man für die Eckpunkte A, B und C des Dreieck-Segeltuchs: A(0 | 0 | 3), B(−4 | 6 | 2,5) und C(−4 | 2 | 4,5)

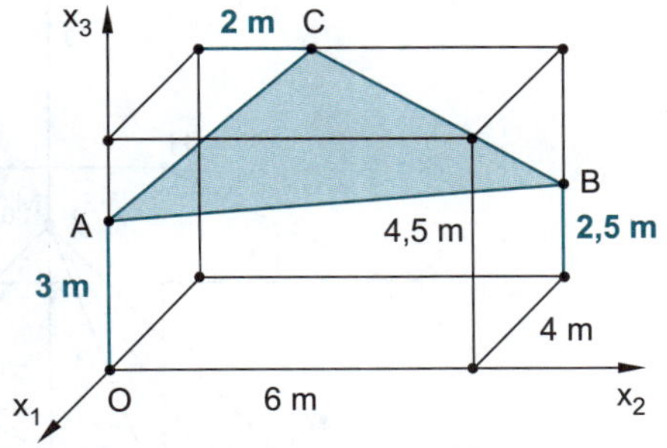

Hieraus ergeben sich die Seitenlängen des Dreiecks ABC:

$$\mathbf{a} = |\overrightarrow{BC}| = \left|\begin{pmatrix}0\\-4\\2\end{pmatrix}\right| = \boldsymbol{\sqrt{20} \approx 4,5\text{ m}}$$

$$\mathbf{b} = |\overrightarrow{AC}| = \left|\begin{pmatrix}-4\\2\\1,5\end{pmatrix}\right| = \boldsymbol{\sqrt{22,25} \approx 4,7\text{ m}}$$

$$\mathbf{c} = |\overrightarrow{AB}| = \left|\begin{pmatrix}-4\\6\\-0,5\end{pmatrix}\right| = \boldsymbol{\sqrt{52,25} \approx 7,2\text{ m}}$$

Die Innenwinkel des Dreiecks ABC berechnet man mit den jeweils geeigneten Vektoren über folgende Formel:

$$\cos\alpha = \frac{\overrightarrow{AB} \circ \overrightarrow{AC}}{|\overrightarrow{AB}| \cdot |\overrightarrow{AC}|} = \frac{27,25}{\sqrt{52,25} \cdot \sqrt{22,25}} \quad \Rightarrow \quad \boldsymbol{\alpha \approx 36,9°}$$

$$\cos\beta = \frac{\overrightarrow{BA} \circ \overrightarrow{BC}}{|\overrightarrow{BA}| \cdot |\overrightarrow{BC}|} = \frac{25}{\sqrt{52,25} \cdot \sqrt{20}} \quad \Rightarrow \quad \boldsymbol{\beta \approx 39,3°}$$

$$\cos\gamma = \frac{\overrightarrow{CA} \circ \overrightarrow{CB}}{|\overrightarrow{CA}| \cdot |\overrightarrow{CB}|} = \frac{-5}{\sqrt{22,25} \cdot \sqrt{20}} \quad \Rightarrow \quad \boldsymbol{\gamma \approx 103,7°}$$

123. Legt man den Würfel so in ein Koordinatensystem, dass sein Mittelpunkt im Ursprung liegt, dann besitzen die Ecken die Koordinaten:
A(2 | −2 | −2), B(2 | 2 | −2), C(−2 | 2 | −2), D(−2 | −2 | −2), E(2 | −2 | 2), F(2 | 2 | 2), G(−2 | 2 | 2), H(−2 | −2 | 2) (s. Abbildung unten)
Die Mittelpunkte der Seitenflächen und damit die Eckpunkte des Oktaeders haben dann die Koordinaten:
$M_1(2|0|0)$, $M_2(0|2|0)$, $M_3(-2|0|0)$, $M_4(0|-2|0)$, $M_5(0|0|-2)$, $M_6(0|0|2)$
Alle Kanten des Oktaeders sind gleich lang, und alle Seiten des Oktaeders bestehen aus gleichseitigen Dreiecken. Das Oktaeder ist aus zwei Pyramiden aufgebaut, deren gemeinsame Grundfläche ein Quadrat ist (in der Abbildung farbig getönt). Zwei von einem Punkt ausgehende Kanten bilden somit entweder einen **Winkel von 60°** (wenn die beiden Kanten zu einer Seitenfläche des Oktaeders und somit zu einem gleichseitigen Dreieck gehören, z. B. $\overrightarrow{M_1M_2}$ und $\overrightarrow{M_1M_6}$) **oder einen Winkel von 90°** (wenn die beiden Kanten Seiten des Grundflächenquadrats sind, z. B. $\overrightarrow{M_1M_2}$ und $\overrightarrow{M_1M_4}$).
Skizze:

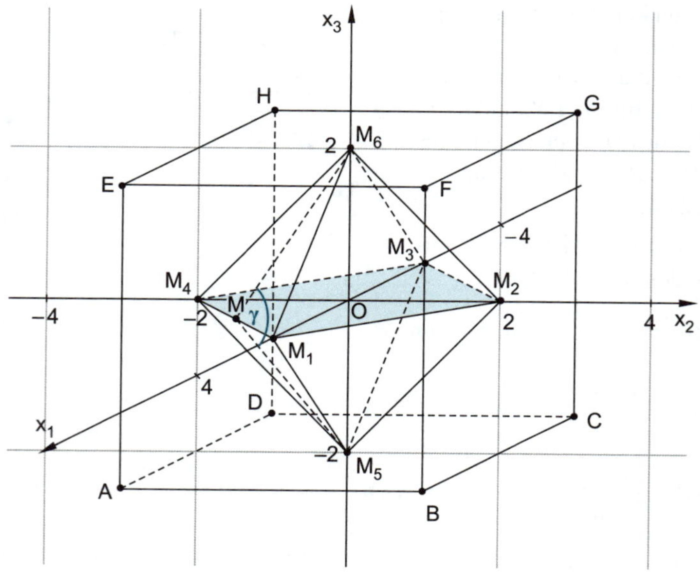

Alle Kanten des Oktaeders und somit auch die Seiten des Grundflächenquadrats der beiden Pyramiden haben die Länge

$$|\overrightarrow{M_1M_2}| = \left|\begin{pmatrix}-2\\2\\0\end{pmatrix}\right| = \sqrt{4+4+0} = \sqrt{8},$$

und beide Pyramiden besitzen die Höhe h = 2.
Somit erhält man für das Volumen des Oktaeders:

$$V_{\text{Oktaeder}} = 2 \cdot V_{\text{Pyramide}} = 2 \cdot \tfrac{1}{3} G \cdot h = 2 \cdot \tfrac{1}{3} \cdot \sqrt{8}^2 \cdot 2 = \mathbf{\tfrac{32}{3}}$$

Die Oberfläche des Oktaeders besteht aus 8 gleichseitigen Dreiecken mit der Kantenlänge $\sqrt{8}$, sodass sich insgesamt ergibt:

$$\mathbf{O_{Oktaeder}} = 8 \cdot A_{Dreieck} = 8 \cdot \frac{\sqrt{8}^2}{4} \cdot \sqrt{3} = \mathbf{16 \cdot \sqrt{3}}$$

Für die Bestimmung des Winkels γ zwischen zwei Seitenflächen gibt es mehrere Wege. Einerseits kann man die Normalenvektoren der zwei sich scheidenden Ebenen bestimmen, in denen jeweils eine der beiden Oktaederseiten liegt, andererseits kann man den Winkel auch direkt über die Vektoren $\overrightarrow{MM_5}$ und $\overrightarrow{MM_6}$ bestimmen, wobei $M(1\,|-1\,|\,0)$ die Mitte der Strecke $[M_1M_4]$ ist (siehe Abbildung):

$$\cos\gamma = \frac{\overrightarrow{MM_5} \circ \overrightarrow{MM_6}}{|\overrightarrow{MM_5}| \cdot |\overrightarrow{MM_6}|} = \frac{\begin{pmatrix}-1\\1\\-2\end{pmatrix} \circ \begin{pmatrix}-1\\1\\2\end{pmatrix}}{\left|\begin{pmatrix}-1\\1\\-2\end{pmatrix}\right| \cdot \left|\begin{pmatrix}-1\\1\\2\end{pmatrix}\right|} = \frac{-2}{\sqrt{6}\cdot\sqrt{6}} = -\frac{1}{3} \quad\Rightarrow\quad \boldsymbol{\gamma \approx 109{,}5^\circ}$$

Die Seitenflächen bilden also einen stumpfen Winkel von ca. 109,5°.

Hinweis: Bei der Bestimmung des Winkels über die Normalenvektoren ist Vorsicht angebracht, da bei falscher Orientierung eines Normalenvektors der Nebenwinkel von γ bestimmt wird, der dann jedoch nicht innerhalb des Oktaeders liegt.

124. Legt man das Dach so in ein Koordinatensystem, dass die Grundfläche in der x_1x_2-Ebene liegt und der Ursprung mit dem Mittelpunkt der unteren Giebelkante übereinstimmt (siehe Skizze), erhält man aus den Maßangaben folgende Koordinaten:
$A(-4{,}4\,|\,0\,|\,0)$, $B(4{,}4\,|\,0\,|\,0)$, $C(4{,}4\,|\,11{,}6\,|\,0)$, $D(0\,|\,11{,}6\,|\,4{,}6)$, $E(0\,|\,0\,|\,4{,}6)$ sowie $M(4{,}4\,|\,5{,}8\,|\,0)$ als Mitte der Strecke [BC].

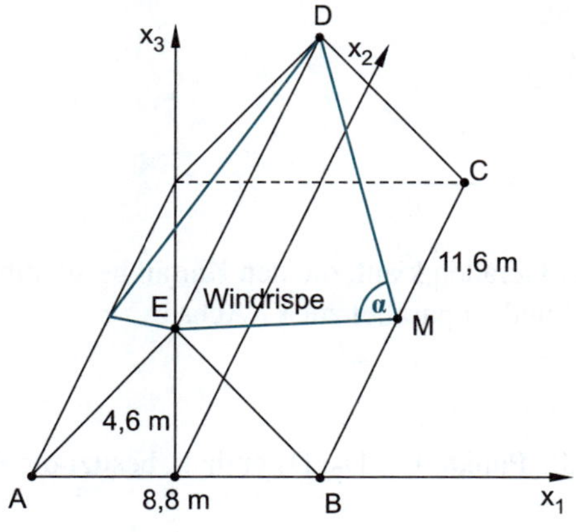

Somit erhält man die Windrispen-Vektoren $\overrightarrow{ME} = \begin{pmatrix}-4{,}4\\-5{,}8\\4{,}6\end{pmatrix}$ und $\overrightarrow{MD} = \begin{pmatrix}-4{,}4\\5{,}8\\4{,}6\end{pmatrix}$.

Für den Winkel α, den diese bei M bilden, ergibt sich:

$$\cos\alpha = \frac{\overrightarrow{ME} \circ \overrightarrow{MD}}{|\overrightarrow{ME}| \cdot |\overrightarrow{MD}|} = \frac{\begin{pmatrix}-4,4\\-5,8\\4,6\end{pmatrix} \circ \begin{pmatrix}-4,4\\5,8\\4,6\end{pmatrix}}{\left|\begin{pmatrix}-4,4\\-5,8\\4,6\end{pmatrix}\right| \cdot \left|\begin{pmatrix}-4,4\\5,8\\4,6\end{pmatrix}\right|} = \frac{6,88}{\sqrt{74,16} \cdot \sqrt{74,16}} = \frac{6,88}{74,16} \quad \Rightarrow \quad \boldsymbol{\alpha \approx 84,7°}$$

Mit $|\overrightarrow{ME}| = \sqrt{74,16}$ erhält man für die gesamte Länge der Windrispe:

$L = 4 \cdot |\overrightarrow{ME}| = 4 \cdot \sqrt{74,16} \approx 34,45$

Das Metallband muss ca. **34,45 m** lang sein.

125. In einem geeigneten Koordinatensystem (Ursprung in der vorderen rechten Hausecke, Hausbreite in x_1-Richtung und Hauslänge in x_2-Richtung) hat der Fußpunkt des Kamins die Koordinaten $F(-3,4\,|\,7,8\,|\,0)$. Die Dachfläche, die vom Kamin durchstoßen wird, besitzt die Eckpunkte $D_1(0\,|\,0\,|\,6,8)$, $D_2(0\,|\,12,2\,|\,6,8)$ und $D_3(-4,4\,|\,0\,|\,11,2)$.

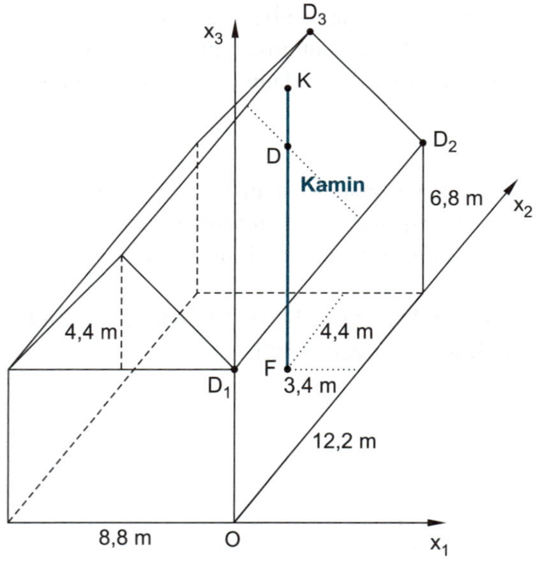

Man stellt die Gleichung einer Geraden k auf, die den Kamin beschreibt; diese besitzt den Stützpunkt F und ist parallel zur x_3-Achse:

$$k\colon\ \vec{x} = \begin{pmatrix}-3,4\\7,8\\0\end{pmatrix} + t \cdot \begin{pmatrix}0\\0\\1\end{pmatrix}$$

Die Dachflächen-Ebene, die die Punkte D_1, D_2, D_3 enthält, besitzt die Richtungsvektoren

$$\overrightarrow{D_1D_2} = \begin{pmatrix}0\\12,2\\0\end{pmatrix} = 12,2 \cdot \begin{pmatrix}0\\1\\0\end{pmatrix} \text{ und } \overrightarrow{D_1D_3} = \begin{pmatrix}-4,4\\0\\4,4\end{pmatrix} = 4,4 \cdot \begin{pmatrix}-1\\0\\1\end{pmatrix}.$$

Ein Normalenvektor dieser Ebene lautet damit:

$$\vec{n} = \begin{pmatrix} 0 \\ 1 \\ 0 \end{pmatrix} \times \begin{pmatrix} -1 \\ 0 \\ 1 \end{pmatrix} = \begin{pmatrix} 1 \\ 0 \\ 1 \end{pmatrix}$$

Mit dem Stützpunkt D_1 hat die Dachfläche daher die Gleichung
E: $x_1 + x_3 = 6{,}8$.
Der Durchstoßpunkt D des Kamins ist der Schnittpunkt von k mit E:
$-3{,}4 + t \cdot 1 = 6{,}8 \iff t = 10{,}2$
Hieraus ergibt sich $D(-3{,}4 \mid 7{,}8 \mid 10{,}2)$.

Die Dachfläche wird also in einer Höhe von 10,2 m durchstoßen. Insgesamt muss der Kamin mindestens 10,2 m + 1,2 m = 11,4 m hoch sein. Bei 30 cm hohen Kaminsteinen benötigt man somit genau 11,4 : 0,3 = **38 Schornsteinelemente**.

Um die Entfernung d des Kaminendes zur Dachfläche zu berechnen, bestimmt man die Hesse'sche Normalenform der Ebene E und setzt den Punkt $K(-3{,}4 \mid 7{,}8 \mid 11{,}4)$ ein:

$$E\colon (\vec{x} - \vec{x}_{D_1}) \circ \frac{\vec{n}}{|\vec{n}|} = \left(\vec{x} - \begin{pmatrix} 0 \\ 0 \\ 6{,}8 \end{pmatrix}\right) \circ \frac{1}{\sqrt{2}} \begin{pmatrix} 1 \\ 0 \\ 1 \end{pmatrix}$$

$$d(K; E) = \left| \left(\begin{pmatrix} -3{,}4 \\ 7{,}8 \\ 11{,}4 \end{pmatrix} - \begin{pmatrix} 0 \\ 0 \\ 6{,}8 \end{pmatrix} \right) \circ \frac{1}{\sqrt{2}} \begin{pmatrix} 1 \\ 0 \\ 1 \end{pmatrix} \right| = \frac{1}{\sqrt{2}} \cdot \left| \begin{pmatrix} -3{,}4 \\ 7{,}8 \\ 4{,}6 \end{pmatrix} \circ \begin{pmatrix} 1 \\ 0 \\ 1 \end{pmatrix} \right| = \frac{1}{\sqrt{2}} \cdot 1{,}2 \approx 0{,}85$$

Das Kaminende hat somit eine Entfernung von ca. **85 cm** zur Dachfläche.

126. Zunächst wird die Situation in einem geeigneten Koordinatensystem dargestellt; der Ursprung liegt dabei genau in der Mitte der beiden Drahtseile, die an der Uferböschung verankert sind, und die x_2-Achse verläuft in Richtung des Flussbetts:

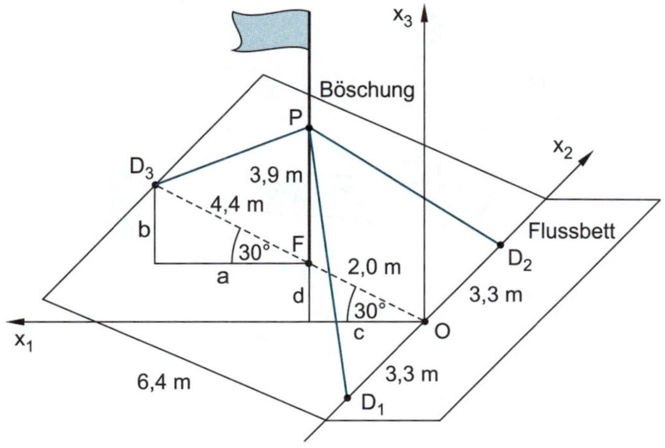

Damit ergeben sich folgende Koordinaten:
Fußpunkt der Fahnenstange: $F(c\,|\,0\,|\,d)$
Befestigungspunkt an der Fahnenstange: $P(c\,|\,0\,|\,d+3{,}9)$
Verankerungspunkte der Drahtseile:
$D_1(0\,|\,-3{,}3\,|\,0)$; $D_2(0\,|\,3{,}3\,|\,0)$; $D_3(a+c\,|\,0\,|\,b+d)$

Die Längen der Katheten a und b bzw. c und d der zwei rechtwinkligen Dreiecke mit dem Winkel $\alpha = 30°$ (Steigungswinkel der Uferböschung) betragen (in Meter):

$a = 4{,}4 \cdot \cos 30° \approx 3{,}81$; $b = 4{,}4 \cdot \sin 30° = 2{,}20$

$c = 2{,}0 \cdot \cos 30° \approx 1{,}73$; $d = 2{,}0 \cdot \sin 30° = 1{,}00$

Hieraus lassen sich nun die erforderlichen Längen der Drahtseile bestimmen:

$$\mathbf{L_1 = L_2} = |\overrightarrow{D_1P}| = \left|\begin{pmatrix} c \\ 3{,}3 \\ d+3{,}9 \end{pmatrix}\right| \boldsymbol{\approx 6{,}16};\quad \mathbf{L_3} = |\overrightarrow{D_3P}| = \left|\begin{pmatrix} -a \\ 0 \\ 3{,}9-b \end{pmatrix}\right| \boldsymbol{\approx 4{,}17}$$

Die Gesamtlänge beträgt somit $L_1 + L_2 + L_3 \approx 16{,}49$.

Man benötigt insgesamt knapp **16,50 m** Drahtseil.

127. Im Rechteck ABCD gilt $\overrightarrow{BC} = \overrightarrow{AD} = \begin{pmatrix} -2 \\ 3 \\ 5 \end{pmatrix}$; somit ergibt sich **C(3 | 6 | 7)**.

Die Mitte M des Spiegels ist die Mitte der Diagonalen des Rechtecks ABCD, also der Mittelpunkt der Strecke [BD] und damit $M(2\,|\,4\,|\,4)$.

Die Gerade r, auf der der am Spiegel reflektierte Laserstrahl verläuft, geht durch M und den Spiegelpunkt L' des Laserpunktes L bezüglich der Ebene E, in der der Spiegel liegt (s. Abbildung).

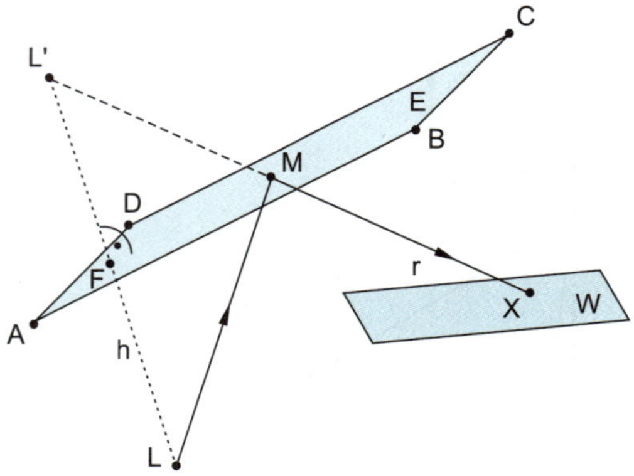

Zunächst wird der Spiegelpunkt L' bestimmt; dazu benötigt man den Lotfußpunkt F von L auf die Ebene E. Mithilfe der Richtungsvektoren $\overrightarrow{AB}$ und $\overrightarrow{AD}$ der Spiegelebene E wird ein Normalenvektor bestimmt:

$$\vec{n} = \overrightarrow{AB} \times \overrightarrow{AD} = \begin{pmatrix} 4 \\ 1 \\ 1 \end{pmatrix} \times \begin{pmatrix} -2 \\ 3 \\ 5 \end{pmatrix} = \begin{pmatrix} 2 \\ -22 \\ 14 \end{pmatrix} = 2 \cdot \begin{pmatrix} 1 \\ -11 \\ 7 \end{pmatrix}$$

$\Rightarrow$ E: $x_1 - 11x_2 + 7x_3 = c$

Durch Einsetzen des Punktes A erhält man die Unbekannte c:

$1 - 11 \cdot 2 + 7 \cdot 1 = c \;\Leftrightarrow\; c = -14$

Die Ebenengleichung lautet somit:

E: $x_1 - 11x_2 + 7x_3 = -14$

Um F zu erhalten, schneidet man die zu E orthogonale Hilfsgerade h durch L mit der Ebene E:

$$h: \vec{x} = \begin{pmatrix} 26 \\ -35 \\ 37 \end{pmatrix} + t \cdot \begin{pmatrix} 1 \\ -11 \\ 7 \end{pmatrix}$$

Eingesetzt in E erhält man:

$26 + t - 11 \cdot (-35 - 11t) + 7 \cdot (37 + 7t) = -14$

$\Leftrightarrow\; 26 + t + 385 + 121t + 259 + 49t = -14$

$\Leftrightarrow\; 670 + 171t = -14 \;\Leftrightarrow\; 171t = -684 \;\Leftrightarrow\; t = -4$

Setzt man diesen Wert in die Gleichung von h ein, erhält man F(22 | 9 | 9).

Die Koordinaten von L' erhält man schließlich, indem man den Vektor

$\overrightarrow{LF} = \begin{pmatrix} -4 \\ 44 \\ -28 \end{pmatrix}$ in F ansetzt; es ergibt sich L'(18 | 53 | –19).

Nun lässt sich die Gleichung der Geraden r bestimmen, auf der der reflektierte Laserstrahl verläuft:

$$r: \vec{x} = \vec{x}_M + s \cdot \overrightarrow{L'M} = \begin{pmatrix} 2 \\ 4 \\ 4 \end{pmatrix} + s \cdot \begin{pmatrix} -16 \\ -49 \\ 23 \end{pmatrix}$$

Diese Gerade wird mit der Gleichung der Wand W: $x_3 = 50$ geschnitten:

$4 + 23s = 50 \;\Leftrightarrow\; s = 2$

Der Auftreffpunkt X ergibt sich durch Einsetzen dieses Wertes in die Gleichung von r; man erhält **X(–30 | –94 | 50)**.

128. Zunächst werden die drei Spurpunkte der Ebene E bestimmt:

$x_2 = x_3 = 0$ führt auf $x_1 = \frac{24}{3} = 8$ und somit zum Spurpunkt $S_1(8 | 0 | 0)$.

Entsprechend erhält man $S_2(0 | 12 | 0)$ und $S_3(0 | 0 | 4)$.

Darstellung der Pyramide im Koordinatensystem:

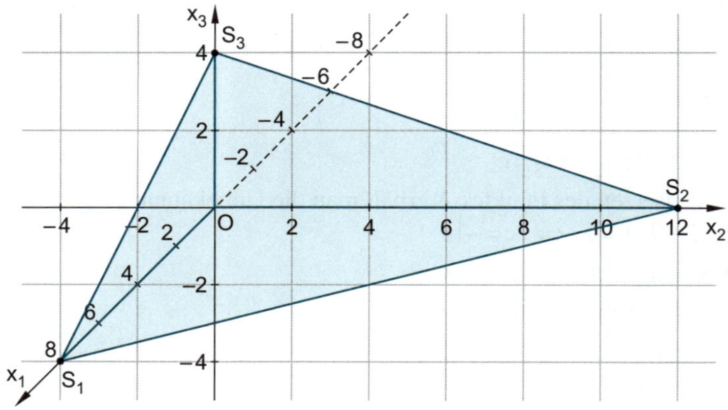

Für die Berechnung des Volumens der Pyramide betrachtet man das rechtwinklige Dreieck S_1S_2O als Grundfläche und S_3 als Spitze; die Höhe h der Pyramide ist dann durch $h = |\overrightarrow{OS_3}| = 4$ gegeben:

$$\mathbf{V_P} = \tfrac{1}{3}G \cdot h = \tfrac{1}{3} \cdot \left(\tfrac{1}{2} \cdot 8 \cdot 12\right) \cdot 4 \mathbf{= 64}$$

Die Oberfläche der Pyramide wird von vier Dreiecken gebildet.
Drei dieser Dreiecke sind rechtwinklig, sodass sich deren Fläche einfach berechnen lässt:

Dreieck OS_1S_2: $A_1 = \frac{1}{2} \cdot |\overrightarrow{OS_1}| \cdot |\overrightarrow{OS_2}| = \frac{1}{2} \cdot 8 \cdot 12 = 48$

Dreieck OS_1S_3: $A_2 = \frac{1}{2} \cdot |\overrightarrow{OS_1}| \cdot |\overrightarrow{OS_3}| = \frac{1}{2} \cdot 8 \cdot 4 = 16$

Dreieck OS_2S_3: $A_3 = \frac{1}{2} \cdot |\overrightarrow{OS_2}| \cdot |\overrightarrow{OS_3}| = \frac{1}{2} \cdot 12 \cdot 4 = 24$

Die Fläche des vierten Dreiecks $S_1S_2S_3$ ergibt sich aus:

$$A_4 = \frac{1}{2} \cdot |\overrightarrow{S_1S_2} \times \overrightarrow{S_1S_3}| = \frac{1}{2} \cdot \left| \begin{pmatrix} -8 \\ 12 \\ 0 \end{pmatrix} \times \begin{pmatrix} -8 \\ 0 \\ 4 \end{pmatrix} \right| = \frac{1}{2} \cdot \left| \begin{pmatrix} 48 \\ 32 \\ 96 \end{pmatrix} \right| = 56$$

Die Oberfläche der Pyramide beträgt $\mathbf{O} = A_1 + A_2 + A_3 + A_4 \mathbf{= 144}$.

Drei Seiten der Pyramide liegen in den Koordinatenebenen. Eine Kugel mit Radius r, die die drei Koordinatenebenen berührt und im ersten Oktanten liegt (positive Koordinaten), hat den Mittelpunkt $M(r|r|r)$. Damit die Kugel auch die vierte Seite der Pyramide – d. h. die Ebene E – berührt, muss der Abstand des Mittelpunkts M zu E ebenfalls r sein:

$$d(M; E) = \left| \left(\begin{pmatrix} r \\ r \\ r \end{pmatrix} - \begin{pmatrix} 8 \\ 0 \\ 0 \end{pmatrix} \right) \circ \frac{1}{7} \begin{pmatrix} 3 \\ 2 \\ 6 \end{pmatrix} \right| = \frac{1}{7} \cdot \left| \begin{pmatrix} r-8 \\ r \\ r \end{pmatrix} \circ \begin{pmatrix} 3 \\ 2 \\ 6 \end{pmatrix} \right| = \frac{|3r - 24 + 2r + 6r|}{7} = \frac{|11r - 24|}{7}$$

Die Bedingungen für das gesuchte r lauten also $r > 0$ und $\frac{|11r - 24|}{7} = r$.
Die Elimination des Betrags führt auf zwei Lösungen.

1. Alternative:

$\frac{11r-24}{7} = r \quad\Leftrightarrow\quad 11r-24 = 7r \quad\Leftrightarrow\quad 4r = 24 \quad\Leftrightarrow\quad r = 6$

Diese Kugel ist sicherlich zu groß (sie liegt außerhalb der Pyramide und berührt die Ebene E von außen).
Daher kommt nur die zweite Alternative infrage.

2. Alternative:

$\frac{11r-24}{7} = -r \quad\Leftrightarrow\quad 11r-24 = -7r \quad\Leftrightarrow\quad 18r = 24 \quad\Leftrightarrow\quad r = \frac{4}{3}$

Die Inkugel der Pyramide hat den Mittelpunkt $\mathbf{M\left(\frac{4}{3} \,\middle|\, \frac{4}{3} \,\middle|\, \frac{4}{3}\right)}$ und den Radius $\mathbf{r = \frac{4}{3}}$.

129. a) Das Koordinatensystem wird so gelegt, dass die Radarstation im Ursprung liegt, die x_1-Achse in östliche Richtung und die x_2-Achse in nördliche Richtung weist. Die x_3-Achse stellt die Höhe dar. Als Einheiten werden Kilometer verwendet.

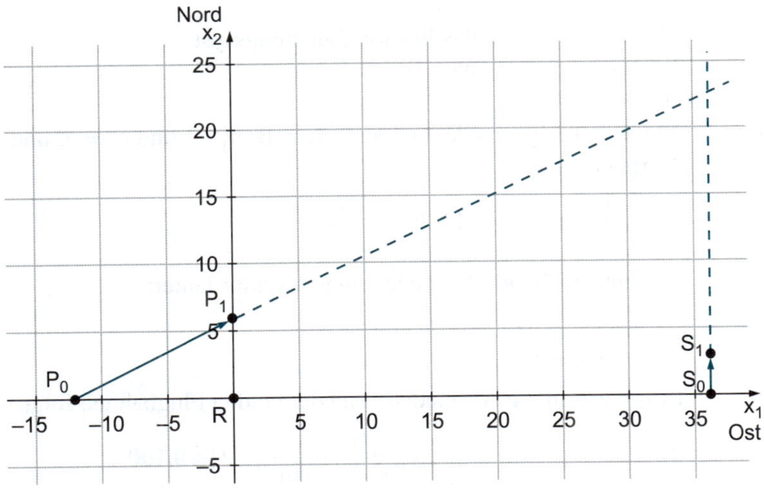

Das Passagierflugzeug befindet sich zum Zeitpunkt $t = 0$ im Punkt $P_0(-12\,|\,0\,|\,4{,}5)$, nach einer Minute $(t = 1)$ im Punkt $P_1(0\,|\,6\,|\,3{,}9)$.
Das Sportflugzeug wird zum Zeitpunkt $t = 0$ im Punkt $S_0(36\,|\,0\,|\,2)$ geortet. Aufgrund der Geschwindigkeit von $180\,\frac{\text{km}}{\text{h}} = 3\,\frac{\text{km}}{\text{min}}$ in nördlicher Richtung folgt $S_1(36\,|\,0+3\,|\,2) = S_1(36\,|\,3\,|\,2)$.

Bestimmung der Flugbahnen

Verwendet man die Zeit t (in Minuten) als Parameter für die Geradengleichungen, dann ergibt sich für das Passagierflugzeug die Flugbahn

$$p: \vec{x} = \overrightarrow{OP_0} + t \cdot \overrightarrow{P_0P_1} = \begin{pmatrix} -12 \\ 0 \\ 4,5 \end{pmatrix} + t \cdot \begin{pmatrix} 12 \\ 6 \\ -0,6 \end{pmatrix}$$

und für das Sportflugzeug

$$s: \vec{x} = \overrightarrow{OS_0} + t \cdot \overrightarrow{S_0S_1} = \begin{pmatrix} 36 \\ 0 \\ 2 \end{pmatrix} + t \cdot \begin{pmatrix} 0 \\ 3 \\ 0 \end{pmatrix}.$$

Bestimmung des Abstands der beiden Flugbahnen

Für den Abstand d der Flugbahnen gilt:

$d = |(\vec{s}_0 - \vec{p}_0) \circ \vec{n}_0|$,

wobei $\vec{s}_0$ bzw. $\vec{p}_0$ die Stützvektoren der beiden Flugbahnen (Ortsvektoren der Positionen zum Zeitpunkt $t=0$) sind, und $\vec{n}_0$ ein Einheitsvektor ist, der orthogonal auf beiden Richtungsvektoren steht:

$$\vec{n} \circ \begin{pmatrix} 12 \\ 6 \\ -0,6 \end{pmatrix} = 0 \text{ und } \vec{n} \circ \begin{pmatrix} 0 \\ 3 \\ 0 \end{pmatrix} = 0$$

Daraus ergibt sich das lineare Gleichungssystem:

$$\begin{array}{ll} \text{I} & 12n_1 + 6n_2 - 0,6n_3 = 0 \\ \text{II} & \qquad\quad 3n_2 \qquad\quad\;\; = 0 \end{array}$$

Mit $n_2 = 0$ folgt aus der ersten Zeile z. B. $n_1 = 1$ und $n_3 = 20$ und damit als Normalenvektor:

$$\vec{n} = \begin{pmatrix} 1 \\ 0 \\ 20 \end{pmatrix} \text{ mit } |\vec{n}| = \sqrt{1+20^2} = \sqrt{401}$$

Der entsprechende Normaleneinheitsvektor lautet:

$$\vec{n}_0 = \frac{1}{\sqrt{401}} \cdot \begin{pmatrix} 1 \\ 0 \\ 20 \end{pmatrix}$$

Eingesetzt in die Abstandsformel der beiden Flugbahnen folgt:

$$\mathbf{d} = \frac{1}{\sqrt{401}} \cdot \left| \left(\begin{pmatrix} 36 \\ 0 \\ 2 \end{pmatrix} - \begin{pmatrix} -12 \\ 0 \\ 4,5 \end{pmatrix} \right) \circ \begin{pmatrix} 1 \\ 0 \\ 20 \end{pmatrix} \right| = \frac{1}{\sqrt{401}} \cdot |-2| \approx \mathbf{0,100}$$

Der Abstand der beiden Flugbahnen beträgt nur etwa **100 Meter**.

b) Die Entfernung der beiden Flugzeuge zum Zeitpunkt t beträgt:

$$e(t) = \left| \begin{pmatrix} 36 \\ 0 \\ 2 \end{pmatrix} + t \cdot \begin{pmatrix} 0 \\ 3 \\ 0 \end{pmatrix} - \left(\begin{pmatrix} -12 \\ 0 \\ 4,5 \end{pmatrix} + t \cdot \begin{pmatrix} 12 \\ 6 \\ -0,6 \end{pmatrix} \right) \right| = \left| \begin{pmatrix} 36+12 \\ 0-0 \\ 2-4,5 \end{pmatrix} + t \cdot \begin{pmatrix} 0-12 \\ 3-6 \\ 0+0,6 \end{pmatrix} \right|$$

$$= \left| \begin{pmatrix} 48 \\ 0 \\ -2,5 \end{pmatrix} + t \cdot \begin{pmatrix} -12 \\ -3 \\ 0,6 \end{pmatrix} \right| = \sqrt{(48-12t)^2 + (-3t)^2 + (-2,5+0,6t)^2}$$

$$= \sqrt{153,36t^2 - 1155t + 2\,310,25}$$

Der Radikand stellt eine nach oben geöffnete Parabel dar; er ist minimal für $t_m \approx 3{,}77$ und ergibt für diesen Zeitpunkt eine minimale Entfernung von $e(t_m) \approx \sqrt{136} \approx 11{,}7$. Die beiden Flugzeuge nähern sich nur auf eine Entfernung von ca. 12 Kilometern. Eine Änderung der Flugroute ist **nicht erforderlich**.

130. Das Koordinatensystem wird so gelegt, dass die Radarstation im Ursprung liegt, die x_1-Achse in östliche Richtung und die x_2-Achse in nördliche Richtung weist. Die x_3-Achse stellt die Höhe dar. Als Einheiten werden Kilometer verwendet. Verwendet man t als Parameter für die Zeit nach 8.00 Uhr (in Minuten), dann erhält man als Positionen

– für das Kleinflugzeug für $t=0$: $K_0(12\,|\,-4\,|\,0{,}4)$ und für $t=2$: $K_2(9\,|\,-2\,|\,0{,}6)$
– für das Segelflugzeug für $t=0$: $S_0(8\,|\,7\,|\,1{,}2)$ und für $t=2$: $S_2(6\,|\,6\,|\,1{,}1)$

Mit den Richtungsvektoren

$$\vec{r}_K = \frac{1}{2}\cdot\left(\begin{pmatrix}9\\-2\\0{,}6\end{pmatrix}-\begin{pmatrix}12\\-4\\0{,}4\end{pmatrix}\right)=\begin{pmatrix}-1{,}5\\1\\0{,}1\end{pmatrix} \quad\text{bzw.}\quad \vec{r}_S = \frac{1}{2}\cdot\left(\begin{pmatrix}6\\6\\1{,}1\end{pmatrix}-\begin{pmatrix}8\\7\\1{,}2\end{pmatrix}\right)=\begin{pmatrix}-1\\-0{,}5\\-0{,}05\end{pmatrix}$$

ergeben sich die Flugbahnen

$$k:\ \vec{x}=\begin{pmatrix}12\\-4\\0{,}4\end{pmatrix}+t\cdot\begin{pmatrix}-1{,}5\\1\\0{,}1\end{pmatrix} \quad\text{bzw.}\quad s:\ \vec{x}=\begin{pmatrix}8\\7\\1{,}2\end{pmatrix}+t\cdot\begin{pmatrix}-1\\-0{,}5\\-0{,}05\end{pmatrix}$$

a) Bestimmung des Abstands der beiden Geraden k und s mithilfe des Normalenvektors $\vec{n}$, der orthogonal auf beiden Richtungsvektoren steht:

$$\vec{n}=\begin{pmatrix}-1{,}5\\1\\0{,}1\end{pmatrix}\times\begin{pmatrix}-1\\-0{,}5\\-0{,}05\end{pmatrix}=\begin{pmatrix}0\\-0{,}175\\1{,}75\end{pmatrix}=0{,}175\cdot\begin{pmatrix}0\\-1\\10\end{pmatrix} \quad\Rightarrow\quad \vec{n}_0=\frac{1}{\sqrt{101}}\begin{pmatrix}0\\-1\\10\end{pmatrix}$$

$$\mathbf{d(k;\,s)}=\left|\left(\begin{pmatrix}8\\7\\1{,}2\end{pmatrix}-\begin{pmatrix}12\\-4\\0{,}4\end{pmatrix}\right)\circ\vec{n}_0\right|=\frac{1}{\sqrt{101}}\cdot\left|\begin{pmatrix}-4\\11\\0{,}8\end{pmatrix}\circ\begin{pmatrix}0\\-1\\10\end{pmatrix}\right|\approx\mathbf{0{,}2985}\ \text{[km]}$$

Die beiden Flugbahnen haben einen Abstand von ca. **300 Meter**.

b) Berechnung der geringsten Entfernung der beiden Flugzeuge: Zum Zeitpunkt t befinden sich die Flugzeuge in den Positionen $K_t(12-1{,}5t\,|\,-4+t\,|\,0{,}4+0{,}1t)$ und $S_t(8-t\,|\,7-0{,}5t\,|\,1{,}2-0{,}05t)$.
Der Vektor zwischen diesen beiden Positionen lautet:

$$\overrightarrow{K_tS_t}=\begin{pmatrix}-4+0{,}5t\\11-1{,}5t\\0{,}8-0{,}15t\end{pmatrix}\ \text{mit der Länge}$$

$$|\overrightarrow{K_tS_t}|=\sqrt{(-4+0{,}5t)^2+(11-1{,}5t)^2+(0{,}8-0{,}15t)^2}$$
$$=\sqrt{2{,}5225t^2-37{,}24t+137{,}64}$$

Minimiert man den Radikand $r(t) = 2{,}5225t^2 - 37{,}24t + 137{,}24$ mithilfe von $r'(t) = 5{,}045t - 37{,}24 = 0 \iff t = \frac{37{,}24}{5{,}045} \approx 7{,}38$,
dann ergibt sich für die Zeit $t_m \approx 7{,}38$ die minimale Entfernung von

$\mathbf{d(t_m)} = \sqrt{2{,}5225t_m^2 - 37{,}24t_m + 137{,}64}\ \mathbf{\approx 0{,}442}$.

Die beiden Flugzeuge nähern sich bei unverändertem Flug auf ca. **442 Meter**.

c) Die Positionen des Hubschraubers zu den Zeiten $t = 5$ bzw. $t = 8$ lauten $H_5(-3\,|\,0\,|\,0{,}1)$ bzw. $H_8(0\,|\,3\,|\,0{,}7)$.
Mithilfe des Richtungsvektors

$$\vec{r}_H = \frac{1}{3}\begin{pmatrix} 0-(-3) \\ 3-0 \\ 0{,}7-0{,}1 \end{pmatrix} = \begin{pmatrix} 1 \\ 1 \\ 0{,}2 \end{pmatrix}$$

und der Position H_5 zum Zeitpunkt $t = 5$ erhält man die Position des Hubschraubers zum Zeitpunkt t:

$$H_t(-3 + (t-5)\cdot 1\,|\,0 + (t-5)\cdot 1\,|\,0{,}1 + (t-5)\cdot 0{,}2)$$
$$= H_t(-8 + t\,|\,-5 + t\,|\,-0{,}9 + 0{,}2t)$$

Die Entfernung zum Kleinflugzeug zum Zeitpunkt t entspricht:

$$d(H_t; K_t) = |\overrightarrow{H_tK_t}| = \sqrt{(20 - 2{,}5t)^2 + 1^2 + (1{,}3 - 0{,}1t)^2}$$
$$= \sqrt{6{,}26t^2 - 100{,}26t + 402{,}69}$$

Minimiert man den Radikanden $r(t) = 6{,}26t^2 - 100{,}26t + 402{,}69$ mittels
$r'(t) = 12{,}52t - 100{,}26 = 0 \iff t = \frac{100{,}26}{12{,}52} \approx 8{,}008$,
erhält man für $t_m \approx 8{,}008$ die geringste Entfernung von $d(t_m) \approx 1{,}118$; **der Sicherheitsabstand zum Kleinflugzeug wird eingehalten**.

Analog bestimmt man die minimale Entfernung zum Segelflugzeug:

$$d(H_t; S_t) = |\overrightarrow{H_tS_t}| = \sqrt{(16 - 2t)^2 + (12 - 1{,}5t)^2 + (2{,}1 - 0{,}25t)^2}$$
$$= \sqrt{6{,}3125t^2 - 101{,}05t + 404{,}41}$$

Minimierung des Radikanden $r(t) = 6{,}3125t^2 - 101{,}05t + 404{,}41$ ergibt
$r'(t) = 12{,}625t - 101{,}05 = 0 \iff t = \frac{101{,}05}{12{,}625} \approx 8{,}004$
und damit für $t_m \approx 8{,}004$ die geringste Entfernung von $d(t_m) \approx 0{,}100$, also mit ca. 100 Metern eine **deutliche Unterschreitung des Sicherheitsabstands**; die Flugroute mindestens eines der beiden Flugobjekte muss geändert werden, um die Vorschriften einzuhalten.

131. Ansatz: $r \cdot \begin{pmatrix} 3 \\ 1 \\ 2 \end{pmatrix} + s \cdot \begin{pmatrix} 1 \\ 1 \\ 2 \end{pmatrix} + t \cdot \begin{pmatrix} -2 \\ 1 \\ -3 \end{pmatrix} = \begin{pmatrix} 0 \\ 0 \\ 0 \end{pmatrix}$

$$\begin{array}{llcll} \text{I} & 3r + s - 2t = 0 & & \text{I} & 3r + s - 2t = 0 \\ \text{II} & r + s + t = 0 & \Leftrightarrow & \text{IV} = \text{I} - 3 \cdot \text{II} & -2s - 5t = 0 \\ \text{III} & 2r + 2s - 3t = 0 & & \text{V} = 2 \cdot \text{II} - \text{III} & 5t = 0 \end{array}$$

Es folgt: $t = 0$, $s = 0$ und $r = 0$

Somit ist nur die triviale Darstellung des Nullvektors möglich; die Vektoren sind **linear unabhängig**.

132. Spannvektoren der Ebene sind z. B. $\overrightarrow{AB} = \begin{pmatrix} -4 \\ -4 \\ 1 \end{pmatrix}$ und $\overrightarrow{AC} = \begin{pmatrix} -2 \\ -2 \\ 4 \end{pmatrix}$.

Damit lautet ein Normalenvektor von E:

$$\vec{n} = \begin{pmatrix} -4 \\ -4 \\ 1 \end{pmatrix} \times \begin{pmatrix} -2 \\ -2 \\ 4 \end{pmatrix} = \begin{pmatrix} -14 \\ 14 \\ 0 \end{pmatrix} = \frac{1}{14} \cdot \begin{pmatrix} -1 \\ 1 \\ 0 \end{pmatrix}$$

Die Koordinatengleichung der Ebene hat die Form E: $-x_1 + x_2 = c$.

Um den Wert von c zu bestimmen, setzt man den Punkt $A(3\,|\,2\,|\,-1)$ ein:

$-3 + 2 = c \iff c = -1$

Die Ebene E besitzt somit die Koordinatenform **E: $-x_1 + x_2 = -1$.**

133. Ein Normalenvektor der Ebene E lautet:

$$\vec{n} = \begin{pmatrix} 1 \\ 1 \\ 2 \end{pmatrix} \times \begin{pmatrix} -2 \\ 1 \\ -3 \end{pmatrix} = \begin{pmatrix} -5 \\ -1 \\ 3 \end{pmatrix}$$

Ein Richtungsvektor der Geraden AB ist $\vec{r} = \overrightarrow{AB} = \begin{pmatrix} -3 \\ 3 \\ 3 \end{pmatrix}$.

Somit ergibt sich für den Schnittwinkel α:

$$\sin\alpha = \frac{|\vec{n} \circ \vec{r}|}{|\vec{n}| \cdot |\vec{r}|} = \frac{\left| \begin{pmatrix} -5 \\ -1 \\ 3 \end{pmatrix} \circ \begin{pmatrix} -3 \\ 3 \\ 3 \end{pmatrix} \right|}{\left| \begin{pmatrix} -5 \\ -1 \\ 3 \end{pmatrix} \right| \cdot \left| \begin{pmatrix} -3 \\ 3 \\ 3 \end{pmatrix} \right|} = \frac{|15 - 3 + 9|}{\sqrt{35} \cdot \sqrt{27}} = \frac{21}{\sqrt{945}} \quad \Rightarrow \quad \boldsymbol{\alpha \approx 43{,}1°}$$

134. Mithilfe von $\overrightarrow{AD} = \overrightarrow{BC} = \begin{pmatrix} -1 \\ -5 \\ 7 \end{pmatrix}$ lassen sich die Koordinaten von D bestimmen:

D(2 | –4 | 6)

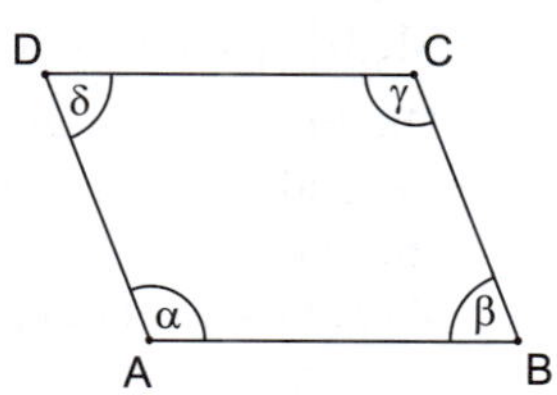

Für den Innenwinkel α ergibt sich:

$$\cos\alpha = \frac{\overrightarrow{AB} \circ \overrightarrow{AD}}{|\overrightarrow{AB}| \cdot |\overrightarrow{AD}|} = \frac{\begin{pmatrix} 3 \\ 3 \\ -2 \end{pmatrix} \circ \begin{pmatrix} -1 \\ -5 \\ 7 \end{pmatrix}}{\sqrt{22} \cdot \sqrt{75}} = \frac{-32}{\sqrt{1650}} \quad \Rightarrow \quad \boldsymbol{\alpha \approx 142{,}0°}$$

Da es sich um ein Parallelogramm handelt, ergeben sich daraus direkt die anderen drei Innenwinkel:

$\beta = 180° - \alpha \approx \mathbf{38{,}0°}$; $\gamma = \alpha \approx \mathbf{142{,}0°}$; $\delta = \beta \approx \mathbf{38{,}0°}$

Für den Flächeninhalt A ergibt sich:

$$\mathbf{A} = |\overrightarrow{AB} \times \overrightarrow{AD}| = \left|\begin{pmatrix} 3 \\ 3 \\ -2 \end{pmatrix} \times \begin{pmatrix} -1 \\ -5 \\ 7 \end{pmatrix}\right| = \left|\begin{pmatrix} 11 \\ -19 \\ -12 \end{pmatrix}\right| = \sqrt{121+361+144} = \sqrt{626} \approx \mathbf{25{,}0}$$

Der Flächeninhalt des Parallelogramms beträgt ca. 25 Flächeneinheiten.

135. Man bestimmt einen Normaleneinheitsvektor der Ebene E:

$$\vec{n} = \begin{pmatrix} 6 \\ 2 \\ -4 \end{pmatrix}; \ |\vec{n}| = \sqrt{36+4+16} = \sqrt{56}; \ \vec{n}_0 = \frac{1}{\sqrt{56}} \cdot \begin{pmatrix} 6 \\ 2 \\ -4 \end{pmatrix}$$

Setzt man in der Ebenengleichung von E die x_1- und die x_2-Koordinaten gleich 0, erhält man den Punkt $A(0|0|-6)$ auf der Ebene E. Damit lässt sich der Abstand d von $P(3|2|6)$ zur Ebene E bestimmen:

$$\mathbf{d(P;\,E)} = |(\vec{p} - \vec{a}) \circ \vec{n}_0| = \left|\left(\begin{pmatrix} 3 \\ 2 \\ 6 \end{pmatrix} - \begin{pmatrix} 0 \\ 0 \\ -6 \end{pmatrix}\right) \circ \frac{1}{\sqrt{56}} \begin{pmatrix} 6 \\ 2 \\ -4 \end{pmatrix}\right|$$

$$= \frac{1}{\sqrt{56}} \cdot \left|\begin{pmatrix} 3 \\ 2 \\ 12 \end{pmatrix} \circ \begin{pmatrix} 6 \\ 2 \\ -4 \end{pmatrix}\right| = \frac{1}{\sqrt{56}} \cdot |18+4-48| = \frac{1}{\sqrt{56}} \cdot 26 \approx \mathbf{3{,}47}$$

P hat ungefähr den Abstand 3,47 zur Ebene E.

136. a) Die Eckpunkte des Würfels sind $A(0|0|0)$, $B(6|0|0)$, $C(6|6|0)$, $D(0|6|0)$, $E(0|0|6)$, $F(6|0|6)$, $G(6|6|6)$ und $H(0|6|6)$.

Die Mittelpunkte der angegebenen Strecken sind demzufolge $M_1(3|0|0)$, $M_2(6|3|0)$, $M_3(6|6|3)$, $M_4(3|6|6)$, $M_5(0|3|6)$ und $M_6(0|0|3)$.

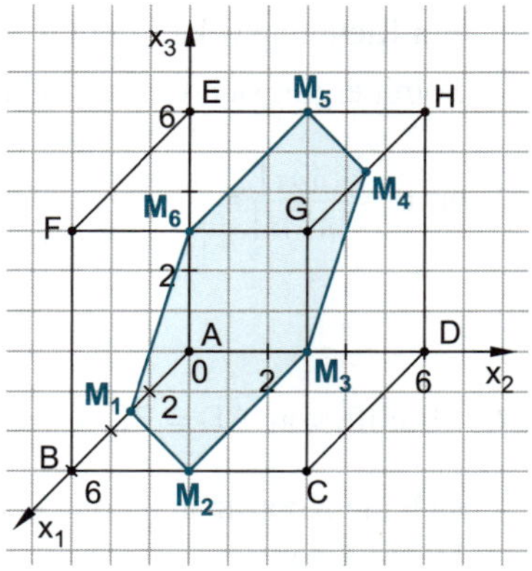

Die Ebene E, die die Punkte M_1, M_2 und M_3 enthält, wird bestimmt.

Zwei Spannvektoren von E sind

$\overrightarrow{M_1M_2} = \begin{pmatrix} 3 \\ 3 \\ 0 \end{pmatrix}$ und $\overrightarrow{M_1M_3} = \begin{pmatrix} 3 \\ 6 \\ 3 \end{pmatrix}$; hieraus lässt sich ein Normalenvektor von E errechnen:

$$\vec{n} = \begin{pmatrix} 3 \\ 3 \\ 0 \end{pmatrix} \times \begin{pmatrix} 3 \\ 6 \\ 3 \end{pmatrix} = \begin{pmatrix} 9 \\ -9 \\ 9 \end{pmatrix} = 9 \cdot \begin{pmatrix} 1 \\ -1 \\ 1 \end{pmatrix}$$

Eine Koordinatengleichung von E lautet somit $x_1 - x_2 + x_3 = c$, wobei sich c durch Punktprobe mit M_1 ergibt:

$3-0+0=c \Leftrightarrow c=3 \Rightarrow$ **E: $x_1 - x_2 + x_3 = 3$**

Punktprobe mit M_4, M_5 und M_6:

$3-6+6=3 \Leftrightarrow 3=3$ bzw. $0-3+6=3 \Leftrightarrow 3=3$ bzw.

$0-0+3=3 \Leftrightarrow 3=3$

Damit ist gezeigt, dass alle sechs Mittelpunkte in der Ebene E liegen.

b) Aus den Längen der Sechseckseiten

$$|\overrightarrow{M_1M_2}| = \left|\begin{pmatrix}3\\3\\0\end{pmatrix}\right| = \sqrt{9+9} = \sqrt{18}, \quad |\overrightarrow{M_2M_3}| = \left|\begin{pmatrix}0\\3\\3\end{pmatrix}\right| = \sqrt{9+9} = \sqrt{18},$$

$$|\overrightarrow{M_3M_4}| = \left|\begin{pmatrix}-3\\0\\3\end{pmatrix}\right| = \sqrt{9+9} = \sqrt{18}, \quad |\overrightarrow{M_4M_5}| = \left|\begin{pmatrix}-3\\-3\\0\end{pmatrix}\right| = \sqrt{9+9} = \sqrt{18},$$

$$|\overrightarrow{M_5M_6}| = \left|\begin{pmatrix}0\\-3\\-3\end{pmatrix}\right| = \sqrt{9+9} = \sqrt{18} \text{ und } |\overrightarrow{M_6M_1}| = \left|\begin{pmatrix}3\\0\\-3\end{pmatrix}\right| = \sqrt{9+9} = \sqrt{18}$$

folgt die **Gleichseitigkeit des Sechsecks**.

Da die Skalarprodukte

$$\overrightarrow{M_1M_2} \circ \overrightarrow{M_1M_6} = \begin{pmatrix}3\\3\\0\end{pmatrix} \circ \begin{pmatrix}-3\\0\\3\end{pmatrix} = -9, \quad \overrightarrow{M_2M_3} \circ \overrightarrow{M_2M_1} = \begin{pmatrix}0\\3\\3\end{pmatrix} \circ \begin{pmatrix}-3\\-3\\0\end{pmatrix} = -9,$$

$$\overrightarrow{M_3M_4} \circ \overrightarrow{M_3M_2} = \begin{pmatrix}-3\\0\\3\end{pmatrix} \circ \begin{pmatrix}0\\-3\\-3\end{pmatrix} = -9, \quad \overrightarrow{M_4M_5} \circ \overrightarrow{M_4M_3} = \begin{pmatrix}-3\\-3\\0\end{pmatrix} \circ \begin{pmatrix}3\\0\\-3\end{pmatrix} = -9,$$

$$\overrightarrow{M_5M_6} \circ \overrightarrow{M_5M_4} = \begin{pmatrix}0\\-3\\-3\end{pmatrix} \circ \begin{pmatrix}3\\3\\0\end{pmatrix} = -9, \text{ und } \overrightarrow{M_6M_1} \circ \overrightarrow{M_6M_5} = \begin{pmatrix}3\\0\\-3\end{pmatrix} \circ \begin{pmatrix}0\\3\\3\end{pmatrix} = -9$$

gleich sind, folgt die **Gleichheit der Innenwinkel** (jeweils 120°); das Sechseck ist also regelmäßig.

c) Ein Normalenvektor der Ebene E lautet $\vec{n}_1 = \begin{pmatrix}1\\-1\\1\end{pmatrix}$, und die x_1-x_2-Ebene besitzt den Normalenvektor $\vec{n}_2 = \begin{pmatrix}0\\0\\1\end{pmatrix}$, sodass sich für den Winkel α zwischen E und der x_1-x_2-Ebene ergibt:

$$\cos\alpha = \frac{|\vec{n}_1 \circ \vec{n}_2|}{|\vec{n}_1| \cdot |\vec{n}_2|} = \frac{1}{\sqrt{3} \cdot 1} = \frac{1}{\sqrt{3}} \Rightarrow \boldsymbol{\alpha \approx 54{,}7°}$$

137. Aus den Spannvektoren $\overrightarrow{AB}$ und $\overrightarrow{AC}$ wird zunächst ein Normalenvektor der Ebene E bestimmt:

$$\vec{n} = \overrightarrow{AB} \times \overrightarrow{AC} = \begin{pmatrix}4\\-1\\-5\end{pmatrix} \times \begin{pmatrix}-3\\3\\6\end{pmatrix} = \begin{pmatrix}9\\-9\\9\end{pmatrix} = 9 \cdot \begin{pmatrix}1\\-1\\1\end{pmatrix}$$

Daher hat die Ebene in Koordinatenform die Gleichung E: $x_1 - x_2 + x_3 = c$, wobei c durch Einsetzen des Punktes $A(4|2|1)$ bestimmt werden kann:
$4 - 2 + 1 = c \quad \Leftrightarrow \quad c = 3$
Die Koordinatenform von E lautet E: $x_1 - x_2 + x_3 = 3$.

Daraus lassen sich die Spurpunkte der Ebene ablesen:
$S_1(3|0|0)$; $S_2(0|-3|0)$; $S_3(0|0|3)$

Die Gleichungen der drei Spurgeraden lauten somit:

$$s_1\colon\ \vec{x} = \overrightarrow{OS_1} + t \cdot \overrightarrow{S_1S_2} = \begin{pmatrix} 3 \\ 0 \\ 0 \end{pmatrix} + t \cdot \begin{pmatrix} -3 \\ -3 \\ 0 \end{pmatrix}$$

$$s_2\colon\ \vec{x} = \overrightarrow{OS_2} + t \cdot \overrightarrow{S_2S_3} = \begin{pmatrix} 0 \\ -3 \\ 0 \end{pmatrix} + t \cdot \begin{pmatrix} 0 \\ 3 \\ 3 \end{pmatrix}$$

$$s_3\colon\ \vec{x} = \overrightarrow{OS_3} + t \cdot \overrightarrow{S_3S_1} = \begin{pmatrix} 0 \\ 0 \\ 3 \end{pmatrix} + t \cdot \begin{pmatrix} 3 \\ 0 \\ -3 \end{pmatrix}$$

Darstellung im Koordinatensystem:

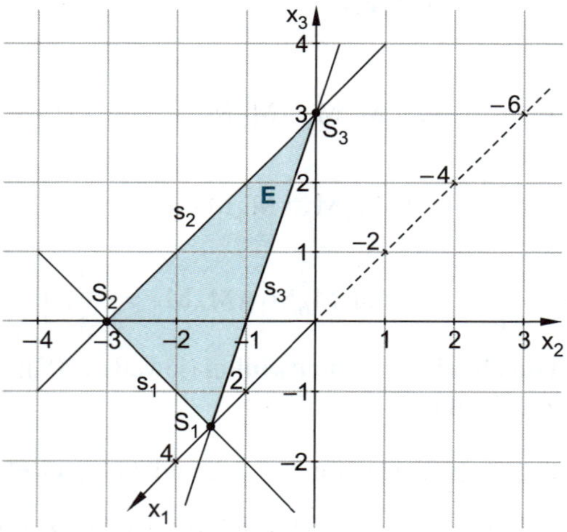

138. a) $r \cdot \vec{a} + s \cdot \vec{b} + t \cdot \vec{c} = \vec{o} \quad \Leftrightarrow \quad r \cdot \begin{pmatrix} 7 \\ 5 \\ 3 \end{pmatrix} + s \cdot \begin{pmatrix} 2 \\ 4 \\ 6 \end{pmatrix} + t \cdot \begin{pmatrix} 1 \\ -1 \\ -3 \end{pmatrix} = \begin{pmatrix} 0 \\ 0 \\ 0 \end{pmatrix}$

$$\begin{array}{ll} \text{I} & 7r + 2s + t = 0 \\ \text{II} & 5r + 4s - t = 0 \\ \text{III} & 3r + 6s - 3t = 0 \end{array} \quad \Leftrightarrow \quad \begin{array}{lr} \text{I} & 7r + 2s + t = 0 \\ \text{IV} = 5 \cdot \text{I} - 7 \cdot \text{II} & -18s + 12t = 0 \\ \text{V} = 3 \cdot \text{II} - 5 \cdot \text{III} & -18s + 12t = 0 \end{array}$$

$$\Leftrightarrow \quad \begin{array}{lr} \text{I} & 7r + 2s + t = 0 \\ \text{IV} & -18s + 12t = 0 \\ \text{VI} = \text{IV} - \text{V} & 0 = 0 \end{array}$$

Gleichung VI ist immer erfüllt, der Parameter t also beliebig wählbar; aus Gleichung IV ergibt sich:

$-18s = -12t \quad \Leftrightarrow \quad s = \frac{2}{3}t$

Setzt man dies in Gleichung I ein, erhält man:

$7r = -2 \cdot \frac{2}{3}t - t \quad \Leftrightarrow \quad 7r = -\frac{7}{3}t \quad \Leftrightarrow \quad r = -\frac{1}{3}t$

Der Nullvektor lässt sich darstellen als:

$\mathbf{\vec{o} = -\frac{t}{3} \cdot \vec{a} + \frac{2t}{3} \cdot \vec{b} + t \cdot \vec{c}; \quad t \in \mathbb{R}}$

b) $r \cdot \begin{pmatrix} 2 \\ -1 \\ 3 \end{pmatrix} + s \cdot \begin{pmatrix} 3 \\ -1 \\ 3 \end{pmatrix} + t \cdot \begin{pmatrix} 1 \\ -2 \\ 1 \end{pmatrix} = \begin{pmatrix} 0 \\ 0 \\ 0 \end{pmatrix}$

$$\begin{array}{ll} \text{I} & 2r + 3s + t = 0 \\ \text{II} & -r - s - 2t = 0 \\ \text{III} & 3r + 3s + t = 0 \end{array} \quad \Leftrightarrow \quad \begin{array}{lr} \text{I} & 2r + 3s + t = 0 \\ \text{IV} = \text{I} + 2 \cdot \text{II} & s - 3t = 0 \\ \text{V} = 3 \cdot \text{II} + \text{III} & -5t = 0 \end{array}$$

Es folgt: $t = 0$, $s = 0$ und $r = 0$

Somit ist nur die triviale Darstellung des Nullvektors $0 \cdot \vec{a} + 0 \cdot \vec{b} + 0 \cdot \vec{c} = \vec{o}$ möglich; die Vektoren sind **linear unabhängig**.

139. Zunächst muss geprüft werden, ob die beiden Ebenen parallel sind. Hierzu werden Normalenvektoren der Ebenen bestimmt:

$\vec{n}_1 = \begin{pmatrix} 4 \\ 1 \\ 4 \end{pmatrix} \times \begin{pmatrix} 2 \\ 3 \\ 1 \end{pmatrix} = \begin{pmatrix} -11 \\ 4 \\ 10 \end{pmatrix}$ bzw. $\vec{n}_2 = \begin{pmatrix} 8 \\ 7 \\ 6 \end{pmatrix} \times \begin{pmatrix} -2 \\ 7 \\ -5 \end{pmatrix} = \begin{pmatrix} -77 \\ 28 \\ 70 \end{pmatrix}$

Diese beiden Normalenvektoren sind linear abhängig ($\vec{n}_2 = 7 \cdot \vec{n}_1$). Daher sind die beiden Ebenen parallel.

Ein Normaleneinheitsvektor beider Ebenen ist:

$\vec{n}_0 = \frac{1}{|\vec{n}_1|} \cdot \vec{n}_1 = \frac{1}{\sqrt{237}} \cdot \begin{pmatrix} -11 \\ 4 \\ 10 \end{pmatrix}$

$A(0|1|-2)$ ist ein Punkt der Ebene E_1. Außerdem ist $P(6|4|1)$ ein Punkt auf der Ebene E_2. Die Hesse'sche Normalenform der Ebene E_2 lautet also:

E_2: $\left(\vec{x} - \begin{pmatrix} 6 \\ 4 \\ 1 \end{pmatrix}\right) \circ \frac{1}{\sqrt{237}} \begin{pmatrix} -11 \\ 4 \\ 10 \end{pmatrix} = 0$

Setzt man den Punkt A der Ebene E_1 hierin ein, dann erhält man den Abstand d der beiden Ebenen:

$\mathbf{d} = \left| \left(\begin{pmatrix} 0 \\ 1 \\ -2 \end{pmatrix} - \begin{pmatrix} 6 \\ 4 \\ 1 \end{pmatrix} \right) \circ \frac{1}{\sqrt{237}} \begin{pmatrix} -11 \\ 4 \\ 10 \end{pmatrix} \right| = \frac{1}{\sqrt{237}} \cdot \left| \begin{pmatrix} -6 \\ -3 \\ -3 \end{pmatrix} \circ \begin{pmatrix} -11 \\ 4 \\ 10 \end{pmatrix} \right| = \frac{24}{\sqrt{237}} \mathbf{\approx 1{,}56}$

Der Abstand der beiden Ebenen beträgt näherungsweise 1,56.

140. Die Gleichung einer Kugel mit Mittelpunkt $M(m_1 \mid m_2 \mid m_3)$ und Radius r lautet allgemein:

K: $(x_1 - m_1)^2 + (x_2 - m_2)^2 + (x_3 - m_3)^2 = r^2$

Da die Punkte A, B, C und D auf der Kugel liegen sollen, müssen folgende Gleichungen erfüllt sein:

A: $(-3 - m_1)^2 + (-4 - m_2)^2 + (7 - m_3)^2 = r^2$

B: $(9 - m_1)^2 + (8 - m_2)^2 + (9 - m_3)^2 = r^2$

C: $(4 - m_1)^2 + (8 - m_2)^2 + (4 - m_3)^2 = r^2$

D: $(6 - m_1)^2 + (4 - m_2)^2 + (-m_3)^2 = r^2$

Man erhält ein Gleichungssystem mit vier Gleichungen und vier Unbekannten m_1, m_2, m_3 und r:

$$\begin{array}{ll} \text{I} & (-3-m_1)^2 + (-4-m_2)^2 + (7-m_3)^2 = r^2 \\ \text{II} & (9-m_1)^2 + (8-m_2)^2 + (9-m_3)^2 = r^2 \\ \text{III} & (4-m_1)^2 + (8-m_2)^2 + (4-m_3)^2 = r^2 \\ \text{IV} & (6-m_1)^2 + (4-m_2)^2 + (-m_3)^2 = r^2 \end{array}$$

$$\Leftrightarrow \begin{array}{ll} \text{I} & m_1^2 + m_2^2 + m_3^2 + 6m_1 + 8m_2 - 14m_3 = r^2 - 74 \\ \text{II} & m_1^2 + m_2^2 + m_3^2 - 18m_1 - 16m_2 - 18m_3 = r^2 - 226 \\ \text{III} & m_1^2 + m_2^2 + m_3^2 - 8m_1 - 16m_2 - 8m_3 = r^2 - 96 \\ \text{IV} & m_1^2 + m_2^2 + m_3^2 - 12m_1 - 8m_2 = r^2 - 52 \end{array}$$

$$\Leftrightarrow \begin{array}{ll} \text{I} & m_1^2 + m_2^2 + m_3^2 + 6m_1 + 8m_2 - 14m_3 = r^2 - 74 \\ \text{V} = \text{I} - \text{II} & 24m_1 + 24m_2 + 4m_3 = 152 \\ \text{VI} = \text{I} - \text{III} & 14m_1 + 24m_2 - 6m_3 = 22 \\ \text{VII} = \text{I} - \text{IV} & 18m_1 + 16m_2 - 14m_3 = -22 \end{array}$$

$$\Leftrightarrow \begin{array}{ll} \text{I} & m_1^2 + m_2^2 + m_3^2 + 6m_1 + 8m_2 - 14m_3 = r^2 - 74 \\ \text{V} & 24m_1 + 24m_2 + 4m_3 = 152 \\ \text{VIII} = 7 \cdot \text{V} - 12 \cdot \text{VI} & -120m_2 + 100m_3 = 800 \\ \text{IX} = 3 \cdot \text{V} - 4 \cdot \text{VII} & 8m_2 + 68m_3 = 544 \end{array}$$

$$\Leftrightarrow \begin{array}{ll} \text{I} & m_1^2 + m_2^2 + m_3^2 + 6m_1 + 8m_2 - 14m_3 = r^2 - 74 \\ \text{V} & 24m_1 + 24m_2 + 4m_3 = 152 \\ \text{VIII} & -120m_2 + 100m_3 = 800 \\ \text{X} = \text{VIII} + 15 \cdot \text{IX} & 1120m_3 = 8\,960 \end{array}$$

Aus Gleichung X entnimmt man: $m_3 = 8$

Eingesetzt in Gleichung VIII ergibt sich:
$-120m_2 = 800 - 100 \cdot 8 = 0 \;\Leftrightarrow\; m_2 = 0$

Diese Werte in Gleichung V eingesetzt liefern:
$24 \cdot m_1 = 152 - 24 \cdot 0 - 4 \cdot 8 = 120 \;\Leftrightarrow\; m_1 = 5$

Aus Gleichung I ergibt sich schließlich:

$5^2+0^2+8^2+6\cdot 5+8\cdot 0-14\cdot 8=r^2-74 \quad\Leftrightarrow\quad r^2=81 \quad\Leftrightarrow\quad r=9 \;\; (r>0)$

Der Mittelpunkt der Kugel ist **M(5 | 0 | 8)**; ihr Radius **r = 9**; Kugelgleichung:

K: $\mathbf{(x_1-5)^2+x_2^2+(x_3-8)^2=81}$

141. a) Schrägbild (1 LE ≙ 1 m):

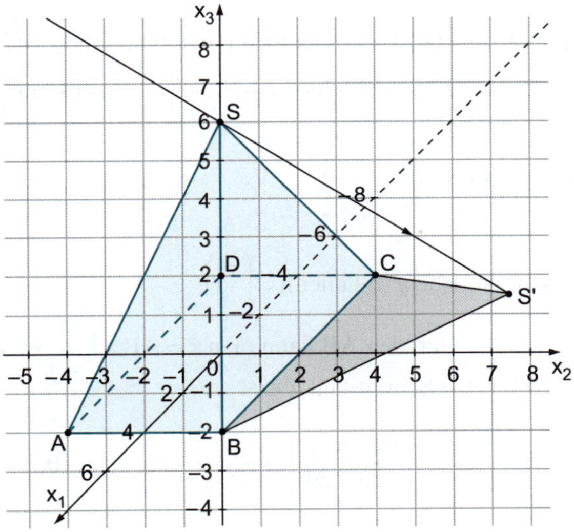

b) Der Sonnenstrahl, der den Schattenpunkt der Zeltspitze erzeugt, liegt auf der Geraden s durch die Spitze des Zeltes mit dem Richtungsvektor $\vec{r}=\begin{pmatrix}-2\\4\\-4\end{pmatrix}$. Die Gleichung dieser Geraden lautet somit:

$$s:\ \vec{x}=\begin{pmatrix}0\\0\\6\end{pmatrix}+t\cdot\begin{pmatrix}-2\\4\\-4\end{pmatrix}$$

Schneidet man diese Gerade mit der x_1-x_2-Koordinatenebene, die die Gleichung $x_3=0$ besitzt, erhält man aus der dritten Koordinate:

$6-4t=0 \quad\Leftrightarrow\quad t=\frac{3}{2}$

Eingesetzt in die Geradengleichung ergibt sich der Schattenpunkt S' der Zeltspitze:

$S'\left(0+\frac{3}{2}\cdot(-2)\;\middle|\;0+\frac{3}{2}\cdot 4\;\middle|\;6+\frac{3}{2}\cdot(-4)\right)=\mathbf{S'(-3\,|\,6\,|\,0)}$

c) Schattenbild siehe Teilaufgabe a.

Mit $\overrightarrow{BS'} = \begin{pmatrix} -7 \\ 4 \\ 0 \end{pmatrix}$ und $\overrightarrow{CS'} = \begin{pmatrix} 1 \\ 4 \\ 0 \end{pmatrix}$ ergibt sich für die Schattenfläche:

$$\mathbf{A} = \frac{1}{2} \cdot |\overrightarrow{BS'} \times \overrightarrow{CS'}| = \frac{1}{2} \cdot \left| \begin{pmatrix} -7 \\ 4 \\ 0 \end{pmatrix} \times \begin{pmatrix} 1 \\ 4 \\ 0 \end{pmatrix} \right| = \frac{1}{2} \cdot \left| \begin{pmatrix} 0 \\ 0 \\ -32 \end{pmatrix} \right| = \mathbf{16}$$

Der Schatten hat den Flächeninhalt **16 m²**.

142. Aus dem Stützpunkt B(−1 | 1 | 3) der Geraden g und dem Punkt A(2 | −1 | −1) gewinnt man einen zweiten Spannvektor $\vec{r} = \overrightarrow{BA} = \begin{pmatrix} 3 \\ -2 \\ -4 \end{pmatrix}$ und somit als Gleichung für die Ebene:

$$\mathbf{E:\ \vec{x} = \begin{pmatrix} -1 \\ 1 \\ 3 \end{pmatrix} + k \cdot \begin{pmatrix} -2 \\ 1 \\ 1 \end{pmatrix} + t \cdot \begin{pmatrix} 3 \\ -2 \\ -4 \end{pmatrix}}$$

143. Ein Normalenvektor der Ebene E lautet $\vec{n} = \begin{pmatrix} -4 \\ -3 \\ 2 \end{pmatrix}$.

Als Richtungsvektor der Geraden AB kann man $\vec{r} = \overrightarrow{AB} = \begin{pmatrix} -4 \\ 3 \\ -8 \end{pmatrix}$ verwenden.

Hieraus ergibt sich für den Schnittwinkel α:

$$\sin\alpha = \frac{|\vec{n} \circ \vec{r}|}{|\vec{n}| \cdot |\vec{r}|} = \frac{\left| \begin{pmatrix} -4 \\ -3 \\ 2 \end{pmatrix} \circ \begin{pmatrix} -4 \\ 3 \\ -8 \end{pmatrix} \right|}{\left| \begin{pmatrix} -4 \\ -3 \\ 2 \end{pmatrix} \right| \cdot \left| \begin{pmatrix} -4 \\ 3 \\ -8 \end{pmatrix} \right|} = \frac{|16 - 9 - 16|}{\sqrt{29} \cdot \sqrt{89}} = \frac{9}{\sqrt{2\,581}} \quad \Rightarrow \quad \boldsymbol{\alpha \approx 10{,}2°}$$

144. Die Ebene besitzt die Spannvektoren $\overrightarrow{AB} = \begin{pmatrix} -3 \\ 3 \\ -8 \end{pmatrix}$ und $\overrightarrow{AC} = \begin{pmatrix} 2 \\ 2 \\ -3 \end{pmatrix}$.

Hieraus ergibt sich als Normalenvektor $\vec{\mathbf{n}} = \begin{pmatrix} -3 \\ 3 \\ -8 \end{pmatrix} \times \begin{pmatrix} 2 \\ 2 \\ -3 \end{pmatrix} = \begin{pmatrix} \mathbf{7} \\ \mathbf{-25} \\ \mathbf{-12} \end{pmatrix}$.

145. Weil die Richtungsvektoren der beiden Geraden keine Vielfachen voneinander, also linear unabhängig sind, sind die Geraden entweder windschief oder sie schneiden sich in einem Punkt.

Daher werden die beiden Geradengleichungen gleichgesetzt:

$$\begin{pmatrix} 3 \\ -1 \\ -1 \end{pmatrix} + r \cdot \begin{pmatrix} 1 \\ 0 \\ 2 \end{pmatrix} = \begin{pmatrix} 1 \\ 3 \\ 1 \end{pmatrix} + s \cdot \begin{pmatrix} 2 \\ -1 \\ 1 \end{pmatrix} \quad \Leftrightarrow \quad \begin{array}{ll} \text{I} & 3 + r = 1 + 2s \\ \text{II} & -1 = 3 - s \\ \text{III} & -1 + 2r = 1 + s \end{array}$$

Aus Gleichung II folgt sofort $s = 4$; eingesetzt in Gleichung III ergibt sich:

$-1 + 2r = 5 \quad \Leftrightarrow \quad r = 3$

Gleichung I liefert damit:

$3 + 3 = 1 + 2 \cdot 4 \quad \Leftrightarrow \quad 6 = 9$

Dies ist ein Widerspruch; die beiden Geraden sind **windschief**.

146. Weil der Punkt $S_1(-4|7|7)$ auf der Kugel liegt, lässt sich der Radius der Kugel K mithilfe des Mittelpunkts $M(0|3|5)$ und S_1 bestimmen:

$r = |\overrightarrow{MS_1}| = \sqrt{16+16+4} = 6$

Daher lautet die Gleichung der Kugel:

$$K: \left(\vec{x} - \begin{pmatrix} 0 \\ 3 \\ 5 \end{pmatrix}\right)^2 = 36$$

Aufstellen der Geradengleichung durch A und S_1:

$$g: \vec{x} = \begin{pmatrix} 5 \\ -5 \\ -2 \end{pmatrix} + t \cdot \begin{pmatrix} -9 \\ 12 \\ 9 \end{pmatrix}$$

Schnitt der Kugel K mit der Geraden g:

$$\left(\begin{pmatrix} 5 \\ -5 \\ -2 \end{pmatrix} + t \cdot \begin{pmatrix} -9 \\ 12 \\ 9 \end{pmatrix} - \begin{pmatrix} 0 \\ 3 \\ 5 \end{pmatrix}\right)^2 = 36 \iff \left(\begin{pmatrix} 5 \\ -8 \\ -7 \end{pmatrix} + t \cdot \begin{pmatrix} -9 \\ 12 \\ 9 \end{pmatrix}\right)^2 = 36$$

$$\iff (5-9t)^2 + (-8+12t)^2 + (-7+9t)^2 = 36$$

$$\iff 306t^2 - 408t + 102 = 0$$

$$\iff t^2 - \frac{4}{3}t + \frac{1}{3} = 0$$

$$\iff t_{1;2} = \frac{2}{3} \pm \frac{1}{3} \iff t_1 = 1;\ t_2 = \frac{1}{3}$$

t_1 eingesetzt in g liefert den bekannten Schnittpunkt $S_1(-4|7|7)$.

Mit t_2 erhält man aus g den zweiten Schnittpunkt $\mathbf{S_2(2|-1|1)}$.

147. a) Aus $\overrightarrow{DC} = \overrightarrow{AB} = \begin{pmatrix} 6 \\ -8 \\ 0 \end{pmatrix}$ kann der fehlende Eckpunkt C des Quadrats bestimmt werden: $\mathbf{C(18|0|0)}$

Der Mittelpunkt der Grundfläche liegt in der Mitte der Strecke [BD] und damit im Punkt $M(11|1|0)$. Somit hat die Pyramidenspitze die Koordinaten $\mathbf{S(11|1|10)}$.

Der Kugelmittelpunkt befindet sich demzufolge im Punkt $M_K(11|1|7)$.

Damit hat die Kugel die Gleichung $\mathbf{K:} \left(\vec{x} - \begin{pmatrix} 11 \\ 1 \\ 7 \end{pmatrix}\right)^2 = \mathbf{1}$.

b) Wenn der Abstand von M_K zu einer Seitenfläche größer als der Kugelradius ist, dann berührt oder schneidet die Kugel aus Symmetriegründen auch keine der anderen Seitenflächen.

Zunächst wird die Gleichung der Ebene E bestimmt, die die Seitenfläche ABS enthält.

Aus den beiden Spannvektoren $\overrightarrow{AB} = \begin{pmatrix} 6 \\ -8 \\ 0 \end{pmatrix}$ und $\overrightarrow{AS} = \begin{pmatrix} 7 \\ -1 \\ 10 \end{pmatrix}$ erhält man einen Normalenvektor der Ebene:

$$\vec{n} = \begin{pmatrix} 6 \\ -8 \\ 0 \end{pmatrix} \times \begin{pmatrix} 7 \\ -1 \\ 10 \end{pmatrix} = \begin{pmatrix} -80 \\ -60 \\ 50 \end{pmatrix} = 10 \cdot \begin{pmatrix} -8 \\ -6 \\ 5 \end{pmatrix}$$

Mit $|\vec{n}| = 10 \cdot \sqrt{64+36+25} = 10 \cdot \sqrt{125}$ und dem Ortsvektor von A als Stützvektor erhält man als Hesse'sche Normalenform der Ebene

$$E: \left(\vec{x} - \begin{pmatrix} 4 \\ 2 \\ 0 \end{pmatrix} \right) \circ \frac{1}{\sqrt{125}} \begin{pmatrix} -8 \\ -6 \\ 5 \end{pmatrix} = 0$$

Setzt man den Kugelmittelpunkt M_K ein, dann erhält man als Abstand des Kugelmittelpunkts von der Seitenfläche ABS:

$$\mathbf{d} = \frac{1}{\sqrt{125}} \cdot \left| \left(\begin{pmatrix} 11 \\ 1 \\ 7 \end{pmatrix} - \begin{pmatrix} 4 \\ 2 \\ 0 \end{pmatrix} \right) \circ \begin{pmatrix} -8 \\ -6 \\ 5 \end{pmatrix} \right| = \frac{1}{\sqrt{125}} \cdot \left| \begin{pmatrix} 7 \\ -1 \\ 7 \end{pmatrix} \circ \begin{pmatrix} -8 \\ -6 \\ 5 \end{pmatrix} \right| = \frac{|-56+6+35|}{\sqrt{125}} \approx \mathbf{1{,}34}$$

Die Kugel hat somit einen **Abstand von ca. 34 cm** von den vier Seitenflächen der Pyramide.

148. Die Seitenlängen des Dreiecks ABC betragen:

$$\mathbf{c} = |\overrightarrow{AB}| = \left| \begin{pmatrix} -3 \\ 1 \\ 5 \end{pmatrix} \right| = \sqrt{9+1+25} = \mathbf{\sqrt{35}}$$

$$\mathbf{a} = |\overrightarrow{BC}| = \left| \begin{pmatrix} 9 \\ 1 \\ -3 \end{pmatrix} \right| = \sqrt{81+1+9} = \mathbf{\sqrt{91}}$$

$$\mathbf{b} = |\overrightarrow{AC}| = \left| \begin{pmatrix} 6 \\ 2 \\ 2 \end{pmatrix} \right| = \sqrt{36+4+4} = \mathbf{\sqrt{44}}$$

149. Ein Punkt auf der Ebene ist $A(1\,|\,2\,|\,1)$.
Die Richtungsvektoren der Ebene müssen orthogonal auf dem Normalenvektor $\vec{n} = \begin{pmatrix} 3 \\ -1 \\ -1 \end{pmatrix}$ stehen; z. B. wählt man die Vektoren $\vec{r}_1 = \begin{pmatrix} 1 \\ 3 \\ 0 \end{pmatrix}$ und $\vec{r}_2 = \begin{pmatrix} 1 \\ 0 \\ 3 \end{pmatrix}$.

Eine mögliche Parameterform der Ebene E lautet somit:

$$\mathbf{E:}\ \vec{x} = \begin{pmatrix} 1 \\ 2 \\ 1 \end{pmatrix} + r \cdot \begin{pmatrix} 1 \\ 3 \\ 0 \end{pmatrix} + s \cdot \begin{pmatrix} 1 \\ 0 \\ 3 \end{pmatrix}$$

150. Ein beliebiger Punkt auf der Geraden g hat die Form $P(-5-2r\,|\,-1-r\,|\,4+3r)$.
Die minimale Streckenlänge von [AP] stellt die Entfernung des Punktes A von der Geraden g dar. Es gilt:

$$|\overrightarrow{AP}| = \left| \begin{pmatrix} -5-2r-5 \\ -1-r+2 \\ 4+3r-1 \end{pmatrix} \right| = \sqrt{(-10-2r)^2 + (1-r)^2 + (3+3r)^2}$$

$$= \sqrt{14r^2 + 56r + 110}$$

Diese Streckenlänge ist minimal, wenn der Radikand $R(r) = 14r^2 + 56r + 110$ minimal ist:

$R'(r) = 28r + 56 = 0 \quad \Leftrightarrow \quad r = -2$

Damit erhält man als Lotfußpunkt den zugehörigen Punkt L auf g:

$L(-5-2\cdot(-2)\,|\,-1-(-2)\,|\,4+3\cdot(-2)) = L(-1\,|\,1\,|\,-2)$

Der Abstand des Punktes A von der Geraden g beträgt:

$\mathbf{d(A;g)} = \sqrt{R(-2)} = \sqrt{54} = \mathbf{3\cdot\sqrt{6}}$

151. Auf der linken Seite der Gleichung wird quadratisch ergänzt:

$$x_1^2 + x_2^2 + x_3^2 - 6x_1 + 4x_2 + 8x_3 = 35$$

$$\Leftrightarrow \quad x_1^2 - 6x_1 + 3^2 + x_2^2 + 4x_2 + 2^2 + x_3^2 + 8x_3 + 4^2 - 9 - 4 - 16 = 35$$

$$\Leftrightarrow \quad (x_1-3)^2 + (x_2+2)^2 + (x_3+4)^2 = 35+9+4+16$$

$$\Leftrightarrow \quad \left(\vec{x} - \begin{pmatrix} 3 \\ -2 \\ -4 \end{pmatrix}\right)^2 = 64$$

Es folgt: **M(3|−2|−4); r = $\sqrt{64}$ = 8**

152. Gleichsetzen der beiden Ebenengleichungen liefert:

$$\begin{pmatrix} 4 \\ 1 \\ 2 \end{pmatrix} + r_1 \cdot \begin{pmatrix} -3 \\ 1 \\ 0 \end{pmatrix} + s_1 \cdot \begin{pmatrix} 1 \\ -2 \\ 5 \end{pmatrix} = \begin{pmatrix} 2 \\ 0 \\ 7 \end{pmatrix} + r_2 \cdot \begin{pmatrix} 2 \\ 4 \\ 2 \end{pmatrix} + s_2 \cdot \begin{pmatrix} 0 \\ -7 \\ -3 \end{pmatrix}$$

$$\begin{array}{llcl} \text{I} & 4 - 3r_1 + s_1 = 2 + 2r_2 & & \text{I} \quad -3r_1 + s_1 - 2r_2 = -2 \\ \text{II} & 1 + r_1 - 2s_1 = 4r_2 - 7s_2 & \Leftrightarrow & \text{II} \quad r_1 - 2s_1 - 4r_2 + 7s_2 = -1 \\ \text{III} & 2 + 5s_1 = 7 + 2r_2 - 3s_2 & & \text{III} \quad 5s_1 - 2r_2 + 3s_2 = 5 \end{array}$$

$$\begin{array}{lll} & \text{I} & -3r_1 + s_1 - 2r_2 = -2 \\ \Leftrightarrow & \text{IV} = \text{I} + 3\cdot\text{II} & -5s_1 - 14r_2 + 21s_2 = -5 \\ & \text{III} & 5s_1 - 2r_2 + 3s_2 = 5 \end{array}$$

$$\begin{array}{lll} & \text{I} & -3r_1 + s_1 - 2r_2 = -2 \\ \Leftrightarrow & \text{IV} & -5s_1 - 14r_2 + 21s_2 = -5 \\ & \text{V} = \text{IV} + \text{III} & -16r_2 + 24s_2 = 0 \end{array}$$

Aus Gleichung V erhält man die Beziehung: $16r_2 = 24s_2 \quad \Leftrightarrow \quad r_2 = \frac{3}{2}s_2$

Setzt man dies in die Gleichung von Ebene E_2 ein, erhält man die **Schnittgerade g von E_1 und E_2**:

$$\mathbf{g:}\ \vec{x} = \begin{pmatrix} 2 \\ 0 \\ 7 \end{pmatrix} + r_2 \cdot \begin{pmatrix} 2 \\ 4 \\ 2 \end{pmatrix} + s_2 \cdot \begin{pmatrix} 0 \\ -7 \\ -3 \end{pmatrix} = \begin{pmatrix} 2 \\ 0 \\ 7 \end{pmatrix} + \frac{3}{2}s_2 \cdot \begin{pmatrix} 2 \\ 4 \\ 2 \end{pmatrix} + s_2 \cdot \begin{pmatrix} 0 \\ -7 \\ -3 \end{pmatrix}$$

$$= \begin{pmatrix} 2 \\ 0 \\ 7 \end{pmatrix} + s_2 \cdot \begin{pmatrix} 3 \\ 6 \\ 3 \end{pmatrix} + s_2 \cdot \begin{pmatrix} 0 \\ -7 \\ -3 \end{pmatrix} = \begin{pmatrix} \mathbf{2} \\ \mathbf{0} \\ \mathbf{7} \end{pmatrix} + \mathbf{s_2} \cdot \begin{pmatrix} \mathbf{3} \\ \mathbf{-1} \\ \mathbf{0} \end{pmatrix}$$

153. a) Mit dem Ortsvektor von A als Stützvektor und den Spannvektoren $\overrightarrow{AB} = \begin{pmatrix} 0 \\ 1 \\ -0{,}5 \end{pmatrix}$ und $\overrightarrow{AS} = \begin{pmatrix} -4 \\ 0 \\ 2 \end{pmatrix}$ wird ein Normalenvektor der Ebene E durch die Punkte A, B und S bestimmt:

$$\vec{n} = \begin{pmatrix} 0 \\ 1 \\ -0{,}5 \end{pmatrix} \times \begin{pmatrix} -4 \\ 0 \\ 2 \end{pmatrix} = \begin{pmatrix} 2 \\ 2 \\ 4 \end{pmatrix} = 2 \cdot \begin{pmatrix} 1 \\ 1 \\ 2 \end{pmatrix}$$

Die Koordinatenform der Ebene ergibt sich aus dem Ansatz
E: $x_1 + x_2 + 2x_3 = c$ mithilfe der Punktprobe mit A:
$4 + 0 + 2 \cdot 3 = c \;\Leftrightarrow\; c = 10$, also **E: $x_1 + x_2 + 2x_3 = 10$**.

Punktprobe mit C bzw. D:
$1 + 4 + 2 \cdot 2{,}5 = 10 \;\Leftrightarrow\; 10 = 10$ bzw. $0 + 4 + 2 \cdot 3 = 10 \;\Leftrightarrow\; 10 = 10$
Damit ist gezeigt, dass die **Dachfläche ABCDS in einer Ebene** liegt.

b) Die Stütze liegt auf der Geraden g durch den Stützpunkt F orthogonal zur Ebene E:

$$g\colon\ \vec{x} = \begin{pmatrix} 0 \\ 0 \\ 1 \end{pmatrix} + t \cdot \begin{pmatrix} 1 \\ 1 \\ 2 \end{pmatrix}$$

Schnitt dieser Geraden mit der Ebene E ergibt den Endpunkt G der Stütze; hierzu werden die Koordinaten von g in die Ebene E eingesetzt:
$(0 + t) + (0 + t) + 2 \cdot (1 + 2t) = 10 \;\Leftrightarrow\; 6t = 8 \;\Leftrightarrow\; t = \frac{4}{3}$
Eingesetzt in g ergibt sich:

$$\vec{x}_G = \begin{pmatrix} 0 \\ 0 \\ 1 \end{pmatrix} + \frac{4}{3} \cdot \begin{pmatrix} 1 \\ 1 \\ 2 \end{pmatrix} = \frac{1}{3} \cdot \begin{pmatrix} 4 \\ 4 \\ 11 \end{pmatrix} \text{ und damit } G\left(\tfrac{4}{3} \,\middle|\, \tfrac{4}{3} \,\middle|\, \tfrac{11}{3}\right).$$

Die Länge der Stütze beträgt:

$$\mathbf{L} = |\overrightarrow{FG}| = \left| \begin{pmatrix} \frac{4}{3} \\ \frac{4}{3} \\ \frac{8}{3} \end{pmatrix} \right| = \frac{4}{3}\sqrt{6} \approx \mathbf{3{,}27}$$

Die Stütze ist **ca. 3,27 m** lang.

154. Man sucht zunächst zwei Spannvektoren, die linear unabhängig sind und orthogonal zu $\vec{n}$ stehen. Ansatz:

$$\vec{v} \circ \begin{pmatrix} 1 \\ -3 \\ -1 \end{pmatrix} = 0 \;\Leftrightarrow\; v_1 - 3v_2 - v_3 = 0$$

Man wählt zwei Koordinaten beliebig, z. B. ergibt sich mit $v_2 = 0$ und $v_3 = 1$:
$v_1 = 3 \cdot 0 + 1 = 1$
und mit $v_2 = 1$ und $v_3 = 0$
$v_1 = 3 \cdot 1 + 0 = 3$
Man erhält also die Richtungsvektoren $\vec{v}_1 = \begin{pmatrix} 1 \\ 0 \\ 1 \end{pmatrix}$ und $\vec{v}_2 = \begin{pmatrix} 3 \\ 1 \\ 0 \end{pmatrix}$.

Zusammen mit dem Ortsvektor von P als Stützvektor der Ebene ergibt sich somit die Gleichung:

$$\mathbf{E:\ \vec{x}=\begin{pmatrix}5\\-1\\0\end{pmatrix}+r\cdot\begin{pmatrix}1\\0\\1\end{pmatrix}+s\cdot\begin{pmatrix}3\\1\\0\end{pmatrix}}$$

155. Man bestimmt zunächst Normalenvektoren beider Ebenen:

$$\vec{n}_1=\begin{pmatrix}4\\-1\\-1\end{pmatrix};\ \vec{n}_2=\begin{pmatrix}1\\2\\1\end{pmatrix}\times\begin{pmatrix}2\\1\\0\end{pmatrix}=\begin{pmatrix}-1\\2\\-3\end{pmatrix}$$

Hieraus ergibt sich für den Schnittwinkel α der beiden Ebenen:

$$\cos\alpha=\frac{|\vec{n}_1\circ\vec{n}_2|}{|\vec{n}_1|\cdot|\vec{n}_2|}=\frac{\left|\begin{pmatrix}4\\-1\\-1\end{pmatrix}\circ\begin{pmatrix}-1\\2\\-3\end{pmatrix}\right|}{\left|\begin{pmatrix}4\\-1\\-1\end{pmatrix}\right|\cdot\left|\begin{pmatrix}-1\\2\\-3\end{pmatrix}\right|}=\frac{|-4-2+3|}{\sqrt{18}\cdot\sqrt{14}}=\frac{3}{\sqrt{252}}\quad\Leftrightarrow\quad\mathbf{\alpha\approx 79{,}1^\circ}$$

156. Die Pyramide wird aufgespannt von den drei Vektoren

$$\overrightarrow{AB}=\begin{pmatrix}4\\3\\0\end{pmatrix},\ \overrightarrow{AC}=\begin{pmatrix}7\\-1\\0\end{pmatrix}\text{ und }\overrightarrow{AD}=\begin{pmatrix}2\\5\\9\end{pmatrix}.$$

Das Volumen der Pyramide beträgt demzufolge:

$$\mathbf{V}=\tfrac{1}{6}\cdot|(\overrightarrow{AB}\times\overrightarrow{AC})\circ\overrightarrow{AD}|=\tfrac{1}{6}\cdot\left|\left(\begin{pmatrix}4\\3\\0\end{pmatrix}\times\begin{pmatrix}7\\-1\\0\end{pmatrix}\right)\circ\begin{pmatrix}2\\5\\9\end{pmatrix}\right|=\tfrac{1}{6}\cdot\left|\begin{pmatrix}0\\0\\-25\end{pmatrix}\circ\begin{pmatrix}2\\5\\9\end{pmatrix}\right|=\mathbf{\frac{225}{6}=37{,}5}$$

157. Bestimmung eines Normalenvektors von E:

$$\vec{n}=\begin{pmatrix}1\\2\\0\end{pmatrix}\times\begin{pmatrix}-1\\-1\\3\end{pmatrix}=\begin{pmatrix}6\\-3\\1\end{pmatrix}$$

Somit besitzt die Ebene die Koordinatenform E: $6x_1-3x_2+x_3=c$.
Einsetzen des Stützpunkts P(–1 | 2 | –2) liefert:
$6\cdot(-1)-3\cdot 2+(-2)=c \Leftrightarrow c=-6-6-2=-14$
Die Koordinatenform lautet somit: **E: $6x_1-3x_2+x_3=-14$**

158. a) Gemäß der Lage im Koordinatensystem werden die Eckpunkte des Quadrats zu A(72 | 72 | 0), B(–72 | 72 | 0), C(–72 | –72 | 0), D(72 | –72 | 0) sowie die Spitze der Pyramide zu S(0 | 0 | 90) bestimmt.
Mit dem Ortsvektor von A als Stützvektor und den Spannvektoren

$$\overrightarrow{AB}=\begin{pmatrix}-144\\0\\0\end{pmatrix}=144\cdot\begin{pmatrix}-1\\0\\0\end{pmatrix}\text{ und }\overrightarrow{AS}=\begin{pmatrix}-72\\-72\\90\end{pmatrix}=18\cdot\begin{pmatrix}-4\\-4\\5\end{pmatrix}$$

erhält man als Normalenvektor der Ebene E_1:

$$\vec{n}=\begin{pmatrix}-1\\0\\0\end{pmatrix}\times\begin{pmatrix}-4\\-4\\5\end{pmatrix}=\begin{pmatrix}0\\5\\4\end{pmatrix}$$

Eine Koordinatengleichung der Ebene E_1 lautet $5x_2+4x_3=c$ und nach Punktprobe mit A erhält man $5\cdot 72+4\cdot 0=c \Leftrightarrow c=360$ und damit **E_1: $5x_2+4x_3=360$**.

Den Neigungswinkel gegenüber der Grundfläche, die den Normalenvektor $\vec{n}_G=\begin{pmatrix}0\\0\\1\end{pmatrix}$ besitzt, erhält man mittels:

$$\cos\alpha=\left|\frac{\vec{n}\circ\vec{n}_G}{|\vec{n}|\cdot|\vec{n}_G|}\right|=\frac{1}{\sqrt{41}\cdot 1}\cdot\left|\begin{pmatrix}0\\5\\4\end{pmatrix}\circ\begin{pmatrix}0\\0\\1\end{pmatrix}\right|=\frac{4}{\sqrt{41}} \Rightarrow \alpha\approx 51{,}3°$$

b) Die Gerade, die den Übergang der Rampenfläche an die Pyramide darstellt, entspricht der Schnittgeraden der Ebenen E_1 und E_2:

$$\begin{array}{ll} \text{I} & 5x_2+4x_3=360 \\ \text{II} & 5x_2+26x_3=1\,350 \end{array} \Leftrightarrow \begin{array}{ll} \text{I} & 5x_2+4x_3=360 \\ \text{III}=\text{II}-\text{I} & 22x_3=990 \end{array}$$

Aus Gleichung III ergibt sich **$x_3=45$**. Die Pyramidenhöhe beträgt bei der gegebenen Rampe somit **45 Meter**.

Setzt man $x_3=45$ in Gleichung I ein, erhält man:
$5x_2+4\cdot 45=360 \Leftrightarrow x_2=36$
Die halbe Pyramidenbreite beträgt somit 36 m.
Die Rampe beginnt auf Erdbodenhöhe, also für $x_3=0$. Eingesetzt in E_2 erhält man $5x_2=1\,350 \Leftrightarrow x_2=270$. Die horizontal gemessene Länge der Rampe beträgt somit $270\text{ m}-36\text{ m}=234\text{ m}$.

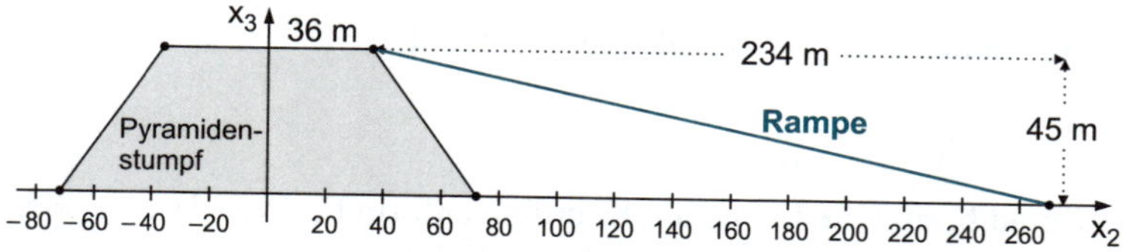

Zusammen mit der Höhe von 45 m und dem Satz des Pythagoras erhält man für die Länge L der Rampe:

$$L=\sqrt{45^2+234^2}\approx 238\text{ m}$$

159. Zur Bestimmung der Spurpunkte werden jeweils zwei Koordinaten gleich 0 gesetzt. Die Spurpunkte der Ebene E lauten damit:
A(6|0|0); B(0|−3|0); C(0|0|−4)

160. E_2 wird in Koordinatenform umgewandelt:

$$\left(\vec{x}-\begin{pmatrix}3\\-4\\0\end{pmatrix}\right)\circ\begin{pmatrix}6\\3\\-1\end{pmatrix}=0 \Leftrightarrow (x_1-3)\cdot 6+(x_2+4)\cdot 3+x_3\cdot(-1)=0$$

$$\Leftrightarrow 6x_1-18+3x_2+12-x_3=0 \Leftrightarrow 6x_1+3x_2-x_3=6$$

Somit erhält man für die Schnittmenge das Gleichungssystem:

$$\begin{array}{ll} \text{I} & 6x_1+3x_2-\ x_3=\ 6 \\ \text{II} & 2x_1+3x_2+3x_3=-6 \end{array} \Leftrightarrow \begin{array}{ll} \text{I} & 6x_1+3x_2-\ x_3=\ 6 \\ \text{III}=\text{I}-3\cdot\text{II} & -6x_2-10x_3=24 \end{array}$$

Bei freier Wahl von x_3 erhält man aus Gleichung III:

$$-6x_2=24+10x_3 \Leftrightarrow x_2=-4-\tfrac{5}{3}x_3$$

Eingesetzt in Gleichung I folgt damit:

$$\begin{aligned} 6x_1+3x_2-x_3=6 &\Leftrightarrow 6x_1+3\cdot\left(-4-\tfrac{5}{3}x_3\right)-x_3=6 \\ &\Leftrightarrow 6x_1-12-5x_3-x_3=6 \\ &\Leftrightarrow 6x_1=18+6x_3 \Leftrightarrow x_1=3+x_3 \end{aligned}$$

Damit lautet die Gleichung der Schnittgeraden der beiden Ebenen:

$$\mathbf{g:}\ \vec{x}=\begin{pmatrix} x_1 \\ x_2 \\ x_3 \end{pmatrix}=\begin{pmatrix} 3+x_3 \\ -4-\frac{5}{3}x_3 \\ x_3 \end{pmatrix}=\begin{pmatrix} 3 \\ -4 \\ 0 \end{pmatrix}+s\cdot\begin{pmatrix} 1 \\ -\frac{5}{3} \\ 1 \end{pmatrix}=\mathbf{\begin{pmatrix} 3 \\ -4 \\ 0 \end{pmatrix}+t\cdot\begin{pmatrix} 3 \\ -5 \\ 3 \end{pmatrix}}$$

161. $$\cos\alpha=\frac{\overrightarrow{AB}\circ\overrightarrow{AC}}{|\overrightarrow{AB}|\cdot|\overrightarrow{AC}|}=\frac{\begin{pmatrix} -1 \\ -1 \\ -5 \end{pmatrix}\circ\begin{pmatrix} -5 \\ 1 \\ 1 \end{pmatrix}}{\left|\begin{pmatrix} -1 \\ -1 \\ -5 \end{pmatrix}\right|\cdot\left|\begin{pmatrix} -5 \\ 1 \\ 1 \end{pmatrix}\right|}=\frac{-1}{\sqrt{27}\cdot\sqrt{27}}=-\frac{1}{27} \Rightarrow \boldsymbol{\alpha\approx 92{,}1°}$$

$$\cos\beta=\frac{\overrightarrow{BA}\circ\overrightarrow{BC}}{|\overrightarrow{BA}|\cdot|\overrightarrow{BC}|}=\frac{\begin{pmatrix} 1 \\ 1 \\ 5 \end{pmatrix}\circ\begin{pmatrix} -4 \\ 2 \\ 6 \end{pmatrix}}{\left|\begin{pmatrix} 1 \\ 1 \\ 5 \end{pmatrix}\right|\cdot\left|\begin{pmatrix} -4 \\ 2 \\ 6 \end{pmatrix}\right|}=\frac{28}{\sqrt{27}\cdot\sqrt{56}} \Rightarrow \boldsymbol{\beta\approx 43{,}9°}$$

Das Dreieck ABC ist **gleichschenklig**, weil die Seiten [AB] und [AC] jeweils die Länge $\sqrt{27}$ haben.
Daher ist $\boldsymbol{\gamma=\beta\approx 43{,}9°}$.

162. Zunächst wird ein Normaleneinheitsvektor zu den Richtungsvektoren der Geraden bestimmt:

$$\vec{n}=\vec{r}_g\times\vec{r}_h=\begin{pmatrix} 4 \\ 2 \\ -5 \end{pmatrix}\times\begin{pmatrix} -4 \\ -1 \\ 6 \end{pmatrix}=\begin{pmatrix} 7 \\ -4 \\ 4 \end{pmatrix} \text{ und hieraus } \vec{n}_0=\frac{\vec{n}}{|\vec{n}|}=\frac{1}{9}\cdot\begin{pmatrix} 7 \\ -4 \\ 4 \end{pmatrix}$$

Mit den Punkten G(–4 | –1 | 2) auf g und H(–1 | 3 | 2) auf h folgt somit:

$$\mathbf{d}=|\overrightarrow{GH}\circ\vec{n}_0|=\left|\begin{pmatrix} 3 \\ 4 \\ 0 \end{pmatrix}\circ\frac{1}{9}\begin{pmatrix} 7 \\ -4 \\ 4 \end{pmatrix}\right|=\mathbf{\frac{5}{9}}$$

Der Abstand der beiden Geraden beträgt $\frac{5}{9}$.

163. Abstand der beiden Mittelpunkte: $d = |\overrightarrow{M_1M_2}| = \sqrt{36+9+4} = 7$

Damit sich die Kugeln berühren, muss einer der folgenden beiden Fälle zutreffen.

Fall 1: $r_1 + r_2 = d$ (Berührung von außen)

Es folgt: $1 + r_2 = 7 \;\Leftrightarrow\; \mathbf{r_2 = 6}$

Der Berührpunkt B_1 erfüllt die Bedingung:

$$\overrightarrow{M_1B_1} = \frac{1}{7}\cdot\overrightarrow{M_1M_2} = \frac{1}{7}\cdot\begin{pmatrix}-6\\3\\-2\end{pmatrix}$$

Hieraus ergibt sich: $B_1\left(2-\frac{6}{7}\,\middle|\,2+\frac{3}{7}\,\middle|\,5-\frac{2}{7}\right) = \mathbf{B_1\left(\frac{8}{7}\,\middle|\,\frac{17}{7}\,\middle|\,\frac{33}{7}\right)}$

Fall 2: $|r_1 - r_2| = d$ (Berührung von innen)

Es folgt: $|1 - r_2| = 7 \;\Leftrightarrow\; \mathbf{r_2 = 8}$ (da $r_2 > 0$ gilt)

Da K_1 innerhalb K_2 liegt, gilt für den Berührpunkt B_2:

$$\overrightarrow{M_2B_2} = \frac{8}{7}\cdot\overrightarrow{M_2M_1} = \frac{8}{7}\cdot\begin{pmatrix}6\\-3\\2\end{pmatrix}$$

Es ergibt sich: $B_2\left(-4+\frac{48}{7}\,\middle|\,5-\frac{24}{7}\,\middle|\,3+\frac{16}{7}\right) = \mathbf{B_2\left(\frac{20}{7}\,\middle|\,\frac{11}{7}\,\middle|\,\frac{37}{7}\right)}$

164. a) In einem Koordinatensystem, in dem der Ursprung in der Mitte der quadratischen Grundfläche liegt, kann man die Koordinaten der beiden Quadratecken angeben: $P(1{,}5\,|\,-1{,}5\,|\,0)$ und $Q(1{,}5\,|\,1{,}5\,|\,0)$. Die Spitze des Zeltes hat dann die Koordinaten $S(0\,|\,0\,|\,3)$.

Die Ebene E_1, die die vordere Seitenfläche des Zeltes enthält, besitzt den Ortsvektor von P als Stützvektor und die Spannvektoren $\overrightarrow{PQ} = \begin{pmatrix}0\\3\\0\end{pmatrix}$ und $\overrightarrow{PS} = \begin{pmatrix}-1{,}5\\1{,}5\\3\end{pmatrix}$, sodass sich als Normalenvektor dieser Ebene ergibt:

$$\vec{n}_1 = \begin{pmatrix}0\\3\\0\end{pmatrix}\times\begin{pmatrix}-1{,}5\\1{,}5\\3\end{pmatrix} = \begin{pmatrix}9\\0\\4{,}5\end{pmatrix} = 4{,}5\cdot\begin{pmatrix}2\\0\\1\end{pmatrix}$$

Die Koordinatenform der Ebene lautet also $2x_1 + x_3 = c$, wobei man c aus der Punktprobe mit P erhält:

$2\cdot 1{,}5 + 0 = c \;\Leftrightarrow\; c = 3$

Es folgt: $E_1\colon\ 2x_1 + x_3 = 3$

Die rechte Seitenfläche der Pyramide liegt in der Ebene E_2, die durch den Ortsvektor von Q als Stützvektor und die Spannvektoren $\overrightarrow{QR} = \begin{pmatrix}-3\\0\\0\end{pmatrix}$ (R ist die rechte hintere Ecke der Pyramide) und $\overrightarrow{QS} = \begin{pmatrix}-1{,}5\\-1{,}5\\3\end{pmatrix}$ bestimmt wird.

Als Normalenvektor ergibt sich:

$$\vec{n}_2 = \begin{pmatrix} -3 \\ 0 \\ 0 \end{pmatrix} \times \begin{pmatrix} -1,5 \\ -1,5 \\ 3 \end{pmatrix} = \begin{pmatrix} 0 \\ 9 \\ 4,5 \end{pmatrix} = 4,5 \cdot \begin{pmatrix} 0 \\ 2 \\ 1 \end{pmatrix}$$

Die Koordinatenform der Ebene lautet $2x_2 + x_3 = c$, wobei man c aus der Punktprobe mit Q erhält:

$2 \cdot 1,5 + 0 = c \quad \Leftrightarrow \quad c = 3$

Es folgt: E_2: $2x_2 + x_3 = 3$

Der Winkel α zwischen diesen beiden Ebenen wird bestimmt über

$$\cos\alpha = \frac{|\vec{n}_1 \circ \vec{n}_2|}{|\vec{n}_1| \cdot |\vec{n}_2|} = \frac{1}{\sqrt{5} \cdot \sqrt{5}} = \frac{1}{5} \quad \Rightarrow \quad \alpha \approx 78,5°$$

Da der Winkel β zwischen benachbarten Seitenflächen der Pyramide stumpf ist (siehe Aufgabentext), muss dieser Winkel der Nebenwinkel von α sein: $\boldsymbol{\beta} = 180° - \alpha \approx \mathbf{101,5°}$

b) Eine Seitenfläche der Pyramide hat den Inhalt:

$$A_1 = \frac{1}{2} |\overrightarrow{PQ} \times \overrightarrow{PS}| = \frac{1}{2} \left| \begin{pmatrix} 0 \\ 3 \\ 0 \end{pmatrix} \times \begin{pmatrix} -1,5 \\ 1,5 \\ 3 \end{pmatrix} \right| = \frac{1}{2} \left| \begin{pmatrix} 9 \\ 0 \\ 4,5 \end{pmatrix} \right| = \frac{1}{2} \cdot \sqrt{101,25}$$

Das Dreieck ABS besitzt die halbe Fläche, da die Grundseite dieses Dreiecks im Vergleich zum Dreieck PQS nur halb so lang ist.
Das Dreieck DCS entsteht aus dem Dreieck ABS durch eine zentrische Streckung in S mit dem Faktor $k = \frac{1}{2}$, sodass die Fläche des Dreiecks DCS nur das k^2-fache, also $\frac{1}{4}$ der Fläche des Dreiecks ABS und damit $\frac{1}{8}$ der Fläche des Dreiecks PQS beträgt.

Insgesamt ergibt sich somit für die vordere Seitenfläche (wenn die Zeltöffnung nicht mitgerechnet wird):

$$A_V = \frac{1}{2} A_1 + \frac{1}{8} A_1 = \frac{5}{8} A_1$$

Gesamtfläche:

$$\mathbf{A} = A_V + 3 \cdot A_1 = \frac{29}{8} A_1 = \frac{29}{16} \sqrt{101,25} = \frac{261}{32} \sqrt{5} \approx \mathbf{18,2}$$

Die gesamte Fläche des benötigten Stoffes beträgt ca. 18,2 m^2.

c) Die Lampe befindet sich im Punkt L(0 | 0 | 2,25).
Die trapezförmige Zeltöffnung hat die Eckpunkte A(1,5 | −0,75 | 0) und B(1,5 | 0,75 | 0). Der Punkt D liegt in der Mitte zwischen A und S und besitzt daher die Koordinaten D(0,75 | −0,375 | 1,5). Entsprechend hat C die Koordinaten C(0,75 | 0,375 | 1,5).

Der Lichtstrahl, der von der Lampe ausgeht und durch den Punkt D verläuft, liegt auf der Geraden mit dem Stützvektor $\overrightarrow{OL}$ und dem Richtungsvektor $\overrightarrow{LD} = \begin{pmatrix} 0{,}75 \\ -0{,}375 \\ -0{,}75 \end{pmatrix}$; somit lautet die Gleichung dieser Geraden:

$$d:\ \vec{x} = \begin{pmatrix} 0 \\ 0 \\ 2{,}25 \end{pmatrix} + t \cdot \begin{pmatrix} 0{,}75 \\ -0{,}375 \\ -0{,}75 \end{pmatrix}$$

Schneidet man diese Gerade mit der Grundebene ($x_3 = 0$), ergibt sich:

$$2{,}25 = t \cdot 0{,}75 \quad \Leftrightarrow \quad t = \frac{2{,}25}{0{,}75} = 3$$

und damit als Eckpunkt des Lichtteppichs $D'(2{,}25\,|\,-1{,}125\,|\,0)$. Aus Symmetriegründen folgt für den zweiten Punkt des Lichtteppichs $C'(2{,}25\,|\,1{,}125\,|\,0)$.

Das beleuchtete Trapez besitzt folglich die Grundseiten mit den Längen $|AB| = 1{,}5$ und $|C'D'| = 2{,}25$ sowie die Höhe $h = 2{,}25 - 0{,}75 = 1{,}5$; für seinen Flächeninhalt folgt:

$$A_T = \frac{|AB| + |C'D'|}{2} \cdot h = \mathbf{2{,}8125}$$

Die beleuchtete Bodenfläche ist etwa 2,81 m^2 groß.

165. Man liest aus den Koeffizienten der Ebenengleichungen die Normalenvektoren der Ebenen ab:

$$\vec{n}_1 = \begin{pmatrix} 3 \\ 1 \\ -1 \end{pmatrix} \text{ und } \vec{n}_2 = \begin{pmatrix} 2 \\ -2 \\ 3 \end{pmatrix}$$

Hieraus erhält man den Schnittwinkel α der beiden Ebenen:

$$\cos\alpha = \frac{|\vec{n}_1 \circ \vec{n}_2|}{|\vec{n}_1| \cdot |\vec{n}_2|} = \frac{\left|\begin{pmatrix} 3 \\ 1 \\ -1 \end{pmatrix} \circ \begin{pmatrix} 2 \\ -2 \\ 3 \end{pmatrix}\right|}{\left|\begin{pmatrix} 3 \\ 1 \\ -1 \end{pmatrix}\right| \cdot \left|\begin{pmatrix} 2 \\ -2 \\ 3 \end{pmatrix}\right|} = \frac{|6-2-3|}{\sqrt{11} \cdot \sqrt{17}} = \frac{1}{\sqrt{187}} \quad \Rightarrow \quad \boldsymbol{\alpha \approx 85{,}8°}$$

166. Zunächst wird geprüft, ob die Ebene E und die Gerade g parallel sind; dafür müssen der Normalenvektor $\vec{n}$ von E und der Richtungsvektor $\vec{r}_g$ von g orthogonal sein:

$$\vec{n} = \begin{pmatrix} 2 \\ 5 \\ 3 \end{pmatrix} \times \begin{pmatrix} 0 \\ 1 \\ 2 \end{pmatrix} = \begin{pmatrix} 7 \\ -4 \\ 2 \end{pmatrix}; \quad \vec{n} \circ \vec{r}_g = \begin{pmatrix} 7 \\ -4 \\ 2 \end{pmatrix} \circ \begin{pmatrix} 0 \\ 2 \\ 4 \end{pmatrix} = 0 - 8 + 8 = 0$$

Der Abstand der beiden Objekte entspricht dem Abstand des Stützpunktes $A(-4\,|\,-1\,|\,0)$ der Geraden g von der Ebene E.

Die Hesse'sche Normalenform von E lautet mit $|\vec{n}| = \sqrt{69}$:

$$E:\ \left(\vec{x} - \begin{pmatrix} 5 \\ 1 \\ -2 \end{pmatrix}\right) \circ \frac{1}{\sqrt{69}} \begin{pmatrix} 7 \\ -4 \\ 2 \end{pmatrix} = 0$$

Durch Einsetzen des Punktes A erhält man den Abstand:

$$\mathbf{d(g;\,E)} = d(A;\,E) = \frac{1}{\sqrt{69}} \cdot \left| \left(\begin{pmatrix} -4 \\ -1 \\ 0 \end{pmatrix} - \begin{pmatrix} 5 \\ 1 \\ -2 \end{pmatrix} \right) \circ \begin{pmatrix} 7 \\ -4 \\ 2 \end{pmatrix} \right| = \frac{1}{\sqrt{69}} \cdot \left| \begin{pmatrix} -9 \\ -2 \\ 2 \end{pmatrix} \circ \begin{pmatrix} 7 \\ -4 \\ 2 \end{pmatrix} \right| = \frac{51}{\sqrt{69}} \approx \mathbf{6{,}1}$$

167. $\overrightarrow{AB} = \begin{pmatrix} -1 \\ 3 \\ 6 \end{pmatrix};\ \overrightarrow{AC} = \begin{pmatrix} -4 \\ 5 \\ 3 \end{pmatrix}$

$$\mathbf{A_D} = \frac{1}{2} \cdot |\overrightarrow{AB} \times \overrightarrow{AC}| = \frac{1}{2} \cdot \left| \begin{pmatrix} -1 \\ 3 \\ 6 \end{pmatrix} \times \begin{pmatrix} -4 \\ 5 \\ 3 \end{pmatrix} \right| = \frac{1}{2} \cdot \left| \begin{pmatrix} -21 \\ -21 \\ 7 \end{pmatrix} \right| = \frac{1}{2}\sqrt{931} \approx \mathbf{15{,}3}$$

Der Flächeninhalt des Dreiecks beträgt in etwa 15,3 Flächeneinheiten.

168. Da die gesuchten Ebenen parallel zur gegebenen Ebene E verlaufen sollen, haben sie denselben Normalenvektor und ihre Gleichungen haben die Form:

$E_P\colon\ 2x_1 - 6x_2 + 3x_3 = d$

Aufstellen einer zu E_P orthogonalen Hilfsgeraden h durch $M(-1\,|-3\,|\,4)$:

$$h\colon\ \vec{x} = \begin{pmatrix} -1 \\ -3 \\ 4 \end{pmatrix} + t \cdot \begin{pmatrix} 2 \\ -6 \\ 3 \end{pmatrix}$$

Schnitt von h mit der Kugel:

$$\left(\begin{pmatrix} -1 \\ -3 \\ 4 \end{pmatrix} + t \cdot \begin{pmatrix} 2 \\ -6 \\ 3 \end{pmatrix} - \begin{pmatrix} -1 \\ -3 \\ 4 \end{pmatrix} \right)^2 = 225 \quad \Leftrightarrow \quad \left(t \cdot \begin{pmatrix} 2 \\ -6 \\ 3 \end{pmatrix} \right)^2 = 225$$

$$\Leftrightarrow \quad 4t^2 + 36t^2 + 9t^2 = 225$$

$$\Leftrightarrow \quad 49t^2 = 225 \quad \Leftrightarrow \quad t = \pm\frac{15}{7}$$

Mit $t = \frac{15}{7}$ erhält man aus der Geradengleichung von h den Berührpunkt $B_1\left(\frac{23}{7}\,\middle|\,-\frac{111}{7}\,\middle|\,\frac{73}{7}\right)$; mit $t = -\frac{15}{7}$ erhält man $B_2\left(-\frac{37}{7}\,\middle|\,\frac{69}{7}\,\middle|\,\frac{-17}{7}\right)$.

Einsetzen in die Gleichung $E_P\colon\ 2x_1 - 6x_2 + 3x_3 = d$ liefert für B_1:

$$2 \cdot \frac{23}{7} - 6 \cdot \left(-\frac{111}{7}\right) + 3 \cdot \frac{73}{7} = d \quad \Leftrightarrow \quad d = 133$$

und für B_2:

$$2 \cdot \left(-\frac{37}{7}\right) - 6 \cdot \frac{69}{7} + 3 \cdot \frac{-17}{7} = d \quad \Leftrightarrow \quad d = -77$$

Die Gleichungen der beiden Ebenen lauten somit:

$\mathbf{E_1\colon\ 2x_1 - 6x_2 + 3x_3 = 133;\ \ E_2\colon\ 2x_1 - 6x_2 + 3x_3 = -77}$

169. Weil B bzw. C in der Mitte der Quadratseite [AQ] bzw. [QD] liegt, gilt:
$|AB| = |BQ| = 8$ und $|CD| = |QC| = 8$
Daher haben die Punkte auf der Bodenfläche die Koordinaten A(16 | 0 | 0), B(16 | 8 | 0), C(8 | 16 | 0) und D(0 | 16 | 0).
Da die Vorderwand ein Rechteck ist, müssen sich wegen $\overrightarrow{EF} = \overrightarrow{BC} = \begin{pmatrix} -8 \\ 8 \\ 0 \end{pmatrix}$ die beiden anderen Rechteckecken in den Punkten E(8 | 0 | 18) und F(0 | 8 | 18) befinden. Die Spitze des Gewächshauses liegt in G(0 | 0 | 20).

Somit ergibt sich für die Rechteckfläche mit $\overrightarrow{BC} = \begin{pmatrix} -8 \\ 8 \\ 0 \end{pmatrix}$ und $\overrightarrow{BE} = \begin{pmatrix} -8 \\ -8 \\ 18 \end{pmatrix}$ der Flächeninhalt:

$$A_R = |\overrightarrow{BC} \times \overrightarrow{BE}| = \left| \begin{pmatrix} -8 \\ 8 \\ 0 \end{pmatrix} \times \begin{pmatrix} -8 \\ -8 \\ 18 \end{pmatrix} \right| = \left| \begin{pmatrix} 144 \\ 144 \\ 128 \end{pmatrix} \right| = \sqrt{144^2 + 144^2 + 128^2} \approx 240,5$$

Die beiden Seiten-Dreiecke besitzen zusammen den Flächeninhalt:

$$2 \cdot A_D = 2 \cdot \tfrac{1}{2} |\overrightarrow{AB} \times \overrightarrow{AE}| = \left| \begin{pmatrix} 0 \\ 8 \\ 0 \end{pmatrix} \times \begin{pmatrix} -8 \\ 0 \\ 18 \end{pmatrix} \right| = \left| \begin{pmatrix} 144 \\ 0 \\ 64 \end{pmatrix} \right| \approx 157,6$$

Das Dreieck an der Spitze besitzt den Flächeninhalt:

$$A_S = \tfrac{1}{2} |\overrightarrow{EF} \times \overrightarrow{EG}| = \tfrac{1}{2} \left| \begin{pmatrix} -8 \\ 8 \\ 0 \end{pmatrix} \times \begin{pmatrix} -8 \\ 0 \\ 2 \end{pmatrix} \right| = \tfrac{1}{2} \left| \begin{pmatrix} 16 \\ 16 \\ 64 \end{pmatrix} \right| \approx 33,9$$

Gesamtfläche:
$A = A_R + 2 \cdot A_D + A_S \approx 432$
Insgesamt werden für das Gewächshaus ca. **4,32 m²** Glas benötigt.

Stichwortverzeichnis

Ihre Meinung ist uns wichtig!

Ihre Anregungen sind uns immer willkommen. Bitte informieren Sie uns mit diesem Schein über Ihre Verbesserungsvorschläge!

Titel-Nr.	Seite	Vorschlag

Lernen • Wissen • Zukunft
STARK

Bitte hier abtrennen

Zutreffendes bitte ankreuzen!

Die Absenderin/der Absender ist:

- ☐ Lehrer/in in den Klassenstufen: ____
- ☐ Fachbetreuer/in
  Fächer: ____
- ☐ Seminarlehrer/in
  Fächer: ____
- ☐ Regierungsfachberater/in
  Fächer: ____
- ☐ Oberstufenbetreuer/in
- ☐ Schulleiter/in
- ☐ Referendar/in, Termin 2. Staatsexamen: ____
- ☐ Leiter/in Lehrerbibliothek
- ☐ Leiter/in Schülerbibliothek
- ☐ Sekretariat
- ☐ Eltern
- ☐ Schüler/in, Klasse: ____
- ☐ Sonstiges: ____

Unterrichtsfächer: **(Bei Lehrkräften!)**

____

STARK Verlag
Postfach 1852
85318 Freising

23-V1T_NW
Bitte ausfüllen und im frankierten Umschlag an uns einsenden. Für Fensterkuverts geeignet.

Kennen Sie Ihre Kundennummer? Bitte hier eintragen.

Absender **(Bitte in Druckbuchstaben!)**

Name/Vorname

Straße/Nr.

PLZ/Ort/Ortsteil

Telefon privat **Geburtsjahr**

E-Mail

Schule/Schulstempel **(Bitte immer angeben!)**

Bitte hier abtrennen

(Bitte blättern Sie um)

Physik

Physik 1 – Elektromagnetisches Feld und Relativitätstheorie	Best.-Nr. 943028
Physik 2 – Aufbau der Materie	Best.-Nr. 943038
Mechanik	Best.-Nr. 94307
Abitur-Wissen Elektrodynamik	Best.-Nr. 94331
Abitur-Wissen Aufbau der Materie	Best.-Nr. 94332
Klausuren Physik Oberstufe	Best.-Nr. 103011
Kompakt-Wissen Abitur Physik 1 – Mechanik, Thermodynamik, Relativitätstheorie	Best.-Nr. 943012
Kompakt-Wissen Abitur Physik 2 – Elektrizitätslehre, Magnetismus, Elektrodynamik, Wellenoptik	Best.-Nr. 943013
Kompakt-Wissen Abitur Physik 3 Atom-, Kern- und Teilchenphysik	Best.-Nr. 943011

Erdkunde/Geographie

Geographie Oberstufe	Best.-Nr. 949098
Geographie 1 – Bayern	Best.-Nr. 94911
Geographie 2 – Bayern	Best.-Nr. 94912
Geographie 2014 – Baden-Württemberg	Best.-Nr. 84906
Geographie – NRW Grundkurs · Leistungskurs	Best.-Nr. 54902
Prüfungswissen Geographie Oberstufe	Best.-Nr. 14901
Abitur-Wissen Entwicklungsländer	Best.-Nr. 94902
Abitur-Wissen Europa	Best.-Nr. 94905
Abitur-Wissen Der asiatisch-pazifische Raum	Best.-Nr. 94906
Kompakt-Wissen Abitur Erdkunde Allgemeine Geografie · Regionale Geografie	Best.-Nr. 949010
Kompakt-Wissen Abitur – Bayern Geographie Q11/Q12	Best.-Nr. 9490108

Alle so gekennzeichneten Titel sind auch als eBook über **www.stark-verlag.de** erhältlich.

Natürlich führen wir noch mehr Titel für alle Fächer und Stufen: Alle Informationen unter www.stark-verlag.de

Englisch

Übersetzung	Best.-Nr. 82454
Grammatikübungen	Best.-Nr. 82452
Themenwortschatz	Best.-Nr. 82451
Grundlagen, Arbeitstechniken, Methoden mit Audio-CD	Best.-Nr. 944601
Sprachmittlung	Best.-Nr. 94469
Sprechfertigkeit mit Audio-CD	Best.-Nr. 94467
Klausuren Englisch Oberstufe	Best.-Nr. 905113
Abitur-Wissen Landeskunde Großbritannien	Best.-Nr. 94461
Abitur-Wissen Landeskunde USA	Best.-Nr. 94463
Abitur-Wissen Englische Literaturgeschichte	Best.-Nr. 94465
Kompakt-Wissen Abitur Wortschatz Oberstufe	Best.-Nr. 90462
Kompakt-Wissen Abitur Landeskunde/Literatur	Best.-Nr. 90463
Kompakt-Wissen Kurzgrammatik	Best.-Nr. 90461
Kompakt-Wissen Grundwortschatz	Best.-Nr. 90464

Deutsch

Dramen analysieren und interpretieren	Best.-Nr. 944092
Erörtern und Sachtexte analysieren	Best.-Nr. 944094
Gedichte analysieren und interpretieren	Best.-Nr. 944091
Epische Texte analysieren und interpretieren	Best.-Nr. 944093
Abitur-Wissen Erörtern und Sachtexte analysieren	Best.-Nr. 944064
Abitur-Wissen Textinterpretation Lyrik · Drama · Epik	Best.-Nr. 944061
Abitur-Wissen Deutsche Literaturgeschichte	Best.-Nr. 94405
Abitur-Wissen Prüfungswissen Oberstufe	Best.-Nr. 94400
Kompakt-Wissen Rechtschreibung	Best.-Nr. 944065
Kompakt-Wissen Literaturgeschichte	Best.-Nr. 944066
Klausuren Deutsch Oberstufe	Best.-Nr. 104011

23-V1T_NW

Bestellungen bitte direkt an:
STARK Verlagsgesellschaft mbH & Co. KG · Postfach 1852 · 85318 Freising
Tel. 0180 3 179000* · Fax 0180 3 179001* · www.stark-verlag.de · info@stark-verlag.de
*9 Cent pro Min. aus dem deutschen Festnetz, Mobilfunk bis 42 Cent pro Min.
Aus dem Mobilfunknetz wählen Sie die Festnetznummer: 08167 9573-0

Lernen • Wissen • Zukunft
STARK